高等职业技术教育规划教材——机械类

U0668027

机械图样识读与绘制

（机械制图）

主　编　苏宏林　王　斌

副主编　陈中玉　李明亮

主　审　王宜君

WUHAN UNIVERSITY PRESS

武汉大学出版社

图书在版编目(CIP)数据

机械图样识读与绘制:机械制图/苏宏林,王斌主编.—武汉:武汉大学出版社,2013.8(2018.9重印)
ISBN 978-7-307-11359-6

Ⅰ.机… Ⅱ.①苏… ②王… Ⅲ.①机械元件—机械图—识别—教材 ②机械元件—制图—教材 Ⅳ.TH13

中国版本图书馆 CIP 数据核字(2013)第 155502 号

责任编辑:曲生伟　　　责任校对:王亚明　　　版式设计:吴　极

出版发行:**武汉大学出版社**　　(430072　武昌　珞珈山)
　　　　　(电子邮件:whu_publish@163.com 网址:www.stmpress.cn)
印刷:北京虎彩文化传播有限公司
开本:787×1092　1/16　印张:17.25　字数:426 千字
版次:2013 年 8 月第 1 版　　2018 年 9 月第 3 次印刷
ISBN 978-7-307-11359-6　　定价:45.00 元

前　　言

本教材广泛吸收了近年来国内高职高专机械制图教学的改革经验,通过教、学、做一体化的项目训练,培养学生的空间想象能力、识图能力、绘图能力,树立贯彻国家标准的意识,形成机械产品的图样识读与绘制的工作能力,打好后续专业领域课程学习和工作的基础。

在内容上,本书安排了简单零件的识读与绘制、组合体的识读与造型、典型零件视图的识读、连接件与紧固件的识读与绘制、传动件的识读与绘制、典型机件的零件图绘制、装配图的绘制等多个教学情境,以工作任务引导基础理论知识的学习,实现了传统机械制图与工作任务的融合。

本教材适用于 60～130 学时(不包括 1～2 周集中测绘的学时)的教学。针对不同类型、不同专业可采用不同方式组织教学,建议如下。

(1) 机械类(90～130 学时):在全面完成教学任务的基础上,精心组织安排 1～2 周集中测绘实训。通过减速器或机用虎钳、齿轮油泵、千斤顶装配图及零件图的绘制,对本课程的基本知识、原理、方法进行全面综合运用和训练。

(2) 近机类(60～90 学时):有重点地实施教学任务,适当降低深度和难度。如不安排集中测绘,可以机用虎钳为例,对零部件测绘的一般方法进行概括了解。

目前的教学计划中,"AutoCAD 绘图实训"课程　般均单独开设,因此,本教材不包含 AutoCAD 绘图的内容。

本教材由苏宏林、王斌统稿并任主编,陈中玉、李明亮任副主编,由王宜君担任主审,李爱花老师、王其松老师对书稿提出了许多宝贵意见,对提高教材质量帮助很大,陆从相、马方在教材的编写过程中提供了许多帮助,在此一并表示感谢。

限于我们的水平和能力,书中仍难免有缺点和错误,恳请使用本书的师生以及其他读者批评指正。

编　者
2013 年 5 月

目　　录

项目1 简单零件的识读与绘制

1.1 学习目标与工作任务

通过本项目的实施,学生应掌握机械制图国家标准的一般规定,掌握点、线、面的投影规律,掌握截交线和相贯线的作图方法,并完成表1-1所示的工作任务:

表 1-1   工作任务

序号	任务名称	任务目标
1	抄绘吊钩和挂轮板图	按机械制图国家标准要求,绘制吊钩和挂轮板图
2	求作圆台与半球合成机件的相贯线	利用辅助平面法作圆台与半球合成机件的相贯线

1.2 知识准备

1.2.1 认识机械零部件

机械制图是用图样确切表示机械零部件的结构形状、尺寸大小、工作原理和技术要求的学科。图样由图形、符号、文字和数字等组成,是表达设计意图和制造要求以及交流经验的技术文件。

1. 认识机械零部件

部件:由一组协同工作的零件组成的独立制造或独立装配的组合体。

零件:机械中不可拆卸的单元体。

零件与部件合称为零部件。零部件又分为两类:一类是各种机械中经常都能用到的零部件,称为通用零部件;另一类是特定类型机械中才能用到的零部件,称为专用零部件。

以图1-1所示的减速器为例,它的功能是在电动机动力驱动下完成减速工作。该图由多个零部件所组成,包括上下箱体、齿轮轴、螺栓及轴承等。其中螺栓、垫圈、轴承等均属于通用零部件,而箱体属于专用零部件。

2. 研究对象

本课程是研究机械图样的绘制(画图)和识读(看图)规律与方法的一门学科。凡是从

图 1-1　减速器立体图

事工程技术工作的人员都必须具有识图和绘图的技能。

图样是根据投影原理、标准或有关规定表示工程对象，并有必要的技术说明的图。

3. 课程任务

（1）学习、贯彻技术制图国家标准和机械制图国家标准中的基本规定。

（2）学习正投影法的基本原理及其应用。

（3）培养绘制、阅读机械图样的基本能力。

（4）培养空间想象和构思的能力。

（5）培养认真负责的工作态度和严谨细致的工作作风。

4. 学习方法

（1）以情境教学法组织教学，结合项目任务的完成，通过列举若干案例来讲述知识点，学习时要结合三维造型和视图仔细观察，不断进行空间到平面、平面到空间的思维换位，逐步建立起正投影方法的应用能力。

（2）认真学习有关机械制图的国家标准，并严格遵守和执行这些国家标准。

（3）有意识地培养空间想象能力、逻辑思维能力，逐步形成对空间几何形体的思维、图示能力。

1.2.2　机械图样简介

图 1-2 所示是泵体的立体图，它只能大致地表现零部件的形状，但是不能表达零部件

图 1-2　泵体立体图

的具体细节,如具体尺寸、内部细节、公差等级等。这样的图不能指导工人生产。图 1-3 所示是泵体的加工图样,这种图才能指导工人生产,才具有实用性。

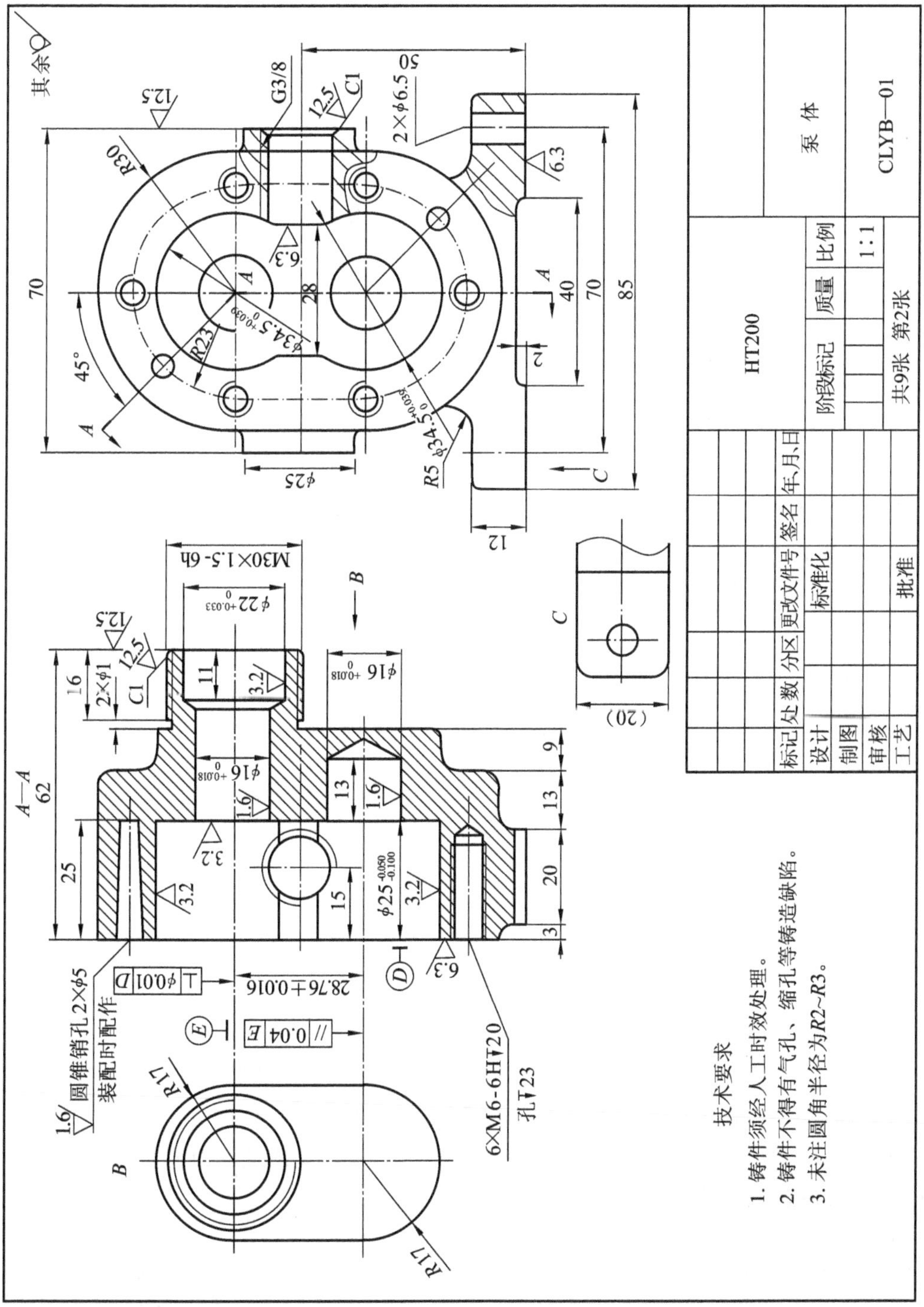

图1-3 泵体零件图

技术要求
1. 铸件须经人工时效处理。
2. 铸件不得有气孔、缩孔等铸造缺陷。
3. 未注圆角半径为 R2~R3。

图纸的基本格式为:

(1) 图框:其内包含零件设计的所有信息;

(2) 标题栏:包括零件的基本信息,通常布置在图纸的右下角;

(3) 图样:利用多种线型绘制出的零件轮廓,包括零件的各种视图、尺寸、公差及技术要求等,通常布置在图面的中央偏上的位置;

(4) 技术要求:包括表面粗糙度、尺寸公差、表面形状和位置公差、材料及其热处理等内容;

(5) 装订边:图纸的左边较宽,用于装订,具体尺寸见下文。

1.2.3 机械制图国家标准的一般规定

为了便于技术交流、档案保存和各种出版物的发行,使制图规格和方法统一,国家颁布了一系列有关制图的国家标准(简称"国标")。在绘制技术图样时,必须掌握和遵守有关的规定。

1. 图纸幅面与格式(GB/T 14689—2008)

1) 图纸幅面尺寸

绘制技术图样时,应优先采用表 1-2 规定的基本幅面尺寸。必要时也允许加长幅面,但应按基本幅面的短边整数倍增加。各种基本幅面和加长幅面参见图 1-4,其中粗实线部分为基本幅面,细实线部分为第一选择的加长幅面,虚线为第二选择的加长幅面。加长后幅面代号记作:基本幅面代号×倍数。如 A3×3,表示按 A3 图幅短边加长为 297mm 的 3 倍,即加长后图纸尺寸为 420mm×891mm。

表 1-2　　　　　　　　　图纸幅面尺寸　　　　　　　　(单位:mm)

幅面代号		A0	A1	A2	A3	A4
尺寸 $B \times L$		841×1189	594×841	420×594	297×420	210×297
图框	a	25				
	c	10			5	
	e	20			10	

基本幅面图纸中,A0 幅面为 1 m²,长边是短边的 $\sqrt{2}$ 倍,因此 A0 图纸长边 $L=$ 1189 mm,短边 $B=841$ mm,A1 图纸的面积是 A0 的一半,A2 图纸的面积是 A1 的一半,其余以此类推,其关系如图 1-4 所示。

2) 图框格式和尺寸

在图纸上必须用粗实线画出图框。图框有两种格式:不留装订边和留有装订边。同一产品中所有图样均应采用同一种格式。两种格式如图 1-5 所示,尺寸按表 1-2 的规定画出。加长幅面的图框尺寸,按所选用的基本幅面大一号的周边尺寸确定。

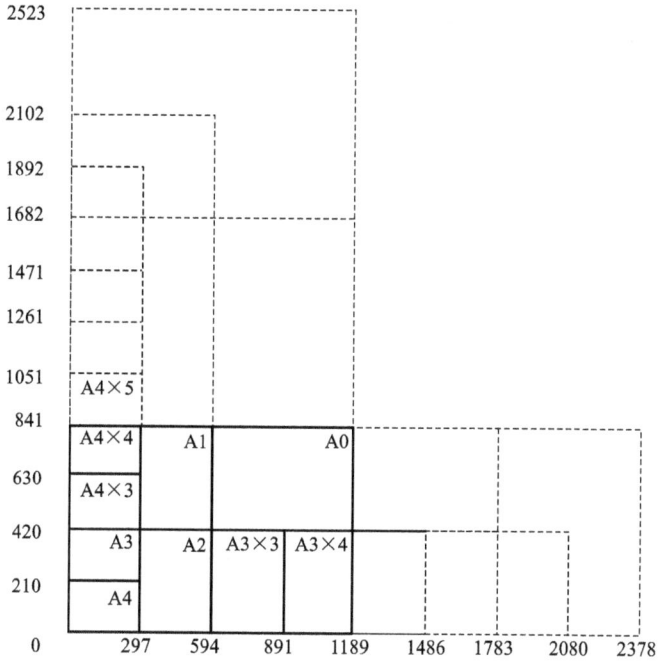

图 1-4　基本幅面与加长幅面尺寸

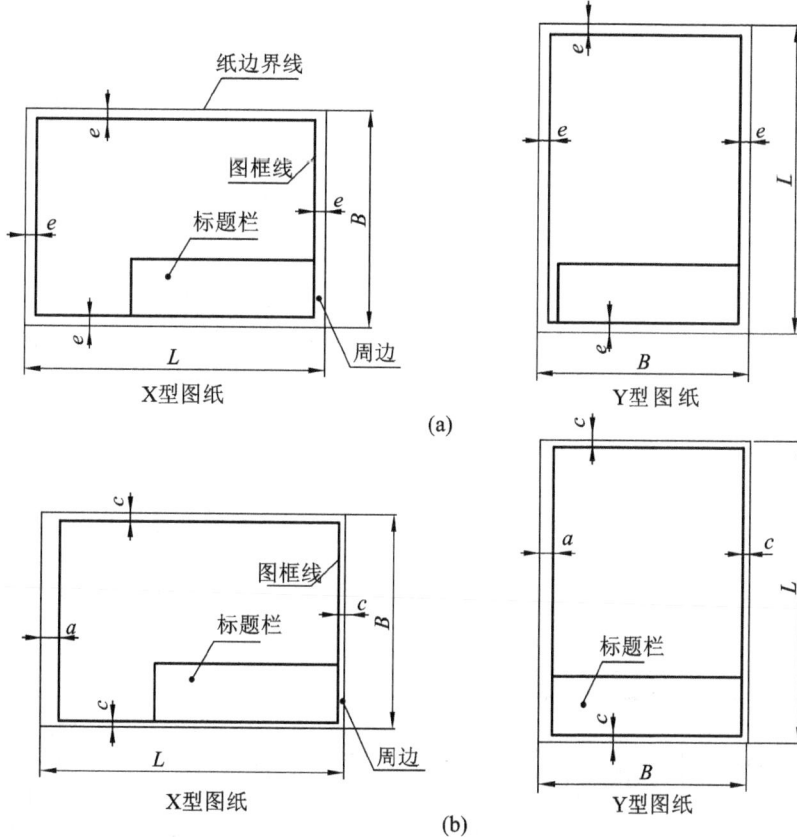

(a)

(b)

图 1-5　图框格式

(a)不留装订边；(b)留有装订边

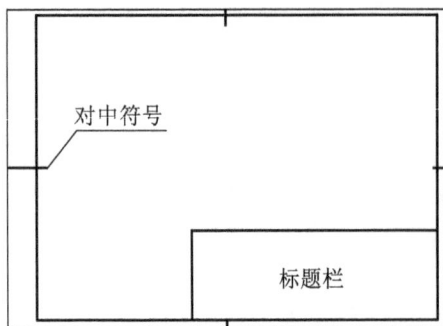

图1-6 对中符号

为了使图样复制和缩微摄影时定位方便，应在图纸各边长的中点处分别画出对中符号。对中符号用粗实线绘制，线宽不小于0.5 mm，长度从纸边界开始至伸入图框内约5 mm。当对中符号处于标题栏范围内时，则伸入标题栏部分省略不画，如图1-6所示。

2. 标题栏（GB/T 10609.1—2008）

为了使绘制的图样便于管理及查阅，每张图都必须有标题栏。通常，标题栏应位于图框的右下角。若标题栏的长边置于水平方向并与图纸长边平行时，则构成X型图纸；若标题栏的长边垂直于图纸长边时，则构成Y型图纸，如图1-5所示。看图的方向应与标题栏的方向一致。

为了利用预先印制好的图纸，允许将X型图纸的短边置于水平位置，或将Y型图纸的长边置于水平位置。此时，为了明确绘图与看图时的图纸方向，应在图纸下边对中符号处加画一个方向符号，如图1-7（a）所示。方向符号是一个用细实线绘制的等边三角形，其大小及所在位置如图1-7（b）所示。

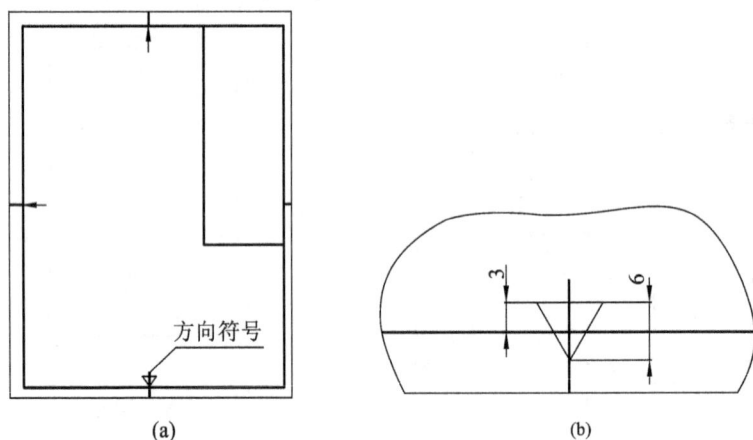

图1-7 方向符号

(a)在图纸上画出方向符号；(b)方向符号的大小与位置

《技术制图 标题栏》（GB/T 10609.1—2008）规定了两种标题栏分区形式，如图1-8所示。推荐使用第一种形式。

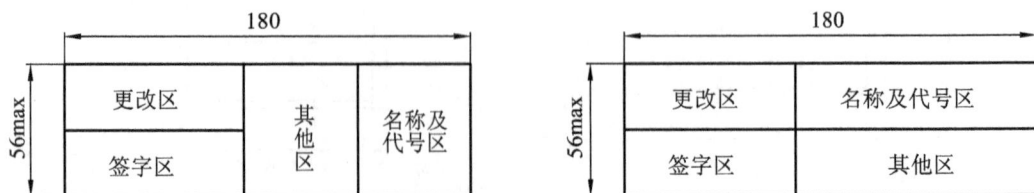

图1-8 标题栏格式

第一种形式标题栏的格式、分栏及各部分尺寸如图 1-9 所示。

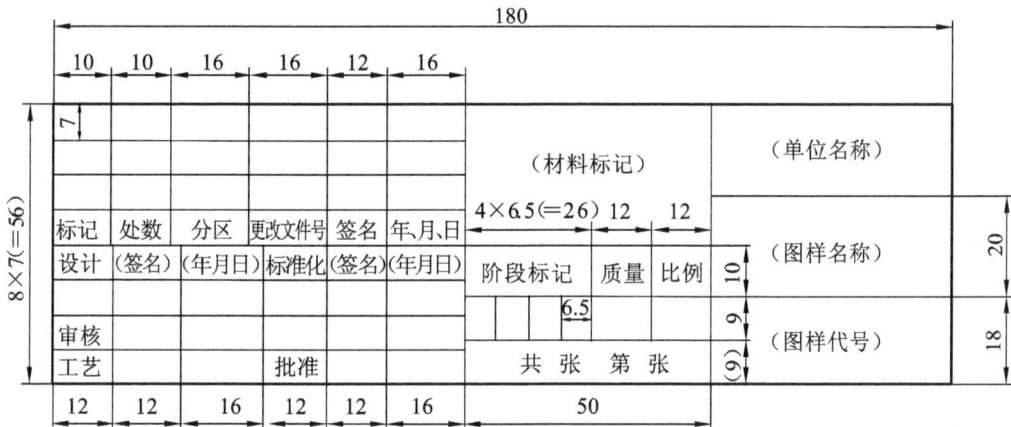

图 1-9　标题栏格式、分栏及各部分尺寸

标题栏各栏填写要求如表 1-3 所示。

表 1-3　　　　　　　　　　标题栏填写要求

区　名		填 写 要 求
更改区	标记	按要求或有关规定填写
	处数	同一标记所表示的更改数量
	分区	必要时填,如 B3
	更改文件号	更改所依据的文件号
	签名	更改人姓名、时间
签字区	设计	设计人员签名、时间
	审核	审核人员签名、时间
	工艺	工艺人员签名、时间
	标准化	标准化人员签名、时间
	批准	负责人签名、时间
其他区	材料标记	按相应标准或规定填写所使用材料的标记
	阶段标记	按有关规定从左到右填写图样的各生产阶段
	质量	所绘制图样相应产品的计算质量,以千克为单位时可不写单位
	比例	绘制图样所采用的比例
	共 x 张　第 x 张	同一图样代号中图样的总张数及该张所在的张次
名称与代号区	单位名称	绘制图样单位的名称或代号,也可因故不填写
	图样名称	绘制对象的名称
	图样代号	按有关标准或规定填写图样的代号

3. 比例(GB/T 14690—1993)

比例是指图中图形与其实物相应要素的线性尺寸之比。比例分为原值、缩小、放大三种。画图时,应尽量采用1:1的比例画图。所用比例应符合表1-4中的规定。不论缩小或放大,在图样上标注的尺寸均为机件设计要求的尺寸,而与比例无关,如图1-10所示。比例一般应注写在标题栏中的比例栏内。必要时,可在视图名称的下方或右侧标注比例。

表1-4　　　　　　　　　　　　　　　比例系列

种　类	比　例	
	第　一　系　列	第　二　系　列
原值比例	1:1	
缩小比例	1:2　1:5　$1:10^n$ $1:2\times10^n$　$1:5\times10^n$	1:1.5　1:2.5　1:3　1:4　1:6　$1:1.5\times10^n$ $1:2.5\times10^n$　$1:3\times10^n$　$1:4\times10^n$　$1:6\times10^n$
放大比例	2:1　5:1　$10^n:1$ $2\times10^n:1$　$5\times10^n:1$	2.5:1　4:1 $2.5\times10^n:1$　$4\times10^n:1$

注:n 为正整数。

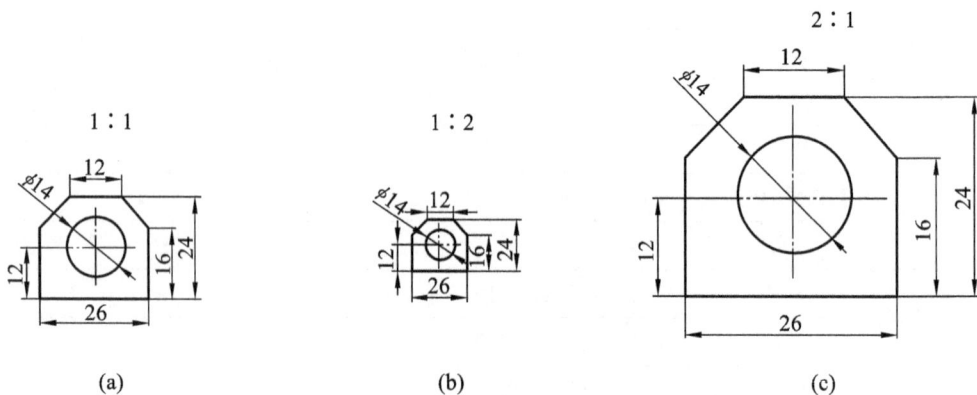

图 1-10　用不同比例画出的图形

(a)原值比例;(b)缩小比例;(c)放大比例

4. 字体(GB/T 14691—1993)

1) 汉字

图样上的汉字应采用长仿宋体字,字的大小应按字号规定,字体号数代表字体的高度。高度(h)尺寸为 1.8 mm、2.5 mm、3.5 mm、5 mm、7 mm、10 mm、14 mm、20 mm,字体高度以$\sqrt{2}$的比率递增,写汉字时字号不能小于3.5。字宽一般为$h/\sqrt{2}$ mm。

长仿宋体汉字的特点是:横平竖直,起落有峰,粗细一致,结构匀称。

图 1-11 是长仿宋体汉字示例。

2) 字母和数字

在图样中,字母和数字可写成斜体或直体,斜体向右倾斜,与水平基准线成75°。在技术文件中字母和数字一般写成斜体。字母和数字分 A 型和 B 型，B 型的笔画宽度比 A 型宽，我国采用 B 型。用作指数、分数、极限偏差、注脚的数字及字母，一般应采用小一号字体。图 1-12 是字母和数字书写示例。

10号字

字体工整　笔画清楚　间隔均匀　排列整齐

7号字

横平竖直　注意起落　结构均匀　填满方格

5号字

技术制图机械电子汽车航空船舶土木建筑矿山井坑港口纺织服装

图 1-11　长仿宋体汉字示例

B 型大写斜体

B 型小写斜体

B 型斜体

B 型直体

图 1-12　字母和数字示例

5．图线（GB/T 4457.4—2002、GB/T 17450—1998）

参照国际标准 ISO 128—20：1996，1998 年我国颁布了国家标准《技术制图　图线》（GB/T 17450—1998），规定了图线的基本线型。在绘制技术图样时，应遵循国标《技术制图　图线》的规定画法。

1) 基本线型

基本线型如表 1-5 所示。

表 1-5 基本线型图例

代号 No.	基 本 类 型	名 称
01		实线
02		虚线
03		间隔画线
04		点画线
05		双点画线
06		三点画线
07		点线
08		长画短画线
09		长画双短画线
10		画点线
11		双画单点线
12		画双点线
13		双画双点线
14		画三点线
15		双画三点线

2) 图线的尺寸

所有线型的图线宽度(d)应按图样的类型和尺寸大小在下列系数中选择:0.13 mm、0.18 mm、0.25 mm、0.35 mm、0.5 mm、0.7 mm、1.0 mm、1.4 mm、2 mm。

粗线、中粗线和细线的宽度比率为 4:2:1。

手工绘图时,线素(指不连续线的独立部分,如点、长度不同的画和间隔)的长度应符合表 1-6 的规定。

表 1-6 图线的构成

线 素	线 型 No.	长 度
点	04~07,10~15	$\leqslant 0.5d$
短间隔	02,04~15	$3d$
短画	08,09	$6d$
画	02,03,10~15	$12d$
长画	04~06,08,09	$24d$
间隔	03	$18d$

3）图线的应用

基本线型适用于各种技术制图,各技术领域也有各自的图线应用规定。《机械制图 图样画法　图线》(GB/T 4457.4—2002)中规定了机械图样中采用的各种线型及其应用 场合。表 1-7 列出的是机械制图中使用的 9 种线型。图 1-13 所示为常用图线应用举例。

表 1-7　　　　　　　　　　　　　　　　机械制图的图线格式及应用

序号	代码 No.	图线名称	图　线　格　式	图线宽度	一般应用
1		细实线		$d/2$	过渡线、尺寸线、尺寸界线、剖面线、重合断面的轮廓线、指引线、螺纹牙底线及辅助线等
2	01.1	波浪线		$d/2$	断裂处的边界线、视图与剖视图的分界线
3		双折线	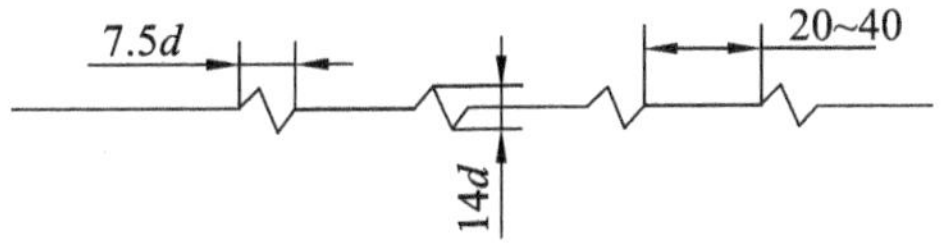 7.5d　　　　　　20～40　　14d	$d/2$	断裂处的边界线、视图与剖视图的分界线
4	01.2	粗实线	 d	d	可见轮廓线、表示剖切面起迄和转折的剖切符号
5	02.1	细虚线	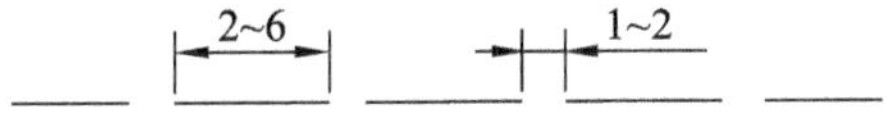 2～6　　1～2	$d/2$	不可见轮廓线
6	02.2	粗虚线	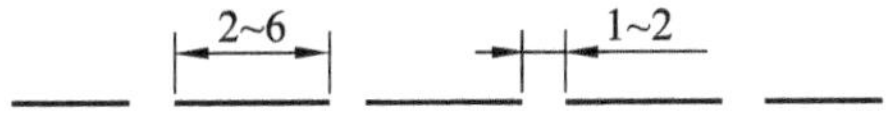 2～6　　1～2	d	允许表面处理的表示线
7	04.1	细点画线	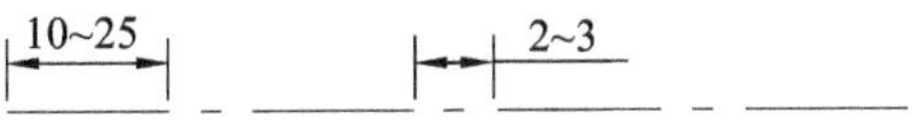 10～25　　2～3	$d/2$	轴线、对称中心线、剖切线等
8	04.2	粗点画线	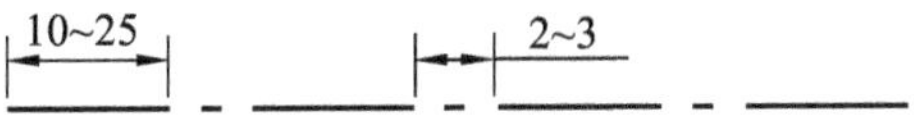 10～25　　2～3	d	限定范围表示线
9	05.1	细双点画线	 10～20　　3～4	$d/2$	相邻辅助零件的轮廓线、可动零件极限位置的轮廓线、轨迹线、中断线等

注:1.表中细虚线、细点画线、细双点画线的线段长度和间隔的数值仅供参考。

2.粗实线的宽度应根据图形的大小和复杂程度选取,一般取 $d=0.5～0.7$ mm。

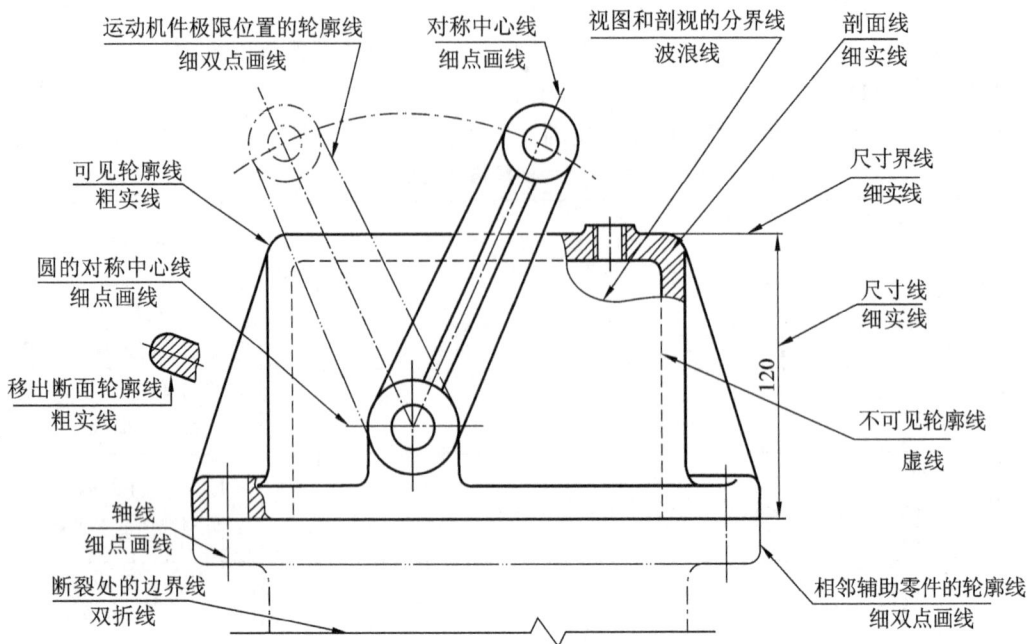

图 1-13　图线应用示例

手工绘制图样时,应注意:

(1)同一图样中同类图线的宽度应基本一致。细虚线、细点画线及细双点画线的线段长度和间隔应大致相同。

(2)两条平行线之间的距离应不小于粗实线的两倍宽度,其最小距离不得小于0.7 mm。

(3)绘制圆的对称中心线时,圆心应为画线的交点,且超出图形的轮廓线约 3～5 mm,如图 1-14 所示。

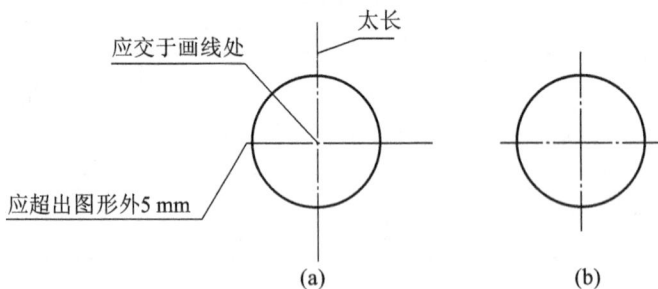

图 1-14　对称中心线的绘制

(a)错误;(b)正确

(4)在较小的图形上绘制点画线和双点画线有困难时,可用细实线代替。

(5)如图 1-15 所示,虚线与虚线相交或虚线与其他线相交,应在画线处相交;当虚线处在粗实线的延长线上时,粗实线应画到分界点而虚线应留有空隙;当虚线圆弧与虚线直线相切时,虚线圆弧应画到切点,而虚线直线应留有空隙。

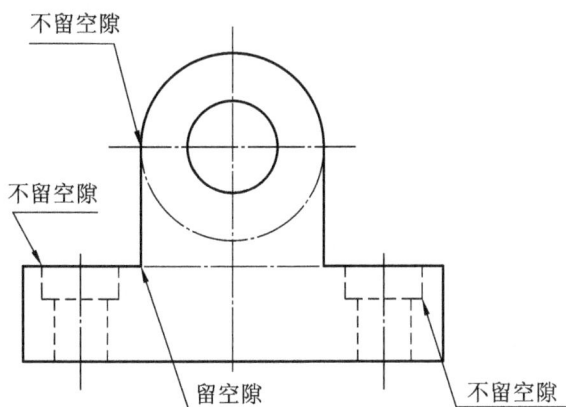

图 1-15　虚线连接处的画法

6. 尺寸注法（GB/T 4458.4—2003、GB/T 16675.2—2012）

图样除了表达形体的形状外,还应标注尺寸,以确定其大小。

1）基本规则

（1）机件的大小应以图样上所标注的尺寸数值为依据,与图形的大小及绘图的准确度无关。

（2）图样中(包括技术要求和其他说明)的尺寸,以 mm 为单位时,无须标注计量单位的代号或名称。采用其他单位时,则必须注明相应的计量单位的代号或名称。

（3）图样中所标注的尺寸,为该图样所示机件的最后完工尺寸,否则应另加说明。

（4）机件的每一尺寸,一般只标注一次,并应标注在反映该结构最清晰的图样上。

2）尺寸的组成及其注法

图样中的尺寸,一般由尺寸界线、尺寸线和尺寸数字组成。标注尺寸的基本方法如表 1-8 所示。

表 1-8　　　　　　　　　　　　　　　　尺寸注法

尺寸要素	图　　例	说　　明
尺寸界线		尺寸界线用细实线画出,一般由图形轮廓线、轴线或对称中心线处引出,必要时也可用轮廓线、轴线或中心线作尺寸界线,如图(a)所示 尺寸界线画成与尺寸线成直角并稍微超过尺寸线(约 2～3 mm),特别需要时尺寸界线可画成与尺寸线成适当的角度,这种情况下尺寸界线尽可能画成与尺寸线成 60°,如图(b)所示

尺寸要素	图 例	说 明
尺 寸 线	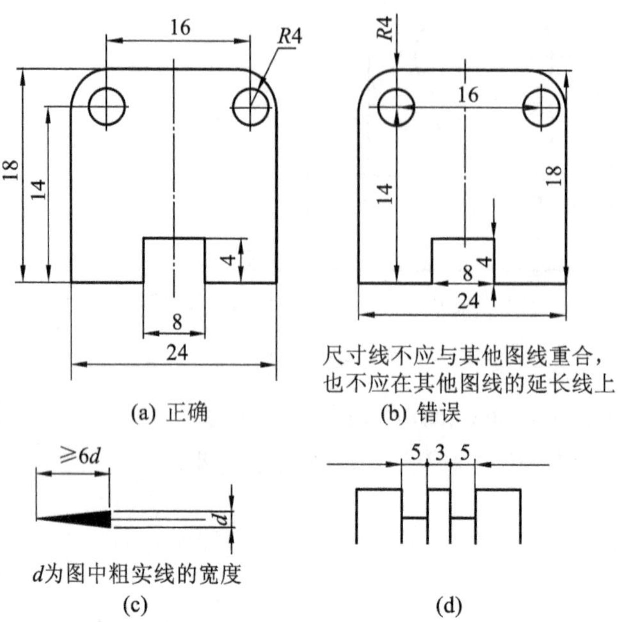 (a) 正确　(b) 错误 尺寸线不应与其他图线重合,也不应在其他图线的延长线上 (c)　(d) *d* 为图中粗实线的宽度	尺寸线用细实线绘制,且平行于所标注的线段。不能用其他图线代替,一般也不得与其他图线重合或画在其他图线的延长线上 互相平行的尺寸线,小尺寸在里,大尺寸在外,依次排列整齐 尺寸终端有箭头和斜线两种形式,机械图样一般用箭头形式,如图(c)所示。 当尺寸线太短没有足够的位置画箭头时,允许将箭头画在尺寸线外边;标注连续的小尺寸时可用圆点代替箭头,如图(d)所示
尺 寸 数 字	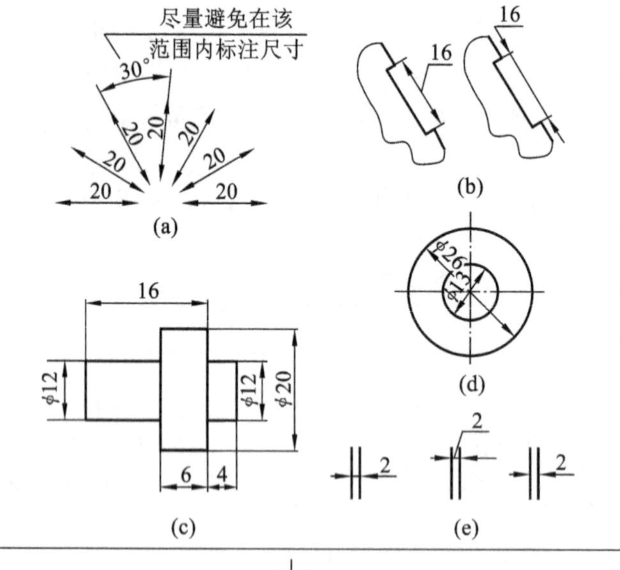 尽量避免在该范围内标注尺寸 (a)　(b) (c)　(d)　(e)	线性尺寸的数字应按图(a)所示的方向填写;图(a)中30°范围内,应按图(b)形式标注。尺寸数字一般应注写在尺寸线上方,当尺寸线为垂直方向时,应注写在尺寸线的左方,如图(c)所示 尺寸数字不可被任何图线所通过,否则必须将图线断开,如图(d)所示 狭小部位的尺寸数字按图(e)所示方式注写
角 度	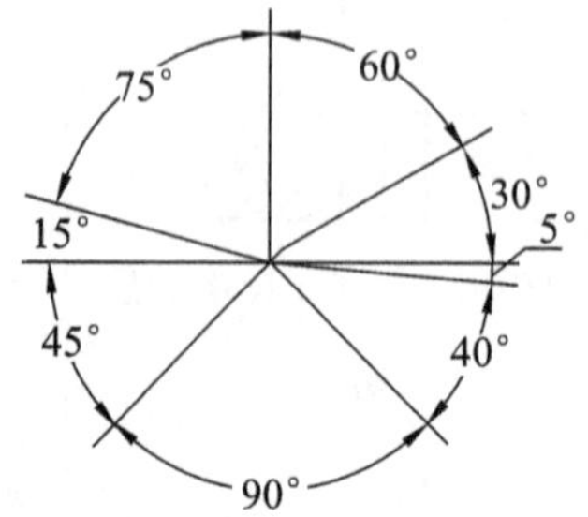	角度的尺寸界线应沿径向引出,尺寸线是以角的顶点为圆心画出的圆弧线。角度数字应水平注写。角度较小时也可用指引线引出标注

尺寸要素	图 例	说 明
标注有关符号		在尺寸数字的前面或后面加上符号,表达设计要求,常用的符号有:直径"ϕ"、半径"R"、球直径"$S\phi$"、球半径"SR"、正方形"□"、弧长"⌒"、厚度"t"、45°倒角"C"、均布"EQS"、理论正确尺寸"□"、参考尺寸"()"等 说明:整圆或大于半圆的圆弧一般标注直径尺寸,小于或等于半圆的圆弧一般标注半径尺寸,半径尺寸只能标注在圆弧图形上

3) 标注尺寸时应注意的问题

标注尺寸是一项耐心细致的工作,尺寸在图样中的排布要清晰、整齐、匀称。因此,除了按上述尺寸标注法标注尺寸之外,还应注意以下问题(如图 1-16 所示):

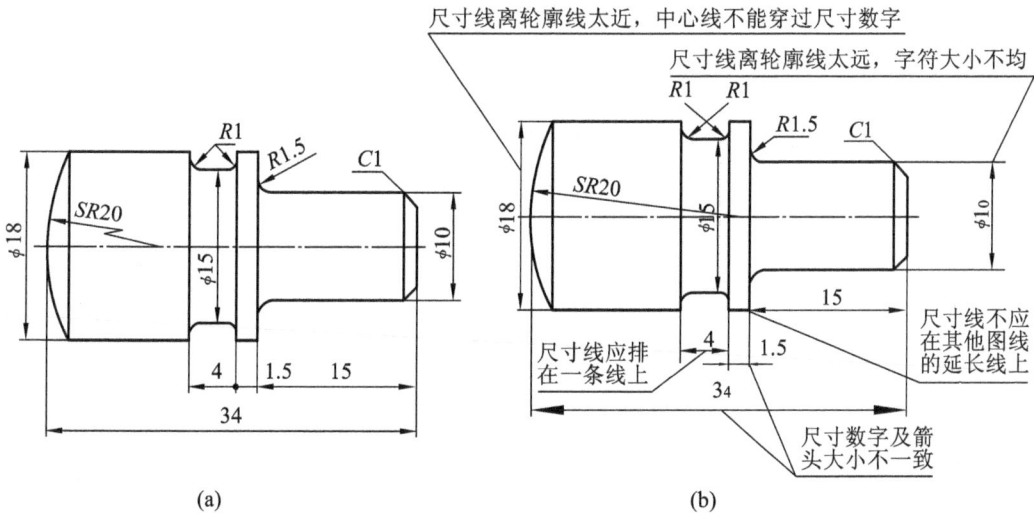

图 1-16   标注尺寸时应注意的问题

(a)好;(b)不好

（1）数字。在同一张图上基本尺寸的字高要一致,一般采用 3.5 号字,不能根据数值的大小而改变字符的大小;字符间隔要均匀;字体应严格按国标规定书写。

（2）箭头。在同一张图上箭头的大小应一致,机械图样中箭头一般为闭合的实心箭头。

（3）尺寸线。相互平行的尺寸线间距要相等。尽量避免尺寸线相交。

1.2.4　绘图工具和仪器的使用

想要快速准确地绘图,应了解常用绘图仪器的结构、性能和使用方法。随着加工制造工艺技术的进步,绘图仪器的功能与品质有了显著的改善。在此只介绍学生常用的绘图工具及仪器。

1. 铅笔

常用绘图铅笔有木杆和活动铅笔两种。铅芯的软硬程度分别以字母 B、H 及之前的数值表示。字母 B 前的数字越大表示铅芯越软,字母 H 前的数字越大表示铅芯越硬。标号 HB 表示软硬适中。画图时,通常用 H 或 2H 铅笔画底稿,用 B 或 HB 笔加粗、加深全图,写字时用 HB 铅笔。铅笔可修磨成圆锥形或矩形,圆锥形用于画细线及书写文字,矩形铅芯用于描深粗实线。铅笔削法如图 1-17 所示。

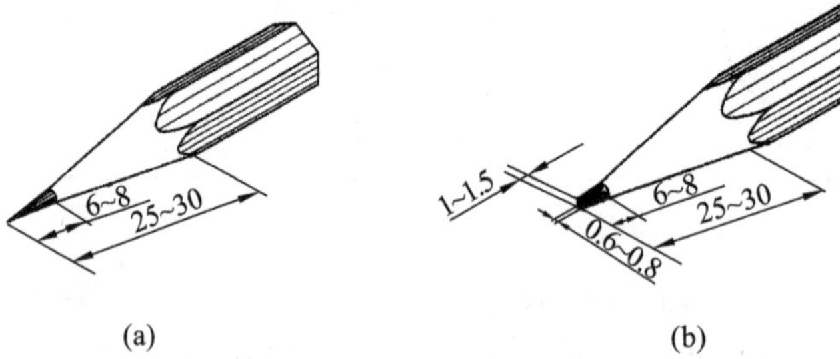

图 1-17　铅笔削法

(a)锥形;(b)矩形

图样上的线条应清晰光滑,色泽均匀。用铅笔绘图时,用力要均匀。用锥形笔芯的铅笔画长线时要经常转动笔杆,使图线粗细均匀。画线时笔身沿走笔方向所属的平面应垂直于纸面,如图 1-18(a)所示,也可略向尺外方向倾斜,铅笔与尺身之间没有空隙,如图 1-18(b)所示。笔身可向走笔方向倾斜约 60°,如图 1-18(c)所示。

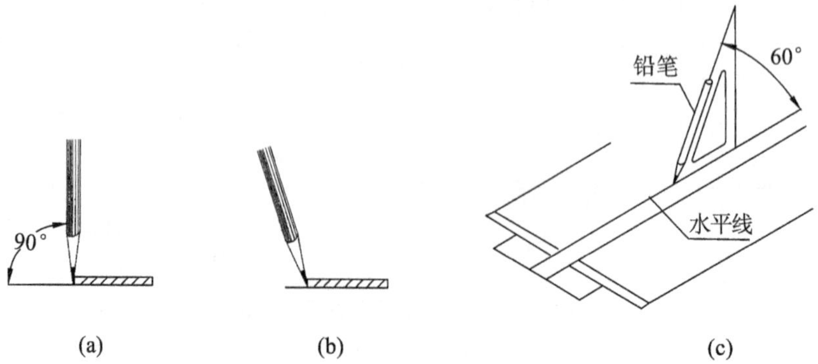

图 1-18　用铅笔画图

2. 图板和丁字尺

图板是用来支撑图纸的木板。板面应平坦光洁，木质纹理细腻，软硬适中。两端硬木工作边应平直，以防止图板变形。图板左侧边是丁字尺的导边。图板有不同大小的规格，根据需要来选定。

丁字尺由尺头和尺身两部分组成。丁字尺主要用于绘制水平线，也可与三角板配合绘制一些特殊角度的斜线，不能沿尺身下侧画线。作图时应使尺头靠紧图板左边，然后上下移动丁字尺，直至对准画线的位置，再自左至右画水平线。画较长水平线时，用左手按住尺身，以防止尺尾翘起和尺身摆动，如图 1-19 所示。丁字尺不用时，应垂直悬挂，以免尺身弯曲或折断。

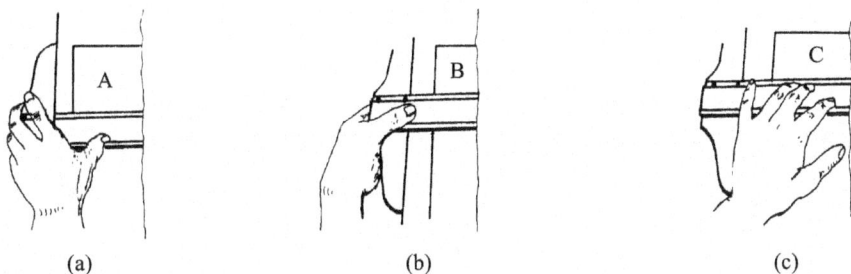

图 1-19　用图板和丁字尺作图
(a)移动至所需位置；(b)靠紧导边；(c)在定位时按住丁字尺

3. 三角板

一副三角板包括 45°三角板和 30°、60°三角板各一块。三角板主要用于配合丁字尺画垂直线，画 30°、45°、60°角度线等与水平线成 15°倍角的斜线，如图 1-20 所示。画垂直线时应自下而上画，如图 1-21 所示。用两三角板配合也可画出任意直线的水平线或垂直线，如图 1-22 所示。

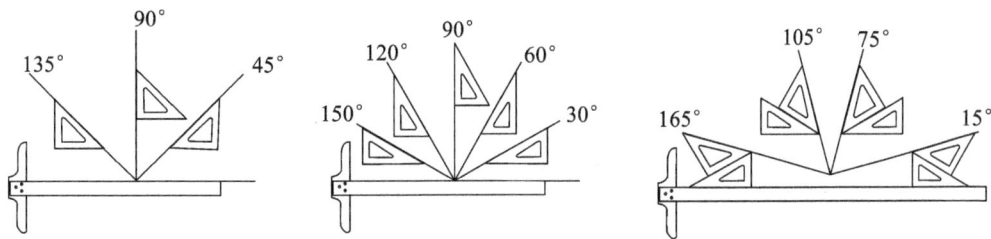

图 1-20　用三角板与丁字尺画特殊角度线

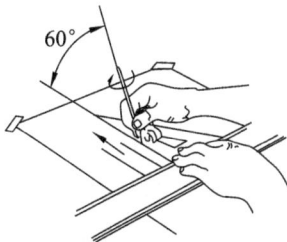

图 1-21　三角板配合丁字尺画垂直线

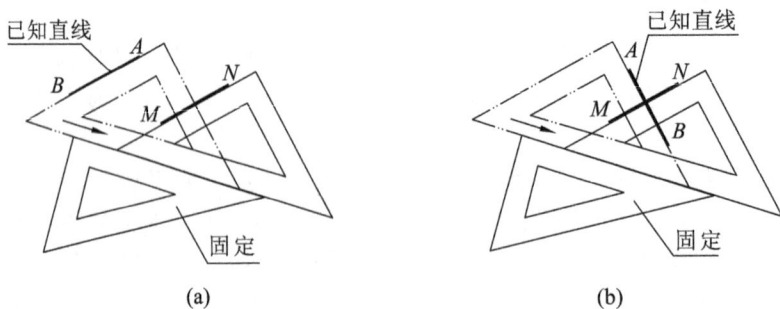

图 1-22 用三角板画平行线及垂直线

(a)画平行线;(b)画垂直线

4. 圆规和分规

圆规用来画圆和圆弧。圆规的一脚装有带台阶的小钢针,称为针脚,用来定圆心。圆规的另一脚可装上铅芯,称为笔脚。笔脚可替换使用铅笔芯、鸭嘴笔尖(上墨用)、延长杆(画大圆时用)和钢针(当分规用)。圆规的构造较多,常用的有大圆规、弹簧规和点圆规等,如图 1-23 所示。

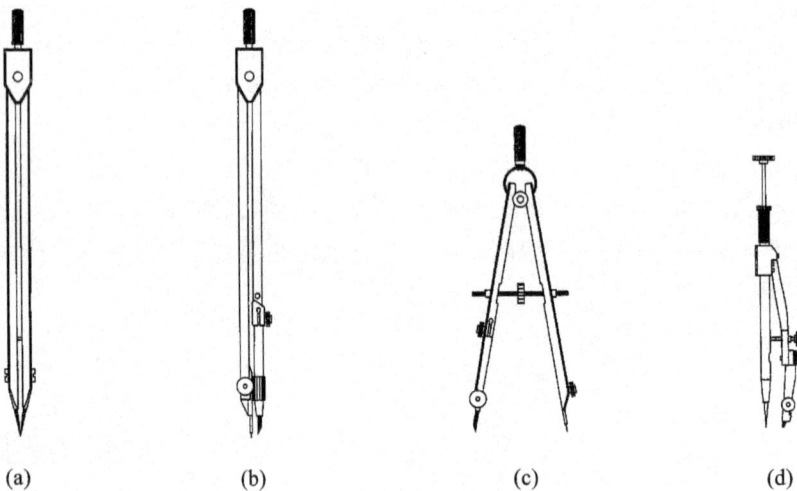

图 1-23 常用的圆规

(a)分规;(b)大圆规;(c)弹簧规;(d)点圆规

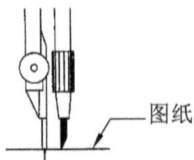

图 1-24 圆规的针脚

用圆规画圆时,应使针脚稍长于笔脚。当针尖插入图板后,钢针的台阶应与铅芯尖端平齐,如图 1-24 所示。

笔脚上铅芯应削成楔形,以便画出粗细均匀的圆弧,笔芯磨削方法如图 1-25 所示。

画图时,首先应确定圆心位置,并用细点画线画出正交(垂直正交)的中心线,再测量圆弧的半径,然后用右手转动圆规手柄,均匀地沿顺时针方向画圆,如图 1-26 所示。画较大尺寸的圆弧时,笔脚与针脚均应弯折到与纸面垂直,如图 1-27 所示。画小圆时常用点圆规或弹簧规,如图 1-28 所示,也可用模板画小圆。

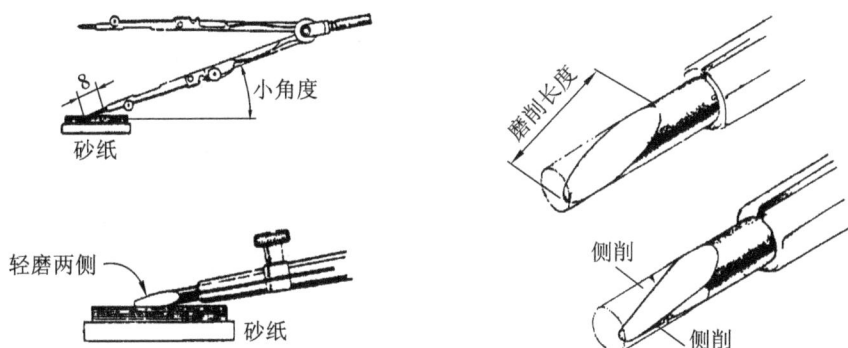

图 1-25　圆规笔脚上铅芯磨削方法

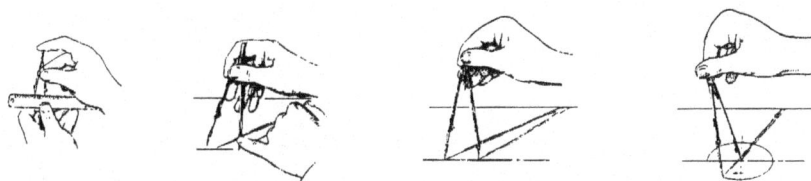

图 1-26　用圆规画圆弧

图 1-27　画大圆弧

(a)用大圆规;(b)用加长杆

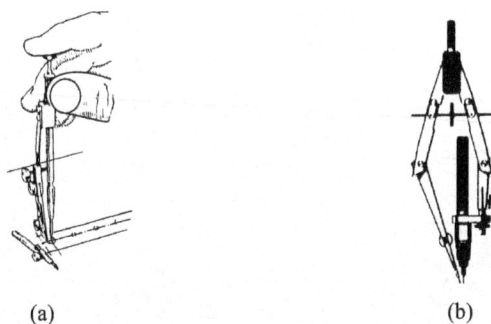

图 1-28　画小圆

(a)用点圆规;(b)用弹簧规

5．其他常用绘图工具

在工程制图中常用的绘图工具还有：比例尺（三棱尺）、曲线板、鸭嘴笔、针管笔和模板等。

作图时，为了方便尺寸换算，将工程上常用比例按照标准的尺寸刻度换算为缩小比例刻度或放大比例刻度刻在尺上，具有此类刻度的尺称为比例尺。当确定了某一比例后，可以不用计算，直接按照尺面所刻的数值，截取或读出实际线段在比例尺上所反映的长度。

曲线板是用来画非圆曲线。首先要定出曲线上足够数量的点，再徒手将各点连成曲线，然后选择曲线板上曲率相吻合的部分分段画出各段曲线。注意应留出各段曲线末端的一小段曲线不画，用于连接下一段曲线，这样曲线才显得圆滑，如图 1-29 所示。

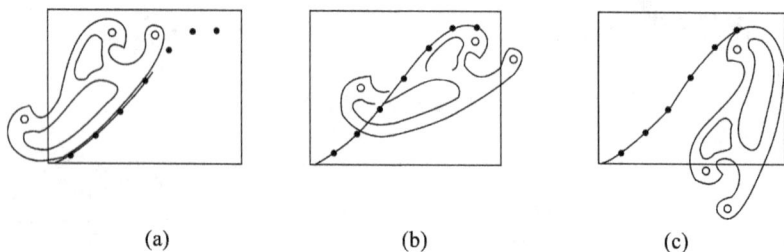

| (a) | (b) | (c) |

图 1-29　用曲线板绘制曲线

鸭嘴笔和针管笔都是用来描图的专用工具。

为了提高绘图速度，可使用各种功能的绘图模板直接描画图形。有适合绘制各种专用图样的模板，如六角头螺栓模板、椭圆模板、字格符号模板等。模板作图快速简便，但作图时应注意对准定位线。

1.2.5　几何作图

所谓几何作图，就是依照给定的条件，准确地绘出预定的几何图形。若遇到一些复杂的图形，必须学会分析图形并掌握基本的几何作图方法，才能准确无误地绘制出来。

1．基本作图方法

表 1-9 列出的是常用的作图方法。

表 1-9　　　　　　　　　　　　　　常用的基本作图方法

作图要求	图　　例	说　明
等分直线段		过已知线段的一端点，画任意角度的直线，并用分规自线段的起点量取 n 等分。将等分的最末点与已知线段的另一端点相连，再过各等分点作该线的平行线与已知直线相交即得到等分点

续表

作图要求	图　　例	说　明
六等分圆周及画正六边形	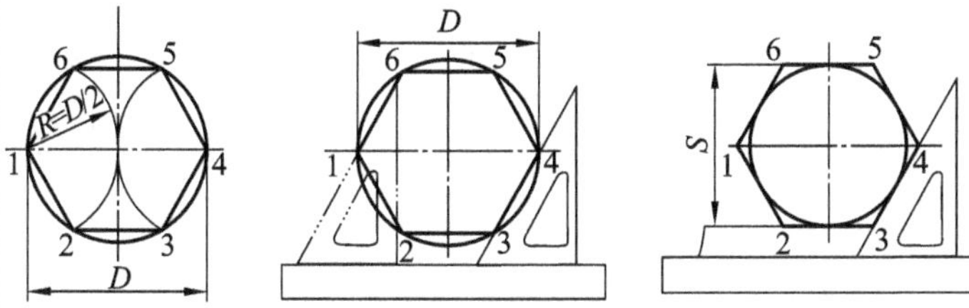 　六等分圆周作正六边形　　已知对角距作圆内接正六边形　　已知对边距作圆外切正六边形	按作图方法,分为用三角板作图和圆规作图两种 按已知条件,有已知对角距作圆内接正六边形和已知对边距作圆外切正六边形两种
过点作已知斜度的斜度线	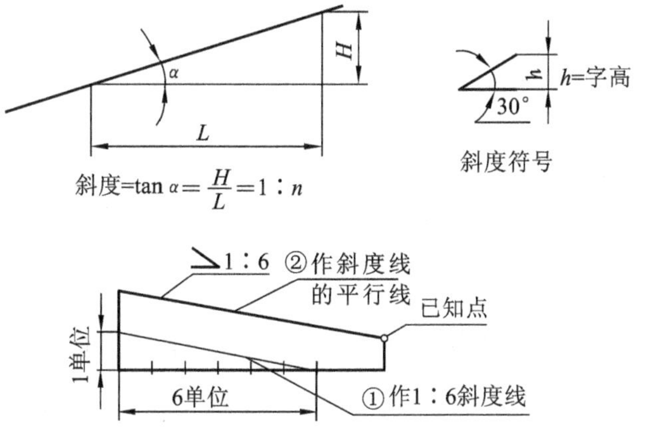 　斜度=$\tan\alpha=\dfrac{H}{L}=1:n$　斜度符号　②作斜度线的平行线　已知点　①作1:6斜度线	斜度是指一直线(或平面)相对另一直线(或平面)的倾斜程度,斜度大小用这两条直线(或平面)夹角的正切来表示,并把比值化为 1:n。图形中在比值前加注斜度符号"∠",符号斜边的方向应与斜度的方向一致。作图方法如左图所示
过点作已知锥度的锥度线	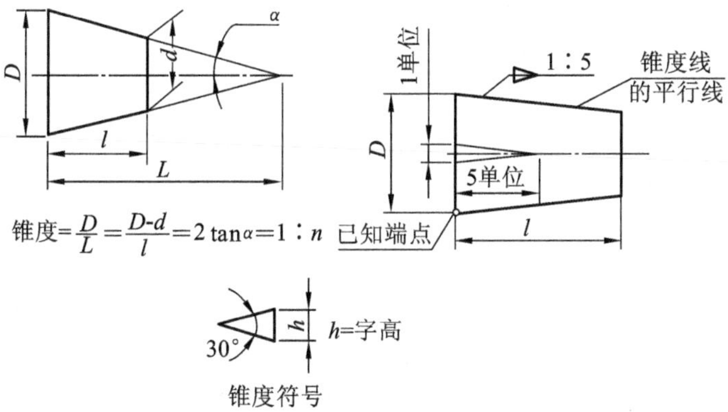 　锥度=$\dfrac{D}{L}=\dfrac{D-d}{l}=2\tan\alpha=1:n$　锥度线的平行线　已知端点　锥度符号	锥度是指正圆锥底圆直径与圆锥高度之比,即锥度=$D/L=(D-d)/l$,并把比值化成 1:n 的形式,在图形中用锥度符号"▷"作比值前缀,符号方向应与锥度方向一致。作图方法如左图所示

作图要求	图例	说明
作与已知圆相切的直线	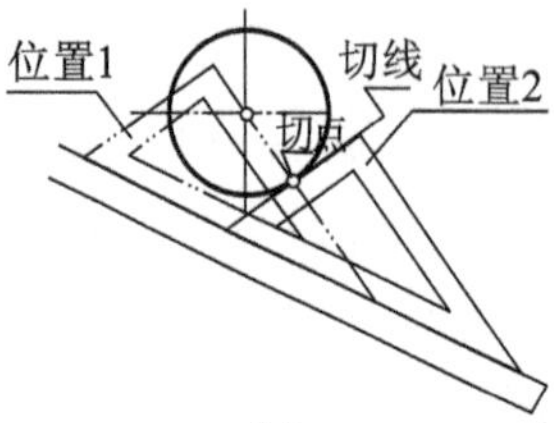 (a) 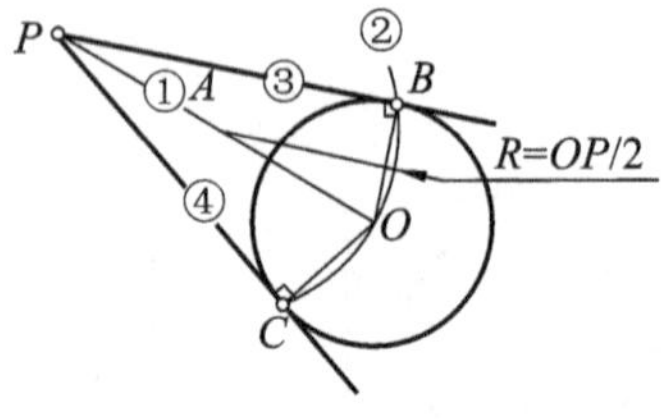 (b) 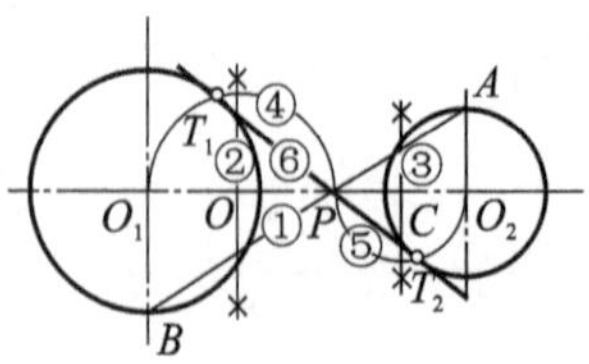 (c) 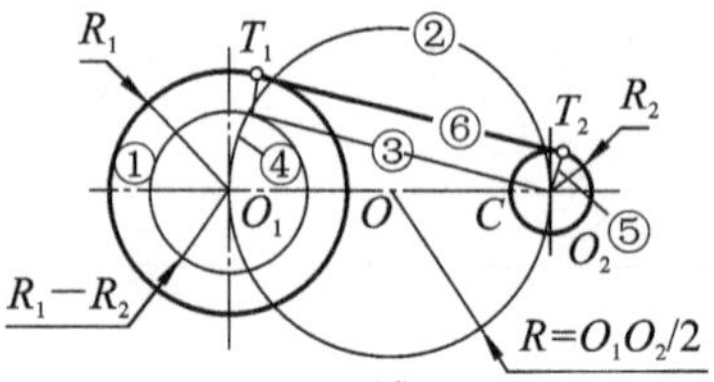 (d)	与圆相切的直线,垂直于该圆心与切点的连线。根据这个性质,利用三角板的两直角边,便可作圆的切线。如图(a)所示 也可用几何作图的方法,求作圆的切线。图(b)所示是过圆外一点作圆的切线,图(c)是作两圆的内公切线,图(d)是作两圆的外公切线
用圆弧与已知线段相切连接	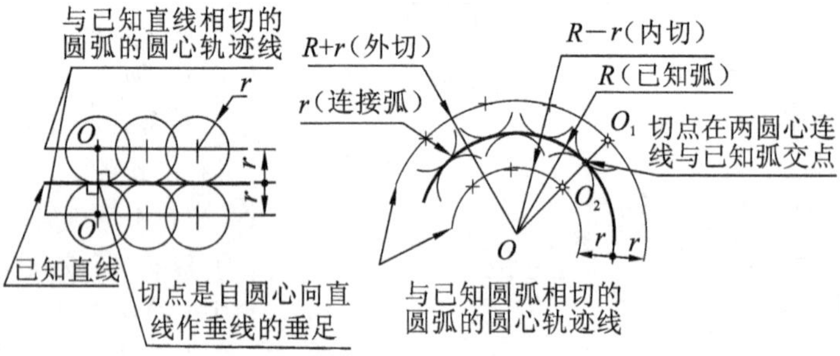	用一段圆弧(半径为 r)光滑地连接(即相切于)相邻已知线段的作图方法叫做圆弧连接 作图关键是确定连接弧的圆心位置及与已知线段的切点 圆弧连接分圆弧与直线相切、圆弧与圆弧外切、圆弧与圆弧内切三种情况

2. 圆弧连接作图举例

根据基本作图的方法,可以进行圆弧连接作图,表 1-10 所示是圆弧连接作图举例。

表 1-10 　　　　　　　　　　　圆弧连接作图举例

已知条件	作图方法和步骤		
	1.求连接弧圆心 O	2.求连接点(切点)A、B	3.画连接弧并描粗
圆弧连接两已知直线 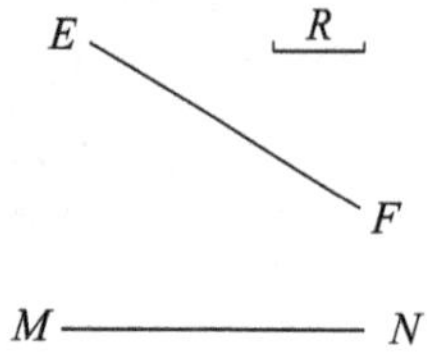 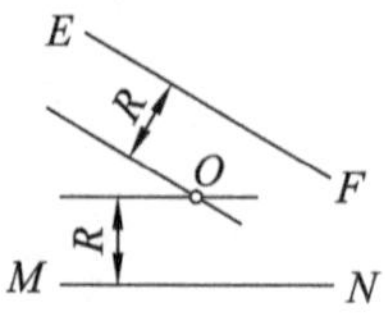 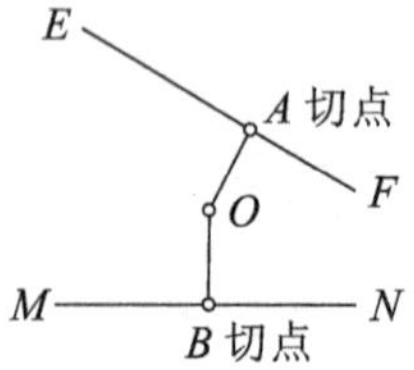 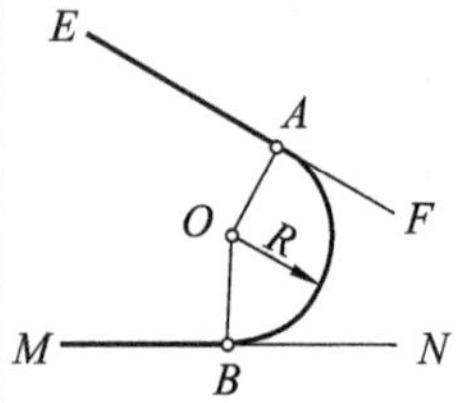			

续表

已知条件	作图方法和步骤		
	1. 求连接弧圆心 O	2. 求连接点(切点)A、B	3. 画连接弧并描粗
圆弧连接已知直线和圆弧 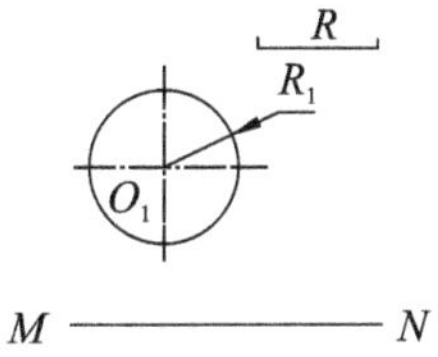 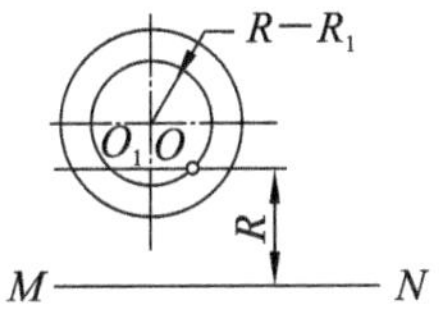 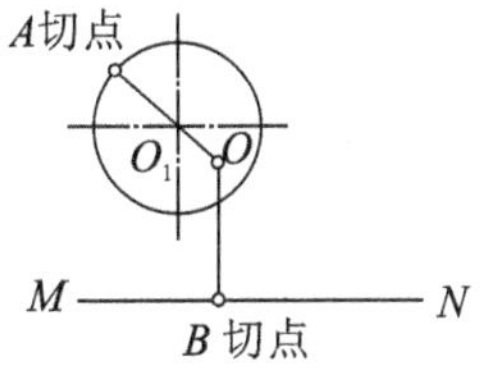 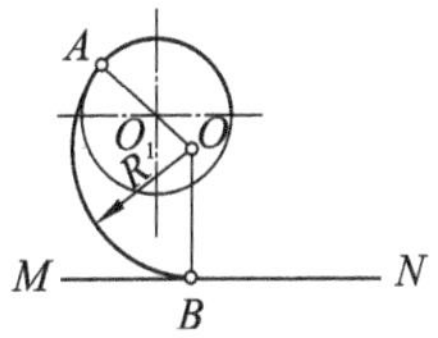			
圆弧外切连接两已知圆弧 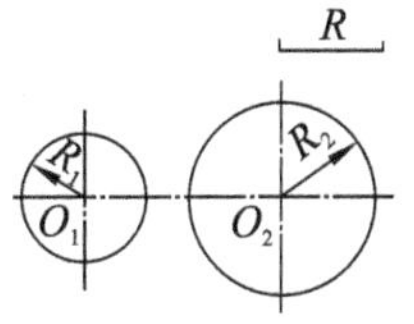 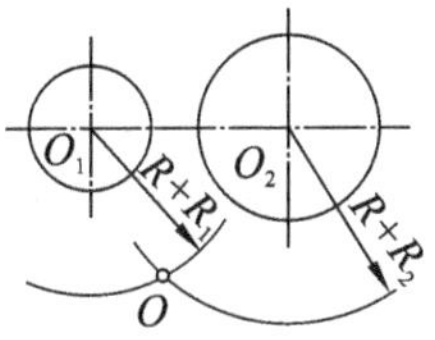 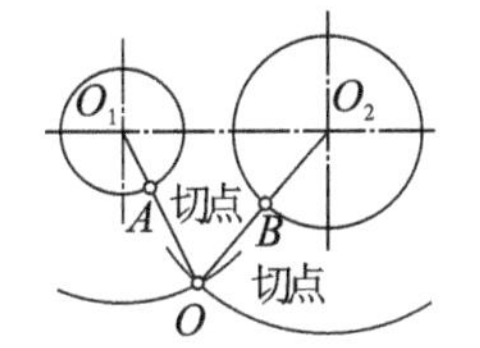 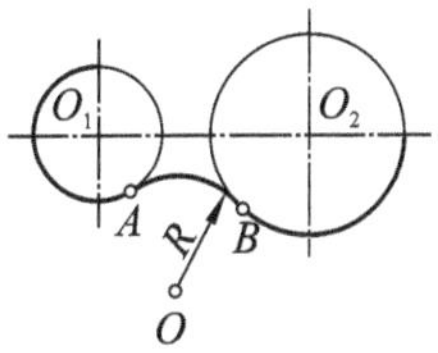			
圆弧内切连接两已知圆弧 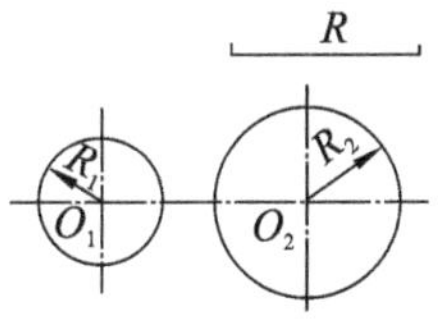 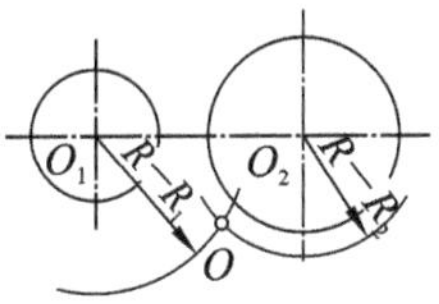 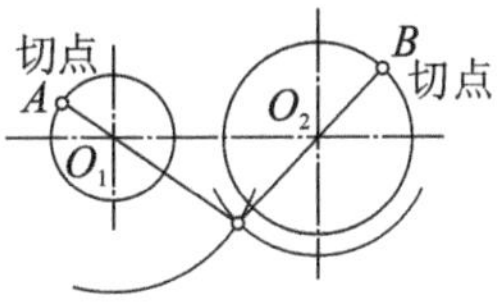 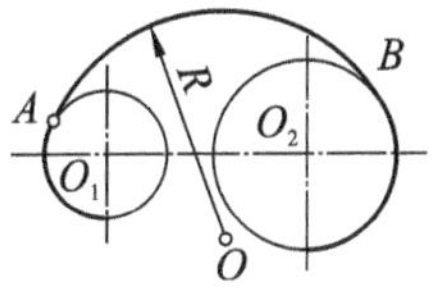			
圆弧分别内外切连接两已知圆弧 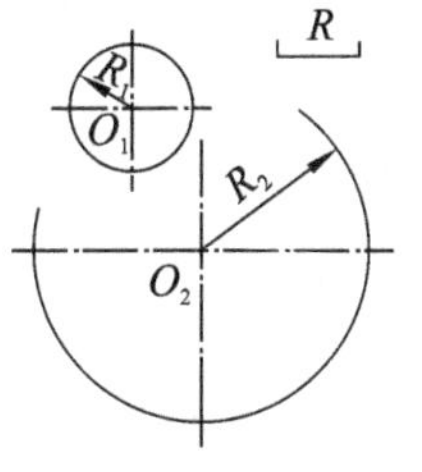 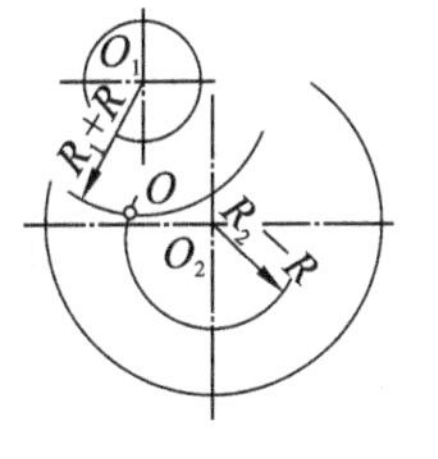 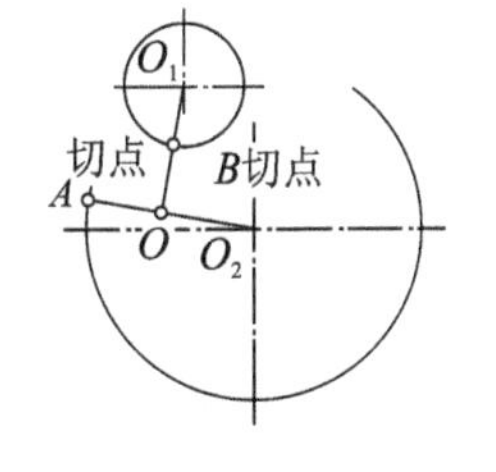 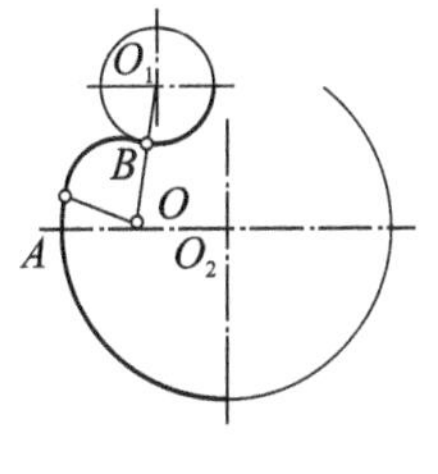			

1.2.6　平面图形的尺寸分析及画法

1. 平面图形的尺寸分析

平面图形上的尺寸,按作用可分为定形尺寸和定位尺寸两类。

1) 定形尺寸

定形尺寸是指确定平面图形上几何元素形状大小的尺寸,如图 1-30 中的 $\phi15$、$\phi30$、$R18$、$R30$、$R50$、80 和 10。一般情况下确定几何图形所需定形尺寸的个数是一定的,如直线的定形尺寸是长度,圆的定形尺寸是直径,圆弧的定形尺寸是半径,正多边形的定形尺寸是边长,矩形的定形尺寸是长和宽两个尺寸等。

2) 定位尺寸

定位尺寸是指确定各几何元素相对位置的尺寸,如图1-30中的70、50、80。确定平面图形位置需要两个方向的定位尺寸,即水平方向和垂直方向,也可以以极坐标的形式定位,即半径加角度。

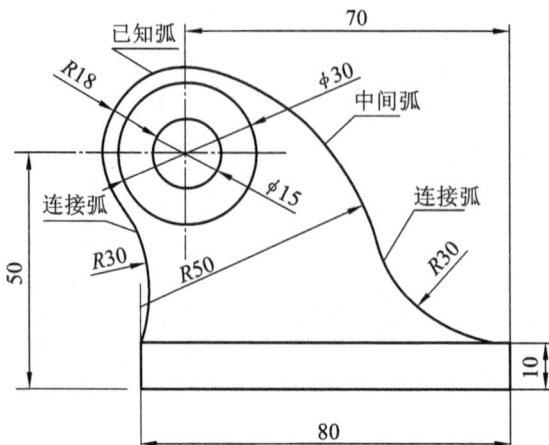

图1-30 平面图形的尺寸分析与线段分析

注意:有时一个尺寸可以兼有定形和定位两种作用。如图1-30中的80,既是矩形的长,也是 R50 圆弧的横向定位尺寸。

3) 尺寸基准

标注尺寸的起点叫做尺寸基准。平面图形中尺寸基准是点或线,常用的点基准有圆心、球心、多边形中心点、角点等,线基准往往是图形的对称中心线或图形中的边线。

2. 线段分析

平面图形由若干条线段构成,准确作图时必须依据图样中所标注尺寸。每一条线段都应在知道其定形、定位尺寸后才能着手作图。但是在一幅图形中并不是每一条线段都注有齐全的定形及定位尺寸,有些线段的定形或定位尺寸是通过与相邻线段之间的几何约束来确定的。常见的几何约束有:平齐、平行、垂直、相切等。如果一条线段具有某些几何约束,在图形中就应相应地去掉一些定位或定形尺寸,而这样的线段可通过几何作图的方法准确地作出。由于几何约束是相对的,因此在绘制靠几何关系定位或定形的线段时,一定要先画出几何约束的基准线段。

绘制平面图形时的关键问题是如何确定作图的顺序。确定作图顺序的关键是对平面图形进行线段分析,分析图形的构成,各线段的几何关系,每个线段的定形、定位尺寸是否齐全。根据线段所具有的定形、定位尺寸情况,可以将线段分为以下三类:

1) 已知线段

定形、定位尺寸齐全的线段,称为已知线段。作图时该类线段可以直接根据尺寸作图,如图1-30中的 φ15 和 φ30 的圆、R18 的圆弧、80和10的直线均属已知线段。

2) 中间线段

只有定形尺寸和一个定位尺寸的线段,称为中间线段。作图时必须根据该线段与相邻已知线段的几何关系,通过几何作图的方法确定另一个定位尺寸后才能作出,如图1-30中 $R50$ 的圆弧。

3）连接线段

只有定形尺寸没有定位尺寸的线段,称为连接线段。其定位尺寸需根据与该线段相邻的两线段的几何关系,通过几何作图的方法求出,如图 1-30 中的两个 $R30$ 的圆弧。

注意:在两条已知线段之间,可以有多条中间线段,但必须而且只能有一条连接线段。否则,尺寸将出现缺少或多余。

3. 平面图形的尺寸注法

平面图形尺寸标注的基本要求是:正确、齐全、清晰。在标注尺寸时,应分析图形各部分的构成,确定尺寸基准,先注定形尺寸,再注定位尺寸。通过几何作图可以确定的线段,不要标注尺寸。尺寸标注应符合国家标准的有关规定,尺寸在图上的布局要清晰。尺寸标注完成后应进行检查,看是否有遗漏或重复。可以按画图过程进行检查,画图时没有用到的尺寸如果是重复尺寸应去掉,如果按所标注尺寸无法完成作图,说明尺寸不足,应补上所需尺寸。表 1-11 所示为几种平面图形尺寸的标准示例。

表 1-11　　　　　　　　　　　　　　平面图形的尺寸标注示例

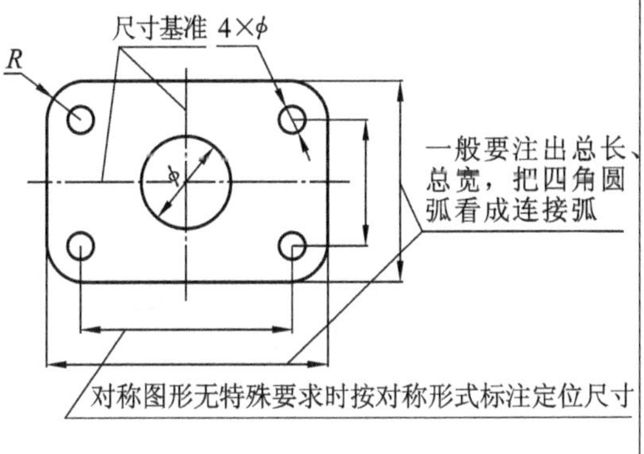

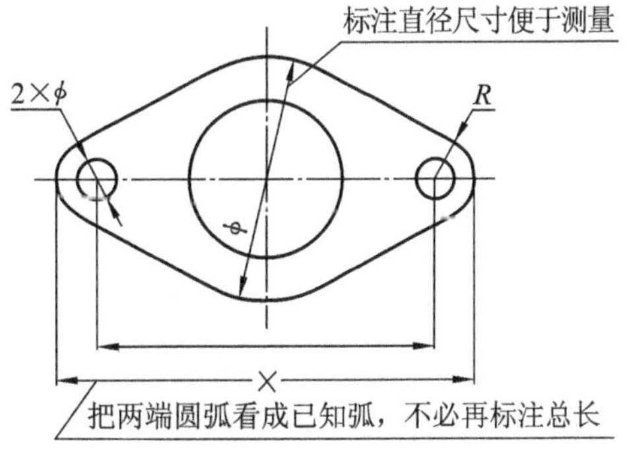

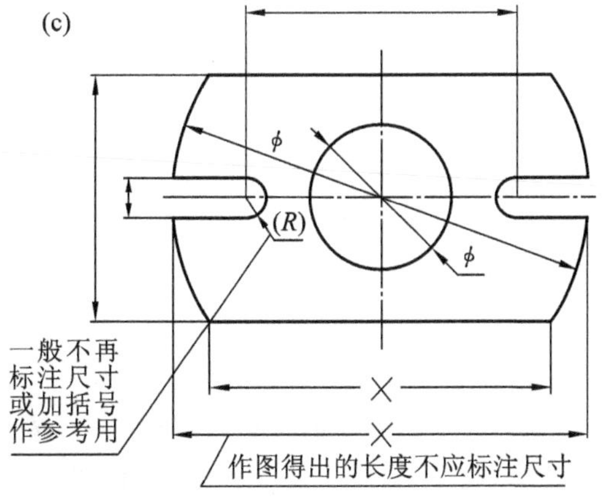

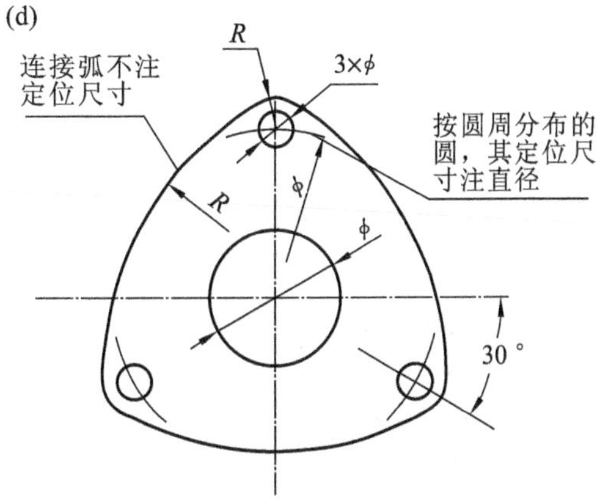

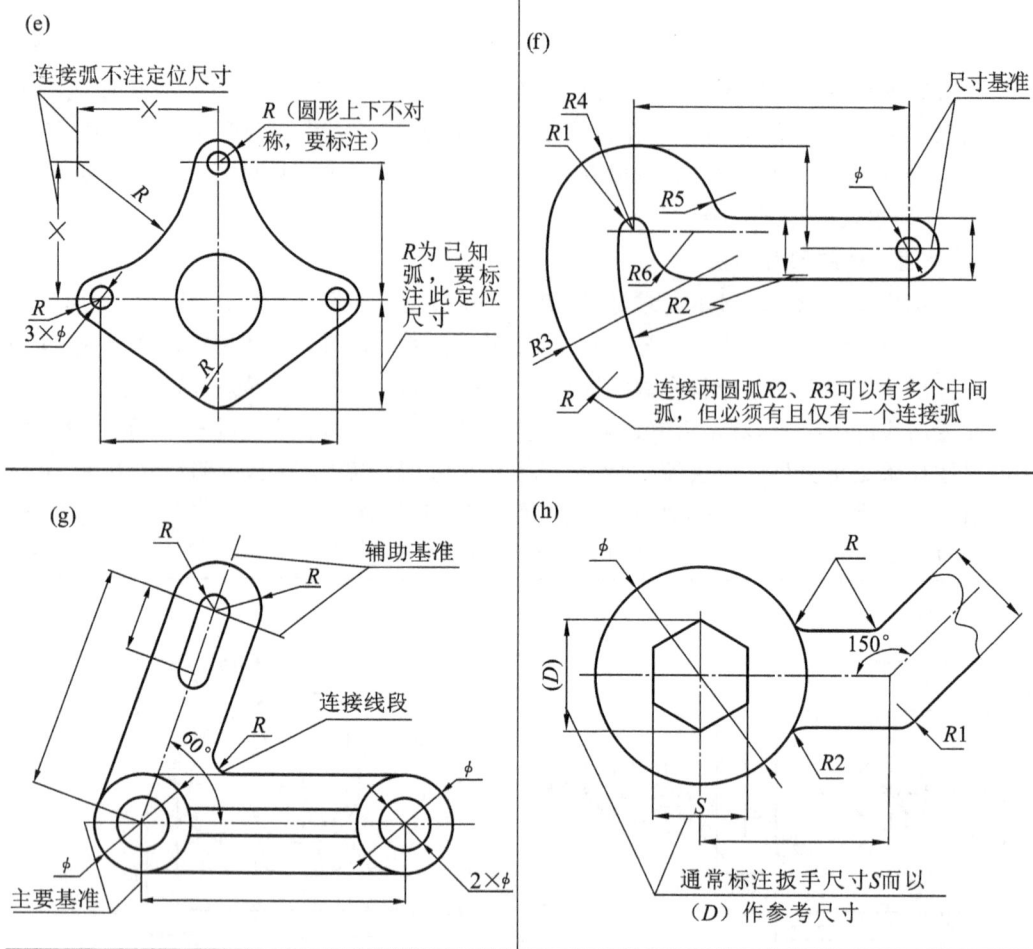

1.2.7 投影法及三视图的形成

1. 投影法

投影法是指投射线通过物体，向选定的面投射，并在该面上得到图形的方法。如图
1-31 所示，设定平面 P 为投影面，不属于投影面的定点 S 为投射中心。过空间点 A 由投
影中心可引直线 SA，SA 称投射线。投射线 SA 与投影面 P 的交点 a，称为空间点 A 在
投影面 P 上的投影。同理，b 点是空间点 B 在投影面 P 上的投影（注：空间点以大写字母
表示，如 A、B、C，其投影用相应的小写字母表示，如 a、b、c）。

2. 投影法的分类

1）中心投影法

投射线都从投射中心出发的投影法，称为中心投影法。所得的投影，称为中心投影，
如图 1-32 所示。

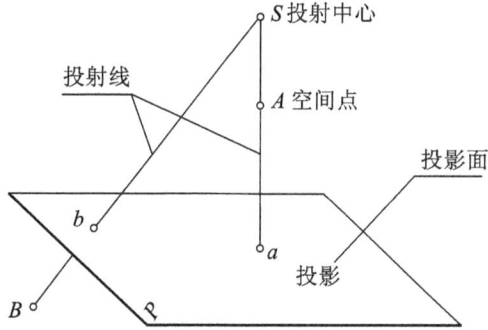

图 1-31　投影法

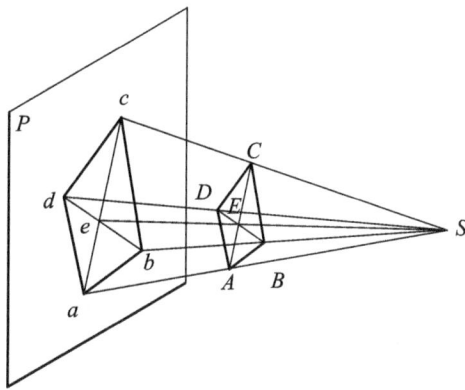

图 1-32　中心投影法

2）平行投影法

若将投影中心 S 移到离投影面无穷远处，则所有的投射线都相互平行，这种投射线相互平行的投影方法，称为平行投影法，所得投影称为平行投影。根据投射线与投影面是否垂直，平行投影法可分为两种：

（1）斜投影法——投射线倾斜于投影面。由斜投影法得到的投影，称为斜投影，如图 1-33 所示。

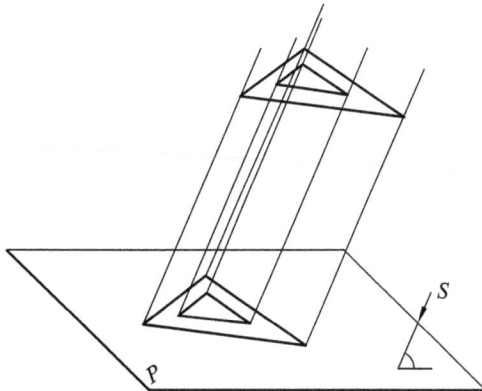

图 1-33　平行投影法之———斜投影

（2）正投影法——投射线垂直于投影面。由正投影法得到的投影，称为正投影，如图1-34所示。

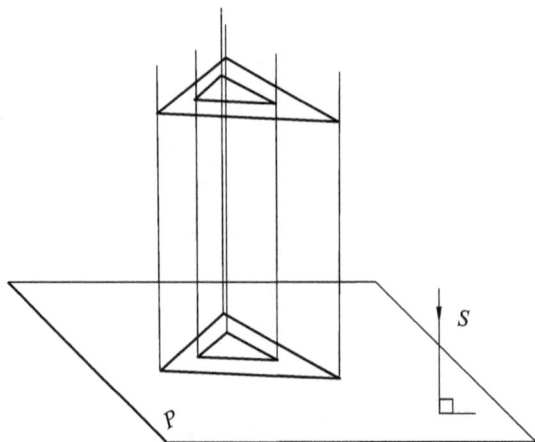

图 1-34　平行投影法之二——正投影

绘制工程图样主要用正投影，今后如不作特别说明，"投影"即指"正投影"。

3）正投影法基本特性

（1）真实性。平面(或直线段)平行于投影面时，其投影反映实形(或实长)，这种投影性质称为真实性或全等性。

（2）积聚性。平面(或直线段)垂直于投影面时，其投影积聚为线段(或一点)，这种投影性质称为积聚性。

（3）类似性。平面(或直线段)倾斜于投影面时，其投影变小(或变短)，但投影形状与原来形状相类似，这种投影性质称为类似性。

3. 三视图的形成

一般工程图样大都是采用正投影法绘制的正投影图，根据有关标准和规定，用正投影法所绘制出的物体的图形称为视图。

1）三投影面体系

如图 1-35 所示，三投影面体系由三个相互垂直的投影面组成，其中 V 面称为正立投影面，简称正面；H 面称为水平投影面，简称水平面；W 面称为侧立投影面，简称侧面。在三投影面体系中，两投影面的交线称为投影轴：V 面与 H 面的交线为 OX 轴，H 面与 W 面的交线为 OY 轴，V 面与 W 面的交线为 OZ 轴。三条投影轴的交点为原点，记为 O。三个投影面把空间分成八部分，称为八个分角。分角 I，II，III，IV，…，VIII 的划分顺序如图 1-35 所示。

2）三视图的形成

如图 1-36(a)所示，将物体放在三投影面体系内，分别向三个投影面投射。为了使所得的三个投影处于同一平面上，保持 V 面不动，将 H 面绕 OX 轴向下旋转 $90°$，W 面绕 OZ 轴向右旋转 $90°$，与 V 面处于同一平面上，如图 1-36(b)和 1-36(c)所示。这样，便得到物体的三个视图。V 面上的视图称为主视图，H 面上的视图称为俯视图，W 面上的视图称为左视图。在画视图时，投影面的边框及投影轴不必画出，三个视图的相对位置不能变

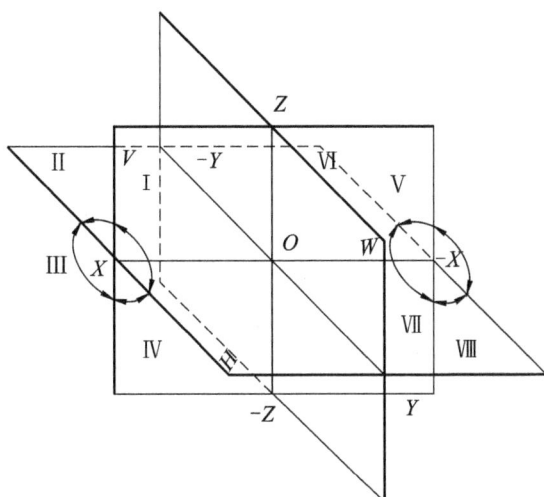

图 1-35   三投影面体系

动,即俯视图在主视图的下边,左视图在主视图的右边,三个视图的配置如图 1-36(d)所示。三个视图的名称均不必标注。

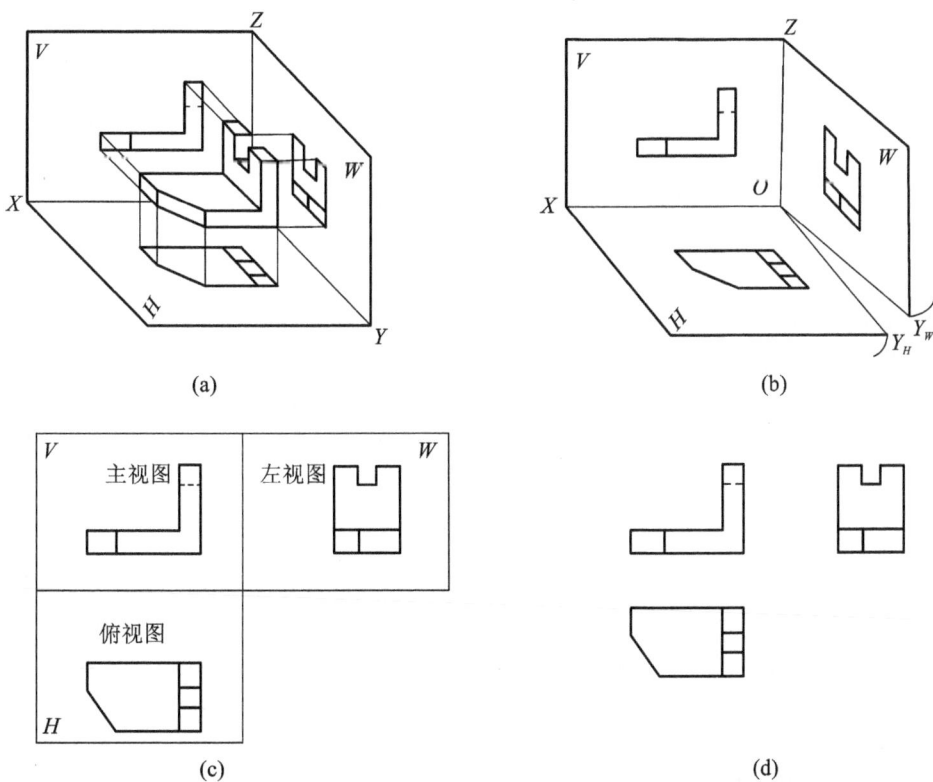

(a)

(b)

(c)

(d)

图 1-36   三视图的形成

3) 三视图之间的度量对应关系

物体有长、宽、高三个方向的尺寸。物体左右间的距离为长度,前后间的距离为宽度,上下间的距离为高度,如图 1-37 所示。主视图和俯视图都反映物体的长,主视图和左视图都反映物体的高,俯视图和左视图都反映物体的宽。三视图之间的投影关系可归纳为:主视图、俯视图长对正,主视图、左视图高平齐,俯视图、左视图宽相等,即"长对正,高平齐,宽相等"。这种"三等"关系是三视图的重要特性,也是画图和看图的主要依据。

4) 三视图与物体方位的对应关系

物体有上、下、左、右、前、后六个方位,如图 1-37 所示,主视图能反映物体的左右和上下关系,左视图能反映物体的上下和前后关系,俯视图能反映物体的左右和前后关系。

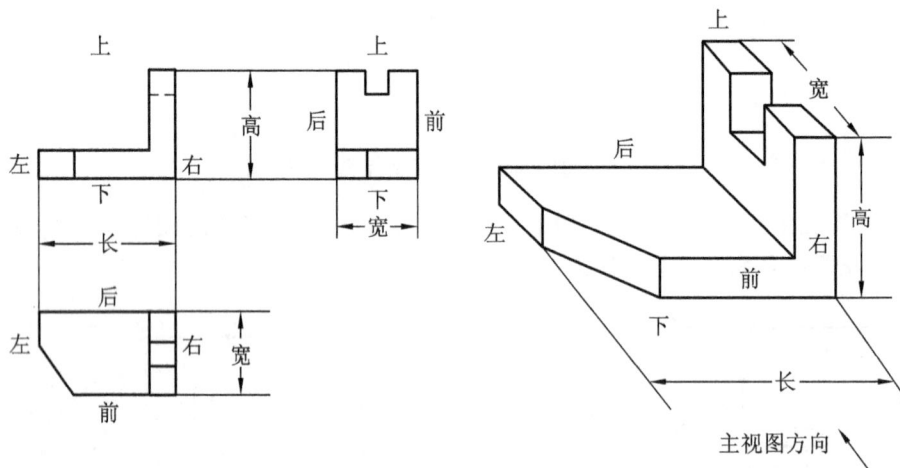

图 1-37 三视图的度量对应关系和方位关系

1.2.8 点的投影

1. 点的三面投影

如图 1-38(a)所示,第一分角内有一点 A,将其分别向 V、H、W 面投影,即得点的三面投影。其中,V 面上的投影称为正面投影,记为 a';H 面上的投影称为水平投影,记为 a;W 面上的投影称为侧面投影,记为 a''。

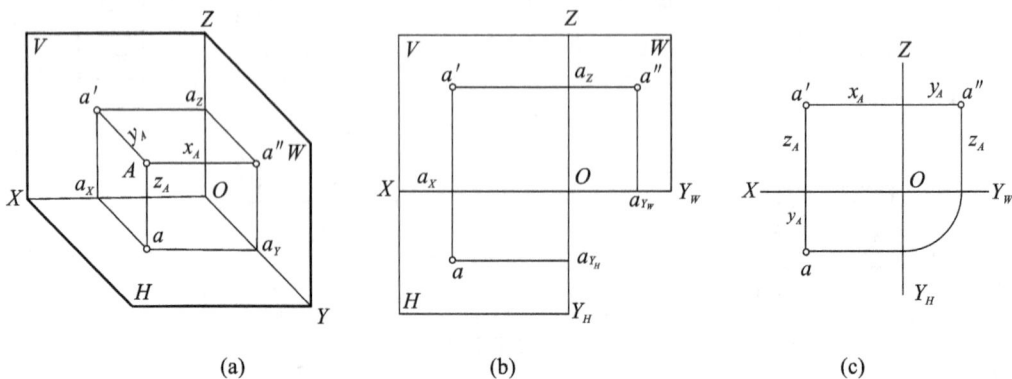

(a)　　　　(b)　　　　(c)

图 1-38 第一分角内点的投影图

移去空间点 A，保持 V 面不动，将 H 面绕 OX 轴向下旋转 $90°$，W 面绕 OZ 轴向右旋转 $90°$，与 V 面处于同一平面，得到点 A 的三面投影图，如图 1-38(b)所示。图中 OY 轴被假想地分为两条：随 H 面旋转的称为 OY_H 轴，随 W 面旋转的称为 OY_W 轴。投影图中不必画出投影面的边界，如图 1-38(c)所示。

2. 点的三面投影与直角坐标的关系

如图 1-35 所示，若将三投影面体系当作笛卡儿直角坐标系，则投影面 V、H、W 相当于坐标面，投影轴 OX、OY、OZ 相当于坐标轴 X、Y、Z，原点 O 相当于坐标原点 O。原点把每一个轴分成两部分，并规定：OX 轴从 O 点向左为正，向右为负；OY 轴向前为正，向后为负；OZ 轴向上为正，向下为负。因此，第一分角内点的坐标值均为正。

如图 1-38 所示，点 A 的三面投影与其坐标间的关系如下：

(1) 空间点的任一投影，均反映了该点的某两个坐标值，即 $a(x_A,y_A)$，$a'(x_A,z_A)$，$a''(y_A,z_A)$。

(2) 空间点的每一个坐标值，反映了该点到某投影面的距离，即：

$$x_A = aa_{Y_H} = a'a_Z = A \text{ 到 } W \text{ 面的距离}$$
$$y_A = aa_X = a''a_Z = A \text{ 到 } V \text{ 面的距离}$$
$$z_A = a'a_X = a''a_{Y_W} = A \text{ 到 } H \text{ 面的距离}$$

由上可知，点 A 的任意两个投影反映了点的三个坐标值。有了点 A 的一组坐标 (x_A, y_A, z_A)，就能唯一确定该点的三面投影 a、a'、a''。

3. 点的三面投影规律

如图 1-38(a)所示，投射线 Aa 和 Aa' 构成的平面 Aa_Xa' 垂直于 H 面和 V 面，则必垂直于 OX 轴，因而 $aa_X \perp OX$，$a'a_X \perp OX$。当 a 随 H 面绕 OX 轴旋转全与 V 面平齐后，a、a_X、a' 三点共线，且 $a'a \perp OX$，如图 1-38(c)所示。同理可得，点 A 的正面投影与侧面投影的连线垂直于 OZ 轴，即 $a'a'' \perp OZ$。

空间点 A 的水平投影到 OX 轴的距离和侧面投影到 OZ 轴的距离均反映该点的 y 坐标，故 $aa_X = a''a_Z = y_A$。

综上所述，点的三面投影规律为：

① 点的正面投影与水平投影的连线垂直于 OX；

② 点的正面投影与侧面投影的连线垂直于 OZ；

③ 点的水平投影与侧面投影具有相同的 y 坐标。

4. 两点间的相对位置

两点间的相对位置是指空间两点之间上下、左右、前后的位置关系。

根据两点的坐标，可判断空间两点间的相对位置。两点中，x 坐标值大的在左，y 坐标值大的在前，z 坐标值大的在上。图 1-39(a)中，$x_A > x_B$，则点 A 在点 B 之左；$y_A > y_B$，则点 A 在点 B 之前；$z_A > z_B$，则点 A 在点 B 之上。即点 A 在点 B 之左、前、上方，如图 1-39(b)所示。

5. 重影点及其可见性

属于同一条投射线上的点，在该投射线所垂直的投影面上的投影重合为一点。空间

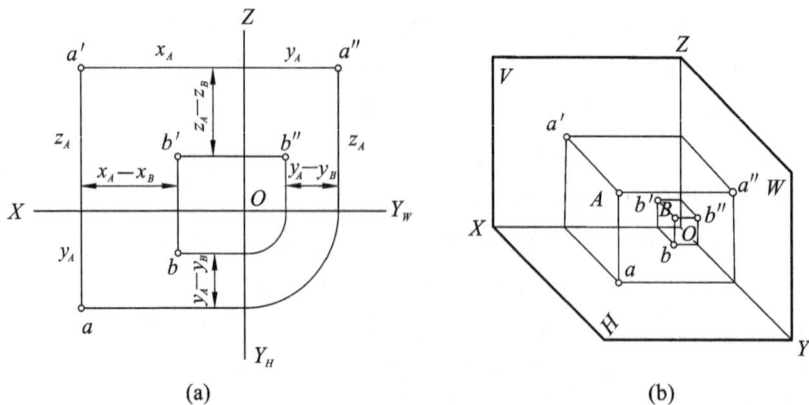

(a)

(b)

图 1-39　两点间的相对位置

的这些点,称为该投影面的重影点。图 1-40(a)中,空间两点 A、B 属于对 H 面的一条投射线,则点 A、B 称为 H 面的重影点,其水平投影重合为一点 $a(b)$。同理,点 C、D 称为对 V 面的重影点,其正面投影重合为一点 $c'(d')$。

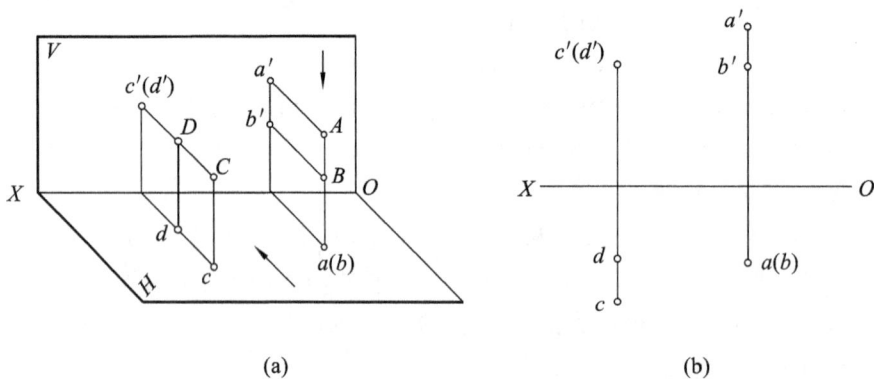

(a)

(b)

图 1-40　重影点和可见性

当空间两点在某投影面上的投影重合时,其中必有一点的投影遮挡着另一点的投影,这就出现了重影点的可见性问题。图 1-40(b)中,点 A、B 为 H 面的重影点,由于 $z_A > z_B$,点 A 在点 B 的上方,故 a 可见,b 不可见(点的不可见投影加括号表示)。同理,点 C、D 为 V 面的重影点,由于 $y_C > y_D$,点 C 在点 D 的前方,故 c' 可见,d' 不可见。

显然,重影点是那些两个坐标值相等,第三个坐标值不等的空间点。因此,判断重影点的可见性,是根据它们不等的坐标值来确定的,即坐标值大的可见,坐标值小的不可见。

1.2.9　直线的投影

1. 直线的投影

直线的投影可由属于该直线的两点的投影来确定。一般用直线段的投影表示直线的投影,即作出直线段上两端点的投影,则该两点的同面投影连线即为直线段的投影,如图 1-41 所示。

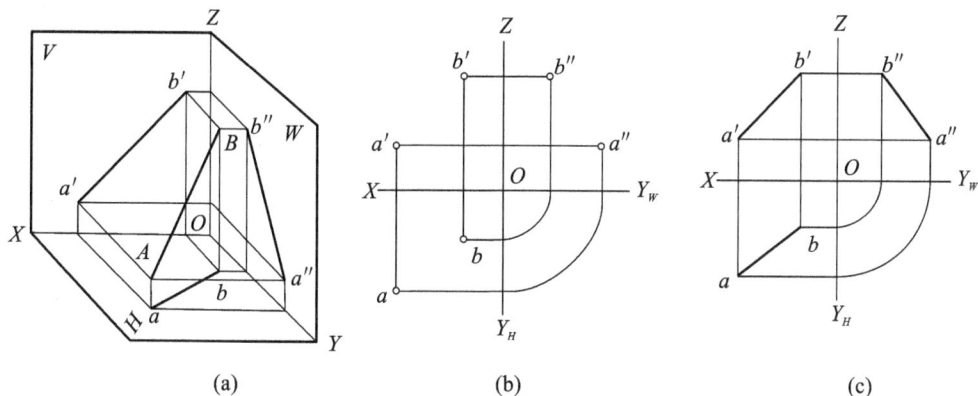

图 1-41　直线的投影

2. 各种位置直线的投影

根据直线在投影面体系中对三个投影面所处的位置不同,可将直线分为一般位置直线、投影面平行线和投影面垂直线三类。其中,后两类统称为特殊位置直线。

$$
直线
\begin{cases}
特殊位置直线
\begin{cases}
投影面平行线——平行于某投影面,倾斜于其余两投影面的直线\\
投影面垂直线——垂直于某投影面,平行于其余两投影面的直线
\end{cases}\\
一般位置直线——与三个投影面都倾斜的直线
\end{cases}
$$

直线对 H、V、W 三个投影面的倾角,分别用 α、β、γ 表示,如图 1-42(a)所示。

1) 投影面平行线的投影

投影面平行线中,与正面平行的直线称为正平线,与水平面平行的直线称为水平线,与侧面平行的直线称为侧平线。

表 1-12 列出了三种投影面平行线的立体图、投影图和投影特性。

从表 1-12 中正平线的立体图可知:

因为 $ABb'a'$ 是矩形,所以 $a'b'\,/\!/\,AB$,$a'b'=AB$;

因为 AB 上各点与 V 面等距,即 y 坐标相等,所以 $ab\,/\!/\,OX$,$a''b''\,/\!/\,OZ$;

因为 $a'b'\,/\!/\,AB$,$ab\,/\!/\,OX$,$a''b''\,/\!/\,OZ$,所以 $a'b'$ 与 OX、OZ 的夹角,即为 AB 对 H 面、W 面的真实倾角 α、γ。

表 1-12　　　　　　　　　　　　　　投影面平行线

名称	正平线	水平线	侧平线
立体图			

续表

名称	正平线	水平线	侧平线
投影图	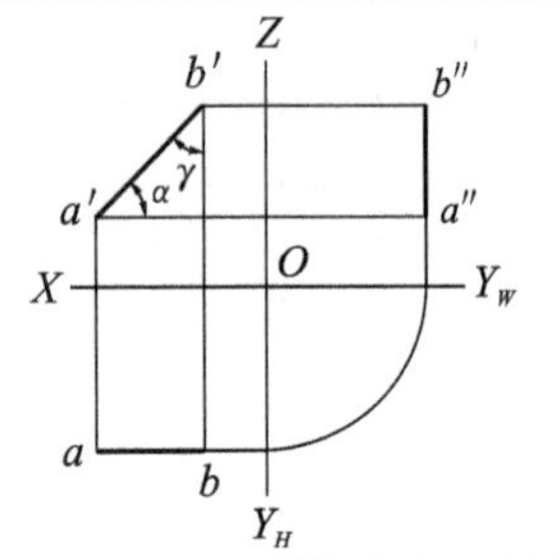	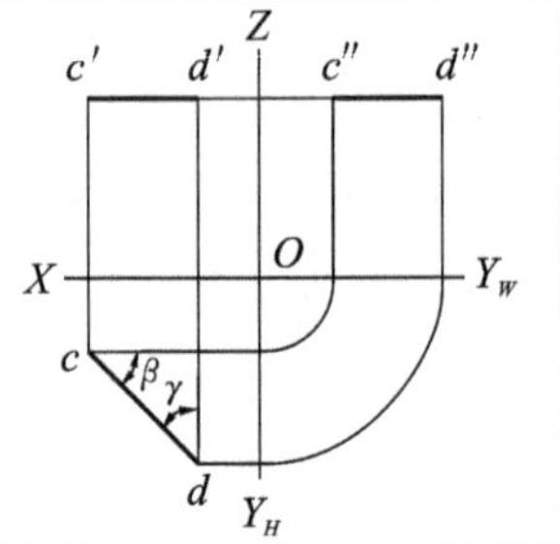	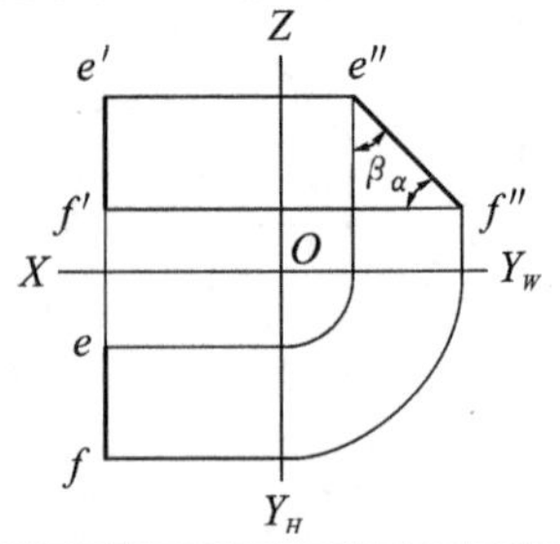
实例			
投影特性	① $a'b'$ 反映实长和实际倾角 α、γ； ② $ab /\!/ OX$，$a''b'' /\!/ OZ$，长度缩短	① cd 反映实长和实际倾角 β、γ； ② $c'd' /\!/ OX$，$c''d'' /\!/ OY_W$，长度缩短	① $e''f''$ 反映实长和实际倾角 α、β； ② $e'f' /\!/ OZ$，$ef /\!/ OY_H$，长度缩短

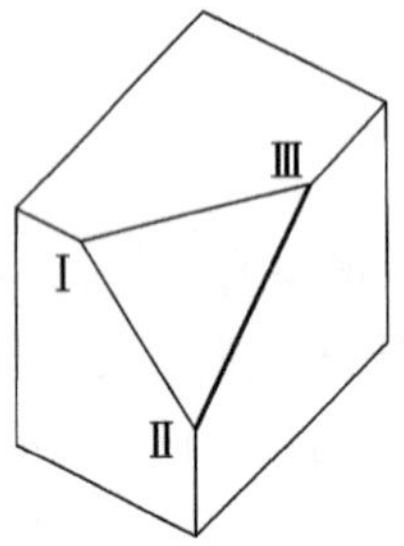

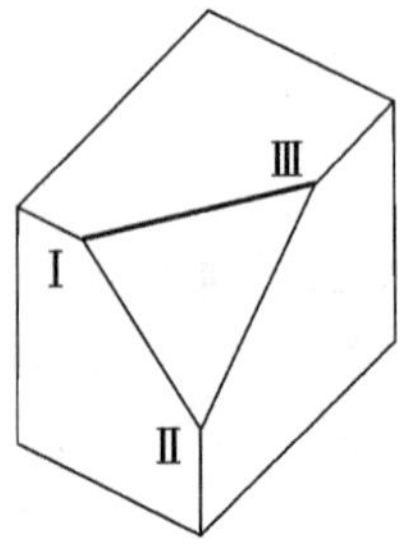

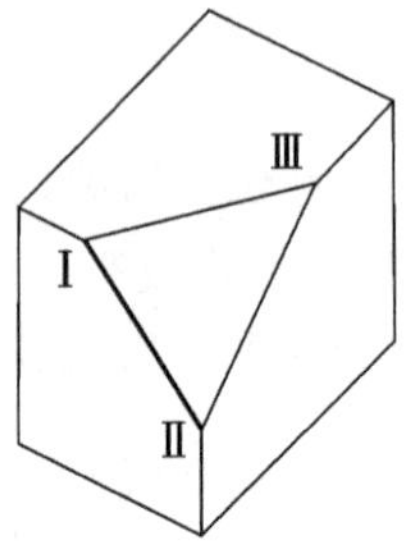

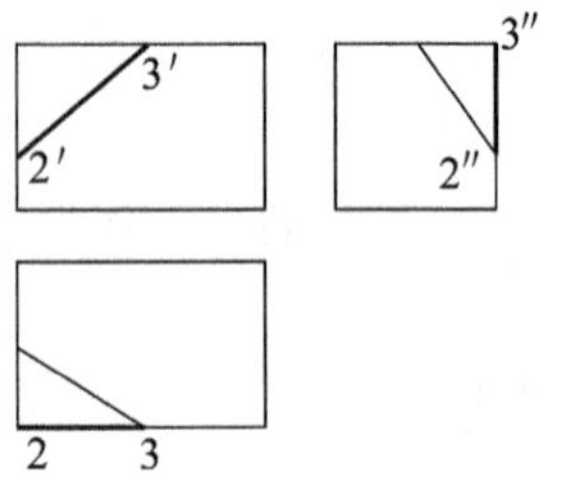

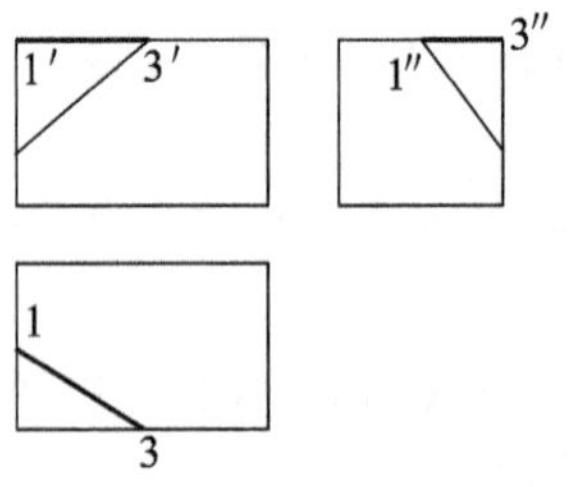

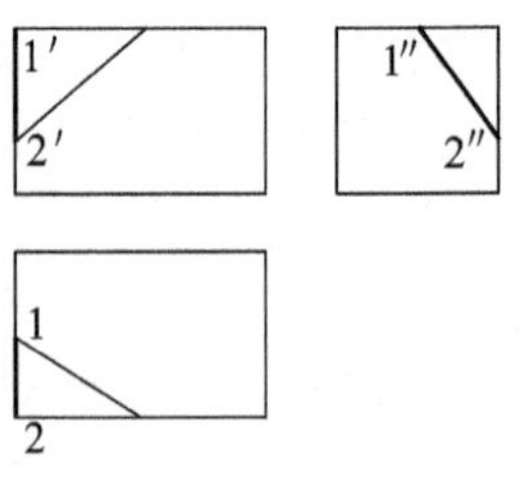

同时还可以看出：$ab = AB\cos\alpha < AB$，$a''b'' = AB\cos\gamma < AB$。

通过以上证明可得出表 1-12 中所列的正平线的投影特性。同理，也可以证明水平线和侧平线的投影特性。

从表 1-12 中可概括出投影面平行线的投影特点：

（1）在所平行的投影面上的投影反映实长（实形性），它与投影轴的夹角分别反映直线对另两投影面的真实倾角。

（2）在另两投影面上的投影，分别平行于相应的投影轴，且长度缩短。

2）投影面垂直线的投影

投影面垂直线中，与正面垂直的直线称为正垂线，与水平面垂直的直线称为铅垂线，与侧面垂直的直线称为侧垂线。

表 1-13 列出了三种投影面垂直线的立体图、投影图和投影特性。

表 1-13　　　　　　　　　　　　　　投影面垂直线

名称	正垂线	铅垂线	侧垂线
立体图	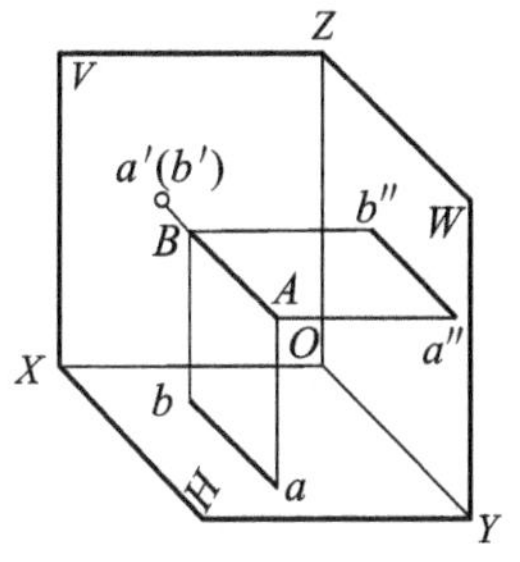	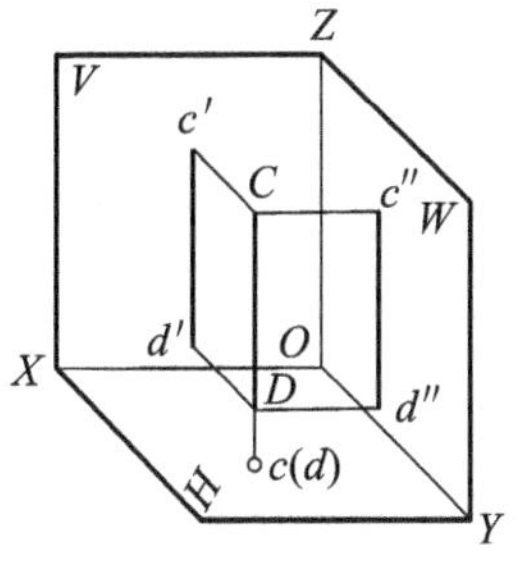	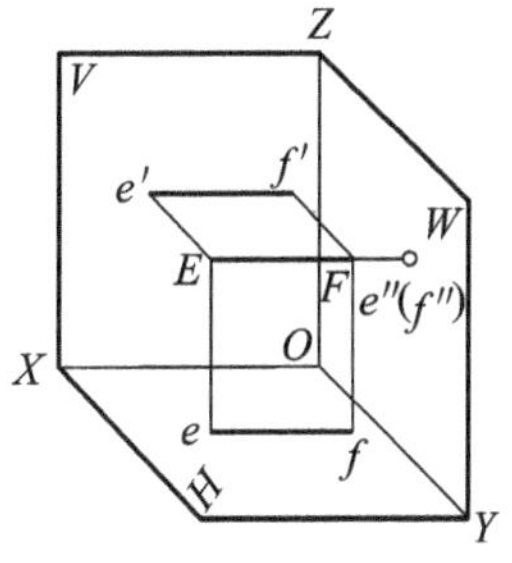
投影图	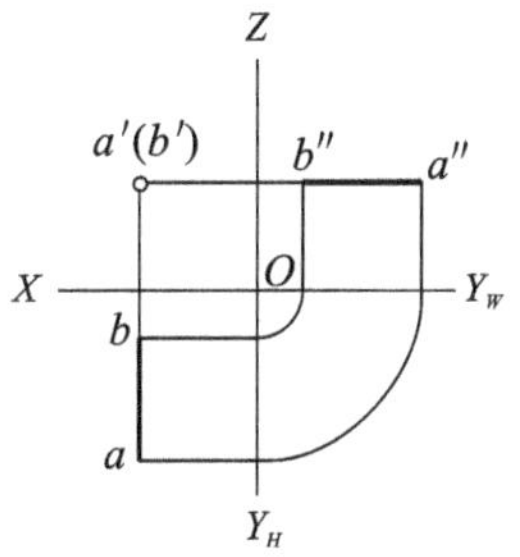	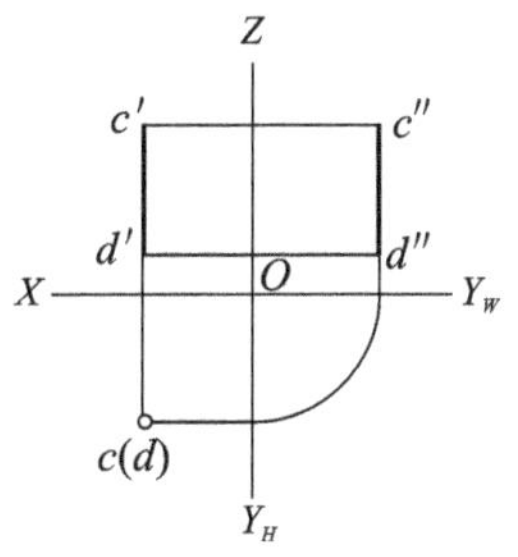	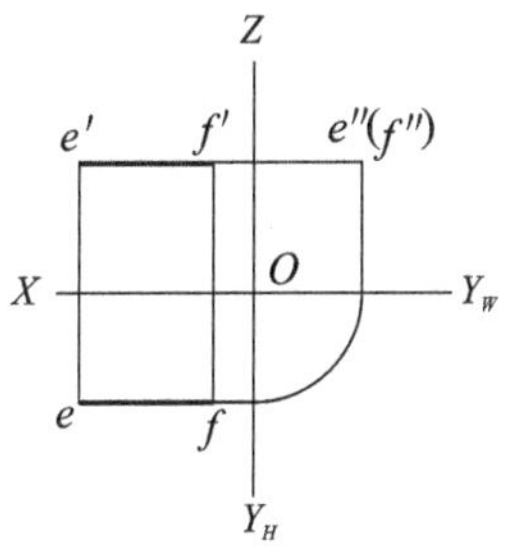
实例			
投影特性	① $a'(b')$ 积聚成一点；② $ab // OY_H$，$a''b'' // OY_W$，都反映实长	① $c(d)$ 积聚成一点；② $c'd' // OZ$，$c''d'' // OZ$，都反映实长	① $e''(f'')$ 积聚成一点；② $ef // OX$，$e'f' // OX$，都反映实长

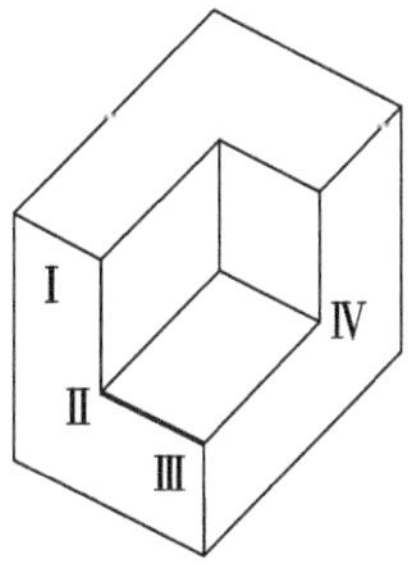

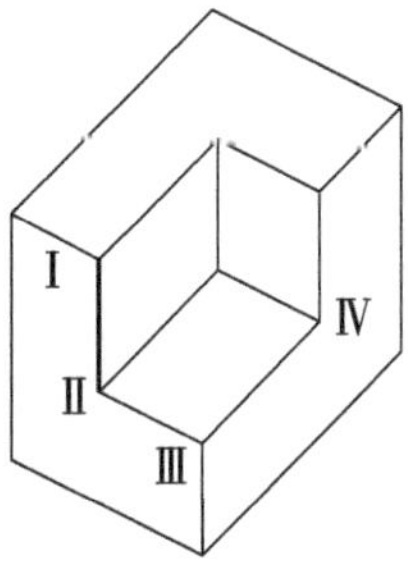

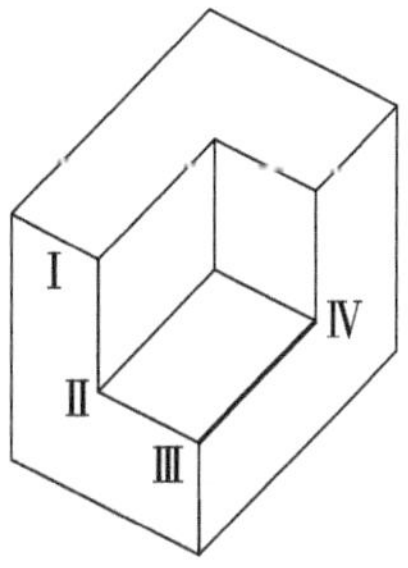

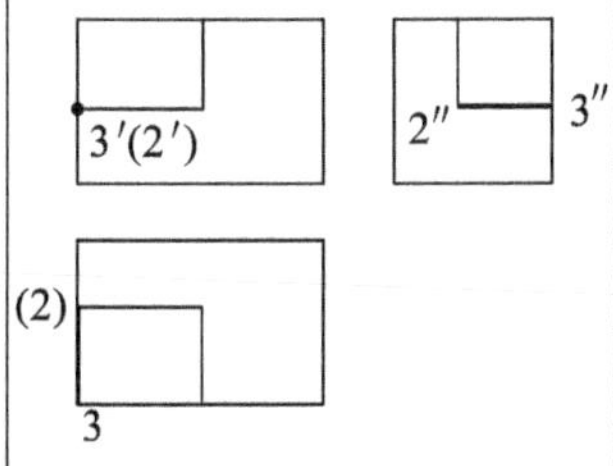

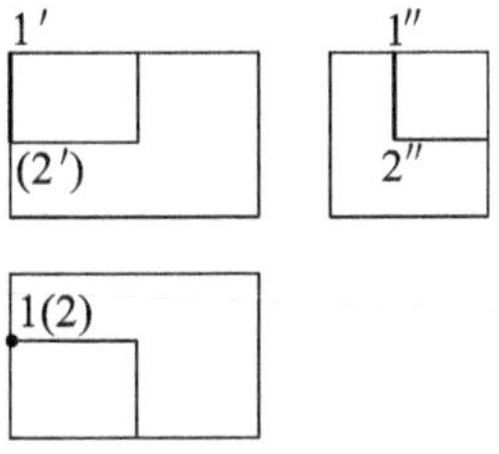

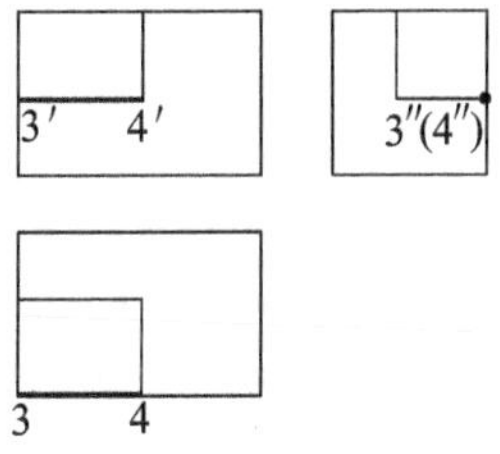

从表 1-13 中正垂线 AB 的立体图可知：

因为 $AB \perp V$ 面，所以 $a'b'$ 积聚成一点；

因为 $AB /\!/ W$ 面，$AB /\!/ H$ 面，AB 上各点的 X 坐标、Z 坐标分别相等，所以 $ab /\!/ OY_H$，$a''b'' /\!/ OY_W$，且 $a''b'' = AB$，$ab = AB$。

于是就得出表 1-13 中所列的正垂线的投影特性。同理，也可证明铅垂线和侧垂线的投影特性。

从表 1-13 中可概括出投影面垂直线的投影特性：

(1) 在与直线垂直的投影面上的投影积聚成以一点(积聚性)；

(2) 在另外两个投影面上的投影平行于相应的投影轴，且均反映实长(实形性)。

3) 一般位置直线的投影

由于一般位置直线同时倾斜于三个投影面，故有如下投影特点，如图 1-42 所示：

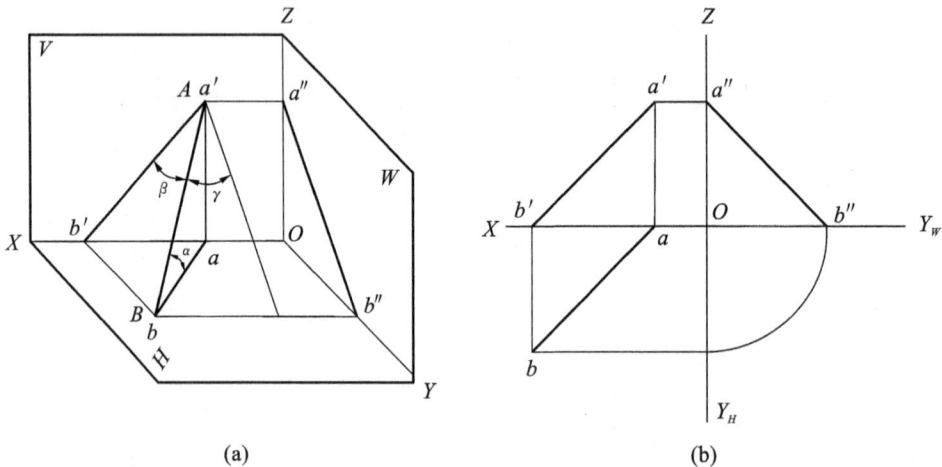

图 1-42 一般位置直线的投影
(a)立体图；(b)投影图

(1) 直线的三面投影都倾斜于投影轴，它们与投影轴的夹角，均不反映直线对投影面的倾斜角；

(2) 直线的三面投影的长度都短于实长，其投影长度与直线对各投影面的倾角有关，即 $ab = AB\cos\alpha$，$a'b' = AB\cos\beta$，$a''b'' = AB\cos\gamma$。

3. 点与直线

点与直线的从属关系有点从属于直线和不从属于直线两种情况。

1) 点从属于直线

(1) 点从属于直线，则点的各面投影必从属于直线的同面投影。

如图 1-43 所示，点 C 从属于直线 AB，其水平投影 c 从属于 ab，正面投影 c' 从属于 $a'b'$，侧面投影 c'' 从属于 $a''b''$。

反之，在投影图中，如点的各个投影从属于直线的同面投影，则该点必定从属于此直线。

(2) 从属于直线的点分割线段之长度比等于其投影分割线段投影长度之比。

如图 1-43 所示，点 C 将线段 AB 分为 AC、CB 两段，则 $AC : CB = ac : cb = a'c' : c'b' = a''c'' : c''b''$。

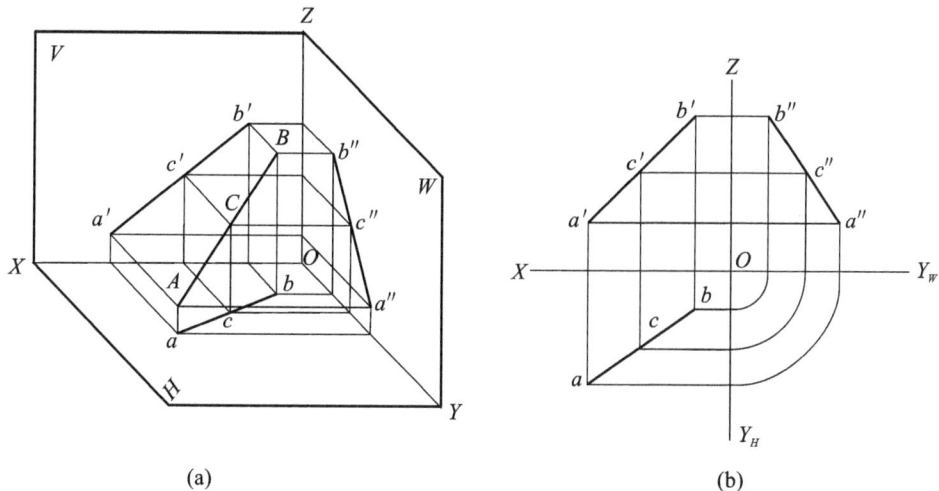

(a)

(b)

图 1-43 从属于直线的点

2）点不从属于直线

若点不从属于直线，则点的投影不具备上述性质。

如图 1-44 所示，虽然 k 从属于 ab，但 k' 不从属于 $a'b'$，故点 K 不从属于直线 AB。

4. 两直线的相对位置

两直线的相对位置有三种情况：相交、平行、交叉（既不相交，又不平行，亦称为异面）。

1）两直线相交

两直线相交，其交点同属于两直线，为两直线所共有。两直线相交，同面投影的交点，即为两直线交点的投影。

如图 1-45 所示，直线 AB 与 CD 相交，其同面投影 $a'b'$ 与 $c'd'$、ab 与 cd、$a''b''$ 与 $c''d''$ 均相交，其交点 k'、k 和 k'' 即为 AB 与 CD 的交点 K 的三面投影（且交点的投影符合点的投影规律）。

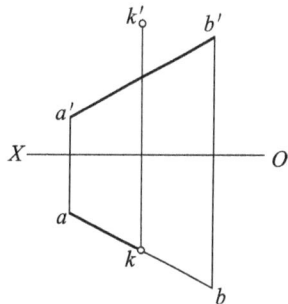

图 1-44 点不从属于直线

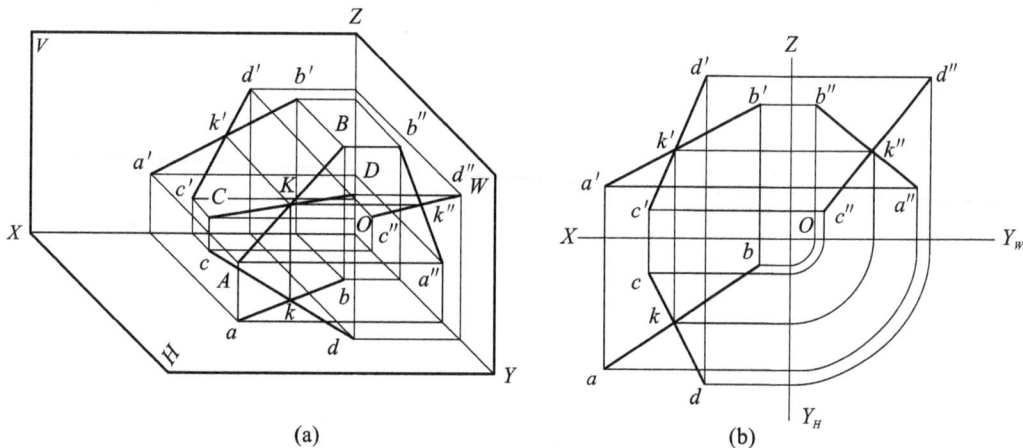

(a)

(b)

图 1-45 两直线相交

两直线的投影符合上述特点,则两直线必定相交。

2) 两直线平行

两直线平行,同面投影必定平行或重合。如图 1-46 所示,$AB /\!/ CD$,则 $a'b' /\!/ c'd'$,$ab /\!/ cd$,$a''b'' /\!/ c''d''$。

如两直线的投影符合上述特点,则两直线必定平行。

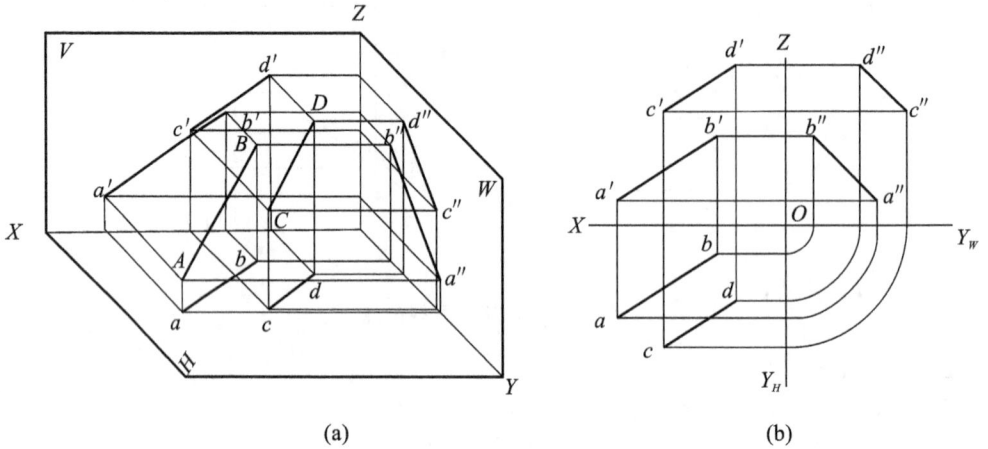

(a)   (b)

图 1-46 两直线平行

3) 两直线交叉

由于交叉的两直线既不相交也不平行,因此不具备相交两直线和平行两直线的投影特点。

若交叉两直线的投影中,有某投影相交,这个投影的交点是同处于一条投射线上且分别从属于两直线的两个点,即重影点的投影。

如图 1-47 所示,正面投影的交点 $1'(2')$,是 V 面重影点 Ⅰ(从属于直线 CD)和 Ⅱ(从属于直线 AB)的正面投影。水平投影的交点 3(4),是 H 面重影点 Ⅲ(从属于直线 AB)和 Ⅳ(从属于直线 CD)的水平投影。

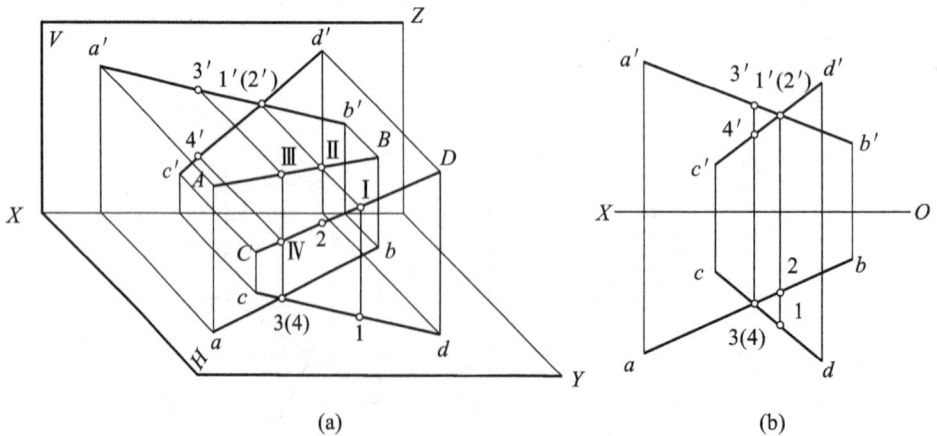

(a)   (b)

图 1-47 两直线交叉

重影点Ⅰ、Ⅱ和Ⅲ、Ⅳ的可见性可按前面所述方法判断。正面投影中 1′可见,2′不可见(因 $y_Ⅰ>y_Ⅱ$);水平投影中,3 可见,4 不可见(因 $z_Ⅲ>z_Ⅳ$)。

5.一边平行于投影面的直角的投影

空间两直线成直角(相交或交叉),若两边都与某一投影面倾斜,则在该投影面上的投影不是直角;若一边平行于某一投影面,则在该投影面上的投影仍是直角。

如图 1-48 所示,设:$AB⊥BC,BC/\!/H$ 面,则$∠abc=90°$。

(a)　　　　　　　　　　(b)

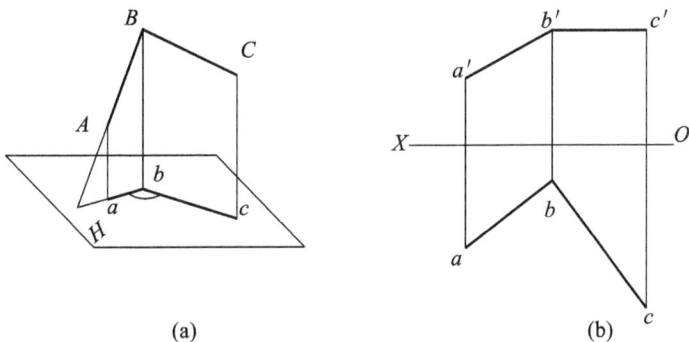

图 1-48　一边平行于投影面的直角的投影

证明:因为 $BC/\!/H$ 面,所以 $bc/\!/BC$。又因为 $BC⊥AB,BC⊥Bb$,所以 $BC⊥ABba$ 平面,$bc⊥ABba$ 平面,因为 $bc⊥ab$,即$∠abc=90°$。

1.2.10　平面的投影

1.平面的表示法

1)用几何元素表示

通常用平面上的点、直线或平面图形等几何元素的投影来表示平面的投影,如图 1-49 所示。

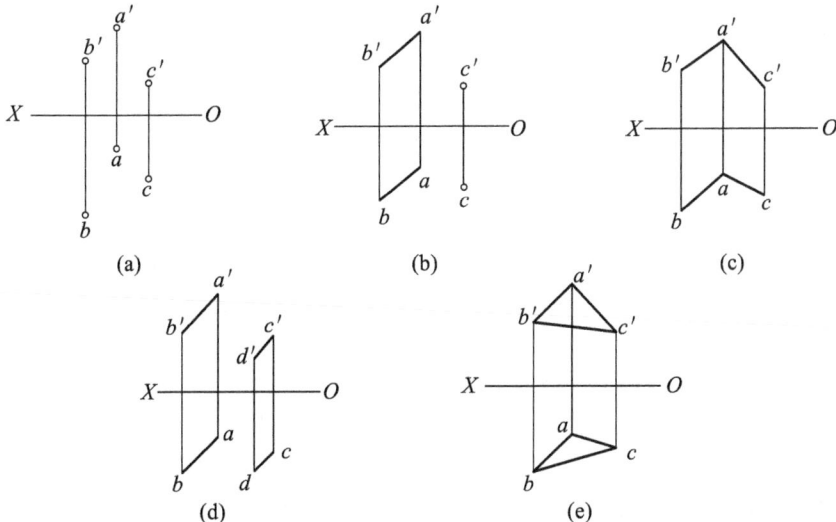

(a)　　　　　　　　(b)　　　　　　　　(c)

(d)　　　　　　　　(e)

图 1-49　用几何元素表示平面

(a)不在同一直线上的三点;(b)直线与线外一点;(c)相交两直线;(d)平行两直线;(e)平面图形

2) 用迹线表示

如图 1-50(a)所示,平面与投影面的交线,称为平面的迹线。平面可以用迹线表示。用迹线表示的平面称为迹线平面。平面与 V 面、H 面、W 面的交线,分别称为正面迹线(V 面迹线)、水平迹线(H 面迹线)、侧面迹线(W 面迹线)。迹线的符号用平面名称的大写字母附加投影面名称的注脚表示,如图 1-50(b)中的 P_V、P_H、P_W。迹线是投影面上的直线:它在该投影面上的投影位于原处,用粗实线表示,并标注上述符号;它在另外两个投影面上的投影分别在相应的投影轴上,不需作任何表示和标注。

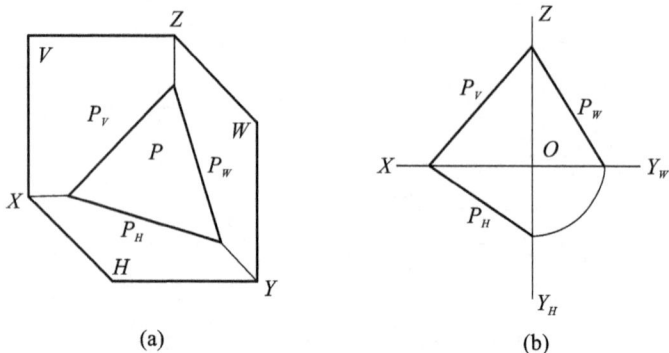

图 1-50 用迹线表示平面
(a)立体图;(b)投影图

2. 各种位置平面的投影

根据平面在三投影面体系中对三个投影面所处位置的不同,可将平面分为一般位置平面、投影面垂直面和投影面平行面三类。其中,后两类平面统称为特殊位置平面。

$$平面\begin{cases}一般位置平面:倾斜于\ V、H、W\ 面\\ 投影面垂直面(只垂直于一个投影面)\begin{cases}正垂面:\perp V,倾斜于\ H、W\ 面\\ 铅垂面:\perp H,倾斜于\ V、W\ 面\\ 侧垂面:\perp W,倾斜于\ H、V\ 面\end{cases}\\ 投影面平行面(平行于一个投影面,垂直于另外两个投影面)\begin{cases}正平面://V\\ 水平面://H\\ 侧平面://W\end{cases}\end{cases}$$

平面对 H、V、W 三投影面的倾角,分别用 α、β、γ 表示。

1) 一般位置平面

如图 1-51(a)所示,△ABC 倾斜于 V、H、W 面,是一般位置平面。

图 1-51(b)是 △ABC 的三面投影,三个投影都是 △ABC 的类似形(边数相等),且均不能直接反映该平面对投影面的真实倾角。

由此可得处于一般位置的平面的投影特性:它的三个投影仍是缩小了的平面图形。

2) 投影面垂直面

表 1-14 列出了三种投影面垂直面的立体图、投影图和投影特性。

现以正垂面为例,讨论投影面垂直面的投影特点:

(1) 正垂面 $ABCD$ 的正面投影 $a'b'c'd'$ 积聚为一倾斜于投影轴 OX、OZ 的直线段。

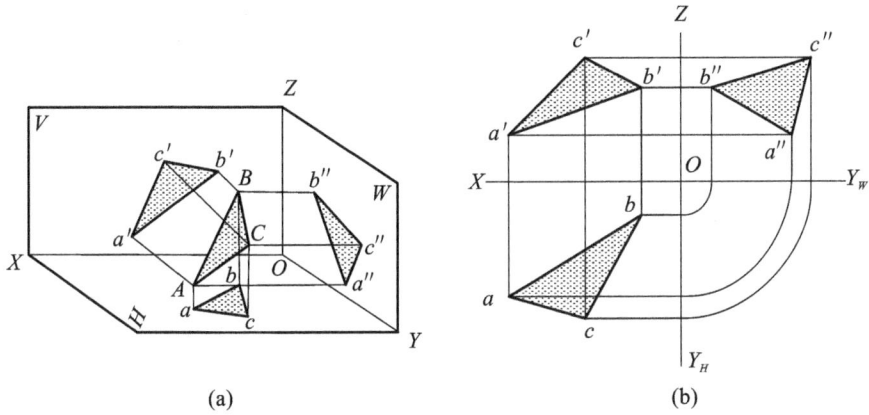

图 1-51 一般位置平面

(a)立体图；(b)投影图

（2）正垂面的正面投影 $a'b'c'd'$ 与 OX 轴的夹角反映该平面对 H 面的倾角 α，与 OZ 轴的夹角反映该平面对 W 面的倾角 γ。

（3）正垂面的水平投影和侧面投影是与平面 $ABCD$ 形状类似的图形。

同理可得铅垂面和侧垂面的投影特性，如表 1-14 所示。

表 1-14 投影面垂直面

名称	正 垂 面	铅 垂 面	侧 垂 面
立体图			
投影图			
实例			

续表

名称	正 垂 面	铅 垂 面	侧 垂 面
投影特性	① 正面投影积聚成直线，并反映真实倾角 α、γ ② 水平投影、侧面投影仍为平面图形，面积缩小	① 水平投影积聚成直线，并反映真实倾角 β、γ ② 正面投影、侧面投影仍为平面图形，面积缩小	① 侧面投影积聚成直线，并反映真实倾角 α、β ② 正面投影、水平投影仍为平面图形，面积缩小

因此可得投影面垂直面的投影特性：在所垂直的投影面上的投影，积聚成直线，它与投影轴的夹角，分别反映该平面对另两投影面的真实倾角；在另外两个投影面上的投影为面积缩小的原形的类似形。

3）投影面平行面

表 1-15 列出了三种投影面平行面的立体图、投影图和投影特性。

表 1-15　　　　　投影面平行面

名称	正 平 面	水 平 面	侧 平 面
立体图	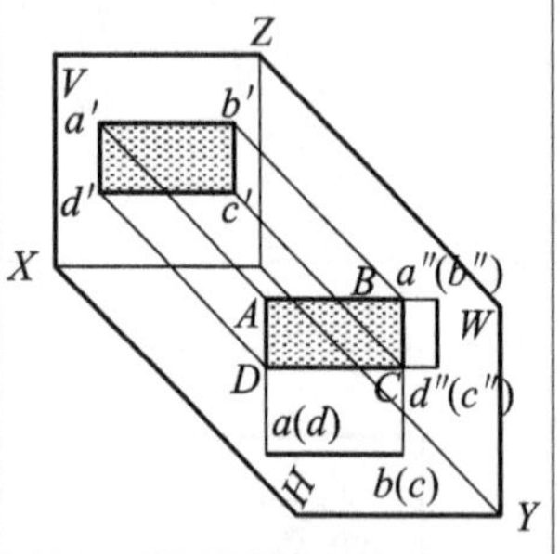	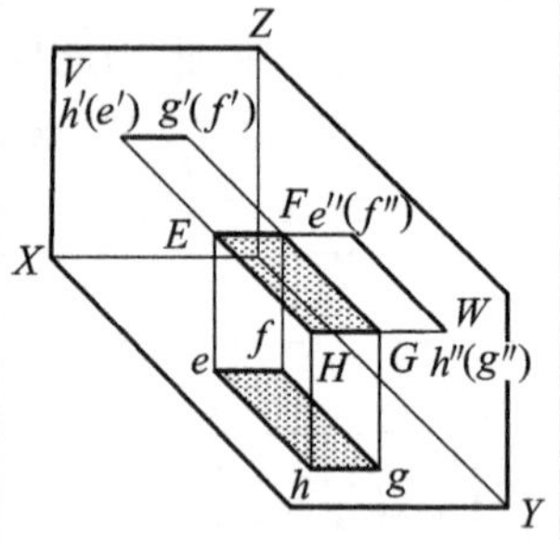	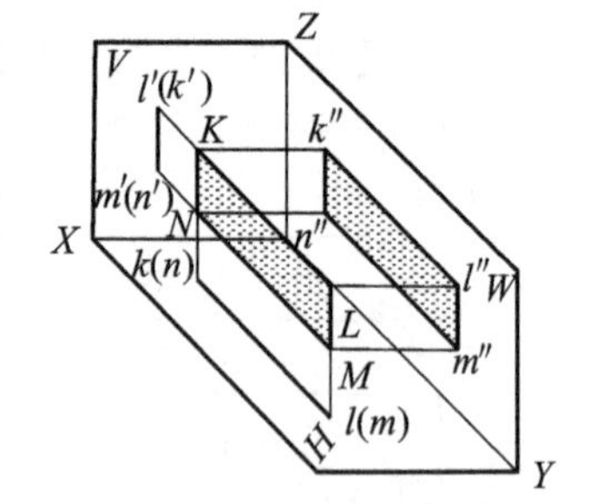
投影图	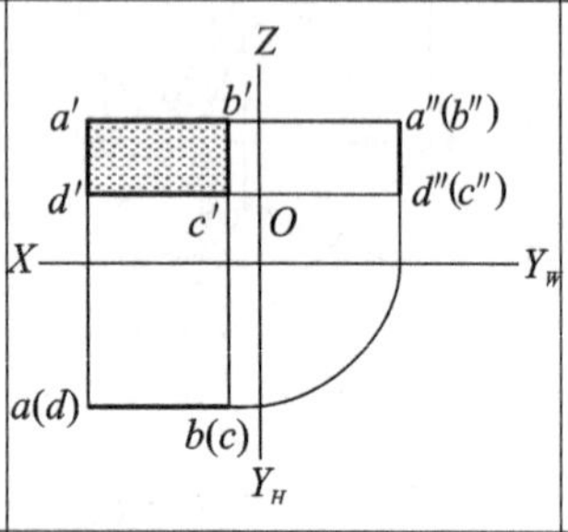	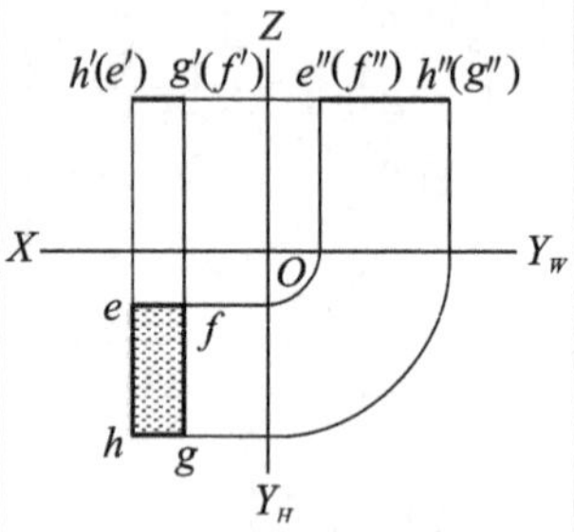	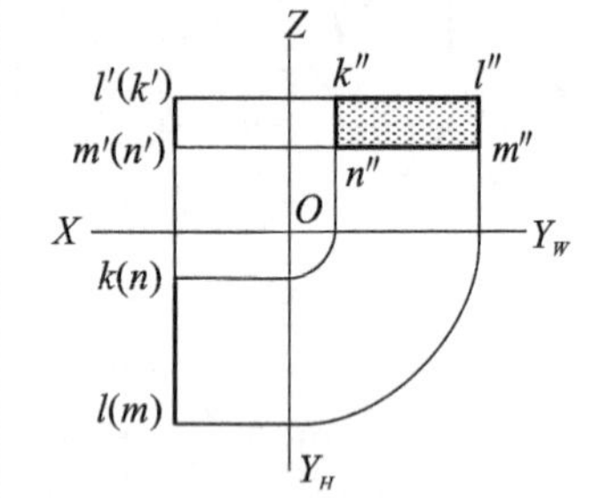
实例	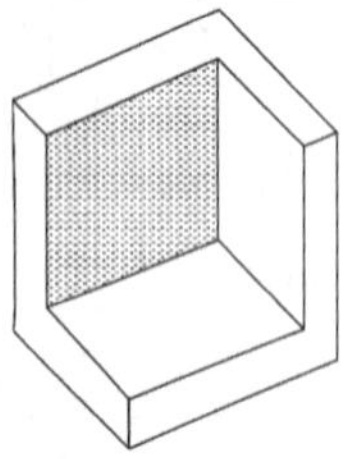	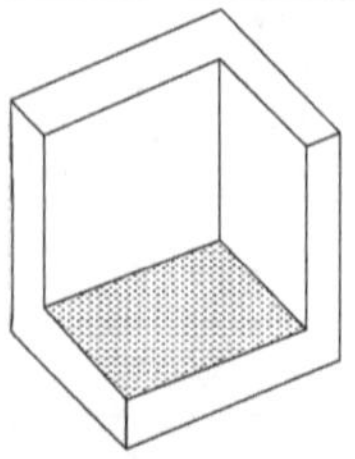	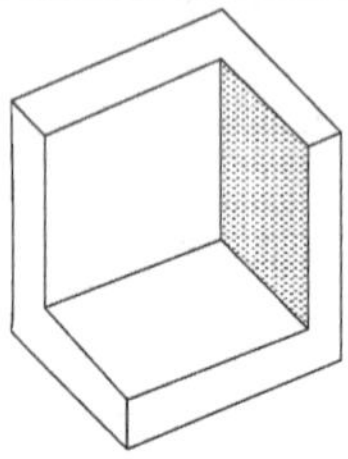
投影特性	① 正面投影反映实形； ② 水平投影 $/\!/OX$，侧面投影 $/\!/OZ$，并分别积聚成直线	① 水平投影反映实形； ② 正面投影 $/\!/OX$，侧面投影 $/\!/OY_W$，并分别积聚成直线	① 侧面投影反映实形； ② 正面投影 $/\!/OZ$，水平投影 $/\!/OY_H$，并分别积聚成直线

现以水平面为例,讨论投影面平行面的投影特点:水平面 $EFGH$ 的水平投影 $efgh$ 反映该平面图形的实形 $EFGH$;水平面的正面投影 $e'f'g'h'$ 和侧面投影 $e''f''g''h''$ 均积聚为直线段,且 $e'f'g'h'$ // OX 轴,$e''f''g''h''$ // OY_w 轴。

同理可得正平面和侧平面的投影特性,如表 1-15 所示。

因此可得投影面平行面的投影特性:

(1) 在所平行的投影面上的投影反映实形;

(2) 在另外两个投影面上的投影分别积聚为直线,且平行于相应的投影轴。

3. 平面内的点和直线的判断条件

点和直线在平面内的几何条件是:

(1) 点从属于平面内的任一直线,则点从属于该平面;

(2) 若直线通过属于平面的两个点,或通过平面内的一个点,且平行于属于该平面的任一直线,则直线属于该平面。

图 1-52 中点 D 和直线 DE 位于相交两直线 AB、BC 所确定的平面 ABC 内。

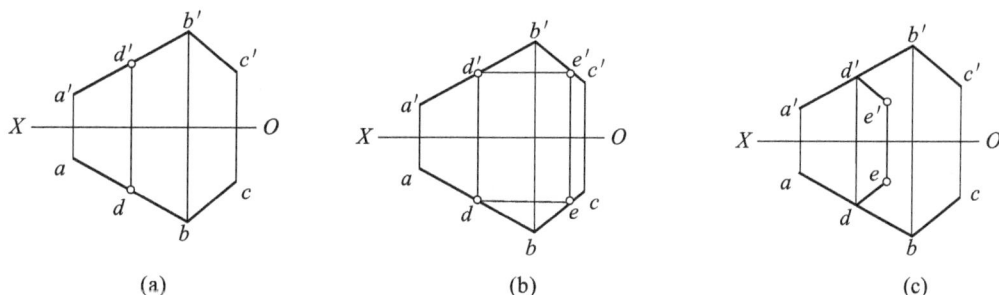

(a)　　　　　　　(b)　　　　　　　(c)

图 1-52　平面内的点和直线

(a)点 D 在平面 ABC 的直线 AB 上;(b)直线 DE 通过平面 ABC 上的两个点 D、E;

(c)直线 DE 通过平面 ABC 上的点 D,且平行于平面 ABC 上的直线 BC

【例 1-1】　如图 1-53 所示,判断点 D 是否在△ABC 内。

【解】　若点 D 能位于平面△ABC 的一条直线上,则点 D 在平面△ABC 内;否则,就不在平面△ABC 内。

判断过程如下:连接点 A、D 的同面投影,并延长到与 BC 的同面投影相交。因为图中的直线 AD、BC 的同面投影的交点在一条投影连线上,便可认为是直线 BC 上的一点 E 的两面投影 e'、e,于是点 D 在平面△ABC 的直线 AE 上,就判断出点 D 是在平面△ABC 内。

【例 1-2】　如图 1-54 所示,已知四边形 $ABCD$ 的两面投影,在其上取一点 K,使点 K 在 H 面之上 10 mm,在 V 面之前 15 mm。

【解】　可在四边形 $ABCD$ 内取位于 H 面之上 10 mm 的水平线 EF,再在 EF 上取位于 V 面之前 15 mm 的点 K。

作图过程如图 1-54 所示。

(1) 先在 OX 上方 10 mm 处作出 $e'f'$,再由 $e'f'$ 作 ef。

(2) 在 ef 上取位于 OX 之前 15 mm 的点 k,即为所求点 K 的水平投影。由 k 作出点 K 的正面投影 k'。

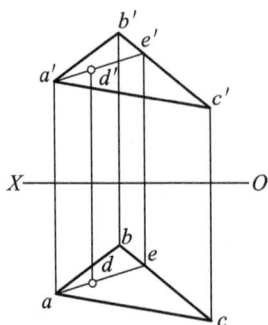

图 1-53　判断点 *D* 是否在
平面△*ABC* 内

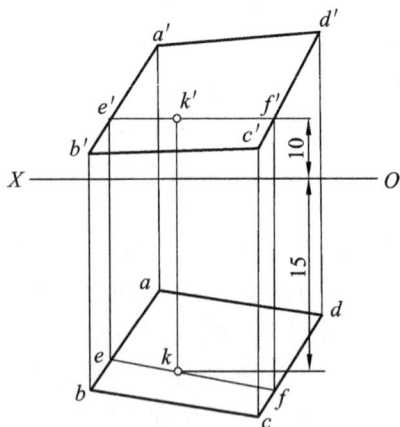

图 1-54　在四边形 *ABCD* 内取与两
投影面为已知距离的点 *K*

4. 平面上的投影面平行线

从属于平面的投影面平行线,应该满足两个条件:其一,该直线的投影应满足投影面平行线的投影特点;其二,该直线应满足直线从属平面的几何条件。

【例 1-3】　作从属于平面△*ABC* 的一条水平线。

【解】　作图过程如图 1-55 所示。

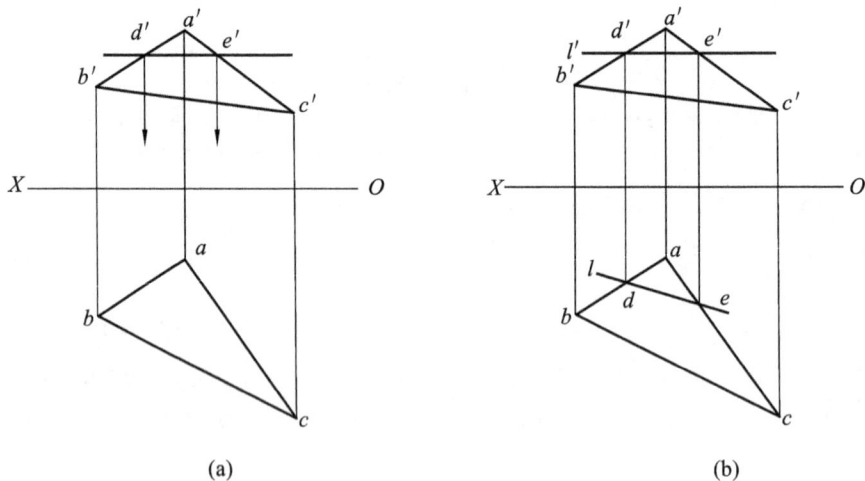

(a)

(b)

图 1-55　作从属于平面的水平线

在正面投影中,作 *d′e′* ∥ *X* 轴,并与 *a′b′* 交于 *d′*,与 *a′c′* 交于 *e′*,*d′e′* 即为平面△*ABC* 内水平线的正面投影,如图 1-55(a)所示。再根据 *d′*、*e′* 求出 *d*、*e*,连接 *de*,即得该直线的水平投影,如图 1-55(b)所示。

1.2.11 基本体的投影及其表面取点

立体表面由若干面围成。表面均为平面的立体称为平面立体,表面为曲面或平面与曲面的立体称为曲面立体。工程制图中,通常把棱柱、棱锥、圆柱、圆锥、球、圆环等简单立体称为基本几何体,简称基本体。

1. 平面立体的投影及其表面取点

在基本体中,棱柱、棱锥是平面立体,它们的表面由若干多边形围成。所以,绘制平面立体的投影就是把组成立体的平面和棱线表示出来,然后判断其可见性,看得见的棱线画成实线,看不见的棱线画成虚线。

1)棱柱

(1)棱柱的投影。

图 1-56 所示为一正六棱柱的投影。其顶面和底面均为水平面,它们的水平投影反映实形,正面及侧面投影积聚为一直线。六棱柱有六个侧面,前后两个为正平面,它们的正面投影反映实形,水平投影及侧面投影积聚为一直线。其他四个侧面均为铅垂面,其水平投影均积聚为直线,正面投影和侧面投影均为类似形。

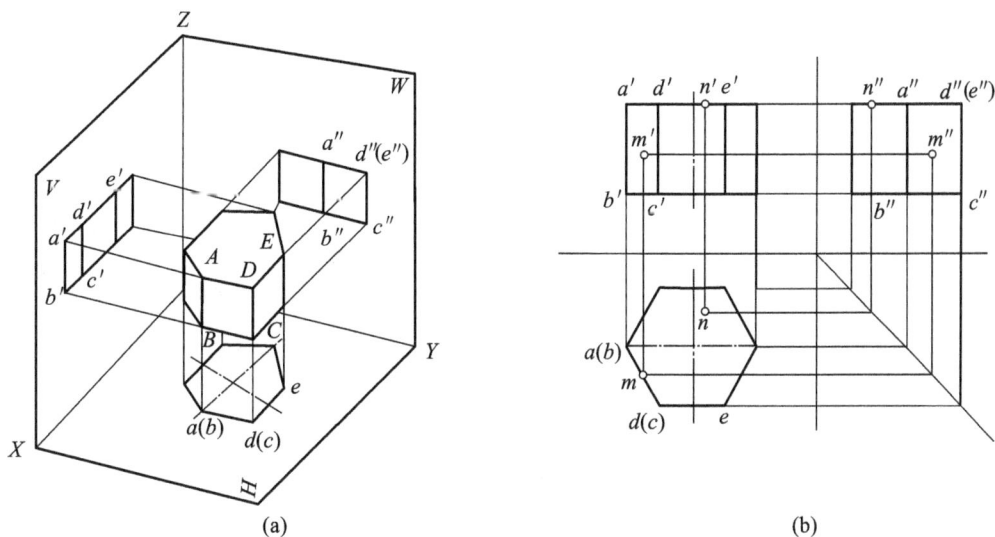

图 1-56 棱柱的投影及表面取点

棱线 AB 为铅垂线,水平投影积聚为一点 $a(b)$,正面投影 $a'b'$ 和侧面投影 $a''b''$ 均反映实长。顶面的边 DE 为侧垂线,侧面投影积聚为一点 $d''(e'')$,水平投影 de 和正面投影 $d'e'$ 均反映实长。底面的边 BC 为水平线,水平投影 bc 反映实长,正面投影 $b'c'$ 和侧面投影 $b''c''$ 均小于实长,其余棱线可作类似分析。

作图时,可先画正六棱柱的水平投影正六边形,再根据投影规律和棱柱高度作出其他两个投影。

(2)棱柱表面取点。

首先确定点所在平面,并分析该平面的投影特性。若该平面垂直于某一投影面,则点在该投影面上的投影必定落在这个平面的积聚性投影上。

如图 1-56 所示,已知棱柱表面上点 M 的正面投影 m',求作点 M 的其他两投影 m、m''。因为 m' 可见,因此点 M 必定在棱面 $ABCD$ 上。此棱面是铅垂面,其水平投影积聚成直线,点 M 的水平投影 m 必在该直线上,由 m' 和 m 即可求得侧面投影 m''。又知点 N 的水平投影,求其他两个投影。因为 n 可见,因此点 N 必定在六棱柱顶面,n'、n'' 分别在顶面的积聚直线上。

2) 棱锥

(1) 棱锥的投影。

图 1-57 所示为正三棱锥的投影,其底面 $\triangle ABC$ 为水平面,因此它的水平投影反映底面实形,其正面投影和侧面投影积聚为一直线。棱面 $\triangle SAC$ 为侧垂面,它的侧面投影积聚为一直线,水平投影和正面投影均为类似形。棱面 $\triangle SAB$、$\triangle SBC$ 为一般位置平面,它们的三面投影均为类似形。

作图时先画底面三角形的各个投影,再作出锥顶 S 的各个投影,然后连接各棱线即得正三棱锥的三面投影。

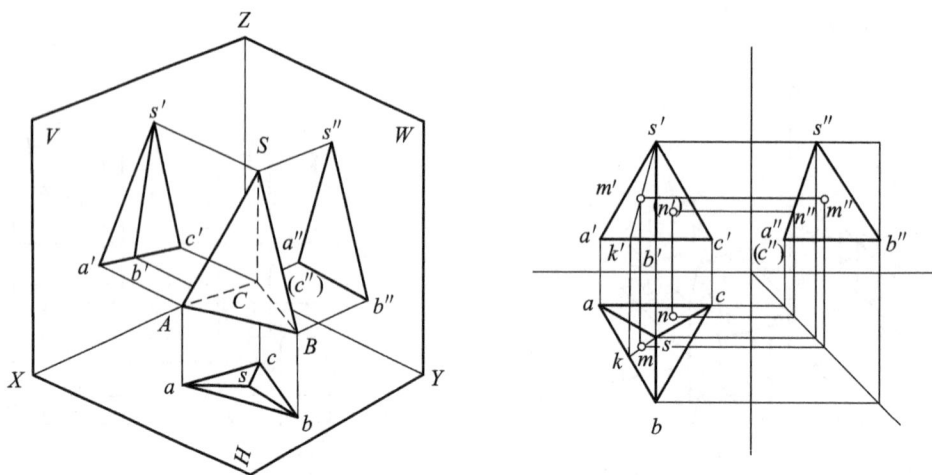

图 1-57 棱锥的投影及表面取点

(2) 棱锥表面取点。

首先确定点所在平面,再分析该平面的投影特性。该平面为一般位置平面时,可采用辅助直线法求出点的投影。

如图 1-57 所示,已知正三棱锥表面上点 M 的正面投影 m',作点 M 的其他两投影 m、m''。因为 m' 可见,因此点 M 必定在棱面 $\triangle SAB$ 上。$\triangle SAB$ 是一般位置平面,过点 M 及锥顶点 S 作一条辅助直线 SK,与底边 AB 交于点 K,作出直线 SK 的三面投影。根据点的从属关系,求出点 M 的其他两个投影。又知点 N 的水平投影 n,求其他两个投影。因为 n 可见,因此点 N 必定在棱面 $\triangle SAC$ 上,n'' 必定在直线 $s''a''(c'')$ 上,由 n、n'' 即可求出 n'。

2. 回转体的投影及其表面取点

工程中常见的曲面立体是回转体。最常见的回转体有圆柱、圆锥、球和圆环等。在投影图上表示回转体就是把组成立体的回转面或平面与回转面表示出来,并判断其可见性。

1) 圆柱

(1) 圆柱的投影。

圆柱表面由圆柱面和上、下底面圆组成。其中圆柱面是由一直线(母线)绕与之平行的轴线回转而成的。

图 1-58 所示为圆柱的投影。该圆柱轴线为铅垂线。其上、下底面圆为水平面,在水平投影上反映实形,正面投影和侧面投影分别积聚为一直线。圆柱面上所有素线(母线在回转面上任意位置)都是铅垂线,因此圆柱面的水平投影积聚为一个圆。在正面投影和侧面投影上分别画出决定投影范围的外形轮廓线,即为圆柱面可见部分与不可见部分的分界线投影。如正面投影上是最左、最右两条素线的投影,它们是正面投影可见的前半圆柱面和不可见的后半圆柱面的分界线,也称为正面投影的转向轮廓素线。侧面投影上是最前、最后两条素线的投影,它们是侧面投影可见的左半圆柱面和不可见的右半圆柱面的分界线,也称为侧面投影的转向轮廓素线。

作图时先画出水平投影的圆,再画出其他两个投影。

(2) 圆柱表面取点。

如图 1-58 所示,已知表面上点 M 的正面投影 m',求作点 M 的其他两投影 m、m''。因为 m' 可见,所以点 M 必在前半个圆柱面上,根据该圆柱面水平投影具有积聚性的特征,m 必定落在前半水平投影圆上,由 m、m' 即可求出 m''。

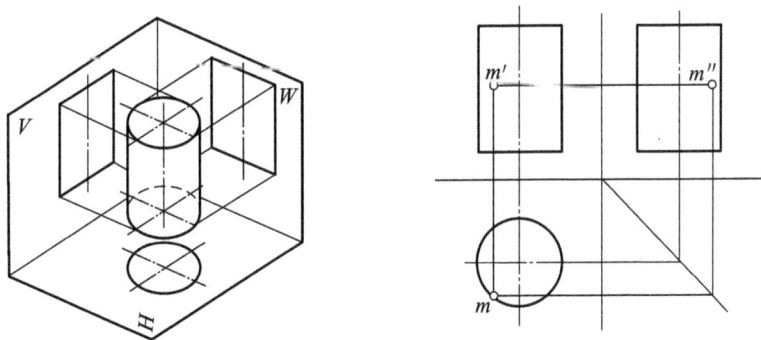

图 1-58　圆柱的投影及表面取点

2) 圆锥

(1) 圆锥的投影。

圆锥表面由圆锥面和底圆所组成。圆锥面是一直母线绕与它相交的轴线回转而成。

图 1-59 所示为圆锥的投影。该圆锥轴线为铅垂线。底面为水平面,它的水平投影反映实形,其正面投影和侧面投影积聚为一直线。圆锥面上所有素线均与轴线相交于锥顶,因此圆锥面的正面、侧面投影分别为决定其投影范围的外形轮廓素线。正面投影上是最左、最右两条素线的投影,它们是正面投影可见的前半圆锥面和不可见的后半圆锥面的分界线,也称为正面投影的转向轮廓素线。侧面投影上是最前、最后两条素线的投影,它们是侧面投影可见的左半圆锥面和不可见的右半圆锥面的分界线,也称为侧面投影的转向轮廓线。圆锥面的水平投影与底面的水平投影相重合。显然圆锥面的三个投影面都没有积聚性。

作图时,先画出底面圆的各个投影,再画出锥顶的投影,然后分别画出其外形轮廓素线,即完成圆锥的各个投影。

(2) 圆锥表面取点。

如图 1-59 所示,已知圆锥表面上点 M 的正面投影 m',求作点 M 的其他两投影 m、m''。因为 m' 可见,所以点 M 必在前半个圆锥表面上,具体作图可采用下列两种方法。

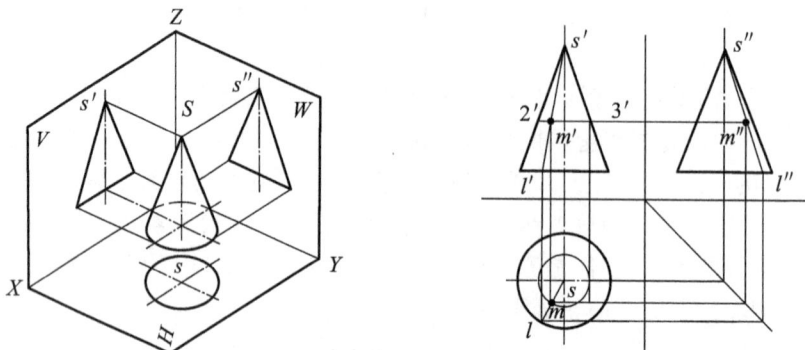

图 1-59　圆锥的投影及表面取点

方法一:辅助素线法

过锥顶 S 和点 M 作一辅助线 SL,由已知条件可确定正面投影 $s'l'$,求出它的水平投影 sl 和侧面投影 $s''l''$,再根据点在直线上的投影性质,由 m' 求出 m 和 m''。

方法二:辅助圆法

过点 M 作一垂直于回转轴线的水平辅助圆,该圆的正面投影过 m',且平行于底面圆的正面投影,它的水平投影为一直径等于 $2'3'$ 的圆,m 必在此圆周上,由 m' 和 m 可求出 m''。

3) 球

(1) 球的投影。

球的表面就是球面,球面由一个圆母线绕其通过圆心且在同一平面上的轴线回转而成。

图 1-60 所示为球的投影。其投影特征是:三个投影均为圆,其直径与球的直径相等。但三个投影面上的圆是不同的转向轮廓线的投影。正面投影上的圆是球面上平行于 V 面的最大圆的投影,该圆为前半球面和后半球面的分界线,所以是正面投影的转向轮廓线。同理水平投影上的圆是球面上平行于 H 面的最大圆的投影,该圆为上半球面和下半球面的分界线。侧面投影上的圆是球面上平行于 W 面的最大圆的投影,它是左半球面和右半球面的分界线。

作图时,可先确定球心的三个投影,再画出三个与球等直径的圆。

(2) 球表面取点。

球面的投影没有积聚性,且球面上也不存在直线,所以必须采用辅助圆法求作其表面上点的投影。

如图 1-60 所示,已知球面上点 M 的水平投影 m,求作点 M 的其他两投影 m'、m''。过点 M 作一平行于 V 面的辅助圆,它的水平投影为 12,正面投影为直径等于线段 12 的圆,m' 必在该圆周上。由于点 m 可见,故点 M 必在上半个球面上,由 m 和 m' 可求出 m''。

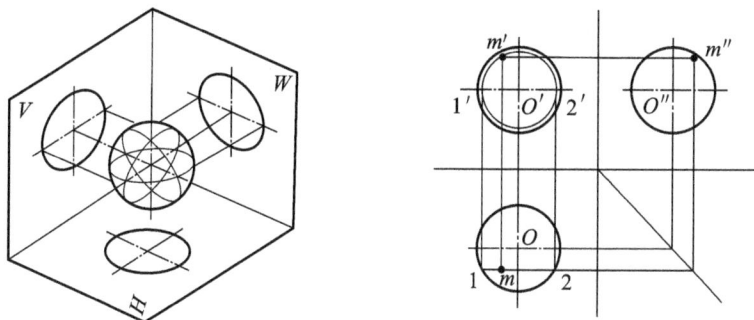

图 1-60 球的投影及表面取点

4）环

（1）环的投影。

环的表面由环面围成，如图 1-61 所示。环面由一圆母线绕不过圆心但在同一平面上的轴线回转而成。靠近轴线的半个母线圆形成的环面为内环面。远离轴线的半个母线圆形成的环面为外环面。

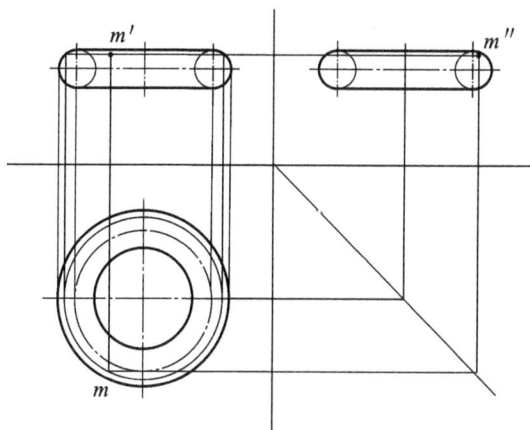

图 1-61 环的投影及表面取点

圆环投影中的轮廓线都是环面上相应转向轮廓线的投影。正面投影中左、右两个圆是环面上平行于 V 面的两个圆的投影，它们是前半个环面和后半个环面的分界线。侧面投影中前、后两个圆是环面上平行于 W 面的两个圆的投影，它们是左半个圆环和右半个圆环的分界线。正面和侧面投影中顶、底两直线是环面最高、最低的圆的投影。水平投影中最大、最小圆是区分上、下环面的转向轮廓线，点画线圆是母线圆心的轨迹。

（2）环面上取点。

在环面上取点仍采用辅助圆法。

如图 1-61 所示，已知环面上点 M 的正面投影 m'，求作点 M 的其他两投影 m、m''。通过分析点在环面上的位置可知，由于 m' 可见，所以点 M 位于前半个圆环的外环面上。过点 M 作平行于水平面的辅助圆，求出 m 和 m''。

1.2.12 平面与立体表面的交线——截交线

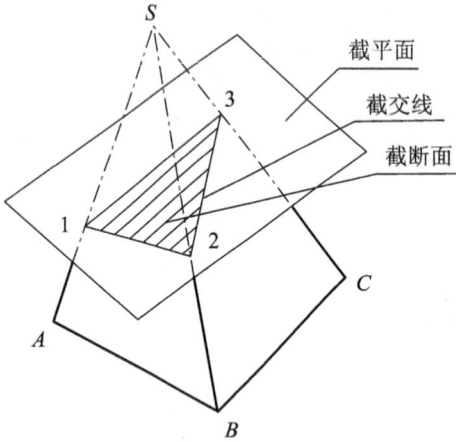

图 1-62 截交线与截断面

平面与立体表面相交,可以认为是立体被平面截切,因此该平面通常称为截平面。截平面与立体表面的交线称为截交线。截交线围成的平面图形称为截断面,如图 1-62 所示。

截交线的性质如下:

(1) 截交线既在截平面上,又在立体表面上,因此截交线是截平面与立体表面的共有线,截交线上的点是截平面与立体表面的共有点;

(2) 由于立体表面是封闭的,因此截交线一般是封闭的线框;

(3) 截交线的形状取决于立体表面的形状和截平面与立体的相对位置。

1. 平面立体的截交线

截平面截切平面立体所形成的交线为封闭的平面多边形,该多边形的每一条边是截平面与立体棱面或顶、底面相交形成的交线。根据截交线的性质,求截交线可归结为求截平面与立体表面共有点、共有线的问题。

【例 1-4】 用正垂面 P 截切六棱柱,试画出六棱柱被截切后的水平投影。

分析:如图 1-63(a)所示,根据截平面与六棱柱的相对位置可知,P 面与六棱柱的五个棱面以及左端面相交,所以形成的截交线为六边形。六边形六个顶点分别为四根棱线与 P 平面相交及左端面上的两条边与 P 平面相交的交点。由于截平面 P 为正垂面,且六棱柱的各个面都平行或垂直于相应的投影面,因此这些平面都具有积聚性投影,可直接利用积聚性作图。

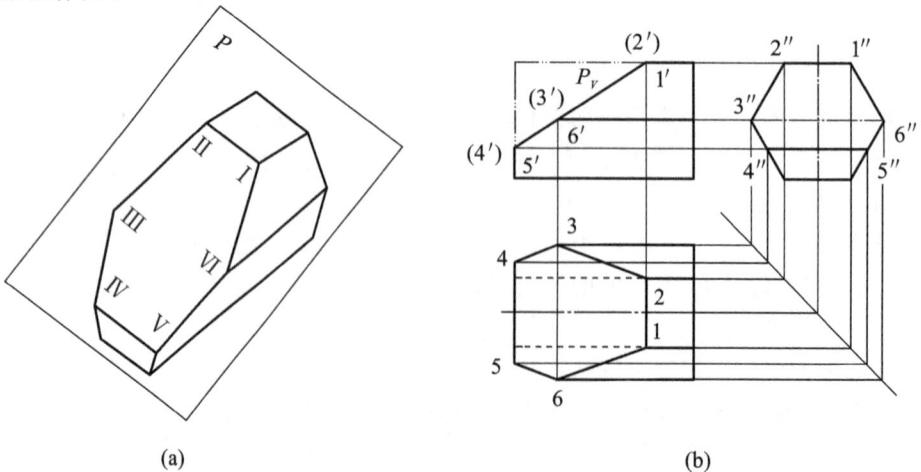

(a)

(b)

图 1-63 六棱柱的截交线

作图方法如图 1-63(b)所示。

(1) 在正面投影中找出 P_V 与六棱柱棱线和边线的交点 $1'$、$2'$、$3'$、$4'$、$5'$、$6'$，它们就是 P 面与各棱线的交点的正面投影。

(2) 根据直线上取点的方法作出其侧面投影 $1''$、$2''$、$3''$、$4''$、$5''$、$6''$和水平投影 1、2、3、4、5、6。

(3) 顺次连接各点的同面投影，即得截交线的三面投影。

(4) 整理轮廓线，判断可见性。由于六棱柱最上两条棱线和最前、最后两条棱线被截切，故水平投影中这四条棱线只保留未被截切部分的投影。最下两条棱线没有被截切，其水平投影不可见，应画虚线，但其右边与最上两条棱线重影，故只画实线。

【例 1-5】 图 1-64(a)所示为一带切口的正三棱锥的立体图，已知切口的正面投影，试画出三棱锥被截切后的水平投影和侧面投影。

分析：由于切口截平面由水平面和正垂面组成，故切口的正面投影具有积聚性。水平截面与三棱锥底面平行，因此它与△SAB 棱面的交线 Ⅰ Ⅱ 必平行于底边 AB，与△SAC 棱面的交线 Ⅰ Ⅲ 必平行于底边 AC，水平截面的侧面投影积聚成一条直线。正垂截面分别与△SAB、△SAC 棱面交于直线 Ⅱ Ⅳ 和 Ⅲ Ⅳ。由于组成切口的两个截平面都垂直于正投影面，所以两截面的交线一定是正垂线，画出以上交线的投影即可完成所求的投影。如图 1-64(b)所示。

(1) 由 $1'$ 在 as 上作出 1，过 1 作 $12 /\!/ ab$、$13 /\!/ ac$，再分别由 $2'(3')$ 在 12 和 13 上作出 2 和 3。由 $1'$、$2'$、$3'$ 和 1、2、3 作出 $1''$、$2''$、$3''$。$1''$、$2''$、$3''$在水平截面的积聚投影上。

(2) 由 $4'$ 分别在 as 和 $a''s''$ 上作出 4 和 $4''$，然后再分别连接 42、43 和 $4''2''$、$4''3''$，即完成切口的水平投影和侧面投影。

(3) 整理轮廓线，判断可见性。三棱锥被截切后，棱线 SA 中间 Ⅰ Ⅳ 段被截去，故投影中只保留 a1 和 4s，$a''1''$和 $4''s''$。切口两截面的交线 Ⅱ、Ⅲ 的水平投影 23 不可见，应连成虚线。

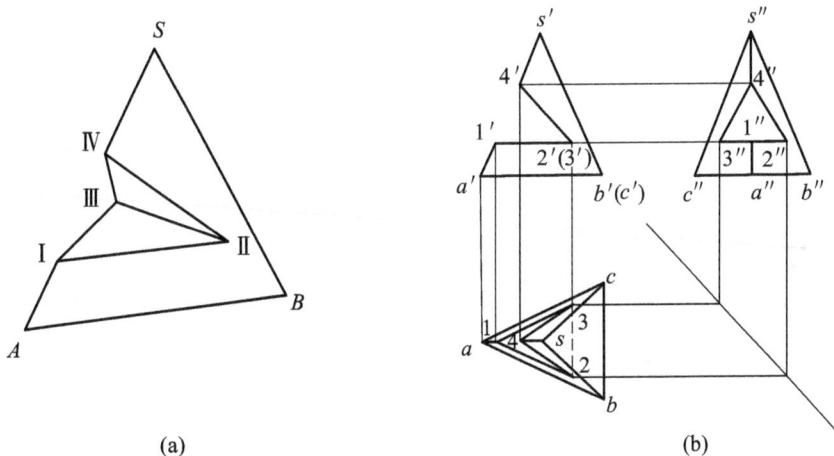

(a)

(b)

图 1-64　带切口的三棱锥

2. 回转体的截交线

截平面与回转体相交时,截交线一般是封闭的平面曲线,有时为曲线与直线围成的平面图形。作图时,首先分析截平面与回转体的相对位置,从而了解截交线的形状。当截平面为特殊位置平面时,截交线的投影就重合在截平面具有积聚性的同面投影上,再根据曲面立体表面取点的方法作出截交线。先求特殊位置点(大多在回转体的转向轮廓素线上),再求一般的位置点,最后将这些点连成截交线的投影,并标明可见性。

1)圆柱的截交线

截平面与圆柱体的相对位置不同,截交线的形状也不同,可分为三种情况,如表1-16所示。

表1-16　　　　　　　　　　　　　　平面与圆柱的截交线

立体图		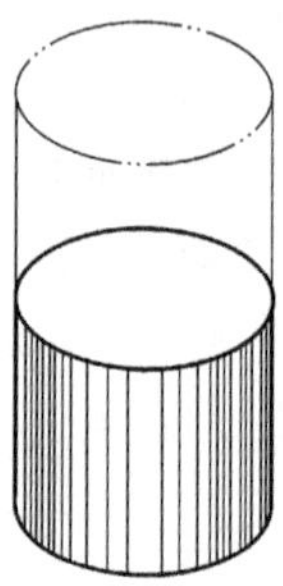	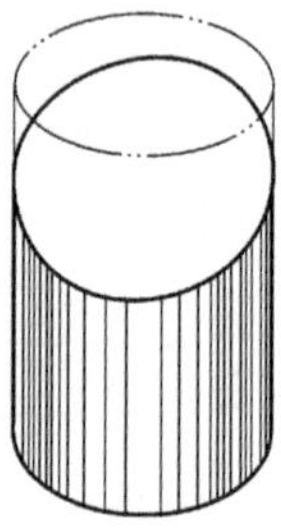
投影图	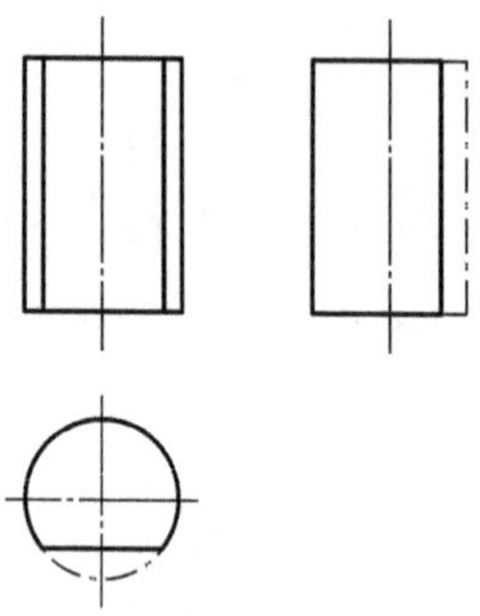	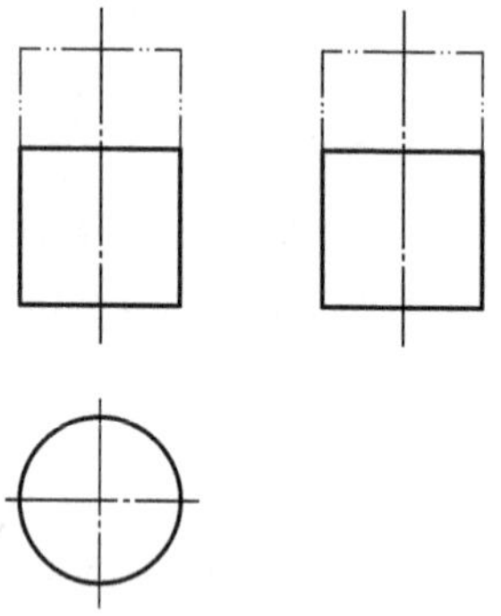	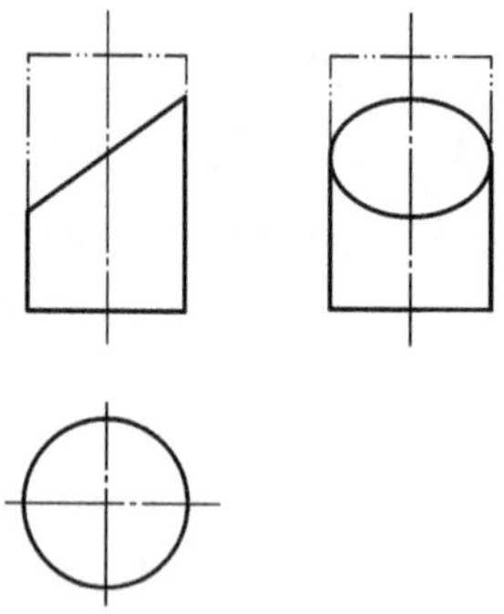
说明	截平面平行于轴线,截交线为矩形	截平面垂直于轴线,截交线为圆	截平面倾斜于轴线,截交线为椭圆

【例1-6】 如图1-65所示,求圆柱被正垂面截切后的截交线的投影。

分析:由于截平面与圆柱轴线倾斜,故截交线应为椭圆。截交线的正面投影积聚成直线。由于圆柱面具有积聚性,故截交线的水平投影与圆柱面的投影重合,侧面投影可根据圆柱面上取点的方法求出。

作图:

(1)先找出截交线上特殊点的正面投影1′、5′、3′、7′,它们是圆柱的最左、最右以及最前、最后素线上的点,也是椭圆长、短轴的四个端点。作出其水平投影1、5、3、7,侧面投影

1″、5″、3″、7″。

（2）再作出适当数量的一般点。先在正面投影上选取 2′、4′、6′、8′，根据圆柱面的积聚性，找出其水平投影 2、4、6、8，由点的两面投影作出侧面投影 2″、4″、6″、8″。

（3）将这些点的侧面投影依次光滑地连接起来，就得到截交线的侧面投影。

（4）整理轮廓线。由于侧面投影的转向轮廓线在 3″、7″点以上部分被截切，所以只保留这两点以下的轮廓线。

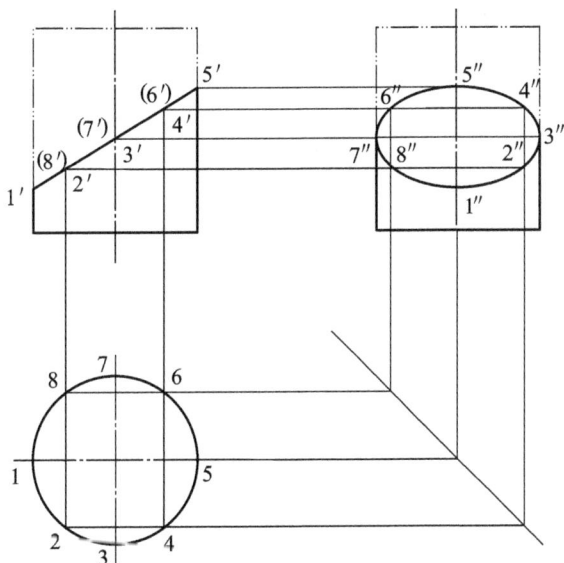

图 1-65　圆柱的截交线

【例 1-7】　如图 1-66(a)所示，补全接头的正面投影和水平投影。

分析：该圆柱轴线为侧垂线，其侧面投影为圆。因此圆柱表面上点的侧面投影都积聚在该圆周上。由已知条件可知，接头左端的槽由两个平行于轴线的正平面 P、Q 和一个垂直于轴线的侧平面 R 切割而成。

作图：

（1）截平面 P、Q 与圆柱面的交线是四条平行的素线（侧垂线），它们的侧面投影分别积聚成点 a''、b''、c''、d''，且位于圆周上；水平投影中交线分别重合在 P_H、Q_H 上，根据两面投影可作出其正面投影。

（2）截平面 R 与圆柱的交线是两段平行于侧面，且夹在平面 P、Q 之间的圆弧，它们的侧面投影反映实形，并与圆柱面的侧面投影重合，正面投影积聚成一条直线。

（3）整理轮廓，判别可见性。左端的槽使得圆柱最上、最下两条素线被截断，所以正面投影只保留这两条转向轮廓线的右边；截平面 R 的正面投影在四条交线中间的部分不可见，故画成虚线。

接头右端的凸榫可看作由水平面和侧平面切割圆柱而成，作法与左端槽口相类似，请读者自行分析。最后结果如图 1-66(b)所示。

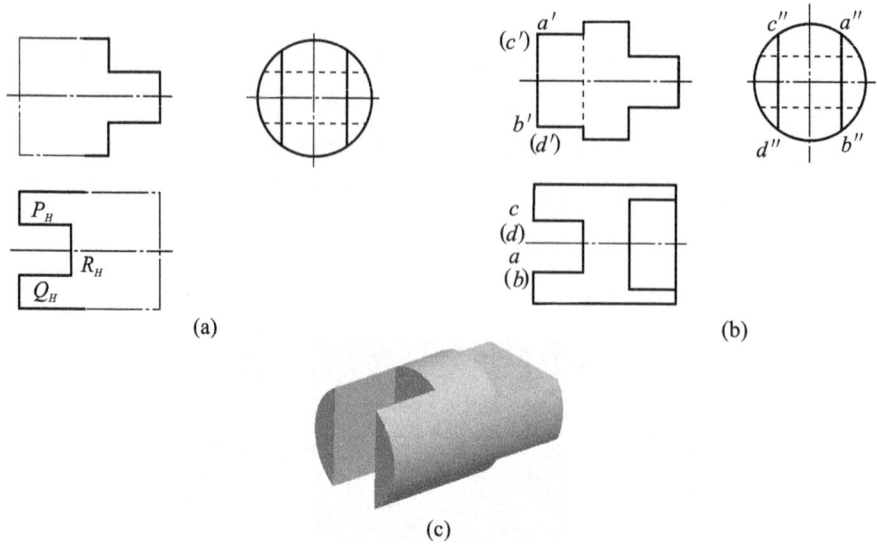

图 1-66 补全接头的正面投影和水平投影

2）圆锥的截交线

由于截平面与圆锥轴线的相对位置不同,平面截切圆锥的截交线有五种情况,如表 1-17 所示。

表 1-17　　　　　　　　　平面与圆锥的截交线

立体图				
投影图				
说明	截平面垂直于轴线,$\theta=90°$,截交线为圆	截平面倾斜于轴线,且 $\theta>\phi$,截交线为椭圆	截平面倾斜于轴线且 $\theta=\phi$,截交线为抛物线	截平面平行于轴线或 $\theta<\phi$,截交线为双曲线	截平面过锥顶,截交线为过锥顶的两条素线

【例 1-8】 如图 1-67 所示,一轴线为侧垂线的圆锥被一水平面所截切,画出该截交线的水平投影和侧面投影。

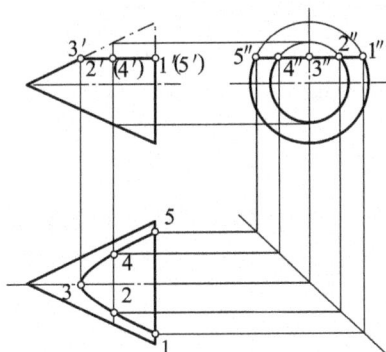

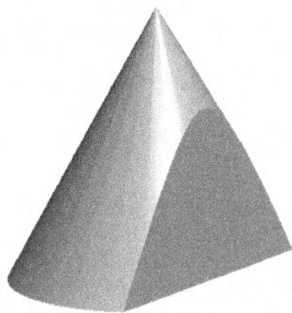

图 1-67 圆锥的截交线

分析:由于截平面平行于圆锥轴线,所以与圆锥面的截交线为双曲线,其正面投影和侧面投影均积聚成一直线。

作图:

(1) 先作出特殊点。正面投影中最右点 $1'$、$5'$ 在圆锥底圆上,可直接作出侧面投影 $1''$、$5''$,再根据投影规律作出水平投影 1、5。最左点 $3'$ 在转向轮廓线上,可直接作出水平投影 3。

(2) 再作出一般点。$2'$、$4'$ 是截交线上任意点的正面投影,根据圆锥表面取点的方法作辅助圆,在侧面投影上求出 $2''$、$4''$,然后根据两投影求出投影 2、4。同理也可以作出其他一般点。

(3) 依次光滑连接各点即得截交线的水平投影。

3) 球的截交线

平面与球的截交线是圆。当截平面平行于投影面时,截交线在该投影面上的投影反映实形,另两个投影积聚成直线,如图 1-68 所示。当截平面倾斜于投影面时,截交线在该投影面上的投影为椭圆。图 1-69 为球被正垂面 P 截切之后的投影,截交线的正面投影积聚成直线,与 P_V 重合,水平投影和侧面投影均为椭圆。

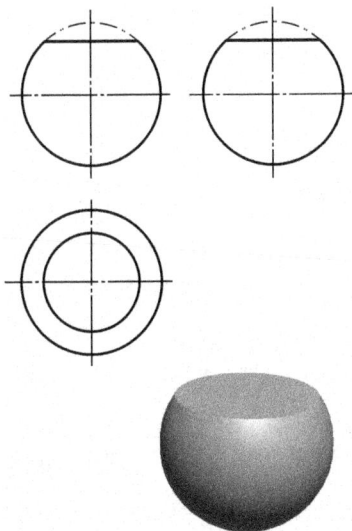

图 1-68 水平面与球相交

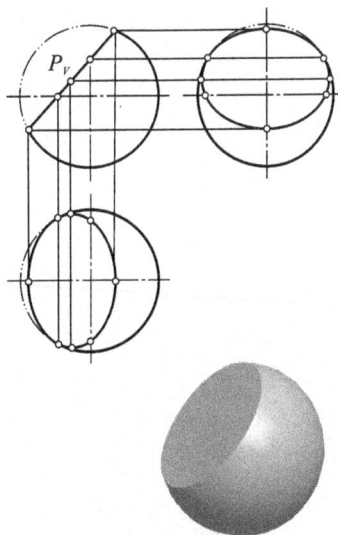

图 1-69 正垂面与球相交

【例 1-9】 如图 1-70(a)所示,补全开槽半球的水平投影和侧面投影。

分析:球表面的凹槽由两个侧平面 P、Q 和一个水平面 R 切割而成,截平面 P、Q 各截得一段平行于侧面的圆弧,而截平面 R 则截得前后各一段水平的圆弧,截平面之间的交线为正垂线。

作图:

(1) 以 $a'b'$ 为半径作出截平面 P、Q 的截交线圆弧的侧面投影(两平面重合),它与截平面 R 的侧面投影交于 $1''$、$2''$,根据 $1'$、$2'$ 和 $1''$、$2''$ 作出 1、2,直线 12 即为截平面 P 的水平积聚投影。同理作出截平面 Q 的水平投影。

(2) 以 $c'd'$ 为半径作出截平面 R 截交线圆弧的水平投影。

(3) 整理轮廓,判别可见性。球侧面投影的转向轮廓线处在截平面 R 以上的部分被截切,不必画出。截平面 R 的侧面投影处在 $1''2''$ 之间的部分被左半部分球面所挡,故画虚线。作图结果如图 1-70(b)所示。

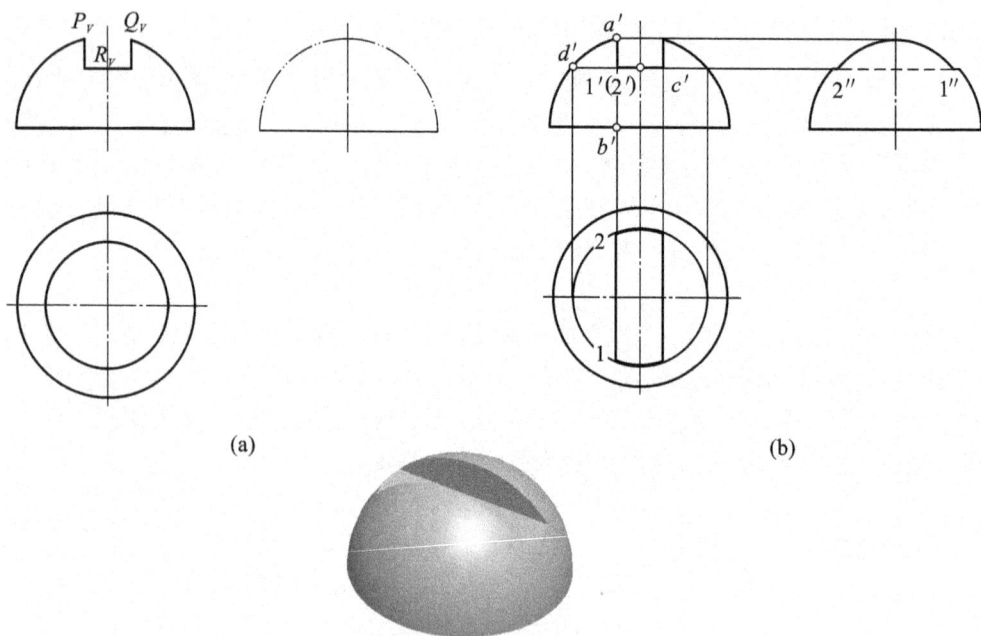

(a)   (b)

图 1-70 补全开槽半球的投影

4) 组合回转体的截交线

组合回转体是由若干个基本回转体组成,作图时首先要分析各部分的曲面性质,然后按照它的几何特性确定其截交线的形状,再分别作出其投影。

图 1-71 所示为一连杆头,它由轴线为侧垂线的圆柱、圆锥和球组合。其前后各被正平面截切,球面部分的截交线为圆,圆锥部分的截交线为双曲线,圆柱部分未被截切,如图 1-71(a)所示。作图时要在图上确定球面与圆锥的分界线。从球心 O' 作圆锥正面外形轮廓线的垂线得交点 a'、b',连线 $a'b'$ 即为球面与圆锥面的分界,以 $O'3'$ 为半径作圆,即为球面的截交线。该圆与 $a'b'$ 线交于 $1'$、$2'$ 点。此即为截交线上圆与双曲线的结合点。然

后画出圆锥面上的截交线即双曲线,就完成连杆头的正面投影,如图 1-71 所示。

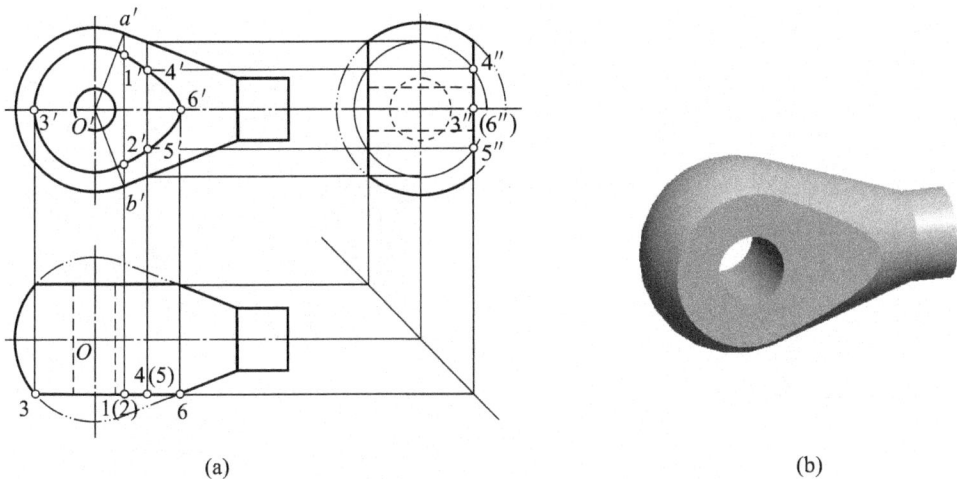

图 1-71 组合回转体的截交线

1.2.13 两回转体表面的交线——相贯线

两回转体表面的交线称为相贯线。相贯线的一般性质如下。

(1)相贯线是两回转体表面的共有线,也是两相交立体的分界线。相贯线上的所有点都是两回转体表面的共有点。

(2)由于立体的表面是封闭的,因此相贯线在一般情况下是封闭的线框。

(3)相贯线的形状取决于回转体的形状、大小以及两回转体之间的相对位置。一般情况下相贯线是空间曲线,在特殊情况下是平面曲线或直线。

求两回转体相贯线的投影时,应先作出相贯线上一些特殊点的投影,如回转体投影的转向轮廓线上的点,对称的相贯线在其对称面上的点,以及最高、最低、最左、最右、最前、最后这些确定相贯线形状和范围的点,然后再求作一般的点,而后作出相贯线的投影。具体作图可采用表面取点法或辅助平面法。要注意的是一段相贯线只有同时位于两个立体的可见的表面上时,这段相贯线的投影才是可见的。

1. 表面取点法

两回转体相交,如果其中有一个是轴线垂直于投影面的圆柱,则相贯线在该投影面上的投影就积聚在圆柱面的积聚投影圆周上。这样就可以在相贯线上取一些点,按回转体表面取点的方法作出相贯线的其他投影。

【例 1-10】 如图 1-72 所示,已知两圆柱的三面投影,求作它们的相贯线。

分析:由于两圆柱的轴线分别为铅垂线和侧垂线,两轴线垂直相交,其相贯线的水平投影就积聚在铅垂圆柱的水平投影圆上,侧面投影积聚在侧垂圆柱的侧面投影圆上。已知相贯线的两个投影即可求出其正面投影。

作图:

(1)求特殊点。先在相贯线的水平投影上定出 1、2、3、4 点,它们是铅垂圆柱最左、最

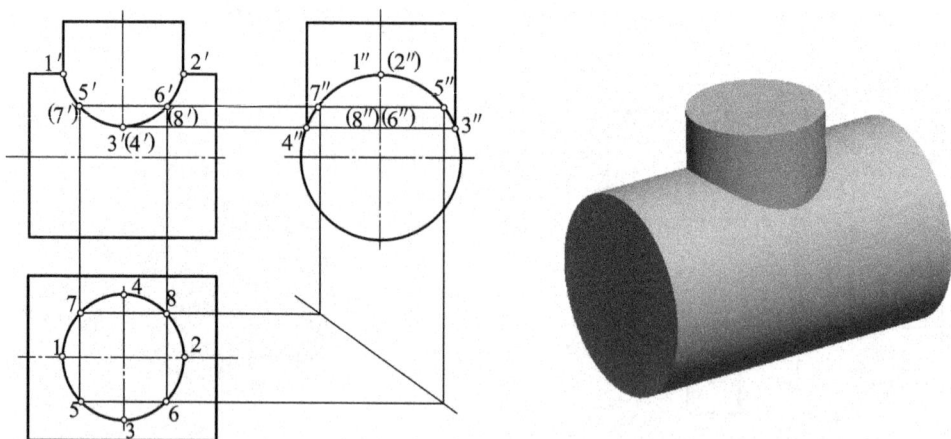

图 1-72　两圆柱的相贯线

右、最前、最后素线上的点的水平投影，再在相贯线的侧面投影上相应地作出 $1''$、$2''$、$3''$、$4''$。由这四点的两面投影，求出正面投影 $1'$、$2'$、$3'$、$4'$，可以看出，它们也是相贯线上最高或最低点。

（2）求一般点。在相贯线的水平投影上定出左右、前后对称的四点 5、6、7、8，求出它们的侧面投影 $5''$、$6''$、$7''$、$8''$，由这四点的两面投影，求出对应的正面投影 $5'$、$6'$、$7'$、$8'$。

（3）连接各点的正面投影，即得相贯线的正面投影。由于前半相贯线在两个圆柱的前半个圆柱面上，所以其正面投影 $1'5'3'6'2'$ 可见，而后半相贯线的投影 $1'7'4'8'2'$ 不可见，但与前半相贯线重合。

当两圆柱直径相差较大时，对于图 1-72 所示的轴线垂直相交的两圆柱的相贯线，为了作图方便常采用近似画法，即用一段圆弧代替相贯线，该圆弧的圆心在小圆柱的轴线上，半径为大圆柱的半径，如图 1-73 所示。

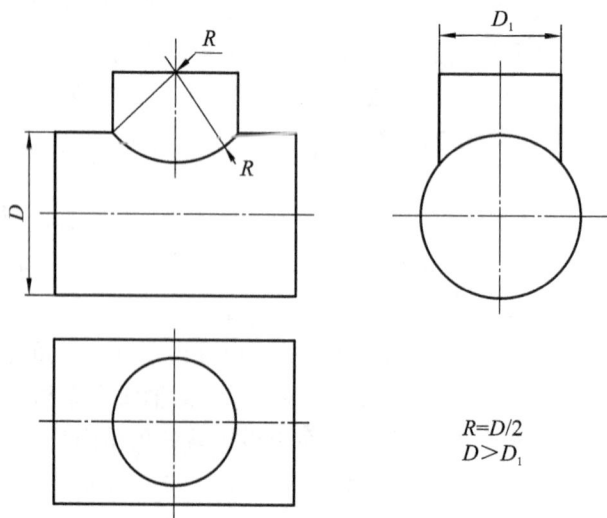

$R=D/2$
$D>D_1$

图 1-73　相贯线的近似画法

　　两轴线垂直相交的圆柱,在零件上是最常见的,它们的相贯线一般有如图 1-74 所示的三种形式。

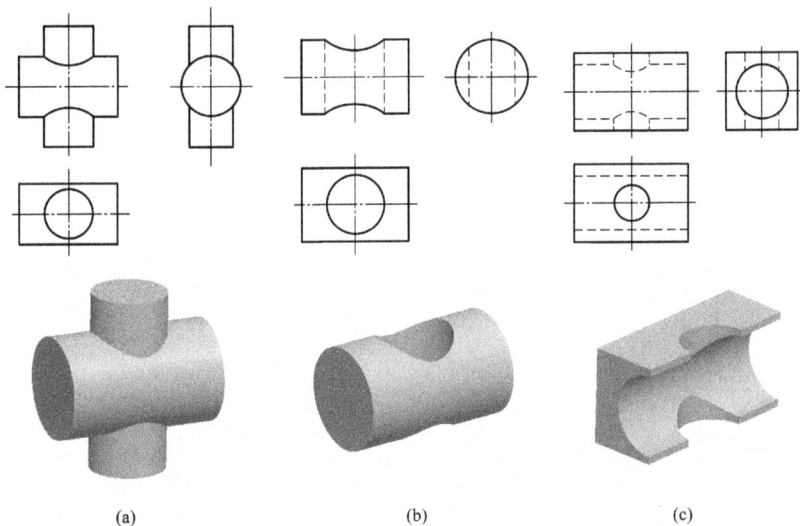

图 1-74　两圆柱相贯线的常见情况

　　(1) 图 1-74(a)表示两实心圆柱相交,其中铅垂圆柱直径较小,相贯线是上下对称的两条封闭的空间曲线。

　　(2) 图 1-74(b)表示圆柱孔与实心圆柱相交,相贯线也是上下对称的两条封闭的空间曲线。

　　(3) 图 1-74(c)表示两圆柱孔相交,相贯线同样是上下对称的两条封闭的空间曲线。

2. 辅助平面法

　　求两回转体相贯线比较普遍的方法是辅助平面法。即作一辅助平面与相贯的两回转体相交,分别作出辅助平面与两回转体的截交线,这两条截交线的交点必为两立体表面的共有点,即为相贯线上的点。若作出一系列辅助平面,即可得相贯线上的若干个点,依次连接各点,就可得到相贯线。选择辅助平面的原则是使辅助平面与两回转体的交线及投影为最简单的图形(圆或直线),这样可以使作图简便。

　　【例 1-11】　如图 1-75 所示,求圆柱与圆锥的相贯线。

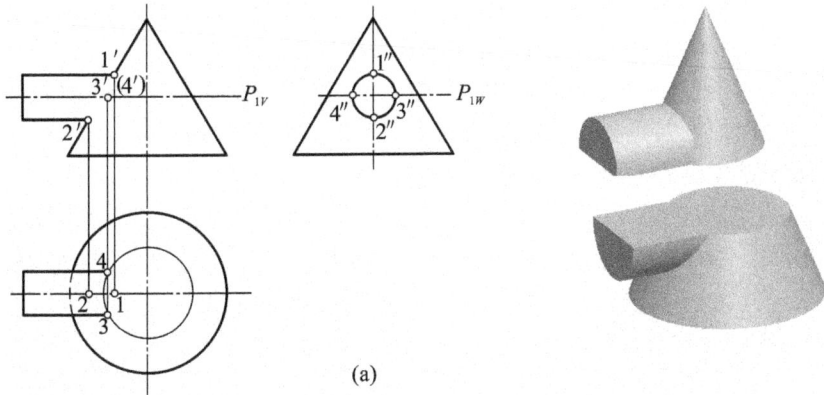

(a)

(b)

(c)

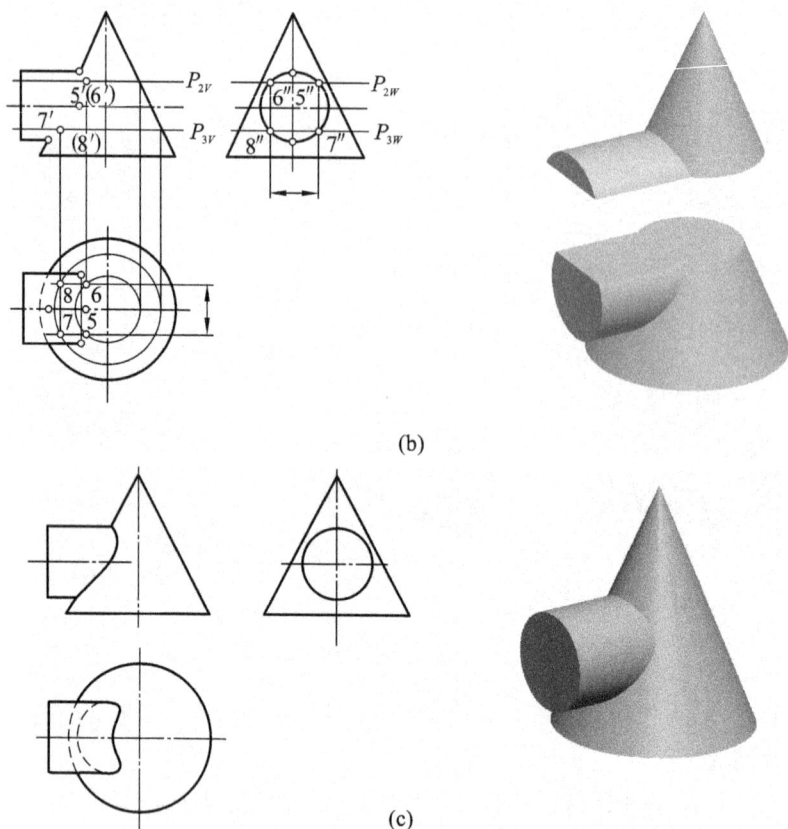

图 1-75　圆柱与圆锥的相贯线

(a)求特殊位置点;(b)求一般位置点;(c)连线完成全图

分析:圆柱与圆锥轴线垂直相交,圆柱全部穿进左半圆锥,相贯线为封闭的空间曲线。由于这两个立体前后对称,因此相贯线也前后对称。又由于圆柱的侧面投影积聚成圆,相贯线的侧面投影也必然重合在这个圆上。需要的是相贯线的正面投影和水平投影。可选择水平面作辅助平面,它与圆锥面的截交线为圆,与圆柱面的截交线为两条平行的素线,圆与直线的交点即为相贯线上的点。

作图:

(1)求特殊位置点,如图 1-75(a)所示。在侧面投影圆上确定 $1''$、$2''$,它们是相贯线上的最高点和最低点的侧面投影,可直接求出 $1'$、$2'$,再根据投影规律求出 1、2。

过圆柱轴线作水平面 P_1,它与圆柱相交于最前、最后两条素线,与圆锥相交为一圆,它们的水平投影的交点即为相贯线上最前点Ⅲ和最后点Ⅳ的水平投影 3、4,由 3、4 和 $3''$、$4''$可求出正面投影 $3'$、$4'$,这是一对重影点的投影。

(2)求一般位置点,如图 1-75(b)所示。作水平面 P_2,求得Ⅴ、Ⅵ两点的投影。需要时还可以在适当位置再作水平辅助面求出相贯线上的点(如作水平面 P_3,求出Ⅶ、Ⅷ两点的投影)。

(3)依次连接各点的同面投影,根据可见性判别原则可知:水平投影中 3、7、2、8、4 点在下半个圆柱面上,不可见,故画虚线,其余画实线,如图 1-75(c)所示。

3. 相贯线的特殊情况

在一般情况下,两回转体的相贯线是空间曲线,但在某些特殊情况下,也可能是平面曲线或直线。

(1) 两回转体轴线相交,且平行于同一投影面,若它们能公切于一个球,则相贯线是垂直于这个投影面的椭圆。

图 1-76 中的圆柱与圆柱、圆柱与圆锥、圆锥与圆锥相交,其轴线都分别相交,且平行于正面,并公切于一个球,因此它们的相贯线都是垂直于正面的两个椭圆,连接它们正面投影的转向轮廓素线的交点,得到两条相交直线,即为相贯线的正面投影。

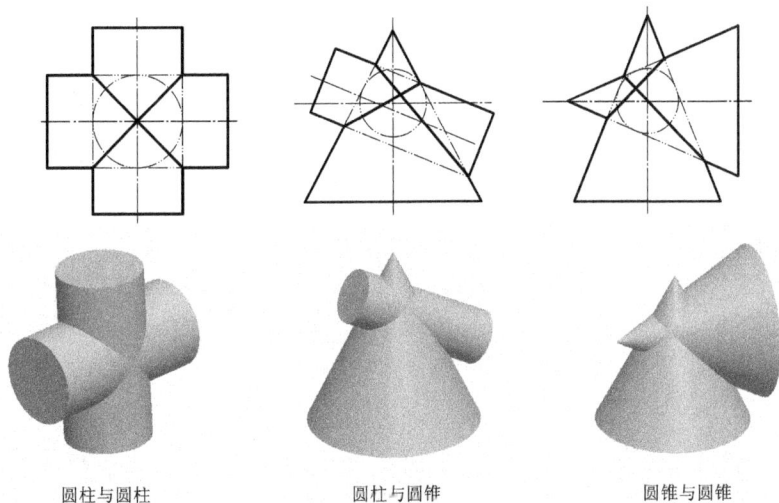

圆柱与圆柱　　　　　　　圆柱与圆锥　　　　　　　圆锥与圆锥

图 1-76　公切于同一个球面的圆柱、圆锥的相贯线

(2) 两个同轴回转体的相贯线是垂直于轴线的圆,如图 1-77 所示。

(3) 轴线平行的两圆柱的相贯线是两条平行的素线,如图 1-78 所示。

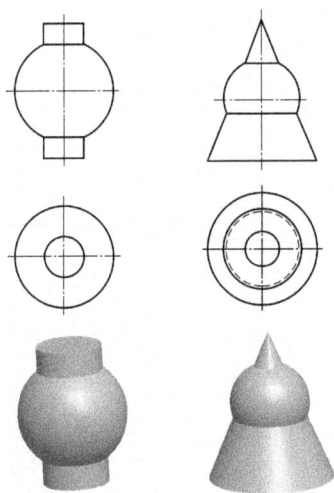

图 1-77　两个同轴回转体的相贯线

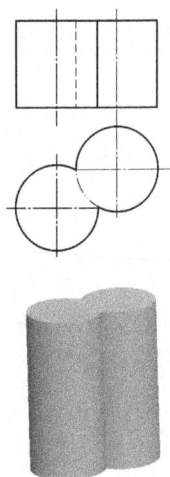

图 1-78　轴线平行的两圆柱的相贯线

4. 组合相贯线的画法

某一立体和另外两个立体相贯时,会在该立体表面上产生两段相贯线。它们的投影按两两相贯时的相贯线的画法分别绘制。但要注意两段相贯线的组合形式。如图 1-79 (a)中的直立圆柱与两共轴的不等径圆柱相贯,两段相贯线被圆平面隔开,因而在正面投影中两段相贯线的投影相错。图 1-79(b)中的直立圆柱与共轴的圆柱圆台相贯,两段相贯线相交,其交点为三个立体表面的共有点。图 1-79(c)中的直立圆柱与相切的球、圆柱相贯,两段相贯线是圆滑连接的。

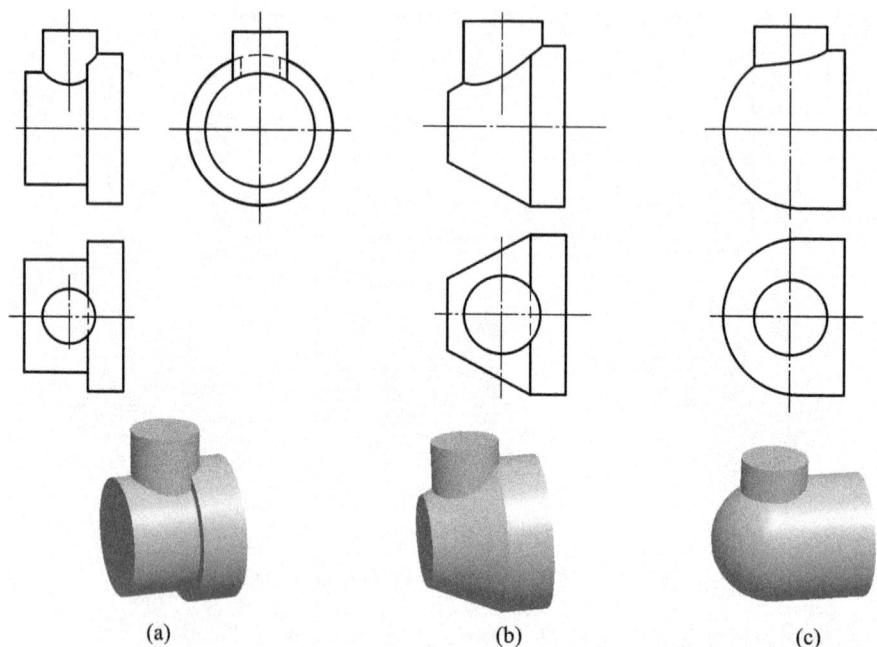

图 1-79 组合相贯的组合形式

1.2.14 绘图的基本方法和步骤

1. 仪器绘图

1)画图前的准备

画图前应准备好图板、丁字尺、三角板等绘图工具和仪器,按各种线型的要求削好铅笔和圆规上的铅芯,并备好图纸。

2)确定图幅、固定图纸

根据图形的大小和比例,选取图纸幅面。

制图时必须将图纸用胶带纸固定在图板上。图纸固定在距图板左边 40～60 mm 处,图纸的下边应至少留有丁字尺尺身 1.5 倍宽度的距离,图纸的边应与丁字尺的尺身工作边平齐。

3)画图框和标题栏

按国家标准要求画出图框线和标题栏。

4）布置图形的位置

图形在图纸上布置的位置要力求均匀,不宜偏置或集中于某一角。根据每个图形的长宽尺寸,同时要考虑标注尺寸和有关文字说明等所占用的位置来确定各图形的位置,画出各图形的基准线。

5）画底稿

用H或2H铅笔尽量轻、细、准地绘好底稿。底稿线应分出不同线型,但不必分粗细,一律用细线画出。作图时应先画主要轮廓,再画细节。

6）标注尺寸

应将尺寸界线、尺寸线、箭头一次性画出,再填写尺寸数字。

7）检查描深

描深之前应仔细检查全图,修正图中的错误,擦去多余的图线。描深时按线型选择铅笔。先用铅芯较硬的铅笔描深细线,再用铅芯较软的铅笔描深粗实线;先描圆及圆弧,再描直线。描深直线应按先横后竖再斜的顺序,从上而下,从左至右进行。

8）全面检查,填写标题栏

描深后再一次全面检查全图,确认无误后,填写标题栏,完成全图。

2. 徒手绘图

依靠目测来估计物体各部分的尺寸比例,徒手绘制的图样称为草图。在设计、测绘、修配机器时,都要绘制草图。所以,徒手绘图是和使用仪器绘图同样重要的绘图技能。

绘制草图时应使用软一些的铅笔(如HB、B或者2B),铅笔削长一些,铅芯呈圆形,粗细各一支,分别用于绘制粗、细线。

画草图时,可以用有方格的专用草图纸,或者在白纸下面垫一张有格子的纸,以便控制图线的平直和图形的大小。

1）直线的画法

画直线时,可先标出直线的两端点,在两点之间先画一些短线,再连成一条直线。运笔时手腕要灵活,目光应注视线的端点,不可只盯着笔尖。

画水平线应自左至右画出,垂直线自上而下画出,斜线斜度较大时可自左向右下或自右向左下画出,如图1-80所示。

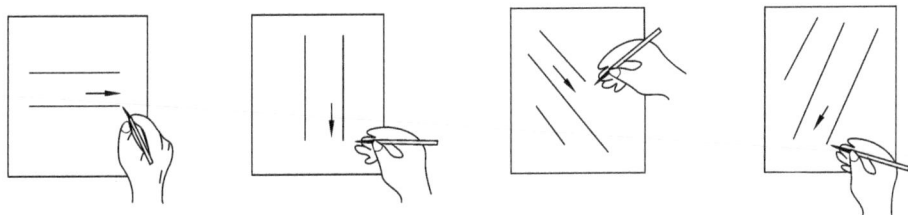

图1-80　徒手绘制直线

2）圆的画法

画圆时,应先画中心线。较小的圆在中心线上定出半径的四个端点,过这四个端点画圆。稍大的圆可以过圆心再作两条斜线,再在各线上定半径长度,然后过这八个点画圆。

圆的直径很大时,可以用手作圆规,以小指支撑于圆心,使铅笔与小指的距离等于圆的半径,笔尖接触纸面不动,转动图纸,即可得到所需的大圆。也可在一纸条上作出半径长度的记号,使其一端置于圆心,另一端置于铅笔,旋转纸条,便可以画出所需圆。如图 1-81 所示。

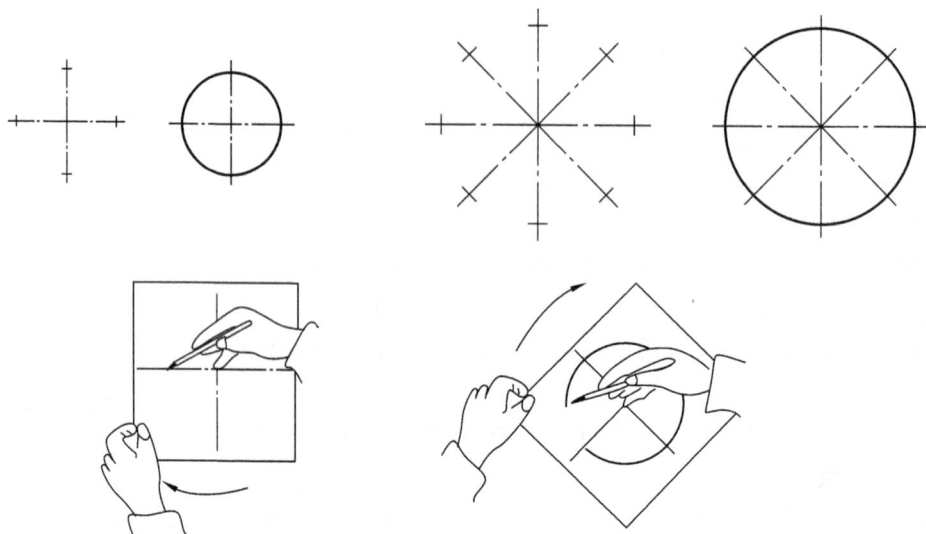

图 1-81 徒手绘制圆形

3) 徒手绘制平面图形

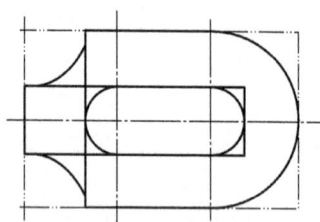

图 1-82 徒手绘制图形

徒手绘制平面图形时,也和使用尺、圆规作图时一样,要进行图形的尺寸分析和线段分析,应先画已知线段,再画中间线段,最后画连接线段。在方格纸上画平面图形时,主要轮廓线和定位中心线应尽可能利用方格纸上的线条,图形各部分之间的比例可按方格纸上的格数来确定。图 1-82 所示为徒手在方格纸上画平面图形的示例。

1.3 任务实施

1.3.1 抄绘吊钩和挂轮板图

在 A4 图纸上绘制吊钩和挂轮板(任选一个图形,并标注尺寸),见图 1-83 和图 1-84。

1. 要求

(1) 布图匀称。

(2) 作图准确。圆弧连接要用几何作图的方法确定圆心和切点。

(3) 图面清晰、整洁。图线粗细分明,线型均匀一致且符合国家标准规定,尺寸数字及箭头大小一致。

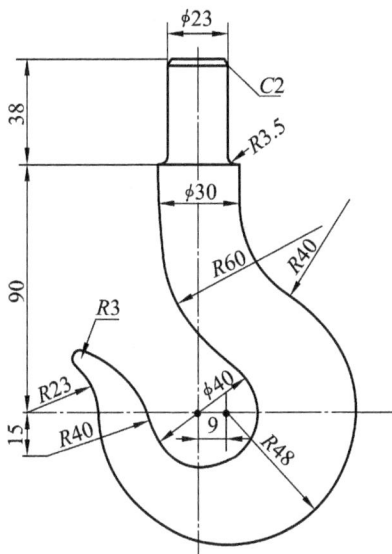

图 1-83　吊钩

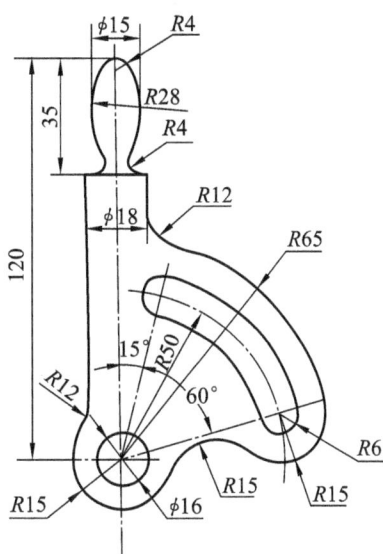

图 1-84　挂轮板

2. 作图步骤及注意事项

（1）固定图纸，布置图面；作定位线。

（2）按线段分析确定的作图顺序，用铅笔轻轻地作出底稿。

作图时线段的长短应尽量按所注尺寸一次画出，量尺寸应使用分规。需要通过作图来确定的线段，作图时按估计位置略长一点画出，准确定位后及时擦去多余线条。

（3）标注尺寸。尺寸数字采用 3.5 号字，箭头宽约 0.7 mm，长为宽的 6 倍，约 4～5 mm。

（4）检查描深。描深之前一定要仔细检查，确认图形及尺寸都准确无误后，方可描深。描深时应按先细后粗、先圆后直、从上至下、从左到右的顺序依次进行。描深后粗实线宽约 0.5 mm，细线宽约 0.25 mm。描深时各线段的起落点要准确，并使圆弧线段和直线段的图线均匀一致。

（5）严格按标准填写标题栏。在相应栏内填写：姓名、班级、学号、比例、日期等内容。

1.3.2　求作圆台与半球合成机件的相贯线

分析：从已知条件可以看出，圆台的轴线不通过球心，但圆台和球前后对称，相贯线是一条前后对称的封闭的空间曲线，前半段相贯线与后半段相贯线的正面投影重合。由于两个立体表面都没有积聚性投影，故其投影可采用辅助平面法求出。选择辅助平面的原则：对圆台而言，应选择通过圆台延伸后的锥顶或垂直于圆台轴线的平面；对球而言，应选择投影面的平行面。综合这两种情况，辅助平面除了可选择过圆台轴线的正平面和侧平面外，还应选择水平面。

作图：

（1）如图 1-85（a）所示，选择过圆台轴线的正平面为辅助平面，它与圆台表面相交于最左、最右两条素线,与球面相交于平行于正面的大圆,在它们的正面投影的相交处,作出相贯线上点Ⅰ、Ⅱ的正面投影$1'$、$2'$,由$1'$、$2'$可直接作出1、2和$1''$、$2''$。

再选择过圆台轴线的侧平面为辅助平面,它与圆台表面的截交线是最前、最后两条素线,与半球的截交线是侧平半圆,作出它们的侧面投影的交点$3''$、$4''$,即为相贯线上点Ⅲ、Ⅳ的侧面投影。由$3''$、$4''$可直接作出$3'$、($4'$)和3、4。

(2) 如图1-85(b)所示,选择水平面为辅助平面,它与圆台表面、球面的截交线是水平圆,作出它们的水平投影的交点5、6,即为相贯线上两个一般点Ⅴ、Ⅵ的水平投影,再由5、6作出$5'$、($6'$)和$5''$、$6''$。

(3) 如图1-85(c)所示,依次连接各点的同面投影,即得相贯线的各个投影。根据可见性判别原则可知:相贯线的水平投影全可见,画实线;相贯线正面投影的前半段$1'5'3'2'$可见,后半段$1'6'4'2'$不可见,但两者重合,画实线;侧面投影$3''2''4''$在右半个圆台面,不可见,画虚线;其余可见,画实线。

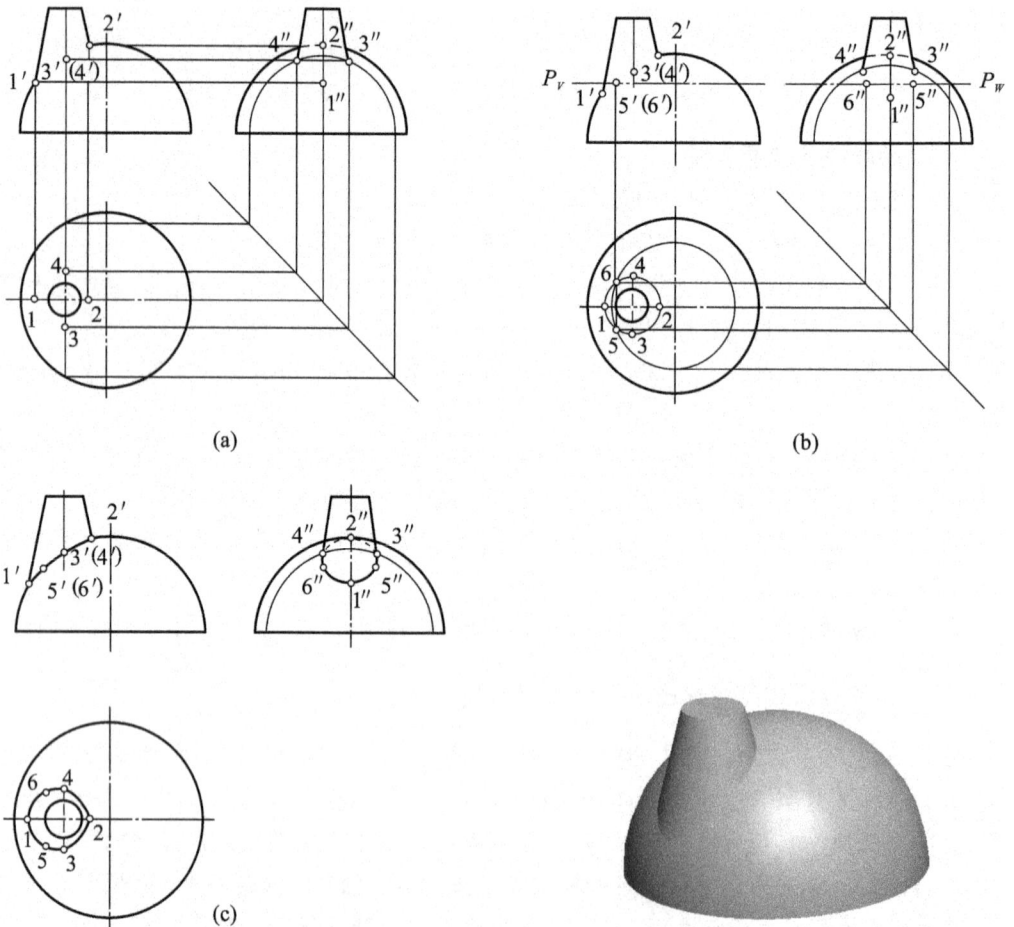

(a)

(b)

(c)

图 1-85　求作圆台与半球的相贯线

项目 2　组合体的识读与造型

2.1　学习目标与工作任务

通过本项目的实施,学生应了解组合体的组成方式,掌握组合体三视图的画法及尺寸标注等知识点,完成如表 2-1 所示的工作任务:

表 2-1　　　　　　　　　　　　　　　　工作任务

序号	任务名称	任务目标
1	组合体的识读	根据组合体俯视图、左视图,想象物体形状,补画主视图
2	组合体的造型	利用 Pro/E 软件完成组合体的三维造型

2.2　知识准备

2.2.1　组合体的组成方式

有了点、线、面和基本形体的投影知识,就为讨论比较复杂形体视图的画图和看图方法奠定了必要的基础。这里侧重研究两个或两个以上基本形体的组合体的画图和看图的分析方法以及有关尺寸标注等问题。

1. 组合体的概念

任何复杂的形体,都可以看成是由一些基本的形体按照一定的组合方式组合而成的,这些基本形体包括棱柱、棱锥、圆柱、圆锥、球和圆环等。由基本形体组成的复杂形体称为组合体。

2. 组合体的组成方式

组合体的组成方式有切割和叠加两种形式。常见的组合体则是这两种方式的综合,如图 2-1 所示。

无论以何种方式构成组合体,其基本形体的相邻表面都存在一定的相互关系。其形式一般可分为平行、相切、相交等情况。

(1)平行。所谓平行是指两基本形体表面间同方向的相互关系。它又可以分为两种情

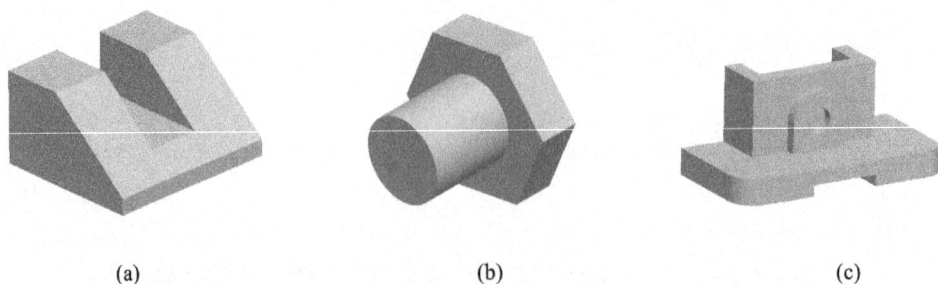

图 2-1 组合体的组成方式
(a)切割;(b)叠加;(c)综合

况:当两基本形体的表面平齐时,两表面为共面,因而视图上两基本形体之间无分界线,如图 2-2(a)所示;而如果两基本形体的表面不平齐,则必须画出它们的分界线,如图 2-2(b)所示。

（2）相切。当两基本形体的表面相切时,两表面在相切处光滑过渡,不应画出切线,如图 2-2(c)所示。

当两面相切时,则要看两曲面的公切面是否垂直于投影面。如果公切面垂直于投影面,则在该投影面上相切处要画线,否则不画线,如图 2-2(d)所示。

（3）相交。当两基本形体的表面相交时,相交处会产生不同形式的交线,在视图中应画出这些交线的投影,如图 2-2(e)所示。

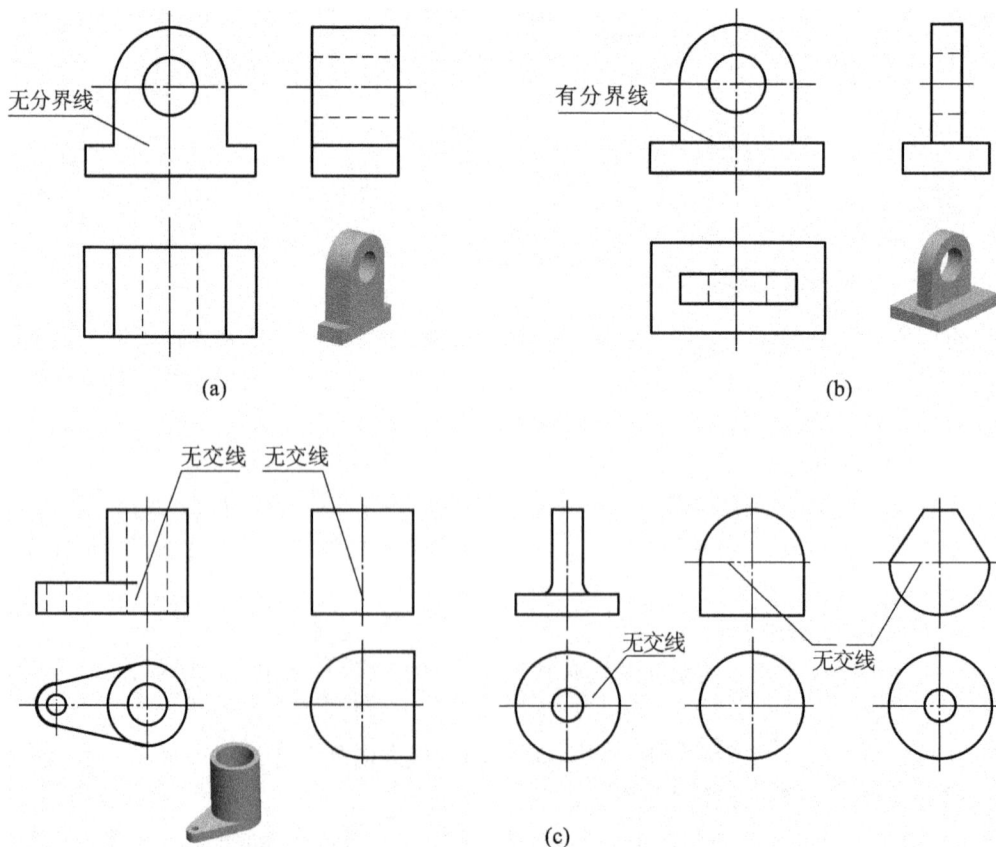

(a)

(b)

(c)

(d)

(e)

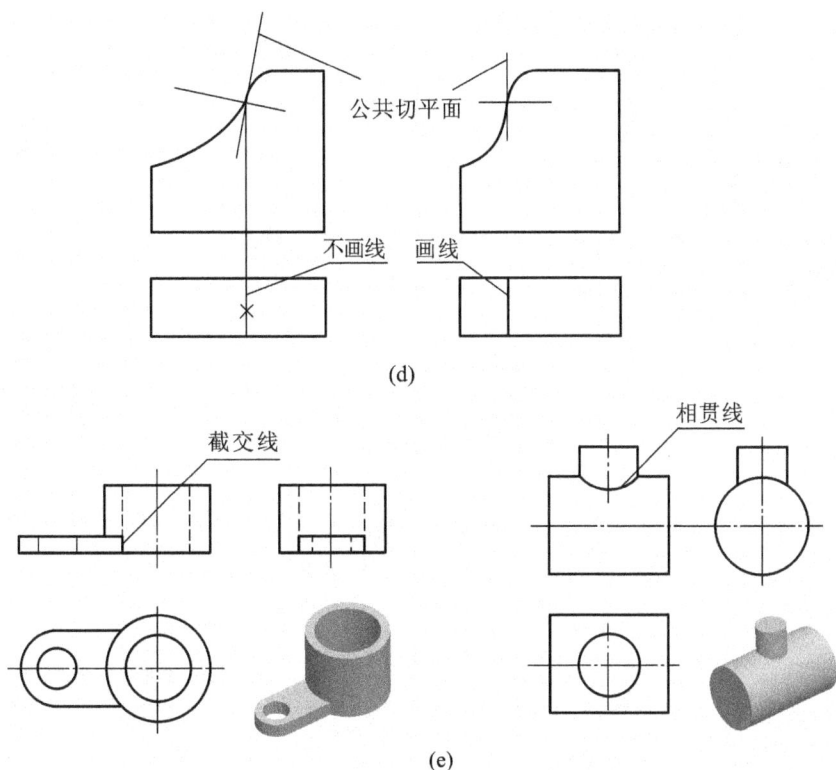

图 2-2　组合体相邻表面间的相互关系

(a)表面平齐(共面);(b)两表面不平齐;(c)表面相切;(d)两曲面相切;(e)表面相交

3. 形体分析法

形体分析法是解决组合体问题的基本方法。所谓形体分析就是将组合体按照其组成方式分解为若干基本形体,以便弄清楚各基本形体的形状、它们之间的相对位置和表面间的相互关系,这种方法称为形体分析法。在画图、读图和标注尺寸的过程中,常常要运用形体分析法。

2.2.2　组合体三视图的画法

1. 画组合体三视图的一般步骤和方法

下面以图 2-3 所示轴承座为例,介绍画组合体三视图的一般步骤和方法。

1) 形体分析

画图之前,首先应对组合体进行形体分析。分析组合体由哪几部分组成,各部分之间的相对位置,相邻两基本体的组合形式,是否产生交线等。图中轴承座由上部的凸台 1、圆筒 2、支承板 3、底板 4 及肋板 5 组成。凸台与圆筒是两个垂直相交的空心圆柱体,在外表面和内表面上都有相贯线。支承板、肋板和底板分别是不同形状的平板。支承板的左、右侧面都与圆筒的外圆柱面相切,肋板的左、右侧面与圆筒的外圆柱面相交,底板的顶面与支承板、肋板的底面相互垂直。

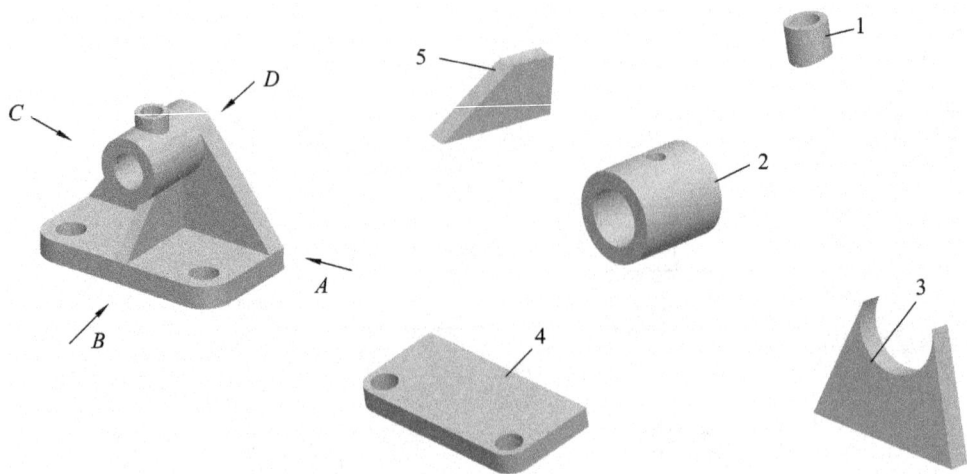

图 2-3 轴承座

1—凸台;2—圆筒;3—支承板;4—底板;5—肋板

2) 选择主视图

画图前首先要确定主视图。一般是将组合体的主要表面或主要轴线放置在与投影面平行或垂直的位置,并以最能反映该组合体各部分形状和位置特征的一个视图作为主视图。同时还应考虑到:①使其他两个视图上的虚线尽量少一些;②尽量使画出的三视图长大于宽。后两点不能兼顾时,以前面所讲主视图的选择原则为准。沿 B 向观察,所得视图满足上述要求,可以作为主视图。主视图方向确定后,其他视图的方向则随之确定。

3) 选择图纸幅面和比例

根据组合体的复杂程度和尺寸大小,应尽量选择国家标准规定的图幅和比例。在选择时,应充分考虑到视图、尺寸、技术要求及标题栏的大小和位置等。

4) 布置视图,画作图基准线

根据组合体的总尺寸通过简单计算将各视图均匀地布置在图框内。各视图位置确定后,用细点画线或细实线画出作图基准线。作图基准线一般为底面、对称面、重要端面、重要轴线等,如图 2-4(a)所示。

5) 画底稿

依次画出每个简单形体的三视图,如图 2-4(b)～(f)所示。画底稿时应注意:

(1) 在画各基本体的视图时,应先画主要形体,后画次要形体,先画可见的部分,后画不可见的部分。如图中先画底板和圆筒,后画支承板和肋板。

(2) 画每一个基本形体时,一般应该三个视图对应着一起画。先画反映实形或有特征的视图,再按投影关系画其他视图(如图中圆筒先画出主视图,凸台先画出俯视图,支承板先画出主视图等)。尤其要注意必须按投影关系正确地画出平行、相切和相交处的投影。

6) 检查、描深

底稿完成后,应认真进行检查,然后再描深,结果如图 2-4(f)所示。

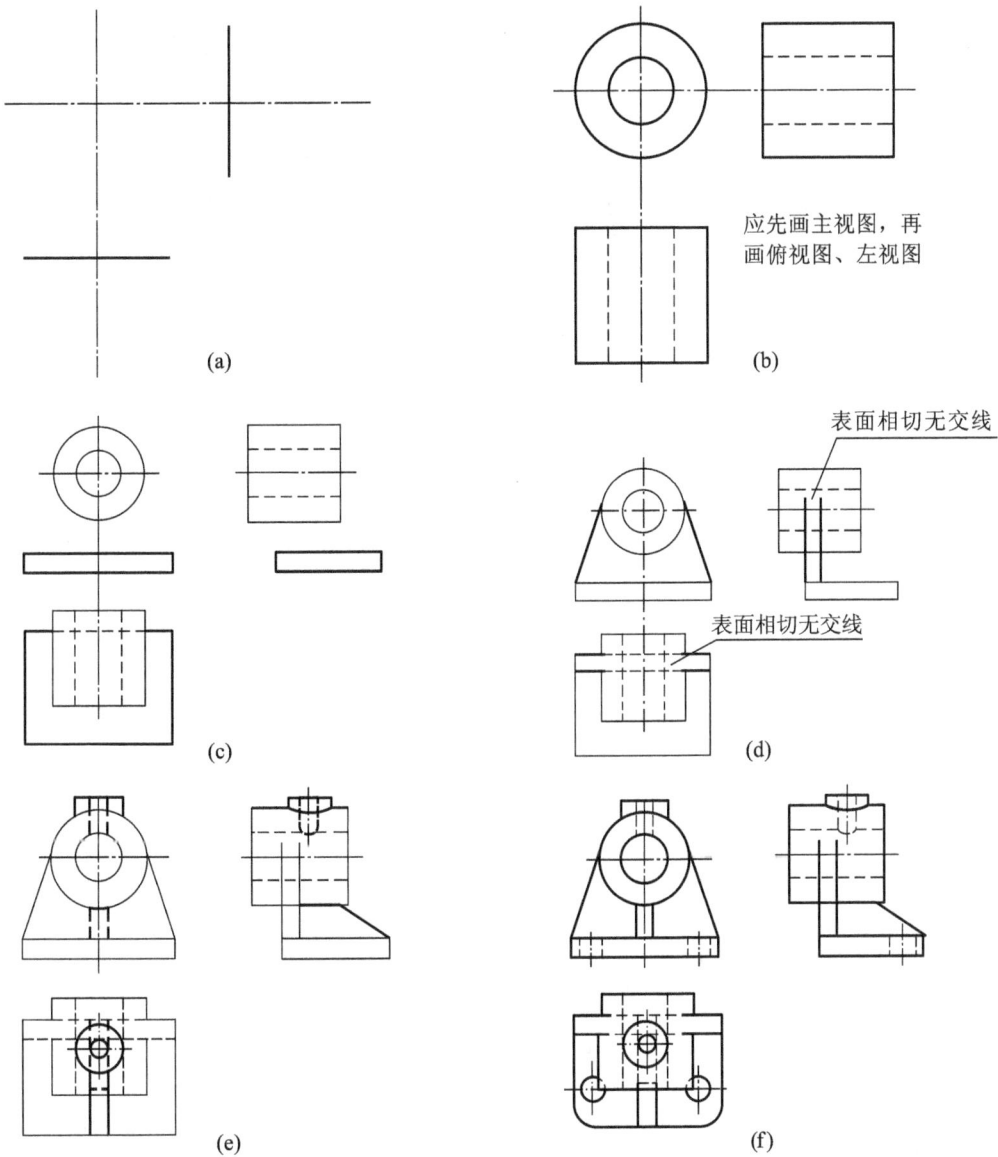

应先画主视图，再
画俯视图、左视图

表面相切无交线

表面相切无交线

图 2-4　组合体三视图的作图步骤

(a)布置视图并画出作图基准线；(b)画轴承的三视图；(c)画出底板的三视图；(d)画出支承板的三视图；
(e)画出凸台与肋板的三视图；(f)画出底板上的圆角和圆柱孔的三视图，检查、加深

2. 画图举例

【例 2-1】　画出切割型组合体的三视图，如图 2-5(a)所示。

画切割型组合体三视图的步骤与叠加型相同，首先进行形体分析，其形成如图 2-5
(b)所示，作图时由一个简单的投影开始，按切割的顺序逐次画完全图。图 2-6 是切割型
组合体的画图过程。

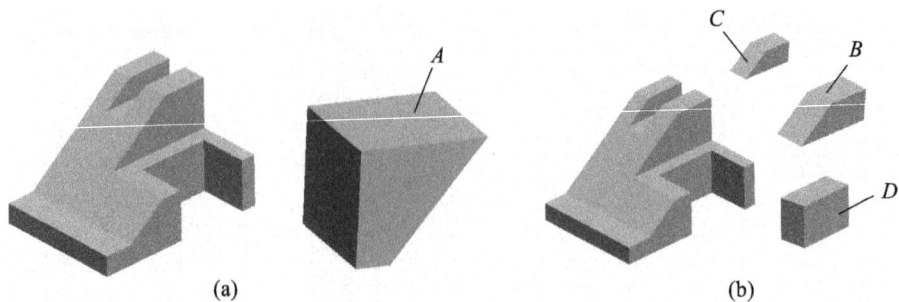

图 2-5 切割型组合体

(a)立体图;(b)切割体的形体分析

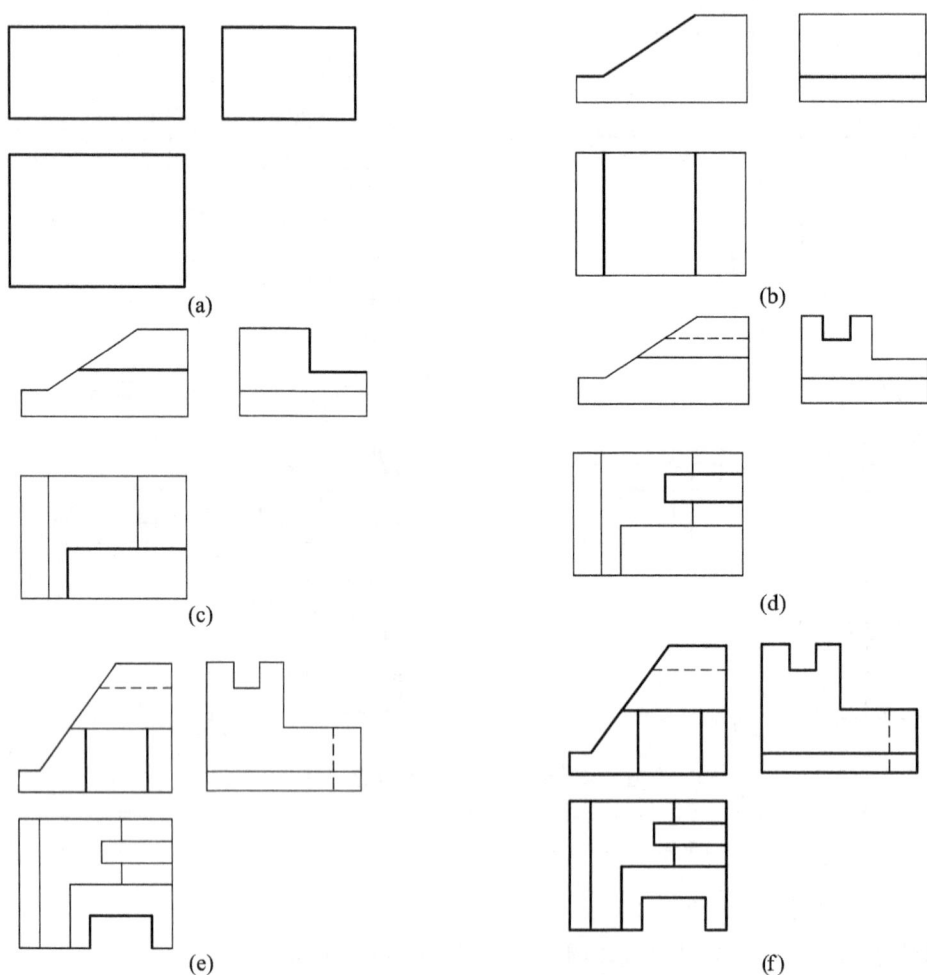

图 2-6 切割型组合体三视图的作图步骤

(a)画出基本体四棱柱;(b)画切去形体 D 后的投影;(c)画切去形体 B 后的投影;

(d)画切去形体 C 后的投影;(e)画切去形体 D 后的投影;(f)检查、加深、完成全图

画切割型组合体的三视图时应注意：

（1）认真分析物体的形成过程,确定切面的位置和形状；

（2）作图时应先画出切面有积聚性的投影,再根据切面与立体表面相交的情况画出其他视图；

（3）如果切平面为投影面垂直面,则该面的另两投影应为类似形。

2.2.3　组合体三视图的尺寸标注

组合体的视图表达了物体的形状,而物体的大小则是要由视图上所标注的尺寸来确定。

图样上标注尺寸一般应做到以下几点：

（1）尺寸标注要符合国家标准；

（2）尺寸标注要完整；

（3）尺寸布置要整齐、清晰；

（4）尺寸标注要合理。

第（1）条已在前文中作了介绍。第（4）条是指尺寸标注要满足机件的设计要求和制造工艺要求。本节着重讨论如何使尺寸标注齐全和清晰的问题。

1. 基本形体的尺寸标注

要掌握组合体的尺寸标注,必须先了解基本尺寸的尺寸标注方法。常见的基本形体的尺寸标注方法如图2-7所示。在标注基本形体的尺寸时,要注意定出长、宽、高三个方向的大小。

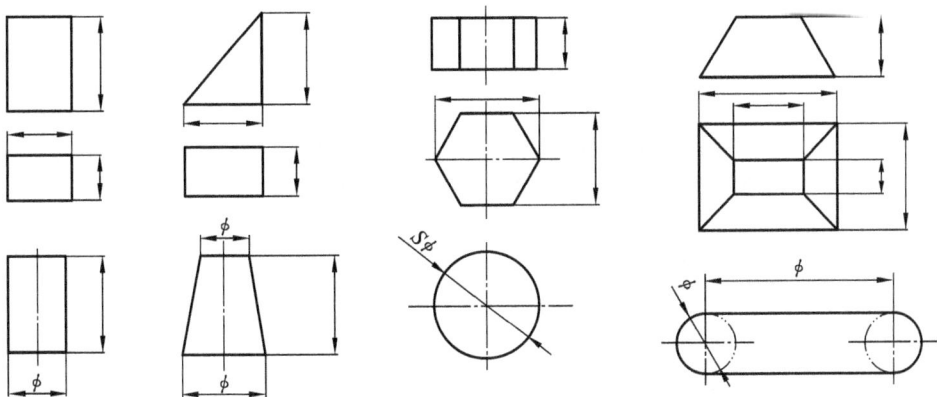

图 2-7　基本形体的尺寸标注

2. 切割体和相贯体的尺寸标注

基本形体的切口、开槽或穿孔等,一般只标注截切平面的定位尺寸和开槽或穿孔的定形尺寸,而不标注截交线的尺寸,如图2-8所示。图中打"×"号的尺寸是错误的。

两基本形体相贯时,应标注两立体的定形尺寸和表示相对位置的定位尺寸,而不应标注相贯线的尺寸,如图2-9所示。

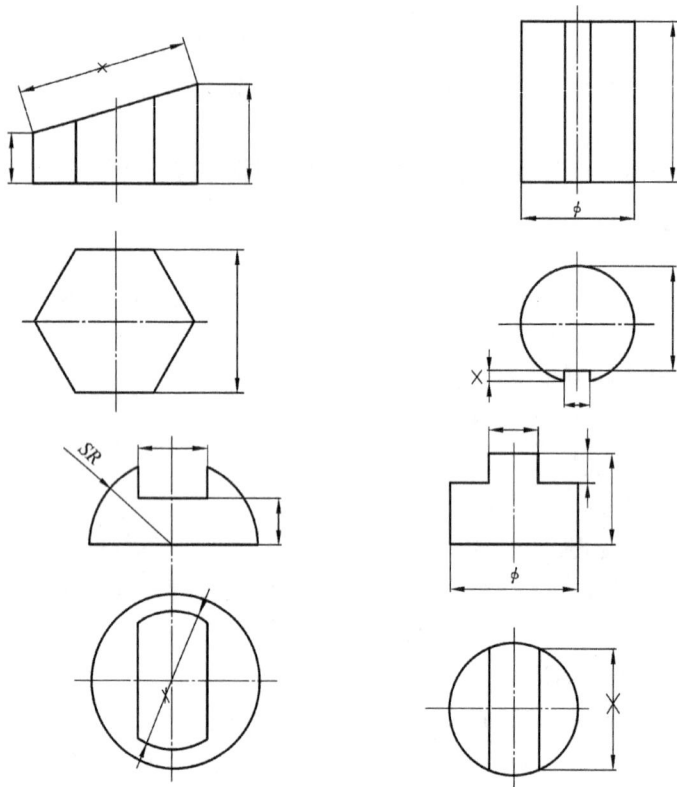

图 2-8　切割体的尺寸标注

3. 组合体的尺寸标注

1) 尺寸标注要完整

要达到这个要求,应首先按形体分析法将组合体分解为若干基本体,再注出表示各个基本体大小的尺寸及确定这些基本体间相对位置的尺寸。前者称为定形尺寸,后者称为定位尺寸。按照这样的分析方法去标注尺寸,就比较容易做到既不漏标尺寸,也不会重复标注尺寸。下面以图 2-10 所示的支架为例说明在尺寸标注过程中的分析方法。

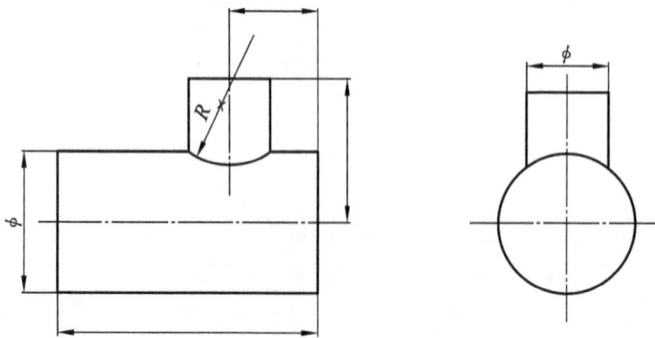

图 2-9　相贯体的尺寸标注

图 2-10　支架立体图

（1）逐个注出各基本形体的定形尺寸。

如图 2-11 所示，将支架分解成六个基本形体后，分别注出其定形尺寸。由于每个基本形体的尺寸一般只有少数几个，因而比较容易考虑，如直立空心圆柱的定形尺寸 $\phi72$、$\phi40$、80，底板的定形尺寸 $R22$、$\phi22$、20，肋板的定形尺寸 34、12 等。至于这些尺寸标注在哪一个视图上，则要根据具体情况而定。如直立空心圆柱的尺寸 $\phi40$ 和 80 可注在主视图上，但 $\phi72$ 在主视图上标注比较困难，故将它标注在左视图上。搭子的尺寸 $R16$、$\phi16$ 注在俯视图上最为适宜，而厚度尺寸 20 只能注在主视图上。其余各定形尺寸如图 2-12 所示。

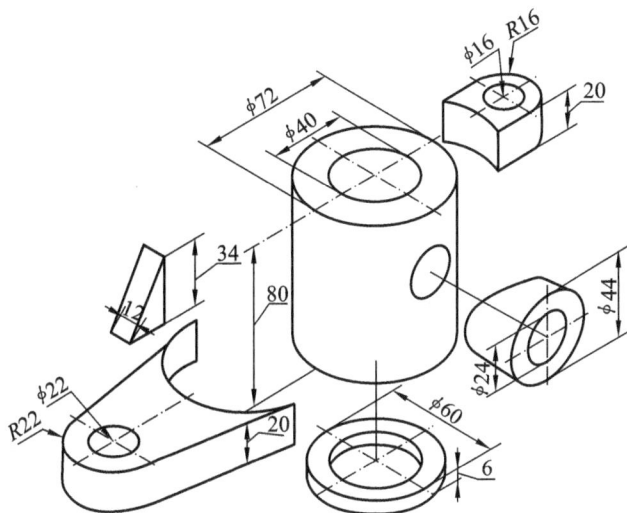

图 2-11 支架的定形尺寸分析

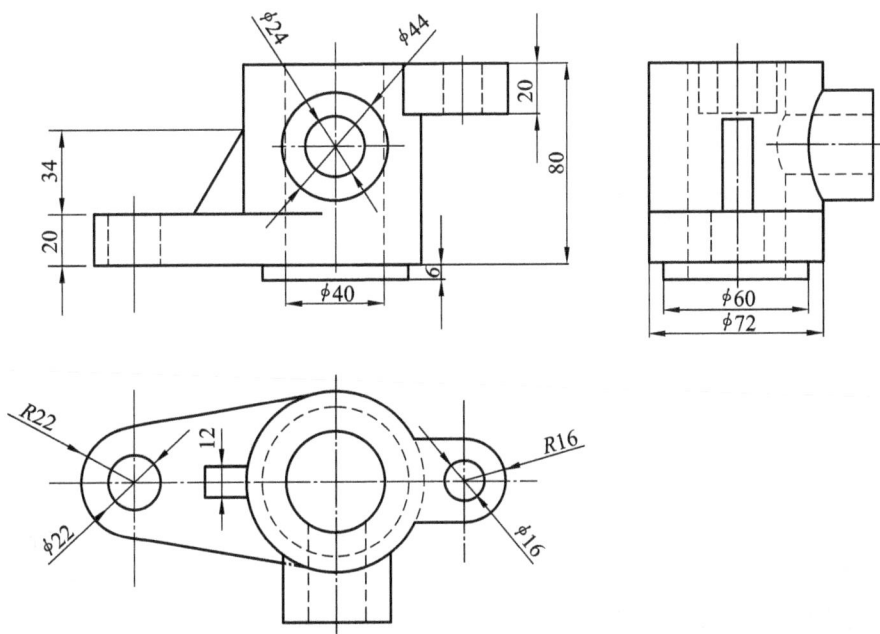

图 2-12 支架的定形尺寸标注

（2）标注出确定各基本体之间相对位置的定位尺寸。

组合体各组成部分之间的相对位置必须从长、宽、高三个方向来确定。标注定位尺寸的起点称为尺寸基准,因此,长、宽、高三个方向至少要各有一个尺寸基准。组合体的对称面、底面、主要的端面和主要的回转体的轴线经常被选作为尺寸基准。图 2-13 中支架长度方向的尺寸基准为直立空心圆柱的轴线,宽度方向的尺寸基准为底板及直立空心圆柱的前后对称面,高度方向的尺寸基准为直立空心圆柱的上表面。在图 2-13 中表示了这些基本形体之间的五个定位尺寸,如直立空心圆柱与底板孔、肋、搭子孔之间在左右方向的定位尺寸 80mm、56mm、52mm,水平空心圆柱与直立空心圆柱在上下方向的定位尺寸 28mm 以及前后方向的定位尺寸 48mm。将定形尺寸和定位尺寸合起来,则支架上所必需的尺寸就标注完整了。

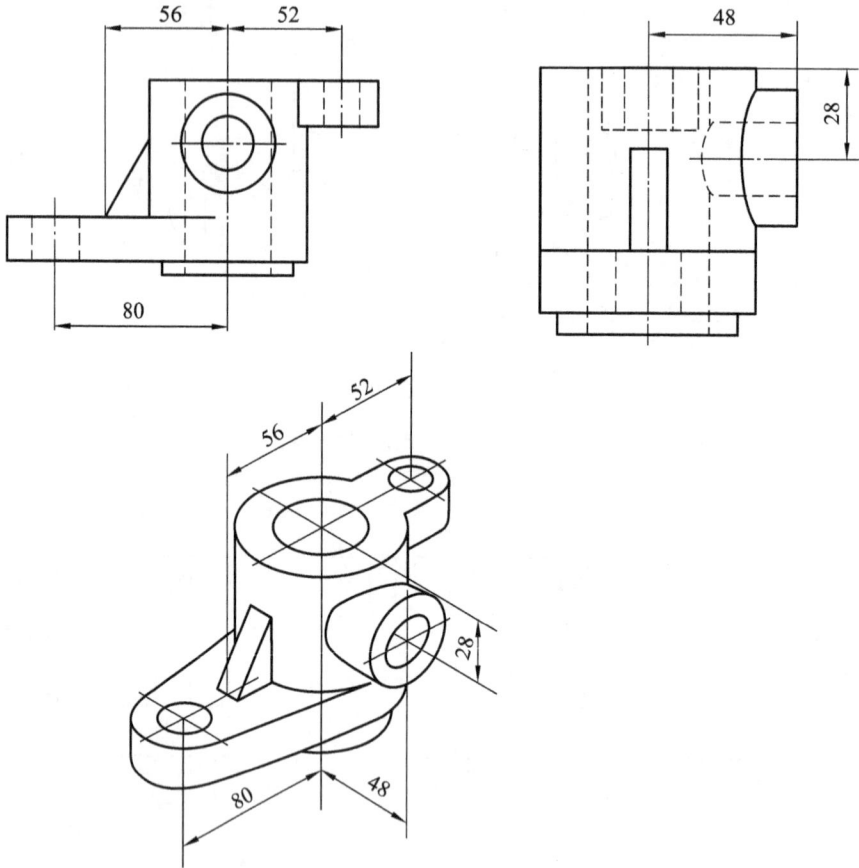

图 2-13　支架的定位尺寸分析与标注

（3）为了表示组合体的总长、总宽、总高,一般应标注出相应的总体尺寸。

按上述分析,尺寸虽然已经标注完整,但考虑总体尺寸后,为了避免重复,还应作适当调整。如图 2-14 中,尺寸 86mm 为总体尺寸。注上这个尺寸后会与直立空心圆柱的高度尺寸 80mm、短空心圆柱的高度尺寸 6mm 重复,因此应将尺寸 6mm 省略。当物体的端部为同轴线的圆柱和圆孔(如图中底板的左端、直立空心圆柱的后端等)时,一般不再标注总体尺寸。如图 2-14 所示,标注了定位尺寸 48mm 及圆柱直径 ϕ72mm 后,就不再需要注总宽尺寸。

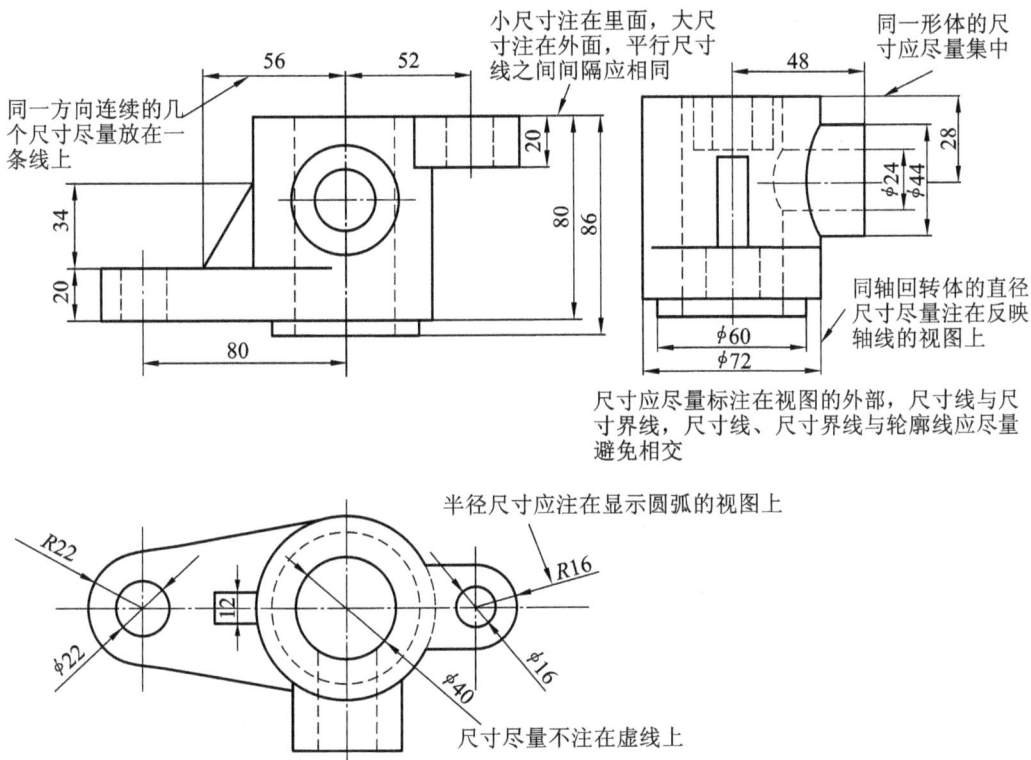

图 2-14　支架的尺寸标注

2）标注尺寸要清晰

标注尺寸时，除了要求完整外，为了便于读图，还要标注得清晰。现以图 2-14 为例，说明几个主要的考虑因素。

（1）尺寸应尽量标注在表示形体特征最明显的视图上。如图中肋板的高度尺寸 34mm，注在主视图上比注在左视图上好；水平空心圆柱的定位尺寸 28mm，注在左视图上比注在主视图上好；而底板的定形尺寸 R22mm 和 ϕ22mm 则应注在表示该部分形状最明显的俯视图上。

（2）同一基本形体的定形尺寸以及相关联的定位尺寸要尽量集中标注。如图中将水平空心圆柱的定形尺寸 ϕ24mm、ϕ44mm 从原来的主视图上移到左视图上，这样便和它的定位尺寸 28mm、48mm 全部集中在一起，因而比较清晰，也便于寻找尺寸。

（3）尺寸应尽量注在视图的外侧，以保持图形的清晰。同一方向几个连续尺寸应尽量放在同一条线上，使尺寸标注显得较为清晰。

（4）同心圆柱的直径尺寸尽量注在非圆视图上，而圆弧的半径则必须注在投影为圆弧的视图上。如图中直立空心圆柱的直径 ϕ60mm、ϕ72mm 均注在左视图上，而底板及搭子上的圆弧半径 R22mm、R16mm 则必须注在俯视图上。

（5）尽量避免在虚线上标注尺寸。如图中直立空心圆柱的孔径 ϕ40mm，若标注在主视图、左视图上，将从虚线引出，因此便注在俯视图上。

（6）尺寸线与尺寸界线，尺寸线、尺寸界线与轮廓线都应避免相交。相互平行的尺寸应按"小尺寸在内,大尺寸在外"的原则排列。

(7) 内形尺寸与外形尺寸最好分别注在视图的两侧。

在标注尺寸时,有时会出现不能兼顾以上各点的情况,这时必须在保证尺寸标注正确、完整的前提下,灵活掌握,力求清晰。

图 2-15 列出了一些常见结构的尺寸注法。从图中可以看出,当这些结构在某个投影图中以圆弧为轮廓线时,一般不注总体尺寸而是注出圆心位置和圆弧半径或直径即可,如图 2-15(c)、(e)、(f)所示。但当圆弧只是作为圆角时,则既要注出圆角半径,也要注出总长、总宽等尺寸,如图 2-15(a)所示。

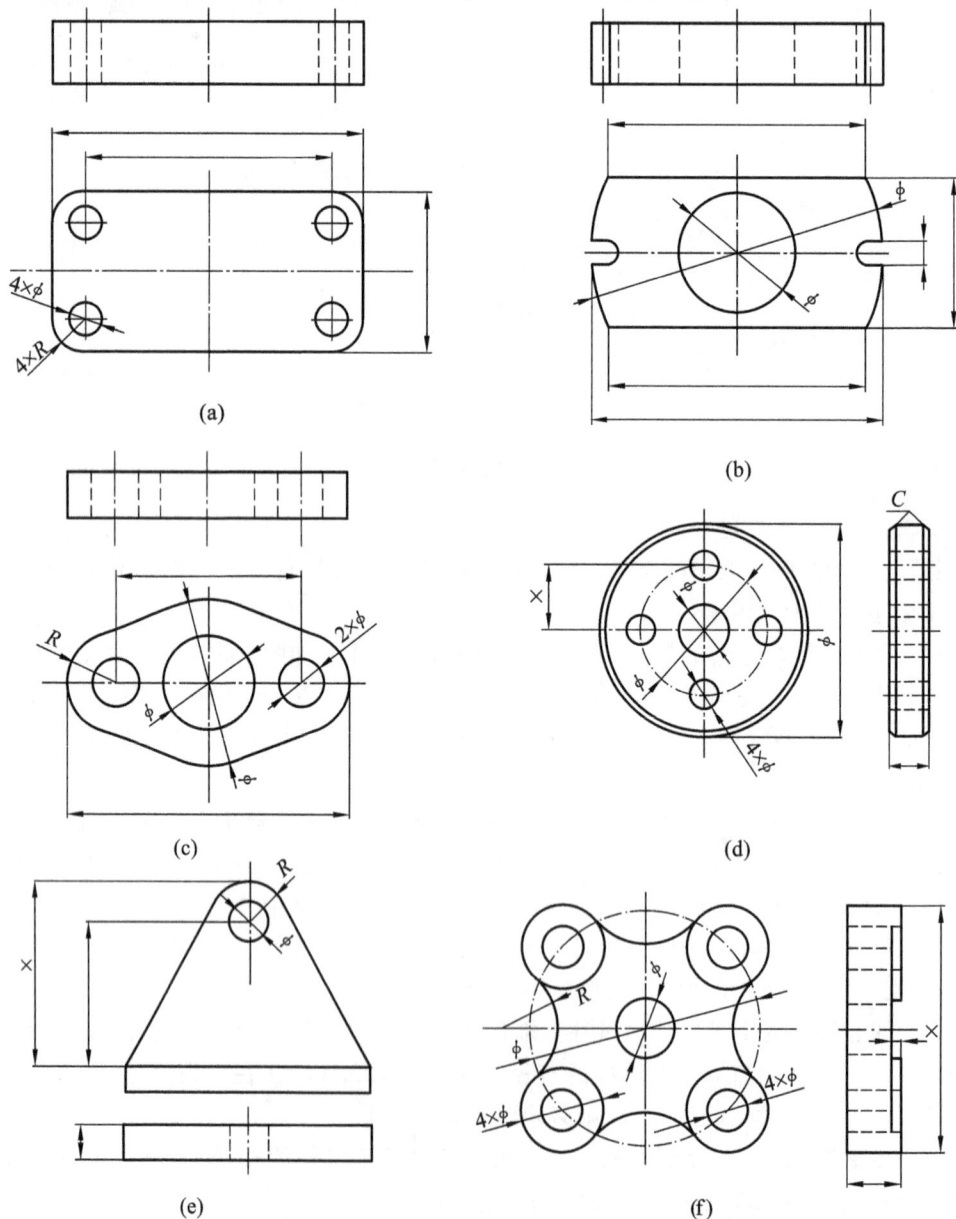

(a)

(b)

(c)

(d)

(e)

(f)

图 2-15　常见结构的尺寸注法

2.2.4 读组合体视图

画图和读图是学习本课程的两个重要环节。画图是把空间形体用正投影的方法表达在平面上;读图则是运用正投影方法,根据视图想象出空间形体的结构形状。所以,要正确、迅速地读懂视图,必须掌握读图的基本知识和基本方法,培养空间想象力和形体构思能力,并通过不断实践,逐步提高读图能力。

1. 读图的基本知识

1) 几个视图联系起来看

一般情况下,一个视图不能完全确定物体的形状。如图 2-16 所示的五组视图,它们的主视图都相同,但实际上是五种不同形状的物体。

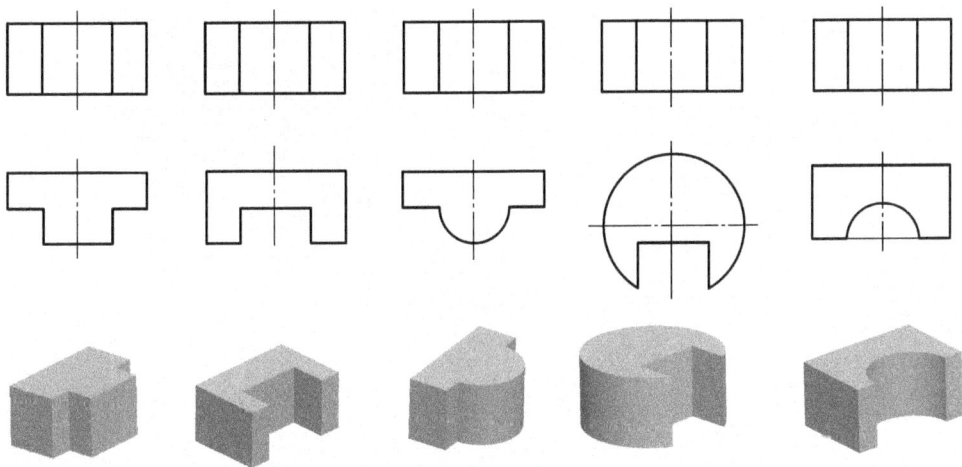

图 2-16 一个视图不能确定物体的形状

图 2-17 所示的三组视图,它们的主视图、俯视图都相同,但也表示了三种不同形状的物体。

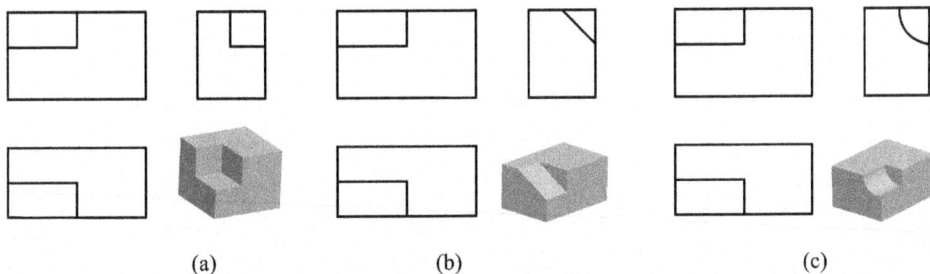

(a)   (b)   (c)

图 2-17 几个视图同时分析才能确定物体的形状

由此可见,读图时,一般要将几个视图联系起来阅读、分析和构思,才能弄清物体的形状。

2) 寻找特征视图

所谓特征视图,就是把物体的形状特征及相对位置反映得最充分的那个视图。例如

图 2-16 中的俯视图及图 2-17 中的左视图。找到这个视图,再配合其他视图,就能较快地认清物体了。

但是,由于组合体的组成方式不同,物体的形状特征及相对位置并非总是集中在一个视图上,有时是分散于各个视图上。例如图 2-18 中的支架就是由四个形体叠加构成的。主视图反映物体 A、B 的特征,俯视图反映物体 D 的特征。所以在读图时,要抓住反映特征较多的视图。

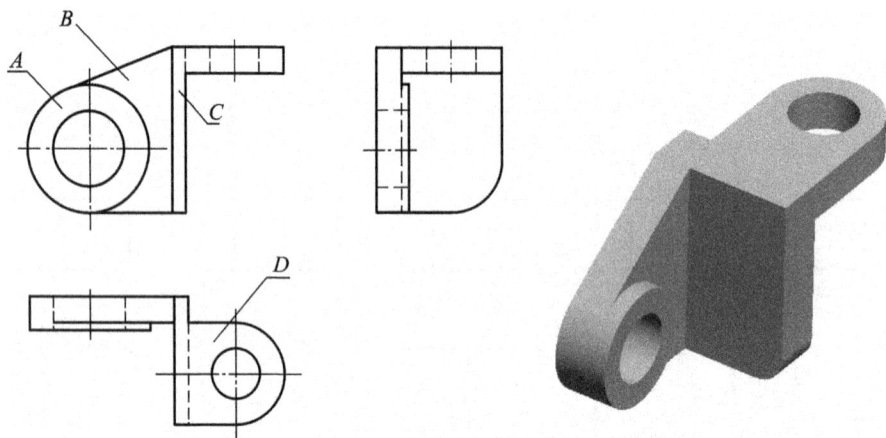

图 2-18　读图时应找出特征视图

3) 了解视图中的线框和图线的含义

弄清视图中线和线框的含义是看图的基础。下面以图 2-19 为例说明。

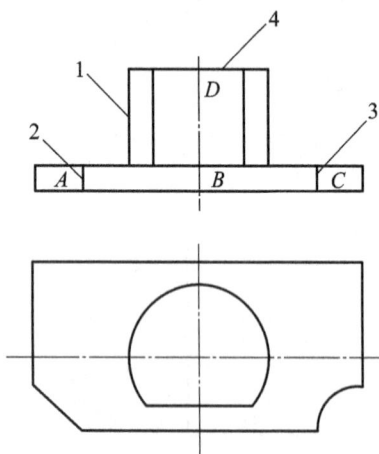

图 2-19　线框和图线的含义

视图中每个封闭线框,可以是形体上不同位置平面和曲面的投影,也可以是孔的投影。如图 2-19 中 A、B 和 D 线框是平面的投影,线框 C 是曲面的投影,而图2-18中的俯视图的圆线框则为通孔的投影。

视图中的每一条图线则可以是曲面的转向轮廓线的投影,如图 2-19 中直线 1 是圆柱的转向轮廓线,也可以是两表面交线的投影,如图中直线 2(平面与平面的交线),也可以是直线 3(平面与曲面的交线),还可以是面的积聚性投影,如图中直线 4。

任何相邻的两个封闭线框,应是物体上相交的两个面的投影,或是同向错位的两个面的投影。如图中 A 和 B、B 和 C 都是相交两表面的投影,B 和 D 则是前后平行两表面的投影。

2. 读图的基本方法

1) 形体分析法

形体分析法是读图的基本方法。一般是从反映物体形状特征的主视图着手,对照其他视图,初步分析出该物体是由哪些基本体组成以及通过什么连接关系形成的。然后按投影特性逐个找出各个基本体在其他视图中的投影,以确定各基本体的形状和它们之间的相对位置,最后综合想象出物体的总体形状。

下面以轴承座为例,说明用形体分析法读图的方法(图 2-20)。

(1) 从视图中分离出表示各基本形体的线框。

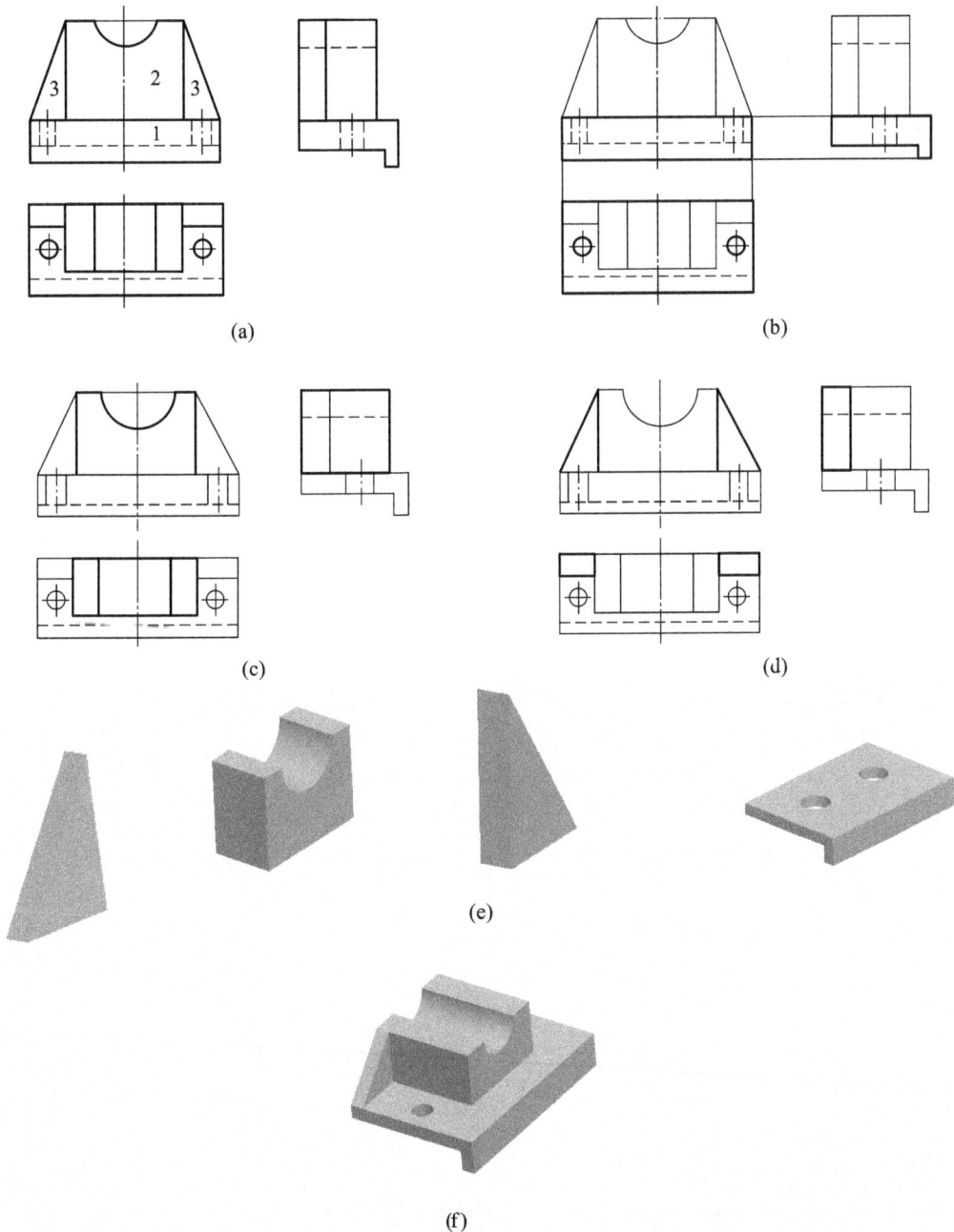

(a)

(b)

(c)

(d)

(e)

(f)

图 2-20　轴承座的读图方法

(a)分线框,对投影;(b)想形体Ⅰ;(c)想形体Ⅱ;

(d)想形体Ⅲ;(e)想象各部分形状及其相对位置;(f)想象整体形状

将主视图分为四个线框。其中线框 3 为左右完全相同的两个三角形,因此可归纳为三个线框。每个线框各代表一个基本形体,如图 2-20(a)所示。

(2) 分别找出各个线框对应的其他投影,并结合各自的特征视图逐一构思它们的形状。

如图 2-20(b)所示,线框 1 的主俯两视图是矩形,左视图是 L 形,可以想象出该形体是一块直角弯板,板上钻了两个圆孔。

如图 2-20(c)所示,线框 2 的俯视图是一个中间带有两条直线的矩形。其左视图是一个矩形,矩形的中间有一条虚线,可以想象出它的形状是在一个长方体的中部挖了一个半圆槽。

如图 2-20(d)所示,线框 3 的俯视图、左视图都是矩形。因此它们是两块三角形板对称地分布在轴承座的左右两侧。

(3) 根据各部分的形状和它们的相对位置综合想象出其整体形状,如图 2-20(e)、(f)所示。

2) 线面分析法

当形体被多个平面切割,形体形状不规则或在某视图中形体结构的投影关系重叠时,应用形体分析法往往难以读懂。这时,需要运用线面投影理论来分析物体的表面形状、面与面的相对位置以及面与面之间的表面交线,并借助立体的概念来想象物体的形状。这种方法称为线面分析法。

下面以图 2-21 所示压块为例,说明线面分析的读图方法。

(1) 确定物体的整体形状。

根据图 2-21(a),压块三视图的外形均是有缺角和缺口的矩形,可初步认定该物体是由长方体切割而成且中间有一个阶梯圆柱孔。

(2) 确定切割面的位置和面的形状。

由图 2-21(b)可知,主视图中的斜线 a',在俯视图中可找出与它对应的梯形线框 a,由此可见 A 面是垂直于 V 面的梯形平面。长方体的左上角是由 A 面切割而成,平面 A 对 W 面和 H 面都处于倾斜位置,所以它们的侧面投影 a'' 和水平投影 a 是类似图形,不反映 A 面的真实形状。

由图 2-21(c)可知,俯视图中的斜线 b,可在主视图中找出与它对应的七边形线框 b',由此可见 B 面是铅垂面。长方体的左端就是由这样的两个平面切割而成的。平面 B 对 V 面和 W 面都处于倾斜位置,因而侧面投影 b'' 也是类似的七边形线框。

由图 2-21(d)可知,从左视图上可以看出,在左视图的前后各有一个缺口,对照主视图、俯视图进行分析,可看出 C 面为水平面,D 面为正平面。长方体的前后两边就是由这样两个平面切割而成的。

(3) 综合想象其整体形状。

搞清楚各截切面的空间位置和形状后,根据基本形体形状、各截切面与基本形体的相对位置,并进一步分析视图中线、线框的含义,可以综合想象出整体形状,如图 2-21(e)所示。

读组合体的视图常常是两种方法并用,以形体分析法为主,线面分析法为辅。

根据两个视图补画第三视图,也是培养读图和画图能力的一种有效手段。现举例如下。

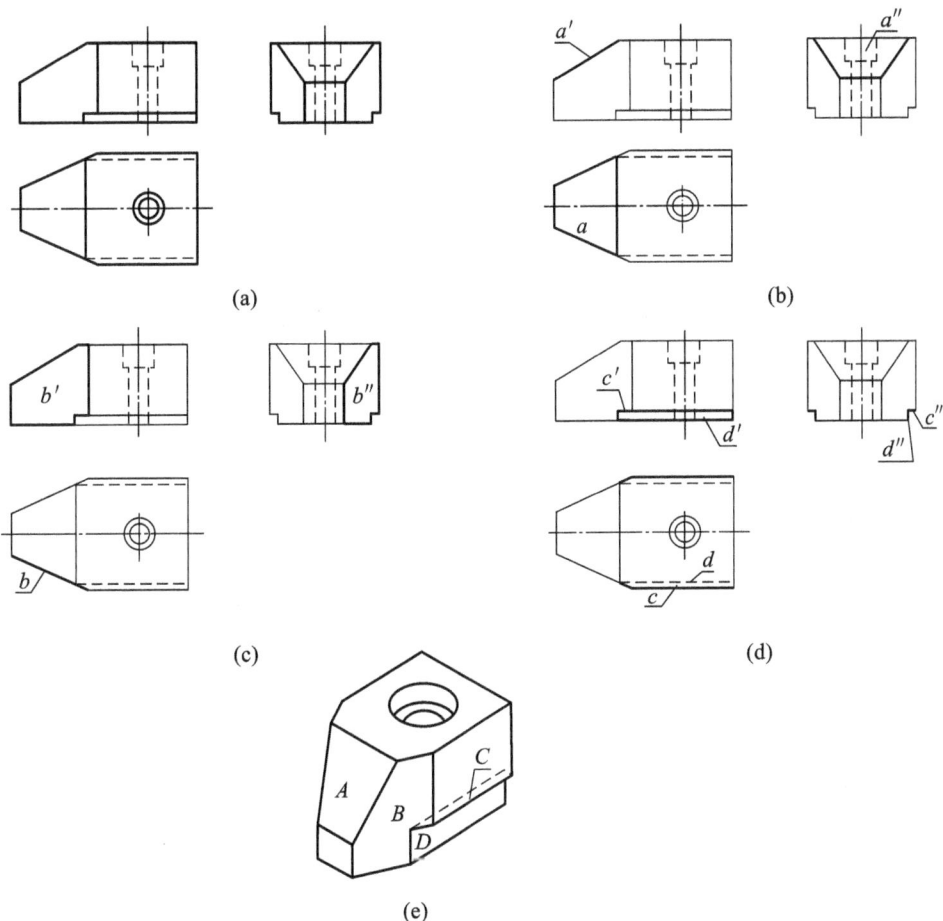

图 2-21 压块的读图过程

(a)压块三视图;(b)看 A 线框;(c)看 B 线框;(d)看 C、D 线框;(e)想象整体形状

【例 2-2】 已知支座主视图、俯视图,求作其左视图,如图 2-22(a)所示。

【解】 (1)形体分析。在主视图上将支座分成三个线框,按投影关系找出各线框在俯视图上的对应投影:线框 1 是支座的底板,为长方形,其上有两处圆角,后部有矩形缺口,底部有一通槽;线框 2 是个长方形竖板,其后部自上而下开一通槽,通槽大小与底板后部缺口大小一致,中部有一圆孔;线框 3 是一个带半圆头的四棱柱,其上有通孔。然后按其相对位置,想象出其形状,如图 2-22(f)所示。

(2)补画支座左视图。根据给出的两视图,可看出该形体是由底板、前半圆板和长方形竖板叠加后,切去一通槽,钻一个通孔而形成的,具体作图步骤如图 2-22(b)、(c)、(d)、(e)所示。最后加深,完成全图。

3) 组合体读图方法小结

由上述例题可以看出,组合体读图的一般步骤是:

(1) 分线框,对投影;

(2) 想形体,辨位置;

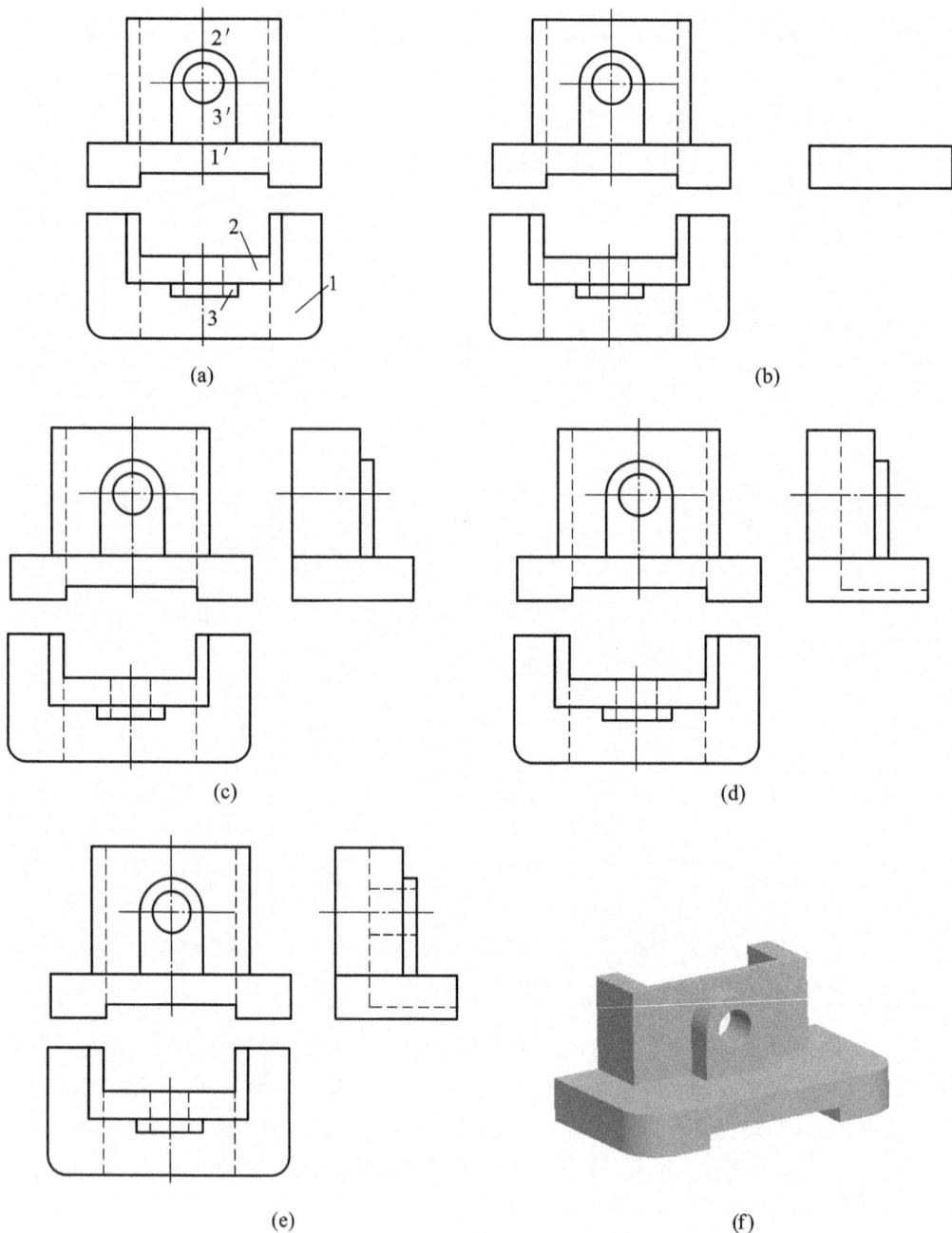

图 2-22 补画支座的第三视图

(a)分线框,对投影;(b)画底板的左视图;(c)画竖板及半圆头棱柱的左视图;

(d)画前后和上下方槽;(e)画圆孔,完成全图;(f)立体图

(3)线面分析攻难点;

(4)综合起来想整体。

2.2.5　Pro/E 组合体造型

1) Pro/Engineer 和 Pro/Engineer Wildfire 3.0

Pro/Engineer 三维建模软件是美国 PTC(参数技术)公司的产品。自 1988 年 Pro/Engineer 问世以来,该软件不断发展和完善,目前已是世界上最为普及的 CAD/CAM/CAE 软件之一,基本上成为三维 CAD 的一个标准平台。Pro/Engineer 广泛应用于机械、模具、工业设计、汽车、航空航天、家电、玩具等行业,是一个全方位的 3D 产品开发软件。它集零件设计、产品装配、模具开发、NC 加工、钣金件设计、铸造件设计、造型设计、逆向工程、自动测量、机构模拟、压力分析、产品数据管理等功能于一体。该软件版本主要经历了 2000、2000i、2001、Wildfire 版本升级过程。从 2001 版本发展到 Wildfire 版本,Pro/Engineer 的界面风格和易用性发生了很大变化,特别是以直观的可交互的特征操控面板替代以往版本的菜单流风格,不仅便于用户快速掌握此软件的使用,也大大提高了设计人员的操作效率。最新 Pro/Engineer Wildfire 3.0 版本在功能加强和软件的易用性上作了进一步的改进。

2) Pro/Engineer Wildfire 3.0 的功能与特点

(1) 完整的 3D 建模功能,使用户能提高产品质量和缩短新产品开发周期。

(2) 通过自动生成相关的模具设计、装配指令和机床代码,可有效提高生产效率,降低技术人员劳动强度,避免人为差错的出现。

(3) 能够仿真和分析虚拟样机,从而改进产品性能和优化产品设计。

(4) 能够在所有适当的团队成员之间完美地共享数字化产品数据,避免重复劳动。

(5) 与各种 CAD 工具(包括相关数据交换)和业界标准数据格式兼容,生成模型文件的通用性高,便于相关技术人员的技术交流与合作。

3) Pro/Engineer Wildfire 3.0 工作界面介绍

(1) 图 2-23 所示为零件模块的工作界面,窗口上方为主菜单和常用工具栏,窗口左侧为隐藏/显示切换的导航栏。单击导航栏右侧边缘的">"符号,将显示"模型树"、"层树"、"资源管理目录"、"网络资源"等面板。窗口右侧为常用特征命令的快捷工具栏。窗口底部是信息、状态显示区和特征选择过滤栏。

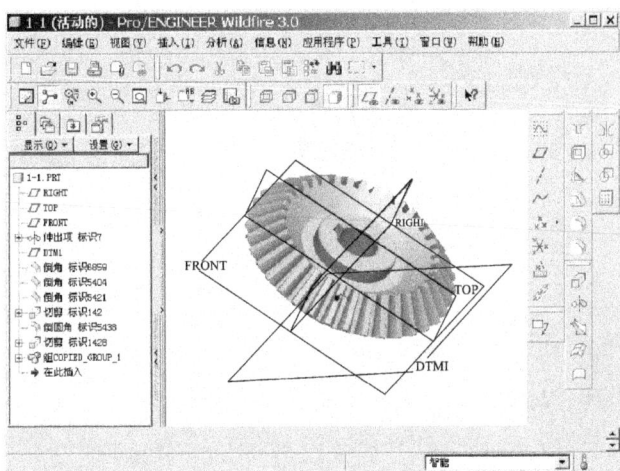

图 2-23　零件模块的工作界面

（2）一体化的特征操作面板

图 2-24 所示为拉伸特征操作面板（简称操控板），使用该面板可完成拉伸增料特征、拉伸减料特征、拉伸曲面特征、拉伸薄体特征等。完成一次草绘操作，然后根据需要，单击相应按钮即可完成上述各种特征的建立。在该面板中，用户可根据需要修改特征的各种尺寸或生成模式，大大提高了设计效率，减轻了设计人员操作键盘、鼠标的劳动强度。

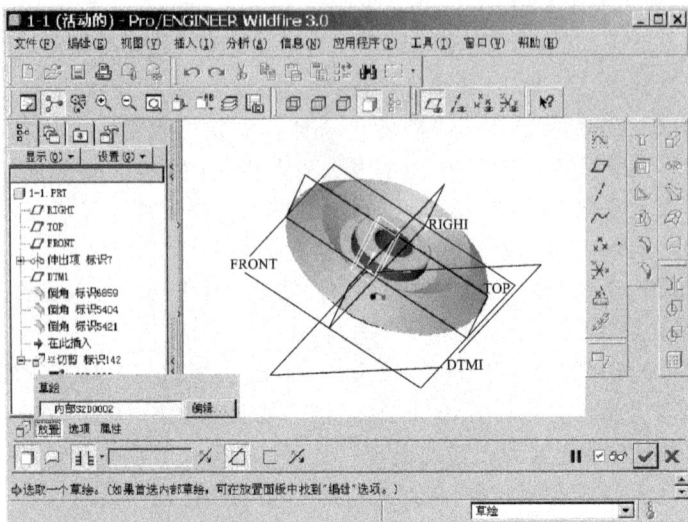

图 2-24　拉伸特征操作面板

（3）动态即时调整模型尺寸或特征生成方向

在特征建立过程中，可使用光标即时拖动尺寸手柄，动态调整相关尺寸或者动态改变特征生成方向，即时观看模型效果，如图 2-25 所示。

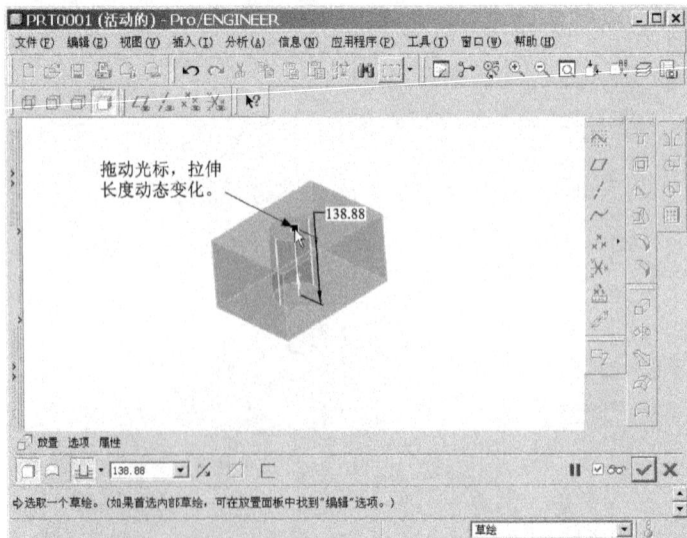

图 2-25　动态即时调整模型尺寸或特征生成方向

（4）多窗口化交互式曲面设计

图 2-26 所示为使用造型工具进行交互式曲面设计的工作界面，使用该工具可建立中、高级复杂的曲面，它是产品造型设计的有力工具。

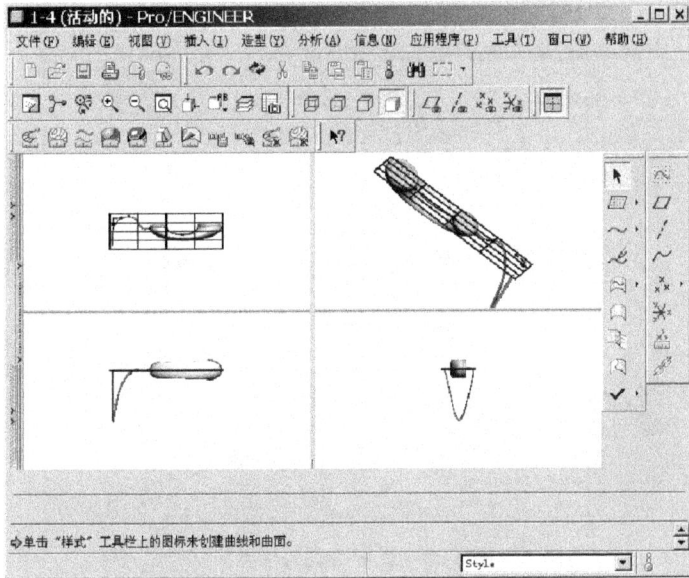

图 2-26　使用造型工具进行交互式曲面设计的工作界面

（5）超强的结构分析功能

Pro/Engineer Wildfire 3.0 为用户提供了超强的结构分析功能，对设计的零件可以进行静力、动力、热力学分析，以优化产品结构。其工作界面如图 2-27 所示。

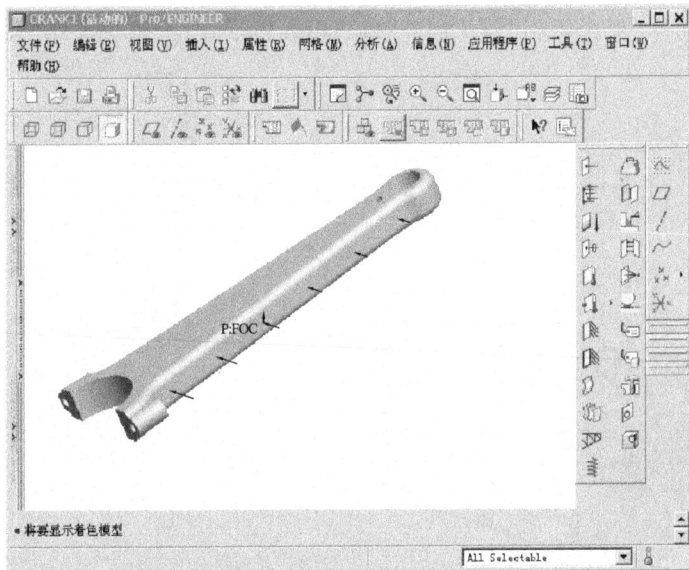

图 2-27　结构分析工作界面

（6）方便好用的装配模块

在装配模块方面，Pro/Engineer Wildfire 3.0 继承了 Pro/Engineer 2001 的优秀特点，尤其是"自动"约束选项，使得组装零件更为快捷。同时，操作面板的风格作了很大改动，与零件建模的操作面板风格一致，其工作界面如图 2-28 所示。

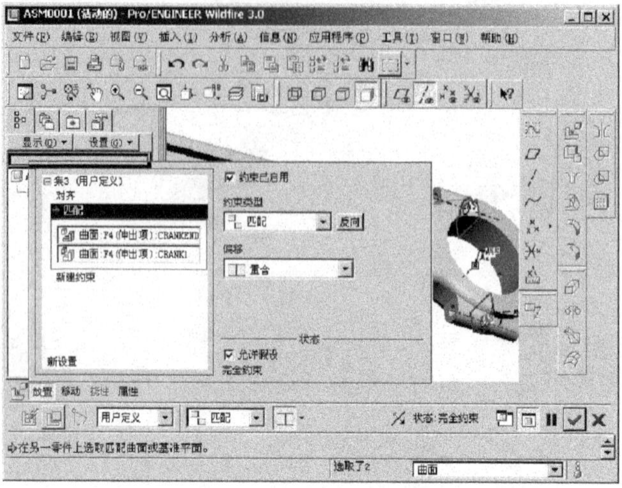

图 2-28　装配模块工作界面

2.3　任务实施

2.3.1　组合体的识读

如图 2-29 所示，根据俯视图、左视图，想象出物体形状，补画主视图。

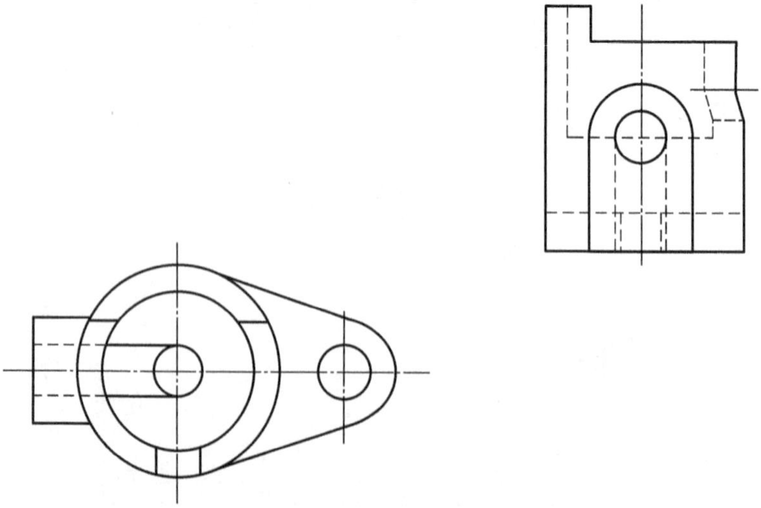

图 2-29　根据俯视图、左视图补画主视图

（1）形体分析。本例没有给出主视图。从给出的两视图可以看出,俯视图上反映了该物体较多的结构形状。因此,从俯视图着手,将它分成左、中、右三个部分。根据宽相等的投影规律可知:物体的中部是开有阶梯孔的圆柱体,上方的前面被切去一大块;根据左视图上前方的交线形状,可看出圆筒上前方开有U形槽;物体的左边是一个拱形体,与圆筒外表面相交,其上开了一个圆柱孔,与圆筒内阶梯孔相交;物体右边是带圆弧形的底板,上面开有小孔,底板左端与圆筒外表面相切。

（2）补画主视图。根据以上分析可想象出该物体是由中间空心圆柱体、左侧拱形体和右侧圆弧形底板通过简单叠加形成的。依次画出这些形体,注意叠加和挖切时交线的画法,即可补画出主视图,如图2-30(a)～(c)所示。最后检查、加深,完成全图,如图2-30(d)所示。

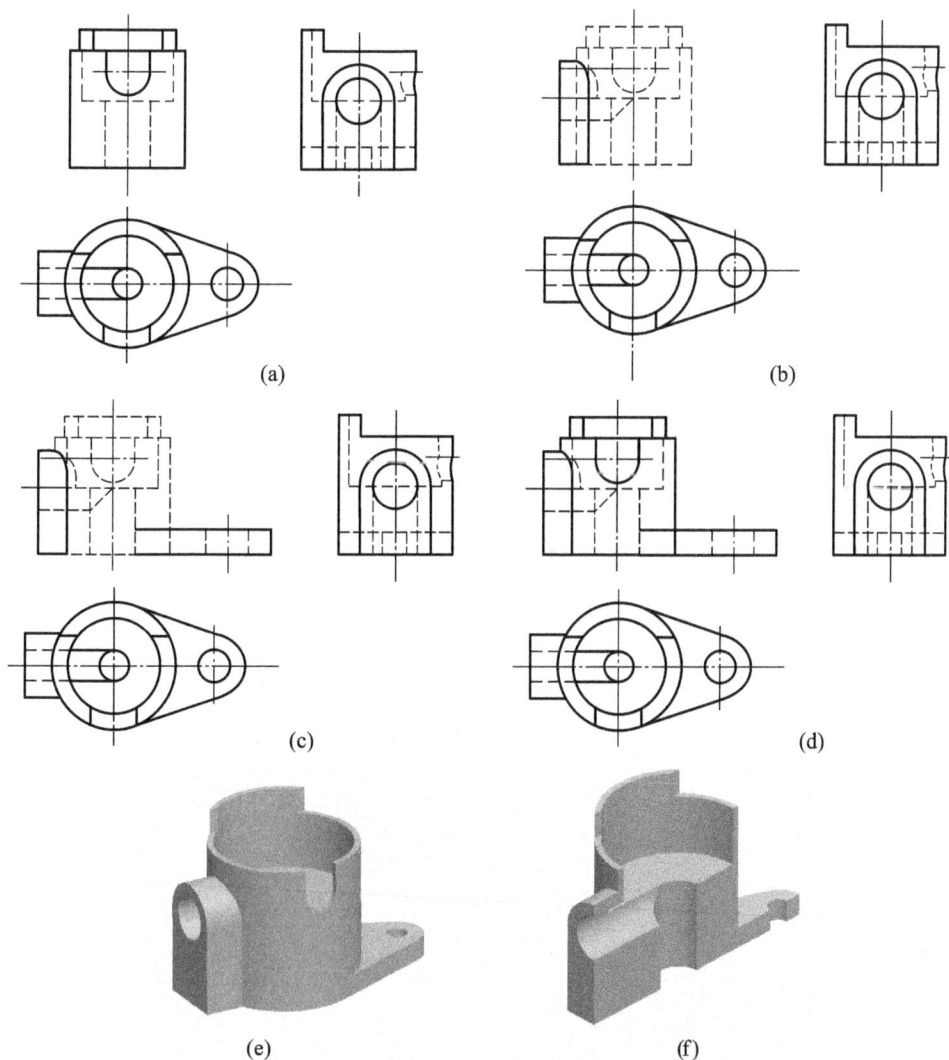

(a)

(b)

(c)

(d)

(e)

(f)

图 2-30　补画主视图

(a)画出中部圆柱体;(b)画出左部倒U形体;(c)画出右部底板;

(d)检查、加深、完成全图;(e)立体图;(f)剖视图

2.3.2 组合体的造型

下面用 Pro/E 软件来完成图 2-31 所示的组合体的造型。

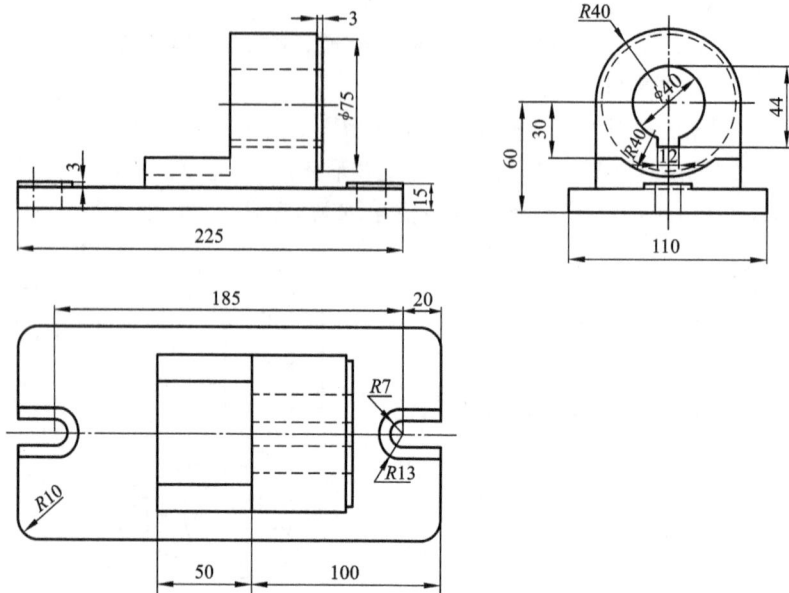

图 2-31 组合体三视图

具体操作步骤如下。

(1) 打开桌面上的 Pro/E 图标，进入到图 2-32 所示的界面中。

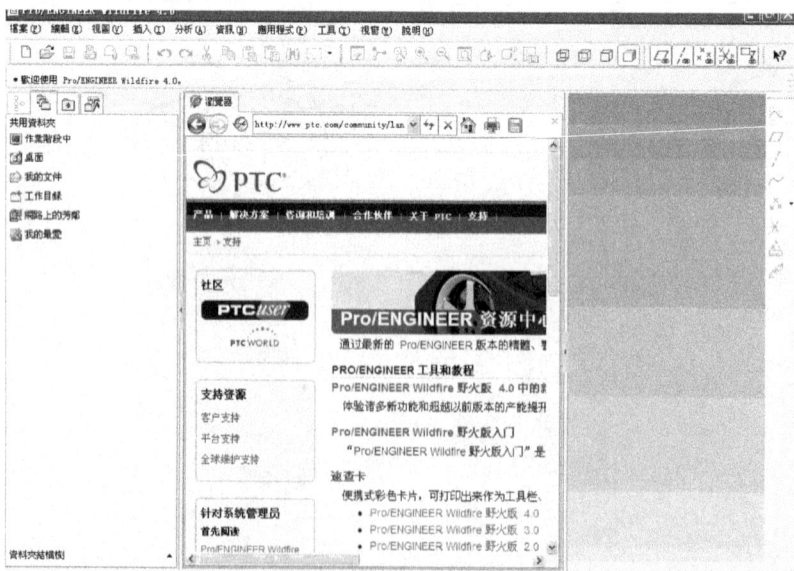

图 2-32 Pro/E 界面

（2）左键单击界面中的新建图标 □，如图 2-33 所示。

将"使用预设范本"对话框前面的勾选去掉，选择"mmns_part_solid"模板，如图 2-34 所示。单击"确定"进入图 2-35 所示的工作界面。

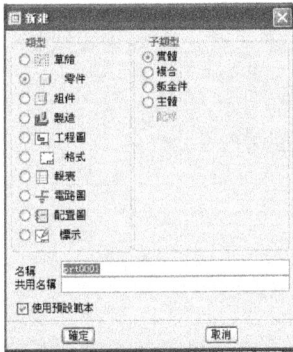

图 2-33　新建对话框

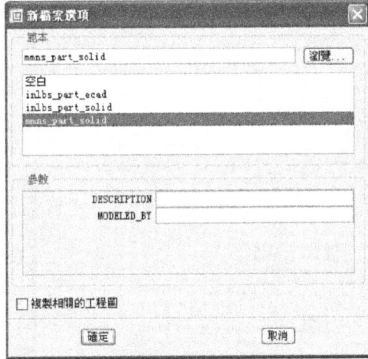

图 2-34　模板选项

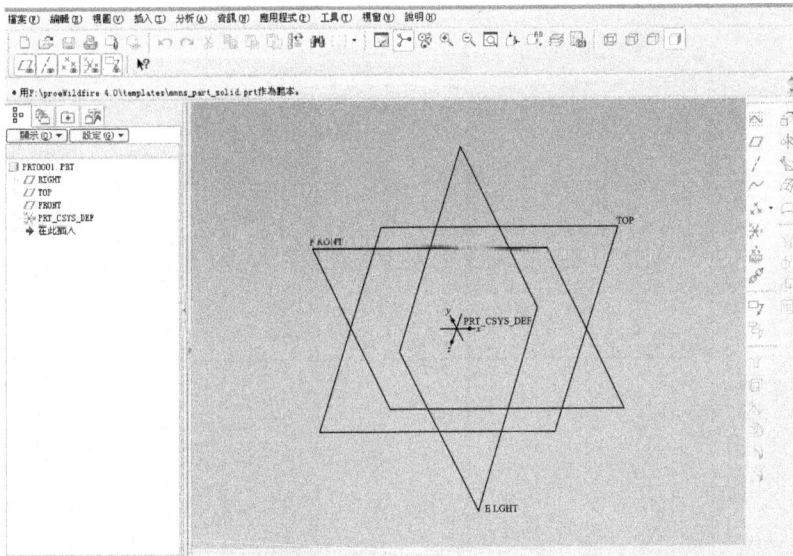

图 2-35　Pro/E 工作界面

（3）单击右上角的拉伸图标 ◇，出现图 2-36 所示的拉伸面板。

图 2-36　拉伸面板

（4）单击"位置"—"定义"，如图 2-37 所示，出现的草绘对话框如图 2-38 所示。

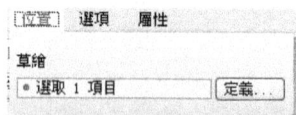

图 2-37　位置对话框

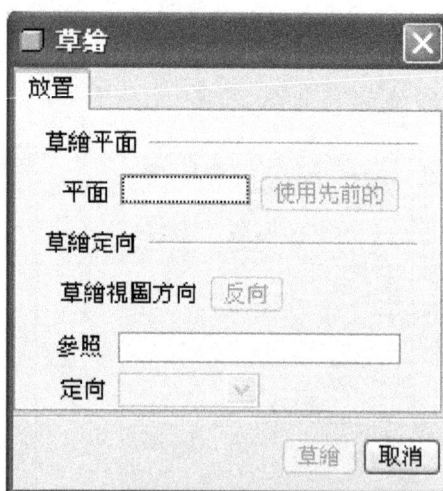

图 2-38　草绘对话框

（5）单击"草绘"，进入到草绘工作界面中，如图 2-39 所示。

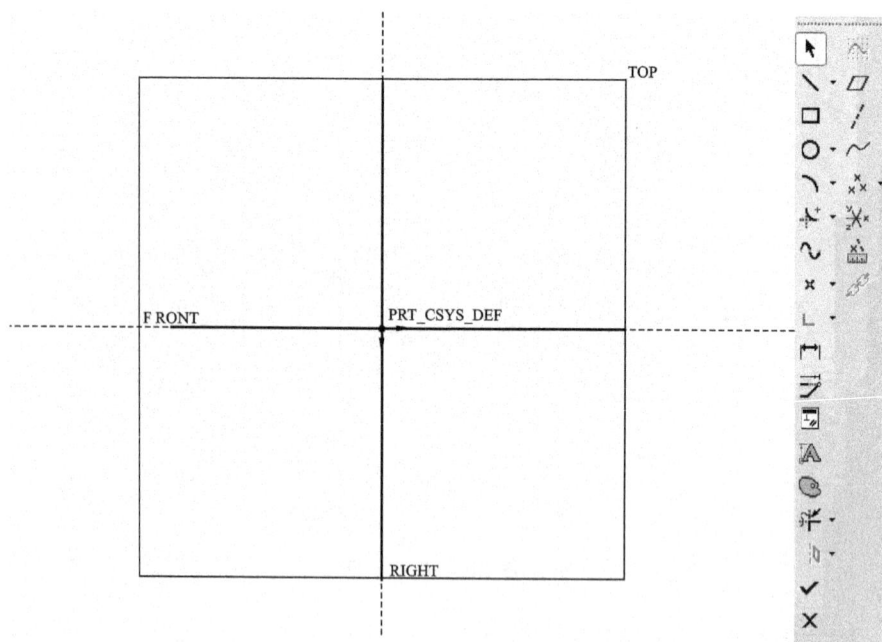

TOP

F RONT　　PRT_CSYS_DEF

RIGHT

图 2-39　草绘工作界面

（6）在草绘工作界面中绘制如图 2-40 所示的图形。单击勾选按钮 ✓。

（7）在拉伸面板中将深度值改为"12"，单击 ✓，实体特征如图 2-41 所示。

（8）再次执行拉伸命令，选择实体 1 的上表面为草绘平面，单击"草绘"进入到草绘工作界面中，绘制如图 2-42 所示的截面，单击 ✓。

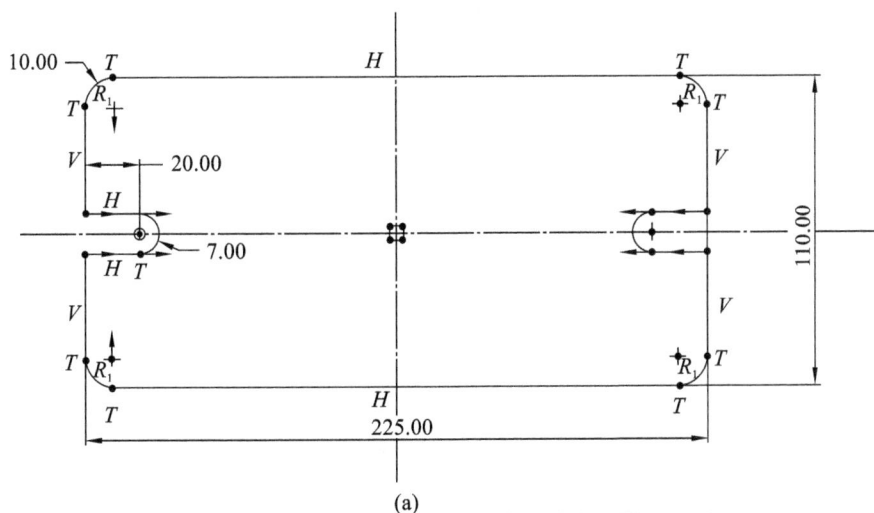

(a)

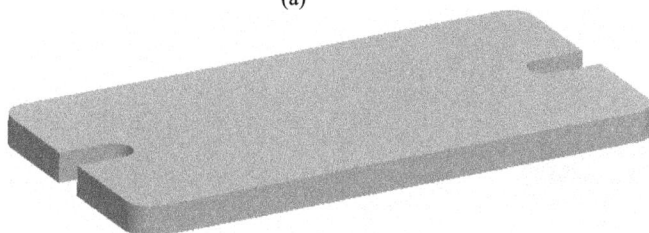

(b)

图 2-40

(a)实体 1 截面；(b)实体 1 造型

图 2-41　输入拉伸深度

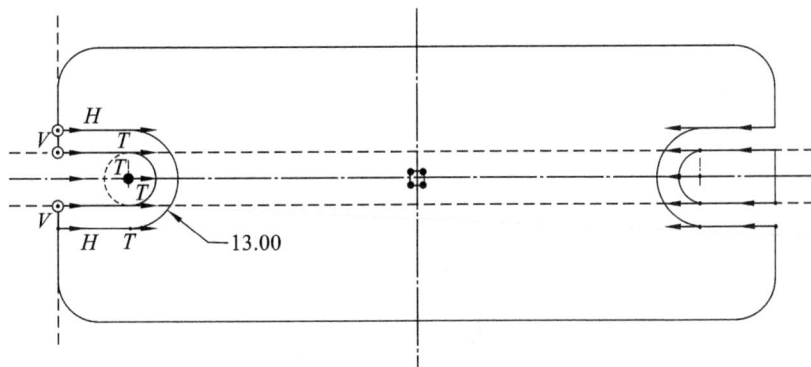

图 2-42　实体 2 草绘截面

（9）在拉伸面板中设置拉伸深度为"3"，单击 ✓。实体 2 造型如图 2-43 所示。

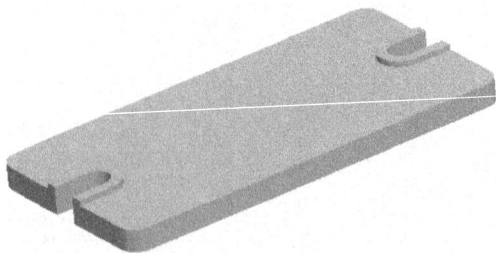

图 2-43　实体 2 造型

(10) 选择"基准平面"图标 ▢，选择基准平面 RIGHT，将其偏移"62.5"，如图 2-44 所示。生成基准面 DTMI。

(11) 再次执行拉伸命令，草绘平面选择刚建立的 DTMI 平面，单击"草绘"进入草绘工作界面中，绘制图 2-45 所示的截面，单击 ☑。

图 2-44　基准平面对话框

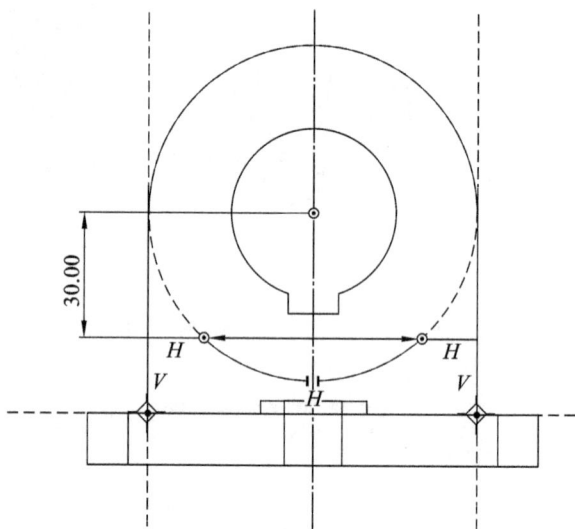

图 2-45　实体 4 草绘截面

(12) 在拉伸面板中设置拉伸深度为"50"，单击 ☑。实体 3 造型如图 2-46 所示。

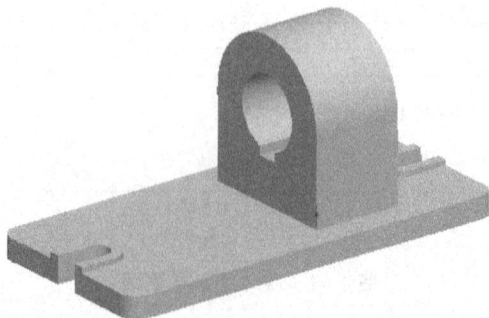

图 2-46　实体 3 造型

（13）建立实体 3 后方的造型，再次执行拉伸命令，草绘平面的选择如图 2-47 所示，单击 ✓。

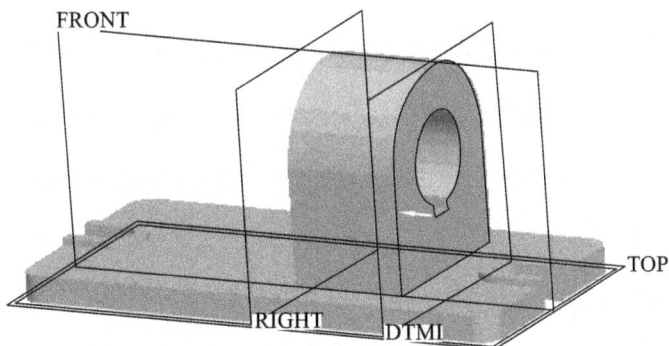

图 2-47 草绘平面的选择

（14）在草绘工作界面中绘制图 2-48 所示的截面。

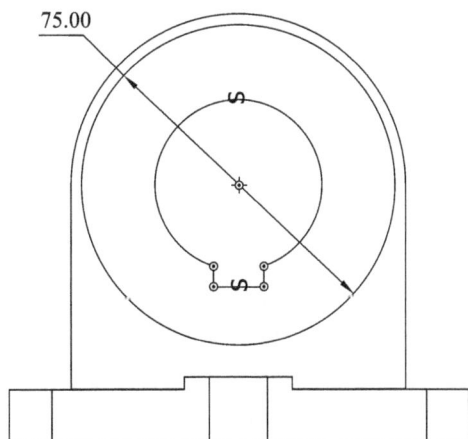

75.00

图 2-48 实体 3 后方特征草绘截面

（15）在拉伸面板中设置拉伸深度为"50"，单击 ✓。实体 3 后方特征造型如图 2-49 所示。

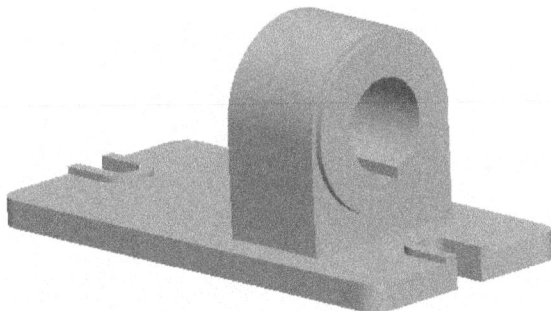

图 2-49 实体 3 后方特征造型

(16) 再次执行拉伸命令,草绘截面选择如图 2-50 所示,单击 ☑。

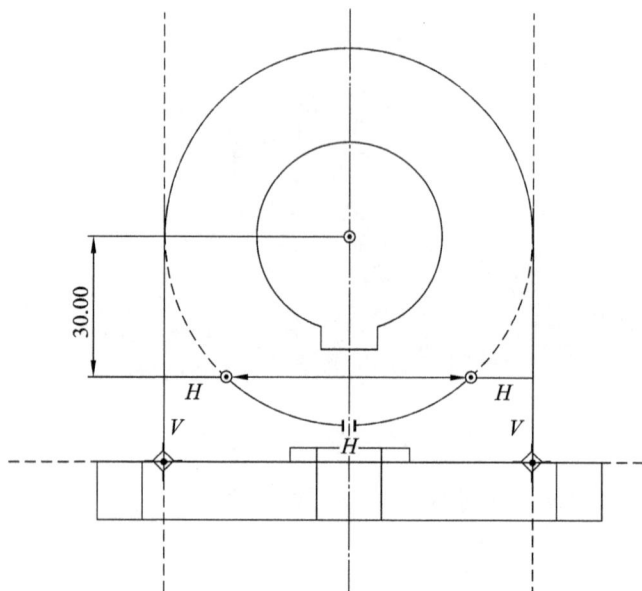

图 2-50 实体 3 草绘截面

(17) 在拉伸面板中设置拉伸深度为"50",单击 ☑。实体 3 造型如图 2-51 所示。

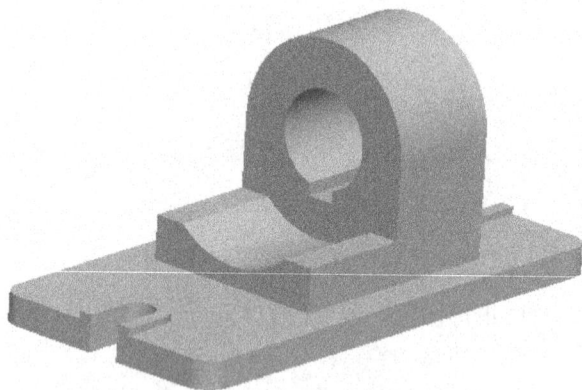

图 2-51 实体 3 造型

(18) 单击保存按钮 🖫,全图完成。

项目 3　典型零件视图的识读

3.1　学习目标与工作任务

通过本项目的实施,学生应能灵活运用视图、剖视图、断面图以及简化画法等各种表示方法,对典型零件视图进行识读,完成如表 3-1 所示的工作任务。

表 3-1　　　　　　　　　　　　　　　　工作任务

序号	任务名称	任务目标
1	支架视图表达方案选择	正确、灵活、综合运用视图、剖视图、断面图以及简化画法等各种表示法,将机件的内外结构形状表达清楚
2	四通管剖视图的识读	分析给出的视图、剖视图和断面图之间的对应关系以及表达意图,从而想象出四通管的内外结构形状

3.2　知识准备

3.2.1　基本视图

国家标准规定,主要用来表达机件外部形状的视图分为四类,即基本视图、向视图、局部视图和斜视图,向视图、局部视图和斜视图又称为辅助视图。

对于形状比较复杂的机件,用两个或三个视图尚不能完整、清晰地表达它们的内部形状时,则可根据国家标准规定,在原有的三个投影面的基础上,再增设三个投影面,组成一个正六面体,这六个投影面为基本投影面,如图 3-1 所示。机件向基本投影面投射所得到的视图,称为基本视图。这样,除了前面已介绍过的主视图、俯视图、左视图三视图外,还有后视图——从后面向前投射,仰视图——从下向上投射,右视图——从右向左投射。投影面按图 3-1 所示展开在同一平面上后,基本视图的配置关系如图 3-2 所示。在同一张图纸内按图 3-2 配置视图时,可不标注视图的名称。

六个基本视图之间仍然符合长对正、高平齐、宽相等的投影规律。从图中还可以看出,左视图和右视图的形状左右颠倒。从视图中还可以看出机件前后、左右、上下的方位关系。

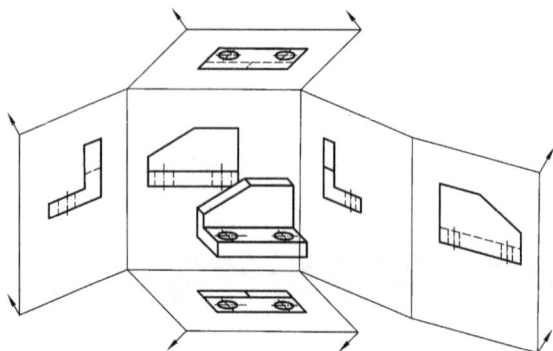

图 3-1　基本投影面及其展开

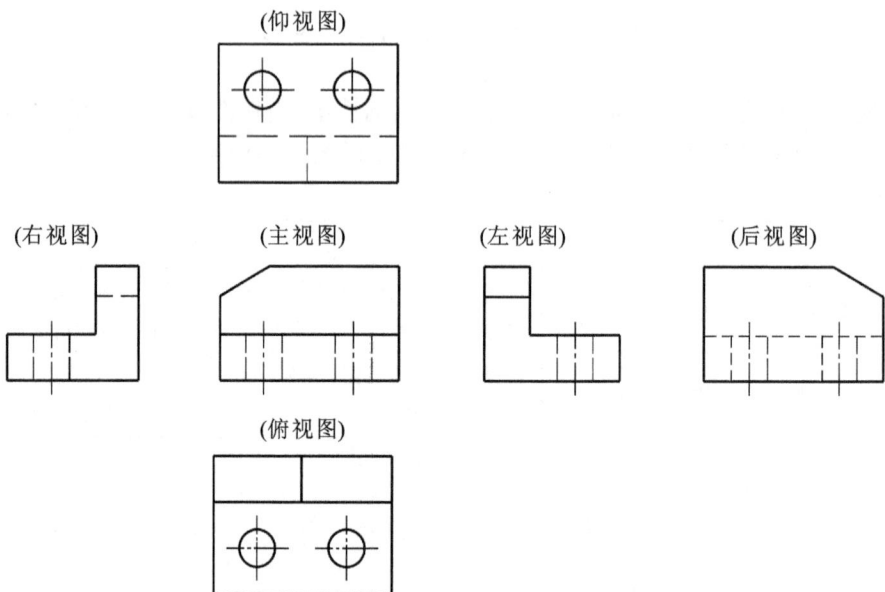

图 3-2　基本视图的配置

　　制图时应根据零件的形状和结构特点,选用其中必要的几个基本视图。图 3-3 是一个阀体的视图和轴测图。按自然位置安放这个阀体,选中能够比较全面反映阀体各部分主要形状特征和相对位置的视图作为主视图。如果用主、俯、左三个视图表达这个阀体,则由于阀体左右两侧的形状不同,左视图中将出现很多虚线,影响图形的清晰度和尺寸标注。因此,在表达时增加一个右视图,就能完整、清晰地表达这个阀体。表达时基本视图的选择完全是根据需要来确定的,而不是任何机件都需要用六个基本视图来表达。

　　国家标准规定:绘制技术图样时,应先考虑看图方便,还应根据机件的结构特点,选用适当的表示方法。在完整、清晰地表现机件形状的前提下,力求制图简便。视图一般只画机件的可见部分。因此,在图 3-3 中采用四个视图,并在主视图中用虚线画出了阀体的内腔结构以及各个孔的不可见投影,由于将这四个视图对照起来阅读,已能清晰、完整地表达出阀体的结构和形状,所以在其他三个视图中的不可见投影应省略。

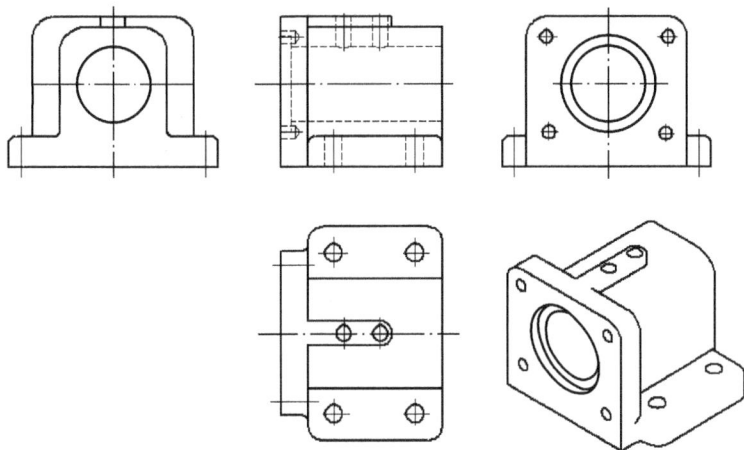

图 3-3　阀体的视图和轴测图

3.2.2　辅助视图

辅助视图包括三部分内容:向视图、斜视图、局部视图。

1. 向视图

在实际制图时,由于考虑到各视图在图纸中的合理布置问题,如不能按图 3-2 配置视图或各视图不画在同一张纸上时,应在视图的上方标出视图的名称 X(这里 X 为大写拉丁字母代号),并在相应的视图附近用箭头指明投射方向,并注上同样的字母,这种视图称为向视图。向视图是可以自由配置的视图,如图 3-4 所示。

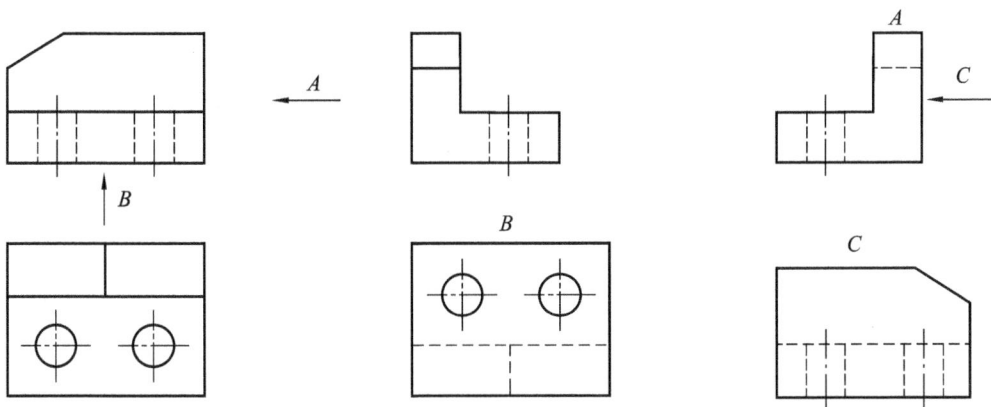

图 3-4　向视图

2. 斜视图

图 3-5(a)是压紧杆的三视图。由于压紧杆的耳板是倾斜的,所以它的俯视图和左视图都不反映实形,表达不够清晰,画图又比较困难,读图也不方便。为了清晰地表达压紧杆的倾斜结构,可以如图 3-5(b)所示,加一个平行于倾斜结构的正垂面作为新投影面,沿垂直于新投影面的箭头 A 方向投射,就可以得到反映倾斜结构实形的投影。这种将机件

向不平行于基本投影面的新平面投射所得到的视图称为斜视图。因为画压紧杆的斜视图只是为了表达其倾斜结构的实形,故画出其实形后,就可以用波浪线断开,不必画出其余部分的视图,如图 3-6(a)所示。

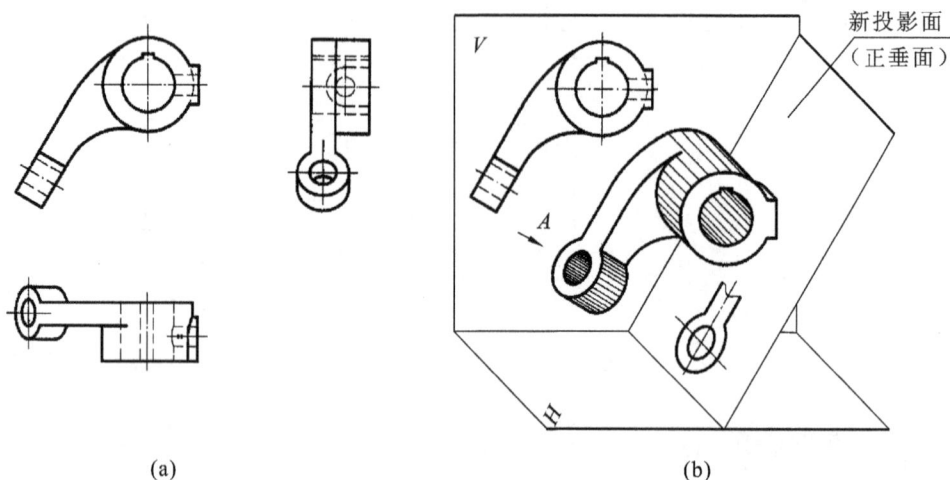

(a)   (b)

图 3-5   压紧杆的三视图及斜视图的形成

(a)三视图;(b)倾斜结构斜视图的形成

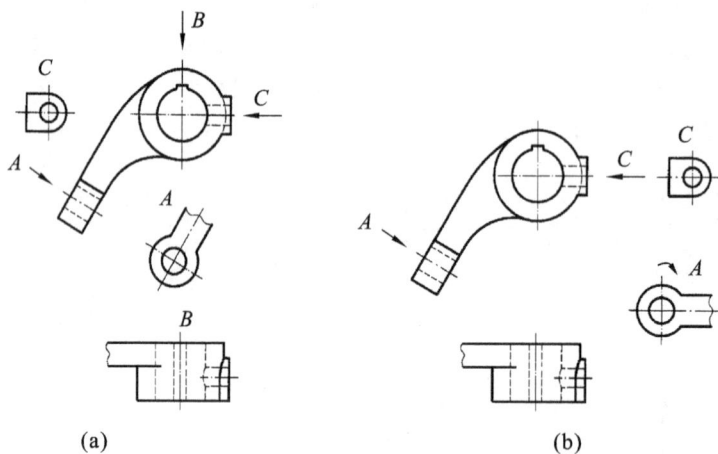

(a)   (b)

图 3-6   压紧杆的斜视图和局部视图

(a)一种布置形式;(b)另一种布置形式

画斜视图时应注意以下几点。

(1) 必须在视图的上方标出视图的名称"X",在相应的视图附近用箭头指明投射方向,并标注上同样的大写拉丁字母"X",如图 3-6(a)所示的"A"。

(2) 斜视图一般按投影关系配置,如图 3-6(a)所示,必要时也可配置在其他适当的位置,如图 3-6(b)所示。

(3) 在不致引起误解的情况下,允许将斜视图旋转配置,旋转符号的箭头指向应与旋转方向一致,标注形式为"$X \curvearrowright$",表示该斜视图名称的大写拉丁字母应靠近旋转符号的箭头(如图 3-6(b)),也允许将旋转角度标注在字母之后。

(4)画出倾斜结构的斜视图后,通常用波浪线断开,不画其他视图中已表达清楚的部分,如图 3-6 所示。

3. 局部视图

将机件的某一部分向基本投影面投射所得到的视图称为局部视图。

画局部视图应注意以下几点。

(1)画局部视图时可按向视图配置并标注。一般在局部视图上方标出视图的名称"*X*",在相应的视图附近用箭头表示投射方向,并注上同样的字母,如图 3-6(a)所示。当局部视图按基本视图的配置形式配置,中间没有其他图形断开时,则不必标注,如图 3-6(b)中俯视图位置上的局部视图。局部视图按第三角画法配置时,应用细点画线与原图形相连,此时不再另行标注。

(2)局部视图的断裂边界应以波浪线来表示,如图 3-7 所示。当所表示的局部结构是完整的且外轮廓又封闭时,断裂边界可省略不画,如图 3-7 所示的凸台局部视图。

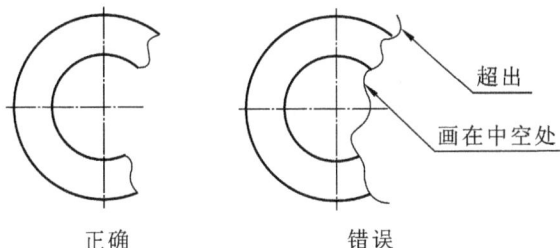

图 3-7　波浪线的正误画法

(3)对于对称结构机件,将其视图只画一半或四分之一的画法也符合局部视图的定义,可将其视为以细点画线作为断裂边界的局部视图的特殊画法,此时应在细点画线的两端画出两条与其垂直的细实线,如图 3-8 所示。

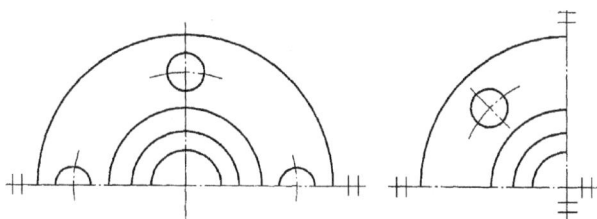

图 3-8　对称结构机件的局部视图

3.2.3　剖视图

1. 剖视图的概念

用普通视图表达机件的结构形状时,机件内部不可见的部分是用细虚线来表达的。当机件内部结构复杂时,视图上会出现许多形状虚线,使图形不清晰,会给看图和尺寸标注带来困难。为了将内部结构表达清楚,同时又避免出现虚线,可采用剖视图的方法表达。

如图 3-9 所示,用假想的剖切面将机件剖开,将处在观察者与剖切面之间的部分移去,而将其余的部分向投影面投射所得到的图形,称为剖视图,简称剖视。

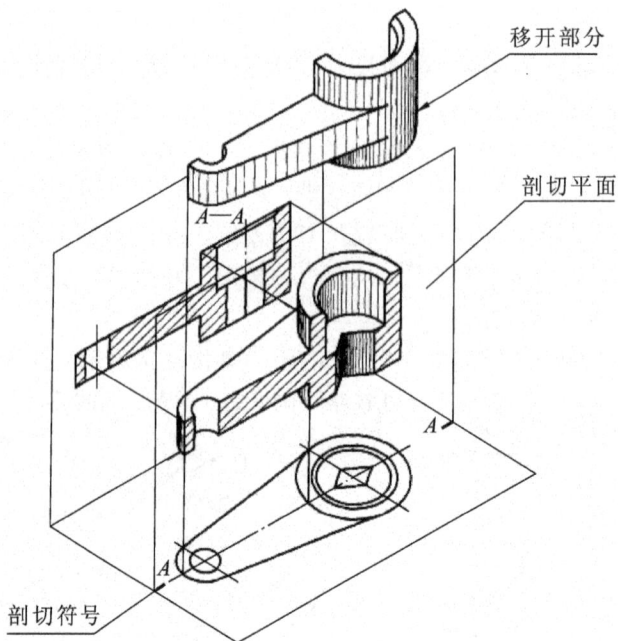

图 3-9　剖视图的概念

2. 画剖视图时应注意的几个问题

(1) 如图 3-10 所示,确定剖切面位置时一般选择所需表达的内部结构的对称面,并且平行于基本投影面。

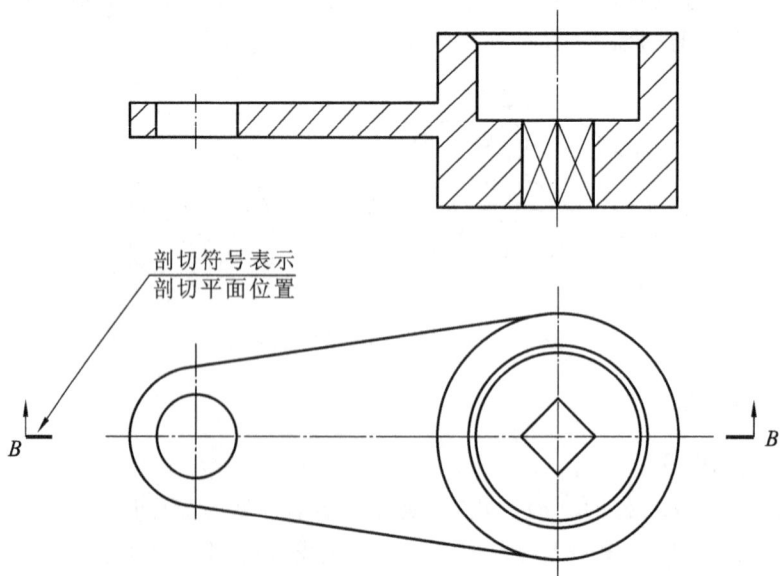

图 3-10　剖视图的画法

（2）画剖视图时将机件剖开是假想的,并不是真把机件切掉一部分,因此除了剖视图之外,并不影响其他视图的完整性,即不应出现图 3-11(a)中的俯视图只画出一半的错误。

（3）剖切后,留在剖切面之后的可见部分,一般均应向投影面投射,如图 3-11(b)所示。应特别注意空腔中线、面的投影。

（4）剖视图中,凡是已表达清楚的结构,虚线应省略不画。

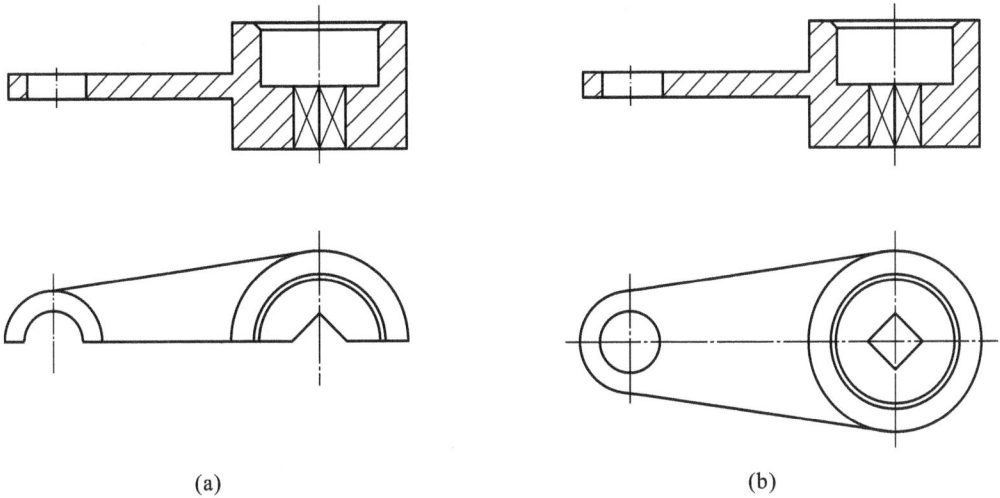

(a)　　　　　　　　　　　　　　　　(b)

图 3-11　剖视图的常见错误

(a)错误;(b)正确

3. 剖面符号（GB/T 4457.5—1984,GB/T 17453—2005）

剖视图中,剖切面与机件相交的实体剖面区域应画出剖面符号。机件材料不同,剖面符号也不相同。画机械图样时应采用国家标准（GB/T 4457.5—1984）所规定的剖面符号,机械图样中常见材料的剖面符号如表 3-2 所示。

表 3-2　　　　　　　　　　　　　　剖面符号

金属材料（已有规定剖面符号者除外）		木质胶合板	
线圈绕组元件		基础周围的泥土	
转子、电枢、变压器和电抗器等的叠钢片		混凝土	
非金属材料（已有规定剖面符号者除外）		钢筋混凝土	
型砂、填砂、粉末冶金、砂轮、陶瓷刀片、硬质合金刀片等		砖	

续表

玻璃及供观察用的其他透明材料			网格(筛网、过滤网等)	
木材	纵剖面		液体	
	横剖面			

在机械图样中,使用最多的金属材料用互相平行的细实线表示,这种剖面符号通常称为剖面线。剖面线应以适当角度绘制,一般与主要轮廓线或剖面区域的对称线成 45°角,如图 3-12 所示。

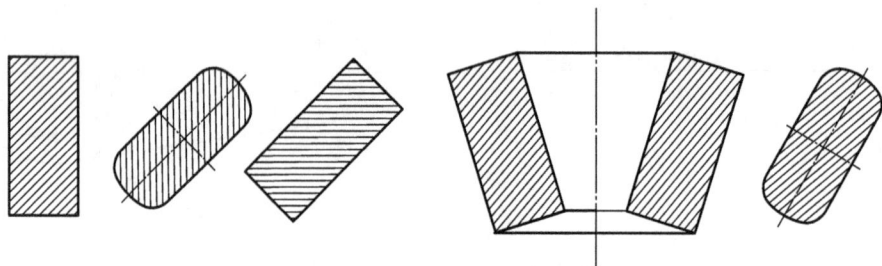

图 3-12　剖面线的画法

对于同一零件来说,在同一张图样的各剖视图和断面图中,剖面线倾斜方向应一致,间隔要相同。

4. 剖视图的标注(GB/T 4458.6—2002)

剖视图一般应进行标注,标注的内容包括下述三方面要素。

1) 剖切线

指示剖切面位置的线,用细点画线表示,画在剖切符号之间,可省略不画。

2) 剖切符号

指示剖切面起讫和转折位置(用粗实线表示)及投射方向(用箭头表示)的符号,如图 3-13 所示。注有字母"B"的两段粗实线及两端箭头,即为剖切符号。B—B 剖视图是将机件从"B"处剖开后画出的剖视图。

3) 字母

在剖切符号起、讫和转折处注上相同的大写拉丁字母,然后在相应剖视图上方注写相同的字母,注成"×—×"形式,以表示该剖视图的名称,如图 3-13 中的"A—A"、"B—B"。

5. 剖视图的种类

按机件被剖开的范围来分,剖视图可分为全剖视图、半剖视图和局部剖视图三种。

1) 全剖视图

用剖切面将机件完全剖开所得到的剖视图,称为全剖视图,可简称为全剖视。

全剖视图可以由单一剖切面或几种剖切面剖切获得。前面图例中出现的剖视图多数

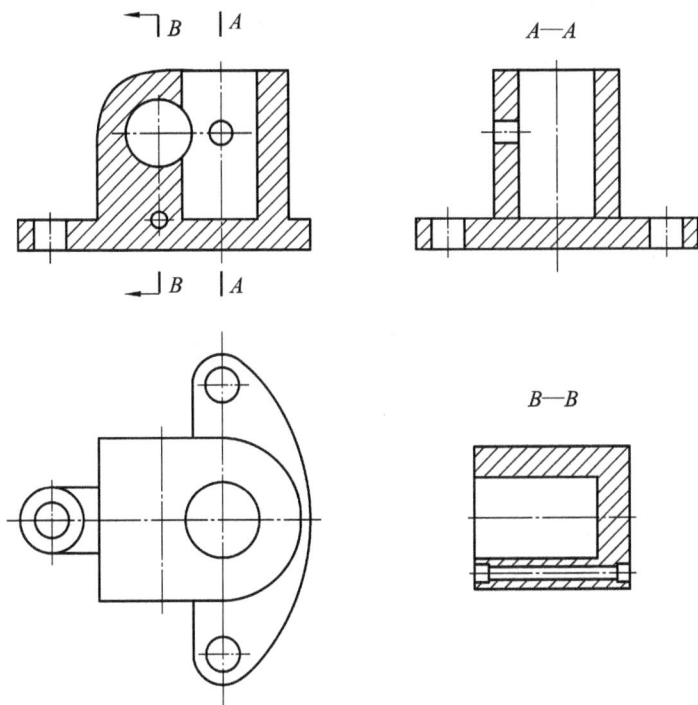

图 3-13　剖视图的标注

都属于全剖视图。

　　由于画全剖视图时将机件完全剖开，机件的外形结构在全剖视图中不能充分表达，因此全剖视图一般适用于外形较简单的机件。外形结构较复杂的机件若采用全剖视，其尚未表达清楚的外形结构可以采用其他视图表示。

　　2）半剖视图

　　当机件具有对称平面，且向垂直于对称平面的投影面上投射时，可以以对称中心线为界，一半画成剖视图，另一半画成视图，这种图形叫半剖视图，可简称为半剖视。

　　半剖视图既表达了机件的外形，又表达了它的内部结构，适用于内、外形状都需要表达的对称机件。图 3-14 所示的机件，左右对称，前后对称，因此主视图和俯视图都可以画成半剖视图。

　　画半剖视图时，应注意以下几点。

　　（1）只有当物体对称时，才能在与对称面垂直的投影面上作半剖视图。但当物体基本对称，而不对称的部分已在其他视图中表达清楚，这时也可以画成半剖视图。图3-15 所示的机件除顶部凸台外，其左右是对称的，而凸台的形状在俯视图中已表示清楚，所以主视图仍可画成半剖视图。

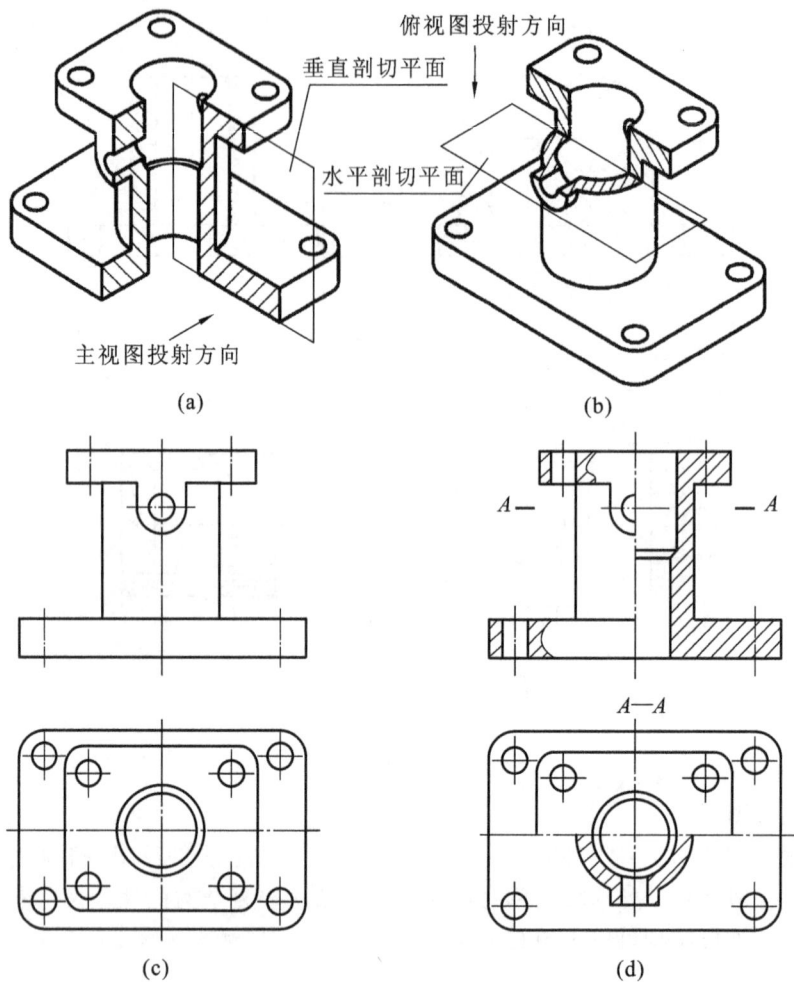

(a)

(b)

(c)

(d)

图 3-14 半剖视图

(a)主视图的剖切情况;(b)俯视图的剖切情况;(c)视图;(d)剖视图

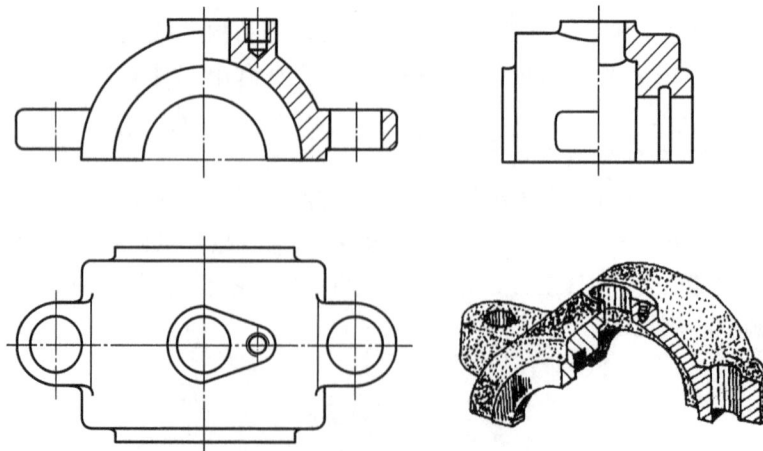

图 3-15 用半剖视图表示基本对称的机件

（2）在表示外形的半个视图中，一般不画细虚线。

（3）半个剖视图和半个视图必须以细点画线分界，如果机件的轮廓线恰好和细点画线重合，则不能采用半剖视图。此时应采用局部剖视图，如图 3-16 所示。

半剖视图的标注，仍符合剖视图的标注规定。

3）局部剖视图

用剖切面局部地剖开机件所得的剖视图，称为局部剖视图，可简称为局部剖视。

图 3-17（a）所示为箱体的两视图。通过对箱体的形状结构分析可以看出：顶部有一个矩形孔，底部是一块具有四个安装孔的底板，左下面有一个轴承孔。从箱体所表达的两个视图可以看出：上下、左右、前后都不对称。为了使箱体的内部和外部都能表达清楚，它的两个视图既不宜用全剖视图表达，也不能用半剖视图表达，而以局部地剖开这个箱体为好，这样既能表达清楚内部结构又能保留部分外形，如图 3-17（b）所示。

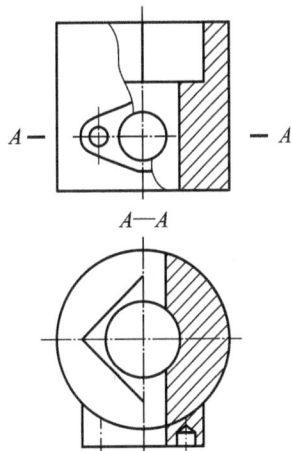

图 3-16　内轮廓线与中心线重合，不宜作半剖视图

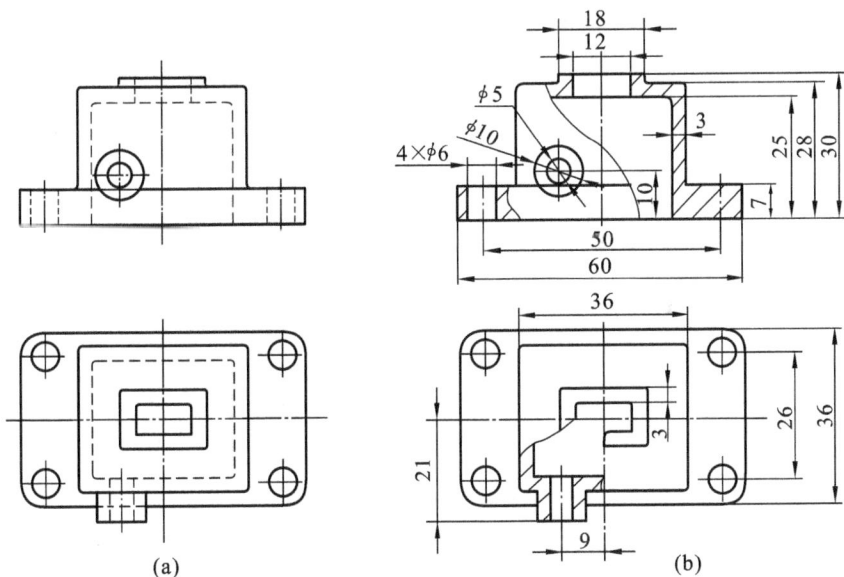

图 3-17　局部剖视图的画法示例

（a）箱体的两视图；（b）箱体的局部视图

画局部剖视图时，应注意以下几点。

（1）局部剖视图中，可用波浪线或双折线作为剖开部分和未剖部分的分界线。画波浪线时，不应与其他图线重合。若遇到可见的孔、槽等空洞结构，则不应使波浪线穿空而过，也不允许画到轮廓线之外，如图 3-18 所示。

（2）当剖切的结构为回转体时，允许将结构的中心线作为局部剖视图与视图的分界线，如图 3-19 所示。

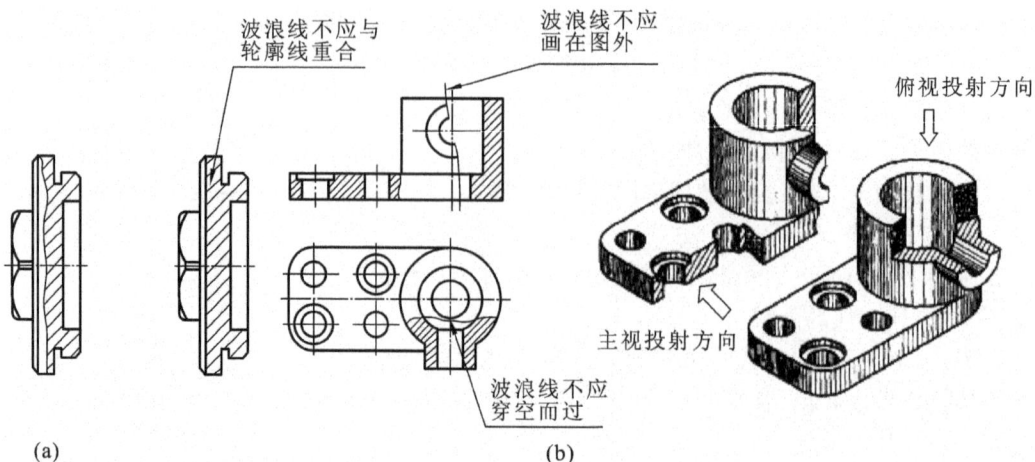

图 3-18　波浪线的错误画法

(a)正确;(b)错误

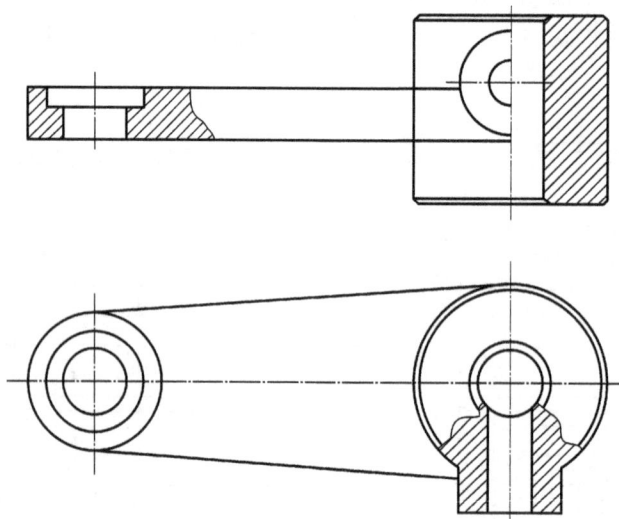

图 3-19　回转结构的局部剖视图画法

(3)局部剖视图是一种比较灵活的表达方法,但在一个视图中,局部剖视图的数量不宜过多,以免使图形过于破碎。

(4)局部剖视图的标注,符合剖视图的标注规定。

3.2.4　零件图中各种剖切面的使用

由于机件的结构形状千差万别,因此画剖视图时,应根据物体的结构特点,选用不同的剖切面,以便使物体的内部形状得到充分反映。

根据国家标准(GB/T 17452—1998)的规定,常用的剖切面有如下几种形式。

1. 单一剖切面

仅用一个剖切面剖开机件,这种剖切方式应用较多。如图 3-10~图 3-13 中的剖视图,都是采用单一剖切平面剖开机件得到的剖视图。

如图 3-20 中的"A—A"剖视图也是用单一斜剖切平面剖切得到的,表达了弯管及其顶部凸缘、凸台和通孔的形状。

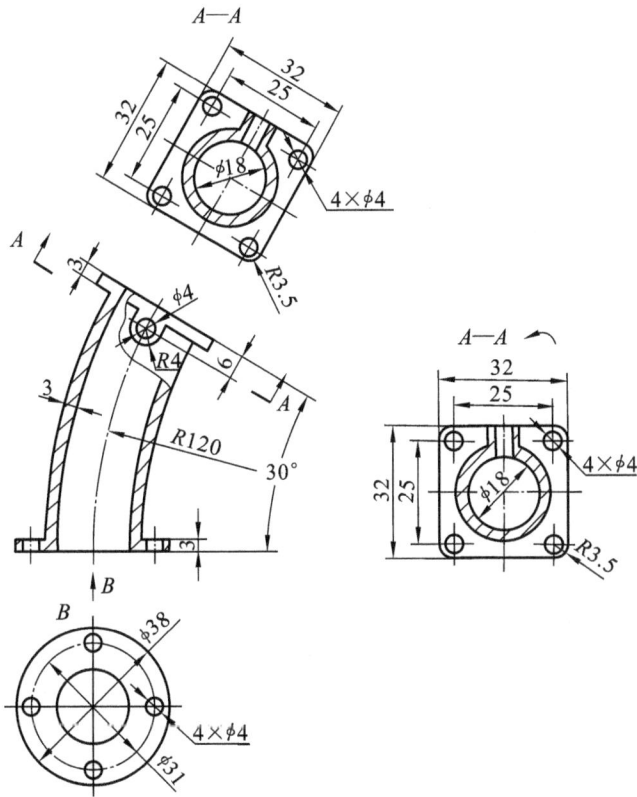

图 3-20　弯管的剖视图

剖视图可按投影关系配置在与剖切符号相对应的位置上,也可将剖视图平移至图纸的适当位置,在不致引起误解时,还允许将图形旋转,但旋转后的标注形式应为"×—×⌒",如图 3-20 中的"A—A ⌒"剖视图。

2. 几个平行的剖切平面

当机件上具有几种不同的结构要素(如孔、槽等),而且它们的中心线排列在相互平行的平面上时,宜采用几个平行的剖切平面剖切。

如图 3-21 所示的机件中 U 形槽和带凸台的孔是平行排列的,用单一剖切面不能将孔、槽同时剖到,可按图中所示采用两个平行的剖切平面,分别把槽和孔剖开,再向投影面投射,这样就可很简明地表达清楚这两部分结构。

画此类剖视图时,应注意下述几点。

(1)剖视图不允许画出剖切平面转折处的分界线,如图 3-22(a)所示。

(2)不应出现不完整的结构要素,如图 3-22(b)所示。只有当不同的孔、槽在剖视图中具有共同的对称中心线或轴线时,才允许剖切平面在孔、槽中心线或轴线处转折,如图 3-23所示,不同的孔、槽各画一半,二者以共同的中心线分界。

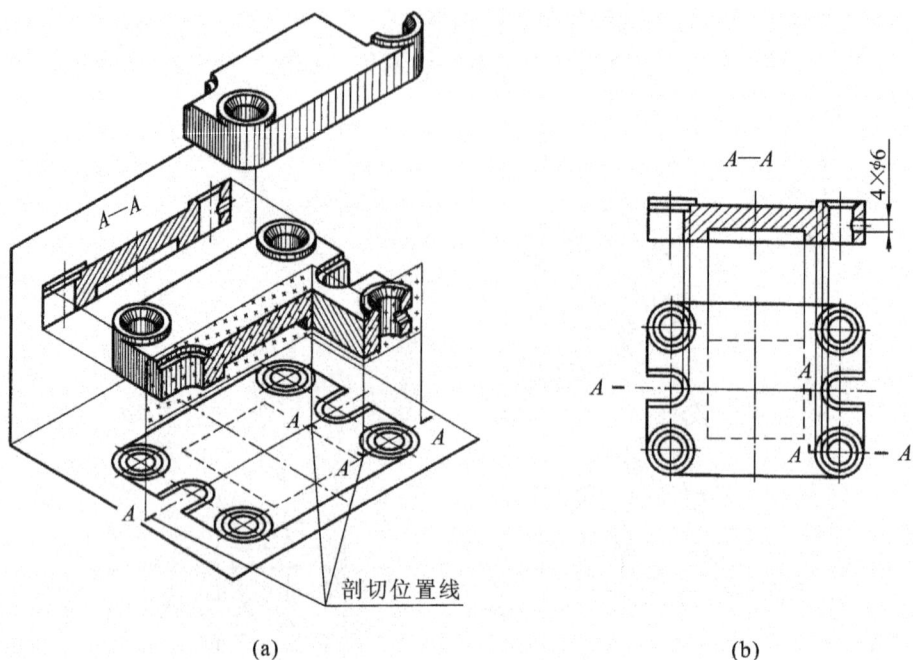

(a)   (b)

图 3-21　两平行的剖切平面

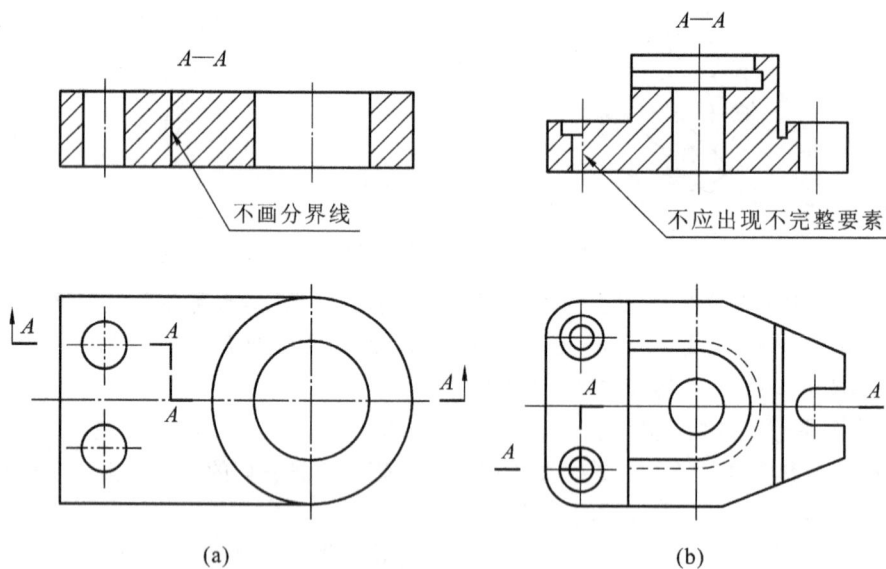

(a)   (b)

图 3-22　几个平行的剖切平面剖切时的常见错误

(3) 标注方法如图 3-22、图 3-23 所示。但要注意：①剖切符号的转折处不允许与图上的轮廓线重合；②在转折处如因位置有限且不致引起误解时，可以不注写字母。

3. 几个相交的剖切面

用几个相交的剖切面(交线垂直于某一基本投影面)剖开机件获得剖视图的情况，如图 3-24 所示。

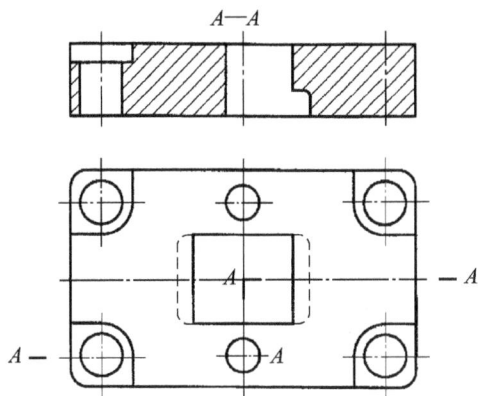

图 3-23　模板的剖视图

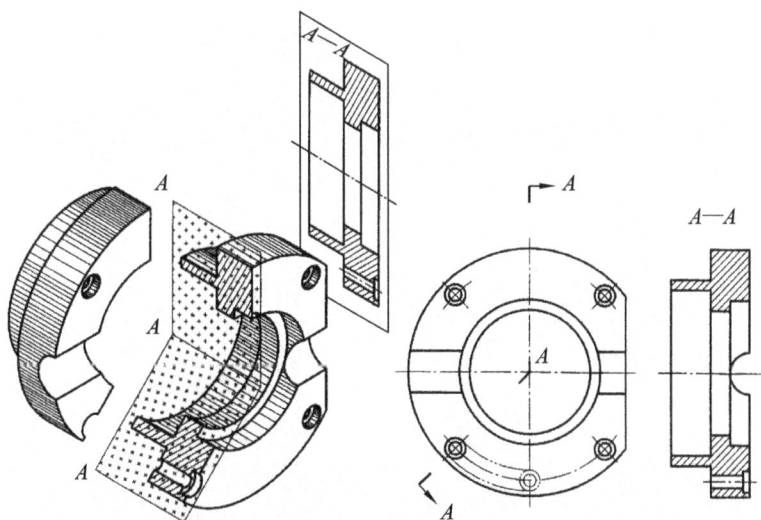

图 3-24　两相交的剖切平面(一)

画此类剖视图时,应将被剖切平面剖开的结构及其有关部分旋转至与选定的投影面平行,再进行投射。如图 3-24 所示的机件就是将下方倾斜截断面及被剖开的小圆孔都旋转到与侧平面平行,然后再投射。显然,由于被剖开的小圆孔是经过旋转后再投射的,因此,主、左视图中,小圆孔的投影不再保持原位置"高平齐"的关系。图 3-25 中摇臂采用这种剖视后,左边倾斜悬臂的真实长度,以及孔的结构,在剖视图中均能反映实形。

应注意的是:凡是没有被剖切平面剖到的

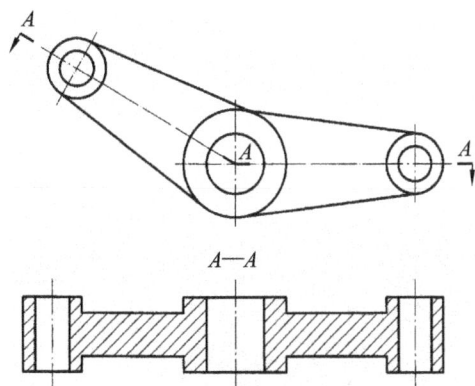

图 3-25　两相交的剖切平面(二)

结构,应按原来的位置画出它们的投影。

图 3-26 中,用三个相交的剖切面画出了连杆的"$A—A$"剖视图。又如图 3-27 中,用四个相交的剖切平面画出了挂轮架的"$A—A$"剖视图,这种剖视图通常采用展开画法,图名应标注"$X—X$ 展开",如图 3-27 中标注的"$A—A$ 展开"。

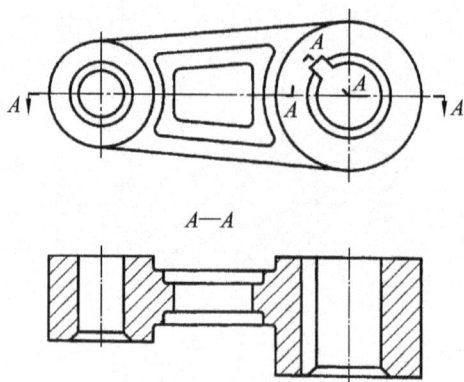

图 3-26 几个相交的剖切平面(一)

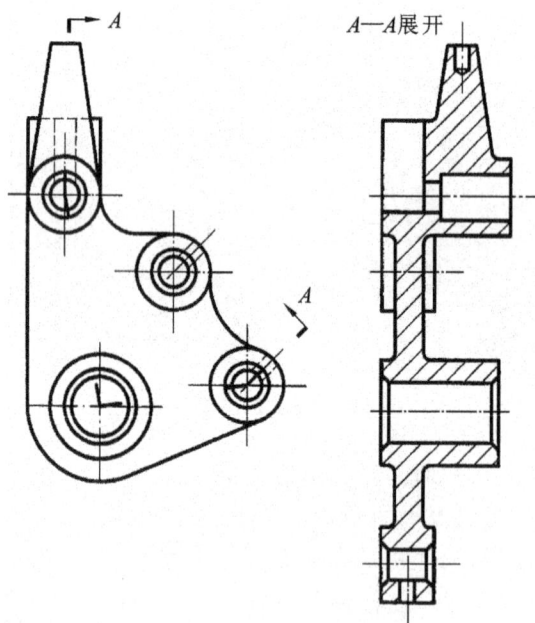

图 3-27 几个相交的剖切平面(二)

剖切面一般采用平面,但也可采用曲面,实际上图 3-28 中的 $A—A$ 剖视图是用平面剖切后得到的,而 $B—B$ 剖视图就是用圆柱面剖切后按展开画法画出的。国标规定:采用柱面剖切机件时,剖视图一般应按展开画法绘制,此时,应在剖视图名称后加注"展开"二字,如图 3-28 所示。

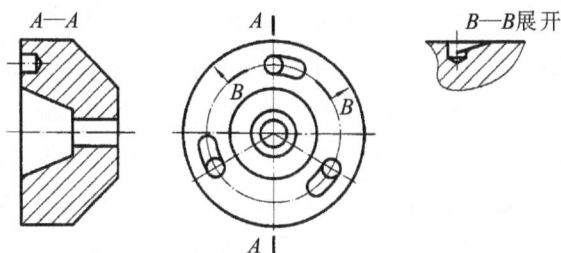

图 3-28　圆柱剖切面

3.2.5　断面图

1. 断面图的概念

如图 3-29 所示，用剖切面假想把物体的某处断开，仅画出该剖面与物体接触部分的图形，这种图形称为断面图，简称断面。

画断面图时，应特别注意断面图与剖面图之间的区别。断面图只画出物体被切处的断面形状，而剖视图除了画出形状之外，还必须画出断面之后所有的可见轮廓。图 3-29 (a)表示出剖视图和断面图之间的区别。

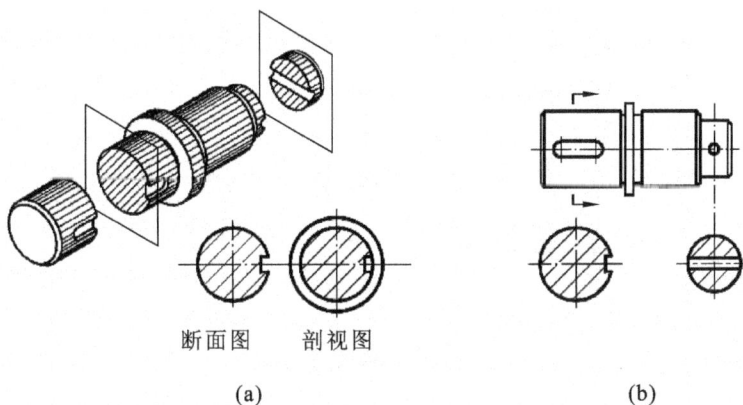

断面图　　剖视图

(a)　　　　　　　　　　　　　　(b)

图 3-29　断面图与剖视图的区别

2. 断面图的种类

断面图可分为移出断面和重合断面。

1）移出断面图

画在视图之外的断面图，称为移出断面图，如图 3-29 所示。

(1)画移出断面图时的注意要点如下。

画移出断面时，应注意以下几点。

① 移出断面的轮廓线用粗实线绘制。

② 为了读图方便，移出断面应尽可能画在剖切线的延长线上，如图 3-29(b)所示。必要时可画在其他适当位置，如图 3-30 中的 $A—A$ 断面。

③ 当剖切平面通过由回转面形成的孔或凹坑等结构的轴线时，这些结构应按剖视图

画出,如图 3-30(a)、(b)所示。

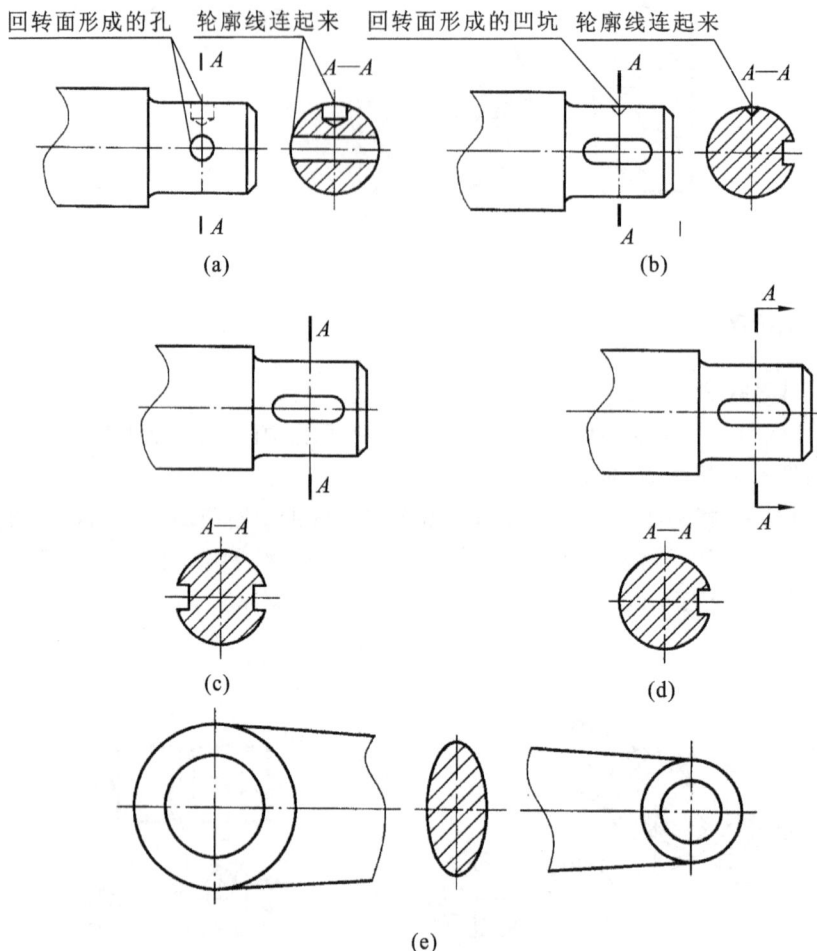

(a)

(b)

(c)

(d)

(e)

图 3-30 移出断面图的画法

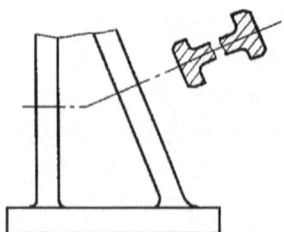

图3-31 用两个相交的剖切
平面剖切出的移出断面图

④ 剖切平面一般应垂直于被剖切部分的主要轮廓线。当遇到如图 3-31 所示的肋板结构时,可用两个相交的剖切平面,分别垂直于左、右肋板进行剖切。这时所画的断面图,中间一般应断开。

(2)标注要点如下。

移出断面图的标注,应掌握以下要点。

① 当断面图画在剖切线的延长线上时,如果断面图是对称图形,则不必标注,如图 3-29(b)右部所示;若断面图图形不对称,则须用剖切符号表示剖切位置和投射方向,不标字母,如图 3-29(b)左部所示。

② 当断面图按投影关系配置,无论断面图对称与否,均不必标注箭头,如图 3-30(a)、(b)所示。

　　③ 当断面图配置在其他位置时,若断面图形对称,则不必标注箭头;若断面图形不对称时,应画出剖切符号(包括箭头),并用大写字母标注断面图名称,如图 3-30(c)、(d)所示。

　　④ 配置在视图中断处的对称断面图,不必标注,如图 3-30(e)所示。

　　2) 重合断面图

　　剖切后将断面图形重叠在视图上,这样得到的断面图,称为重合断面图。

　　重合断面图的轮廓线规定用细实线绘制。当视图中的轮廓线与重合断面图重叠时,视图中的轮廓线仍应连续画出,不可间断,如图 3-32 所示。重合断面图若为对称图形,不必标注,如图 3-33 所示。若图形不对称,当不致引起误解时,也可省略标注,如图 3-32 所示。

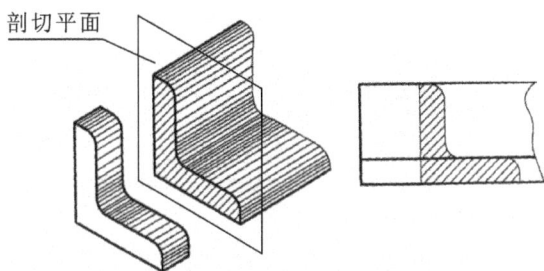

图 3-32　重合断面图的画法　　　　　图 3-33　吊钩的重合断面图

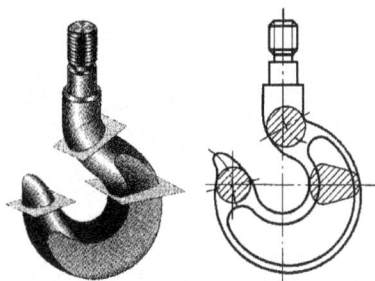

　　重合断面图是重叠画在视图上的,为了重叠后不致影响图形的清晰程度,一般多用在断面形状较简单的情况下。

3.2.6　局部放大图

　　机件上有些结构太细小,在视图中表达不够清晰,同时也不便于标注尺寸。对于这种细小结构,可用大于原图形所采用的比例画出,并将它们配置在图纸的适当位置,这种图称为局部放大图。

　　局部放大图可画成视图、剖视图或断面图。它与被放大部分的表示法无关。

　　局部放大图必须标注,其方法是:在视图中,将需要放大的部位画上细实线圆,然后在局部放大图的上方注写绘图比例。当需要放大的部位不止一处时,应在视图中对这些部位用罗马数字编号,并在局部放大图的上方注写相应编号,如图 3-34 所示。

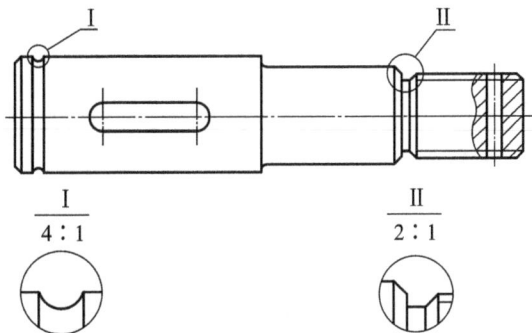

$\dfrac{I}{4:1}$　　　　$\dfrac{II}{2:1}$

图 3-34　局部放大图

同一机件上不同部位的局部放大图,当图形相同或对称时只需画出一个,必要时可用几个图形表达同一被放大部分的结构,如图 3-35 所示。

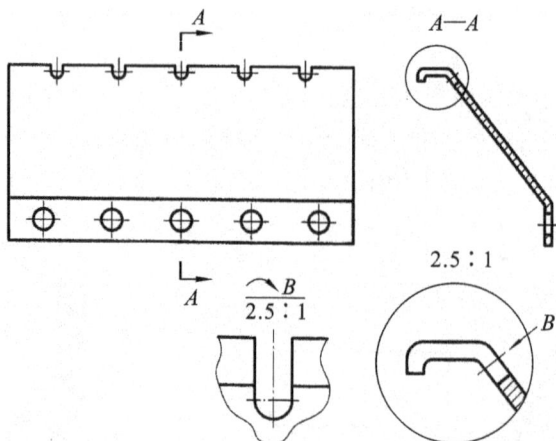

图 3-35　用几个局部放大图表达一个放大结构

3.2.7　图样画法中的各种简化画法

(1)对于机件的肋、轮辐及薄壁等,如按纵向剖切,这些结构都不画剖面符号,而用粗实线将它与邻近部分分开。但剖切平面横向剖切这些结构时,则应画出剖面符号,如图 3-36、图 3-37 所示。

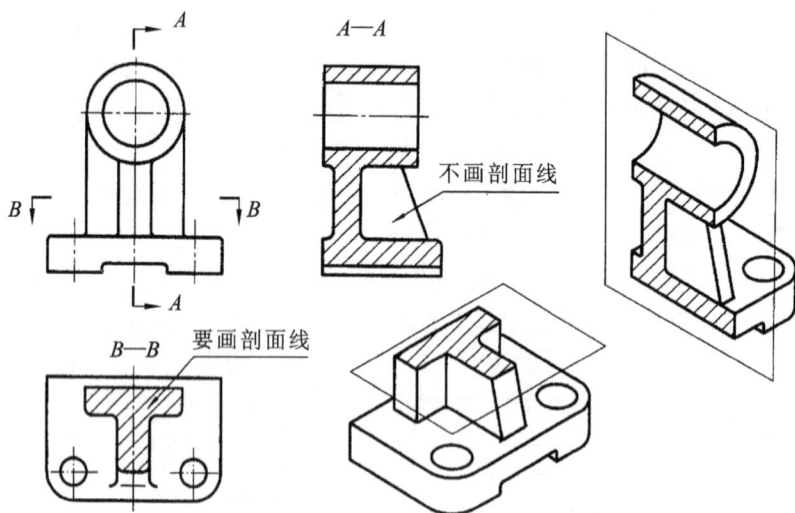

图 3-36　肋的规定画法

(2)当回转体上均匀分布的肋、轮辐、孔等结构不处于剖切平面时,可将这些结构旋转到剖切平面上画出,如图 3-37、图 3-38、图 3-39 所示。

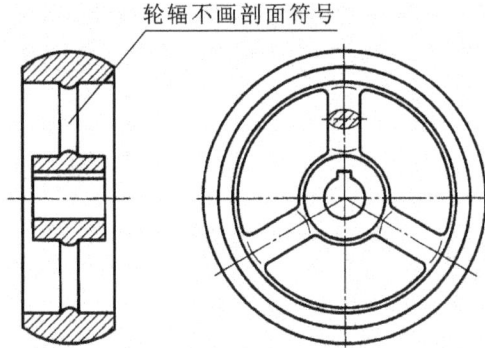

图 3-37　轮辐的规定画法

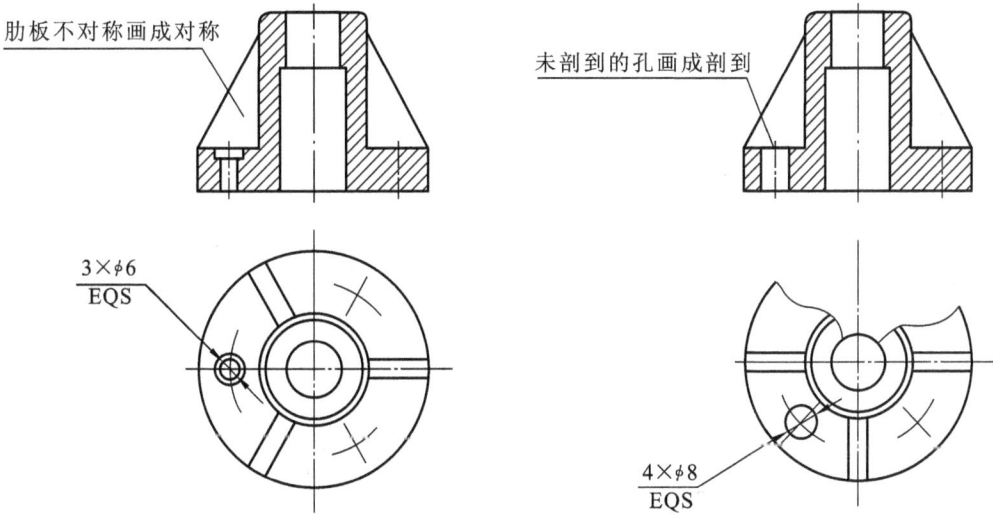

图 3-38　均布孔、肋的简化画法（一）　　　**图 3-39　均布孔、肋的简化画法（二）**

（3）当不致引起误解时，允许省略剖面符号，如图 3-40 所示。

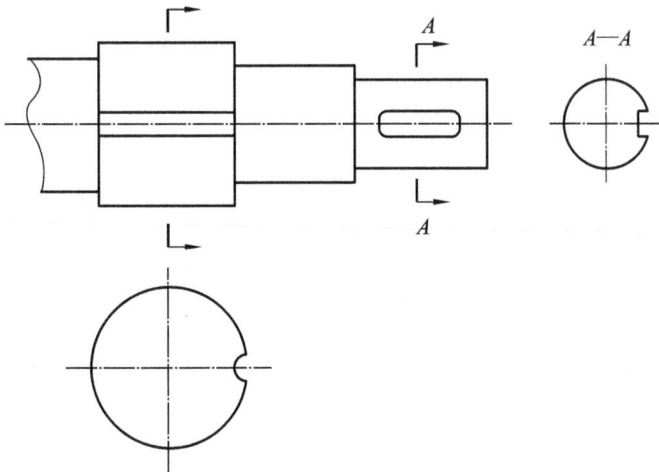

图 3-40　移出断面中省略剖面符号

（4）当机件上具有多个相同结构要素(如孔、槽、齿等)并且按一定规律分布时，只需画出几个完整的结构，其余用细实线连接，然后在图中注明它们的总数，如图 3-41(a)、(b)所示。

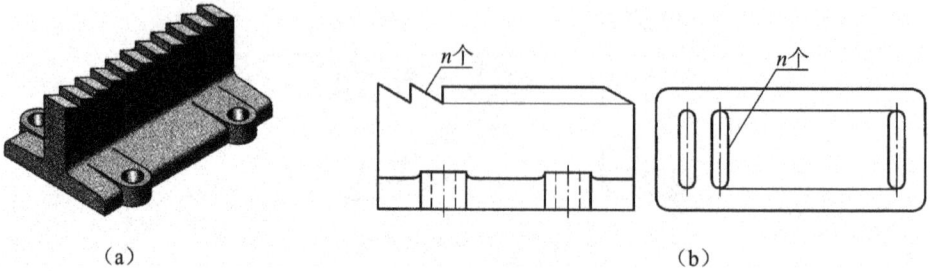

图 3-41　相同结构要素的简化画法

（5）较长的机件(轴、杆、型材、连杆等)沿长度方向的形状一致或呈一定规律变化时，可断开后缩短绘制，如图 3-42 所示。这种画法便于使细长的机件采用较大的比例画图，并使图面紧凑。

注意：机件采用断开画法后。尺寸仍应按机件的实际长度标注。

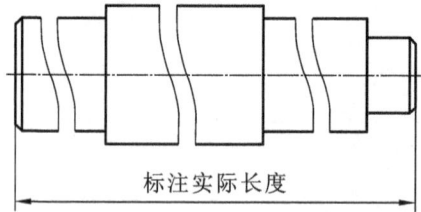

图 3-42　断开画法

（6）与投影面倾斜角度小于或等于 30°的圆或圆弧，其投影可用圆或圆弧代替，而不必画出椭圆，如图 3-43 所示。

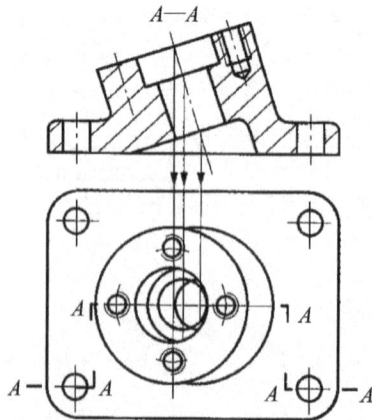

图 3-43　较小倾斜角度的圆的简化画法

（7）在不致引起误解时，过渡线、相贯线允许简化，可用圆弧或直线代替非圆曲线，并可采用模糊画法表示相贯线，如图 3-44 所示。

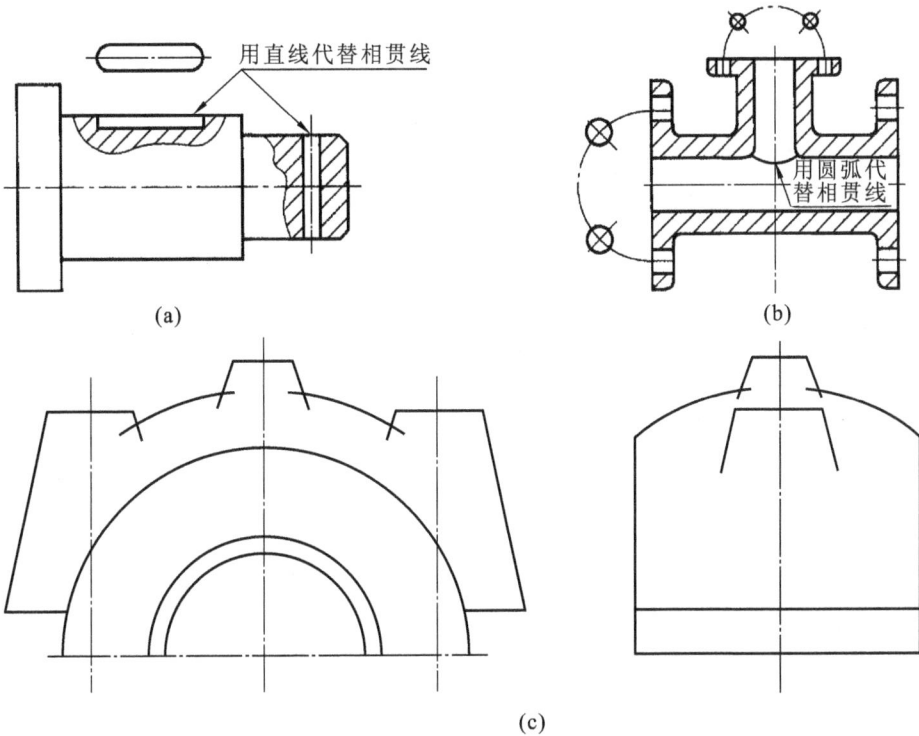

(a)

(b)

(c)

图 3-44　相贯线的简化画法

（8）当图形不能充分表达平面时，可用平面符号（相交的两细实线）表示，如图 3-45 所示。

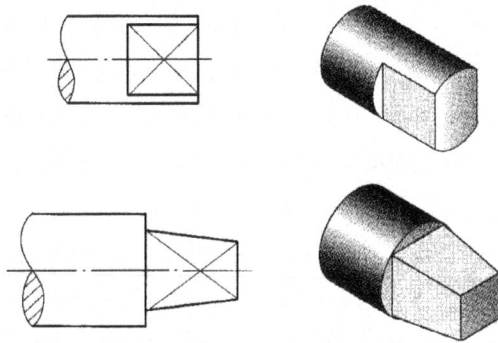

图 3-45　用符号表示平面

（9）圆柱形法兰和类似零件上均匀分布的孔，可按图 3-44(b)所示方法表示。

3.3 任务实施

3.3.1 支架视图表达方案选择

正确、灵活、综合地运用视图、剖视图、断面图以及简化画法等各种表示法,将机件的内外结构形状表达清楚。选择机件的表达方案时,应根据机件的结构特点,首先考虑看图方便,在完整、清晰地表达机件各部分形状和相对位置的前提下,力求作图简便。

1. 形体分析

如图 3-46(a)所示,该支架由三部分构成:上部是圆筒,下部是矩形底板,中间部分通过十字肋板连接圆筒与底板。

2. 表达方法选择

如图 3-46(b)所示,为了表达支架的内外形状,主视图采用局部剖视,这样既表示了水平圆柱、十字肋板和倾斜底板的外部形状与相对位置,又表示了水平圆柱上的通孔和底板上小孔的内部形状;为了表示水平圆柱和十字肋板的连接关系,采用了一个局部视图(配置在左视图的位置上);为了表示倾斜底板的实形和四个小孔的分布情况,采用了 A 向斜视图;为了表示十字肋板的断面形状,采用移出断面。这样,支架用了四个图形,就完整、清晰地表达了结构形状。

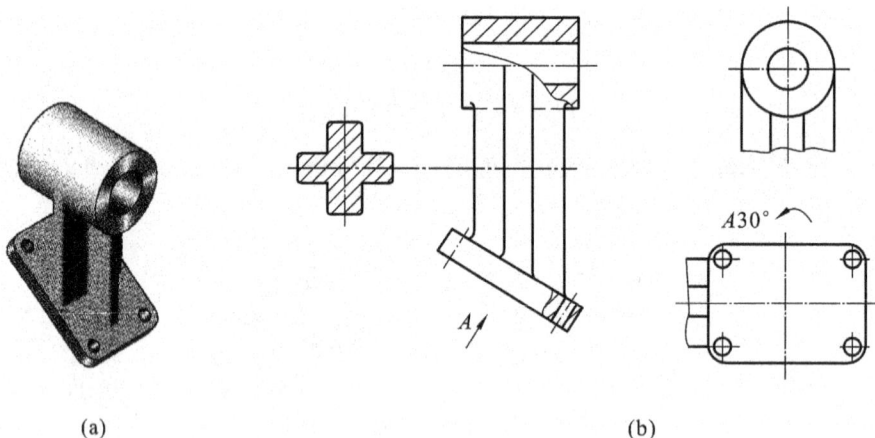

(a)   (b)

图 3-46 支架

3.3.2 四通管剖视图的识读

图 3-47 所示四通管剖视图,要分析给出的视图、剖视图和断面图之间的对应关系以及表达意图,从而想象出四通管的内外结构形状。读懂剖视图是进一步运用组合体视图并熟练应用图样画法的基础。

1. 分析视图

图 3-47(a)所示的四通管有 5 个图形。

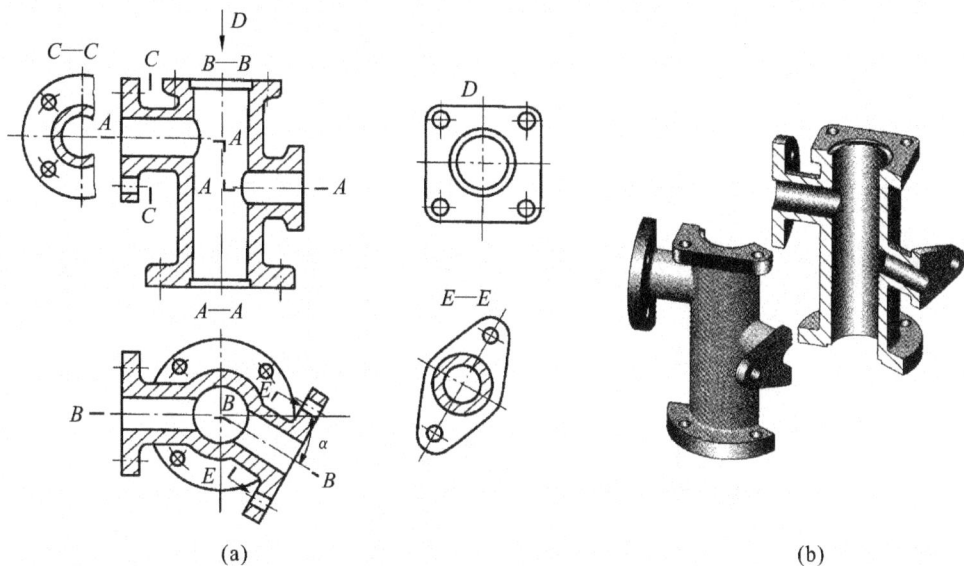

图 3-47 四通管

（1）主视图采用两个相交的剖切平面剖切而得的 B—B 全剖视图，主要表示四通管四个方向的连通情况。

（2）俯视图是由两个平行的剖切平面剖切而得的 A—A 全剖视图，主要表示右边斜管的位置（右边斜孔与左边侧垂孔轴线是两条平行于水平投影面的交叉线，它们之间的夹角为 α）以及底板的形状。

（3）C—C 剖视图表示左边管的形状是圆筒及其圆盘形凸缘上四个小孔的分布位置。

（4）E—E 斜剖视表示斜管的形状及其椭圆形凸缘上两个小孔的位置。

（5）D 向局部视图表示上端面的形状以及四个小孔的布置位置。

2. 想象各部分的形状

（1）区分各部分结构"空"与"实"的方法。在剖视图中带有剖面线的封闭线框表示剖切面与机件相交的断面（实体部分），而不带剖面线的空白封闭线框表示机件空腔的结构形状。如主视图中三个空白线框（上、下两个小矩形线框表示沉孔），表示四通管四个通孔的结构。

（2）确定空腔形状和空间位置。剖视图中的空白线框不一定能直接确定其形状和位置，必须在其他视图上找到对应的剖切位置，才能确定其内部的真实形状和相对位置。如主视图中的空腔形状，在俯视图上找到 B—B 剖切位置，说明中间垂直圆孔与左边水平孔正交，与右边水平斜孔也是正交；再从 C—C 和 E—E 剖视确定侧垂孔与水平斜孔分别是圆孔、带小圆孔的圆盘形和椭圆形凸缘。从 D 向视图确定顶面是带小圆孔的方形凸缘。

3. 综合想象完整形状

通过 5 个图形完整、清晰地表达了四通管的结构形状，以主、俯视图为主，想象四通管的主体为圆筒形状，再配合其他视图表示各部分的局部形状，每个视图都有表达重点，起到了相互配合和补充的作用。把各部分综合起来想象出四通管的整体形状，如图 3-47(b)所示。

项目4 连接件与紧固件的识读与绘制

4.1 学习目标与工作任务

通过本项目的实施,学生应掌握螺纹紧固件的标记、规定画法及选用,螺纹紧固件的连接画法,键销连接的功用、种类、标注、画法等知识点,完成如表 4-1 所示的工作任务:

表 4-1 工作任务

序号	任务名称	任务目标
1	绘制钢架连接的装配图	掌握螺纹紧固件的连接画法,绘制钢架连接的装配图
2	绘制带轮连接图	掌握键销连接的功用、种类、标注、画法等知识点,完成带轮连接装配图

4.2 知 识 准 备

4.2.1 螺纹的基础知识

1. 螺纹的基本要素

螺纹的基本要素包括牙型、大径、小径、螺距、导程、线数和旋向等。

(1)牙型。在通过螺纹轴线的剖面上,螺纹的轮廓形状称为螺纹牙型,它由牙顶、牙底和两牙侧构成,相邻两牙侧面间的夹角称为牙型角。常见的螺纹牙型有三角形、梯形、锯齿形和矩形等多种,常用的标准螺纹的牙型角及特征符号见表 4-2。

表 4-2 常用标准螺纹牙型

种 类		特征代号	牙型放大图	说　明
紧固螺纹	普通螺纹(粗牙和细牙)	M	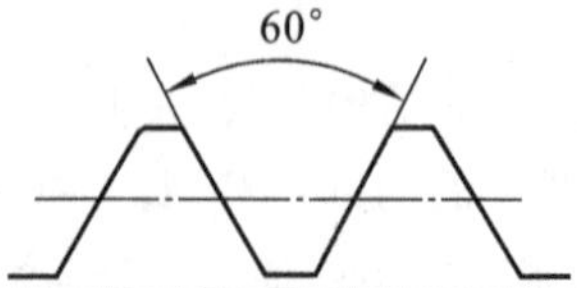	常用的连接螺纹,一般连接多用粗牙。在相同的大径下,细牙螺纹的螺距较粗牙小,切深较浅,多用于薄壁或紧密连接的零件

种　类		特征代号	牙型放大图	说　明
管螺纹	55°密封管螺纹	R₁ Rc R₂ Rp		包括圆锥内螺纹与圆锥外螺纹、圆柱内螺纹与圆锥外螺纹两种连接形式。必要时,允许在螺纹副内添加密封物,以保证连接的紧密性。适用于管子、管接头、旋塞、阀门等
	55°非密封管螺纹	G		螺纹本身不具有密封性,若要求连接后具有密封性,可压紧被连接件螺纹副外的密封面,也可在密封面间添加密封物。适用于管接头、旋塞、阀门等
传动螺纹	梯形螺纹	Tr		用于传递运动和动力,如机床丝杠、尾架丝杠等
	锯齿形螺纹	B		用于传递单向压力,如千斤顶螺杆

（2）大径（D 或 d）。大径是指与外螺纹的牙顶、内螺纹的牙底相切的假想圆柱的直径。D 表示内螺纹的大径,d 表示外螺纹的大径。国家标准规定,普通螺纹的公称直径是指螺纹大径的公称尺寸。

（3）小径（D_1 或 d_1）。小径是指和外螺纹的牙底或内螺纹的牙顶相切的假想圆柱的直径。D_1 表示内螺纹的小径,d_1 表示外螺纹的小径。

为方便起见,与外螺纹或内螺纹的牙顶相切的假想圆柱的直径（即外螺纹的大径 d 或内螺纹的小径 D_1）又称顶径。与外螺纹或内螺纹的牙底相切的假想圆柱的直径（即外螺纹的小径 d_1 或内螺纹的大径 D）又称底径。

（4）中径（D_2 或 d_2）。在大径和小径之间设想有一圆柱,在其轴线剖面内素线上的牙宽和槽宽相等,则该假想圆柱的直径称为螺纹中径,如图 4-1 所示。

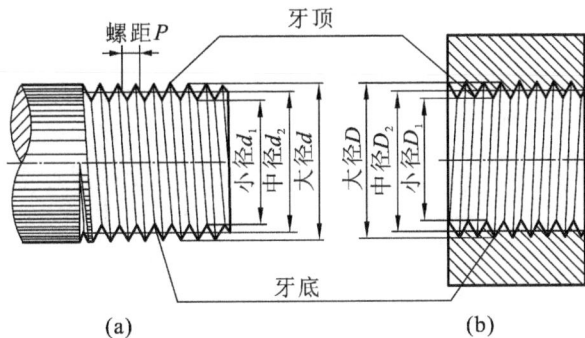

（a）　　　　　　　　　　　　（b）

图 4-1　螺纹各部分的名称及大径、中径和小径

（5）线数。形成螺纹的螺旋线条数称为线数。有单线螺纹和多线螺纹之分。多线螺纹在垂直于轴线的剖面内是均匀分布的,如图4-2所示。

（6）螺距和导程。相邻两牙在中径线上对应两点间的轴向距离称为螺距。同一条螺旋线上的相邻两牙在中径线上对应两点间的轴向距离称为导程,如图4-2所示。线数 n、螺距 P、导程 P_h 的关系为:

$$P_h = nP$$

（7）旋向。沿轴线方向看顺时针方向旋入的螺纹称为右旋螺纹,沿轴线方向看逆时针方向旋入的螺纹称为左旋螺纹,如图4-3所示。

螺纹的牙型、大径、螺距、线数和旋向称为螺纹五要素,只有这五个要素都相同的外螺纹和内螺纹才能相互旋合。

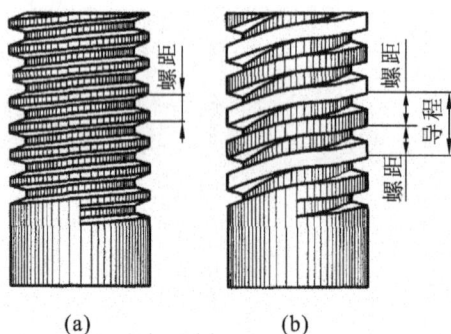

图4-2　单线螺纹和双线螺纹
(a)单线;(b)双线

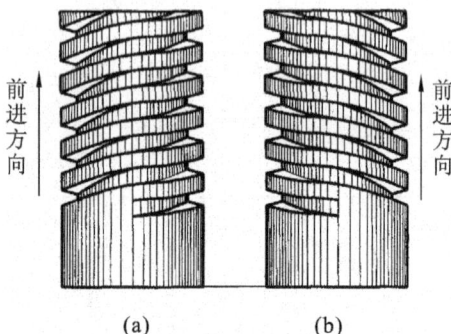

图4-3　螺纹的旋向
(a)右旋;(b)左旋

2. 螺纹的分类

（1）按标准化程度分类。螺纹按其参数的标准化程度分为标准螺纹、特殊螺纹和非标准螺纹。标准螺纹是指牙型、公称直径(大径)和螺距三个要素均符合国家标准的螺纹。只有牙型符合国家标准的螺纹称为特殊螺纹。凡牙型不符合国家标准的螺纹称为非标准螺纹。

（2）按螺纹的用途分类。螺纹根据其用途不同可分为紧固螺纹、管螺纹和传动螺纹三类(见表4-2)。

3. 螺纹的画法规定（GB/T 4459.1—1995）

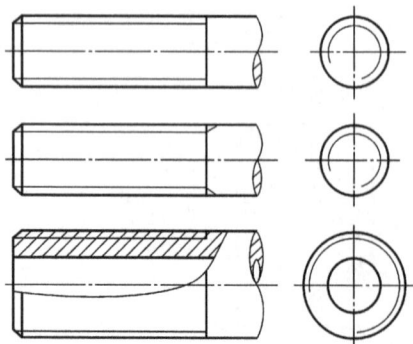

图4-4　外螺纹画法

（1）外螺纹的画法。外螺纹的牙顶用粗实线表示,牙底用细实线表示。在不反映圆的视图上,牙底的细实线应画入倒角,螺纹终止线用粗实线表示。在比例画法中,螺纹小径可按大径的85%绘制。螺尾部分一般不必画出,当需要表示时,该部分用与轴线成30°的细实线画出。在反映圆的视图上,小径用大约3/4圈的细实线圆弧表示,倒角圆不画,如图4-4所示。

（2）内螺纹的画法。在不反映圆的视图中,当采用剖视图时,内螺纹的牙顶用粗实线表示,牙底用细实线表示。采用比例画法时,小径可按大径的

85%绘制。需要注意的是,内螺纹的公称直径也是大径。剖面线应画到粗实线,螺纹终止线用粗实线绘制。若为不通孔,将钻孔深度与螺纹部分的深度分别画出。采用比例画法时,螺纹终止线到孔的末端的距离可按 50% 大径绘制。在反映圆的视图中,大径用约 3/4圈的细实线圆弧绘制,倒角圆不画,如图 4-5(a)~(d)所示。当螺纹的投影不可见时,所有图线均为细虚线,如图 4-5(e)所示。

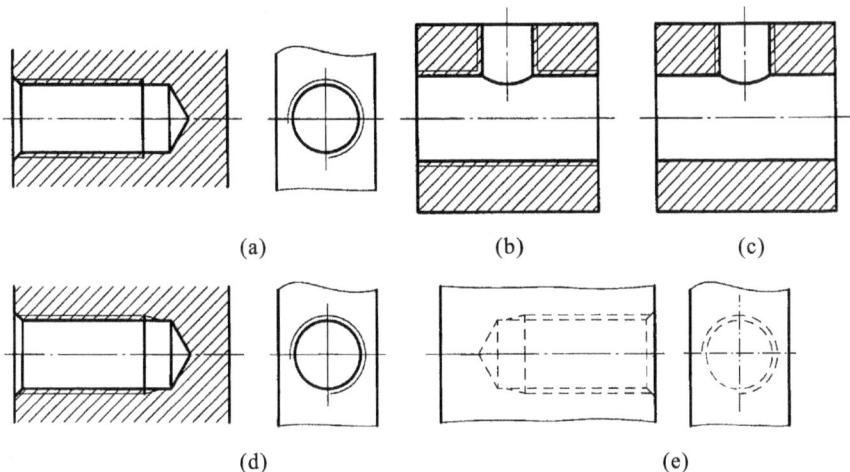

图 4-5 内螺纹画法

(3) 内、外螺纹旋合的画法。在剖视图中,内、外螺纹的旋合部分应按外螺纹的画法绘制,其余不重合部分按各自原有的画法绘制。必须注意,表示内、外螺纹大径的细实线和粗实线,以及表示内、外螺纹小径的粗实线和细实线应分别对齐。在剖切平面通过螺纹轴线的剖视图中,实心螺杆按不剖绘制,如图 4-6 所示。图 4-6(a)为带螺纹结构的零件,图 4-6(b)、(c)、(d)为通孔零件连接,图 4-6(e)为不通孔零件的连接。

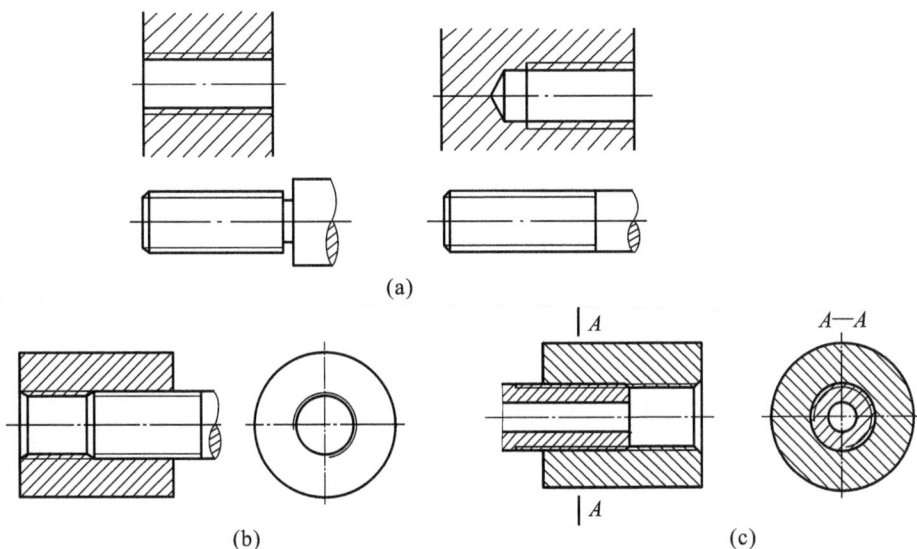

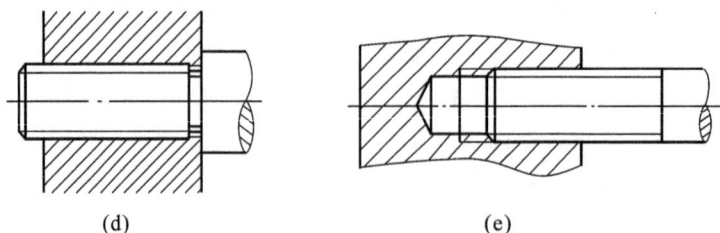

(d)　　　　　　　　　　　　(e)

图 4-6　内外螺纹旋合画法

（4）牙型表示法。螺纹牙型一般不在图形中表示，当需要表示螺纹牙形时，可按图 4-7的形式绘制。

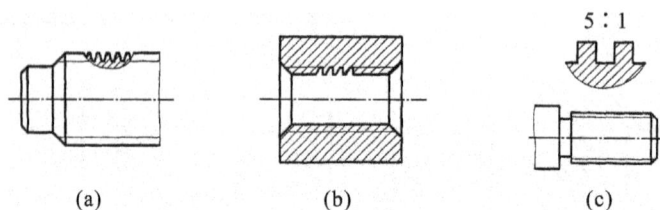

(a)　　　　　　　　　(b)　　　　　　　　　(c)

图 4-7　螺纹牙型表示法

（a）局部剖视图；（b）全剖视图；（c）局部放大图

4. 螺纹的标注方法

螺纹的标注包括螺纹的标记、长度、工艺结构尺寸等。螺纹的标记用来表示螺纹的要素及精度等，不同种类的螺纹其标记形式不同。下面分别介绍其标记。

1）普通螺纹（GB/T 197—2003）

完整的螺纹标记由螺纹特征代号、尺寸代号、公差带代号及其有必要作进一步说明的其他个别信息组成。

（1）特征代号。普通螺纹特征代号用字母"M"表示。

（2）尺寸代号。单线螺纹的尺寸代号为"公称直径×螺距"，公称直径和螺距数值的单位为 mm。对粗牙螺纹省略标注其螺距项。

多线螺纹的尺寸代号为"公称直径×Ph 导程 P 螺距"，公称直径、导程和螺距数值的单位为 mm。如果要进一步表明螺纹的线数，可在后面增加括号说明（使用英语进行说明。例如双线为 two starts，三线为 three starts，四线为 four starts）。

（3）公差带代号。普通螺纹公差带代号包含中径公差带代号和顶径公差带代号，它由表示其大小的公差等级数字和表示其位置的基本偏差的字母（内螺纹用大写字母，外螺纹用小写字母）组成，例如 6H、6g。如果中径公差带代号与顶径公差带代号相同，则只注一个公差带代号；如果中径公差带代号和顶径公差带代号不同，则分别注出代号，中径公差带代号在前，顶径公差带代号在后，如 M10-5g6g。螺纹尺寸代号与公差带代号间用"-"分开。表示内外螺纹旋合时，内螺纹公差带代号在前，外螺纹公差带代号在后，中间用斜线分开，如 M10-6H/6g。

在下列情况下，中等公差精度螺纹不注公差带代号。

内螺纹：5H 公称直径小于或等于 1.4 mm 时，6H 公称直径大于或等于 1.6 mm 时。

外螺纹:6h 公称直径小于或等于 1.4 mm 时,6g 公称直径大于或等于 1.6 mm 时。

(4) 其他信息。标记内有必要说明的其他信息包括螺纹的旋合长度和旋向。

对短旋合长度组和长旋合长度组的螺纹,宜在公差带代号后分别标注"S"和"L"代号。旋合长度代号与公差带代号间用"-"分开。中等旋合长度组螺纹不标注旋合长度代号(N)。

对左旋螺纹,应在旋合长度代号之后标注"LH"代号。旋合长度代号与旋向代号间用"-"号分开。右旋螺纹不标注旋向代号。

标记示例如下。

左旋螺纹:M8×1-LH(公差带代号和旋合长度代号被省略)

        M6×0.75-5h6h-S-LH

        M14×Ph6P2-7H-L-LH 或 M14×Ph 6P2(three starts)-7H-L-LH

右旋螺纹:M6(螺距、公差带代号、旋合长度代号和旋向代号被省略)

螺纹尺寸标注由螺纹长度、螺纹工艺结构尺寸和螺纹标记组成,如图 4-8 所示,其中螺纹标记注在螺纹大径的尺寸线上。

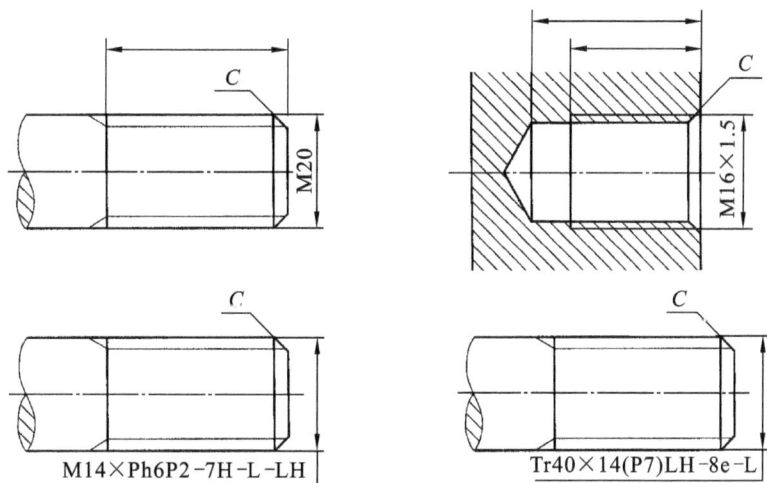

图 4-8 螺纹尺寸标注

2) 传动螺纹

传动螺纹主要指梯形螺纹和锯齿形螺纹,完整的螺纹标记如下。

特征代号		公称直径	×	螺距	旋向	—	中径公差带代号	顶径公差带代号	—	旋合长度代号

标注螺纹标记时,如符合下列情况,应省略有关标注内容。

(1) 如中径和顶径公差带代号相同,只标注一次。

(2) 右旋螺纹不注旋向。

(3) 螺纹旋合长度为中等旋合长度(N)时不注,长旋合长度用 L 表示,短旋合长度用 S 表示。

(4) 螺纹标记示例如下。

        Tr 40×14(P7)LH-6e-L

Tr:特征代号

40:公称直径

14:导程

P7:螺距

LH:旋向(左)

6e:外螺纹中径和顶径公差带代号

L:旋合长度代号

3) 管螺纹

常用的管螺纹分为55°密封管螺纹和55°非密封管螺纹。管螺纹的标记必须标注在大径的引出线上,其标记组成如表4-3所示。需要注意的是管螺纹的尺寸代号并不是指螺纹大径,其大径和小径等参数可从附录中的附表1-2和附表1-3中查出。

表 4-3   管螺纹标注示例

类别		标准代号	特征代号	标注示例
55°非密封管螺纹		GB/T 7307—2001	G	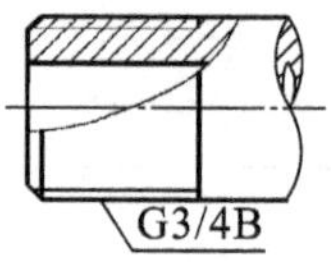 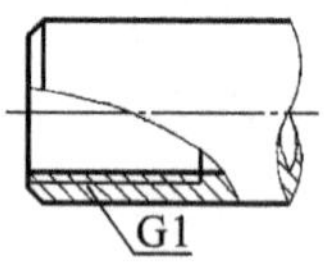 G3/4B G1
55°密封管螺纹	与圆柱内螺纹相配合的圆锥外螺纹	GB/T 7306.1～7306.2—2000	R₁	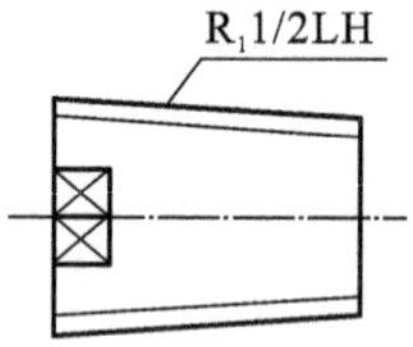 R₁1/2LH
	与圆锥内螺纹相配合的圆锥外螺纹		R₂	
	圆锥内螺纹	GB/T 7306.1～7306.2—2000	Rc	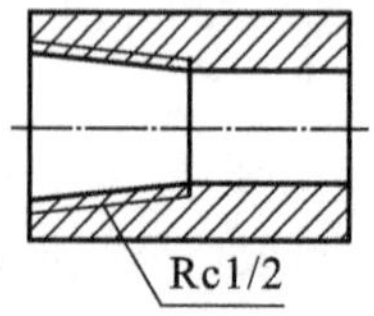 Rc1/2
	圆柱内螺纹		Rp	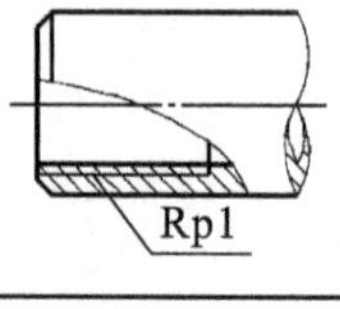 Rp1

4.2.2 螺纹紧固件画法

常用螺纹紧固件有螺栓、双头螺柱、螺钉、螺母和垫圈。螺栓用于被连接零件允许钻成通孔的情况；双头螺柱用于被连接零件之一较厚或不允许钻成通孔的情况；螺钉可用于上述两种情况，而且不经常拆开和受力较小的连接中。螺钉按用途又可分为连接螺钉和紧定螺钉。

1. 常用螺纹紧固件的种类及标记

标准的螺纹紧固件都有规定的标记，标记的内容有：名称、标准编号、螺纹规格×公称长度。螺纹连接件的标准，详见相关的国家标准手册。现举例如表 4-4 所示。

表 4-4　　　　　　　　　　　　常用螺纹紧固件的种类及标记

常用螺纹紧固件的规定标记	常用螺纹紧固件的图例
螺栓　GB/T 5782—2000　M12×80 表示：螺纹规格 $d=$ M12、公称长度 $l=$ 80 mm、性能等级为 8.8 级、A 级的六角头螺栓	
螺柱　GB/T 897—1988　AM10×50 表示：两端均为粗牙普通螺纹、螺纹规格 $d=$ M10、公称长度 $l=$ 50 mm、性能等级为 4.8 级、A 型、$b_m=d$ 的双头螺柱	
螺钉　GB/T 65—2000　M5×20 表示：螺纹规格为 $d=$ M5、公称长度 $l=$ 20 mm、性能等级为 4.8 级的开槽圆柱头螺钉	
螺钉　GB/T 68—2000　M8×25 表示：螺纹规格为 $d=$ M8、公称长度 $l=$ 25 mm、性能等级为 4.8 级的开槽沉头螺钉	
螺母　GB/T 6170—2000　M12 表示：螺纹规格 $d=$ M12、性能等级为 8 级、不经表面处理、A 级的 1 型六角螺母	
垫圈　GB/T 97.1—1985　12 表示：公称尺寸 $d=$ 12 mm（螺纹大径）、性能等级为 140 HV、不经表面处理的平垫圈	

2. 螺纹紧固件的比例画法

为了提高画图速度,螺纹连接件各部分的尺寸(除公称长度外)都可用螺栓上螺纹的公称直径 d(或 D)的一定比例画出,称为比例画法。画图时,螺纹连接件的公称长度 l 仍由被连接零件的有关厚度决定,如图 4-9 所示。

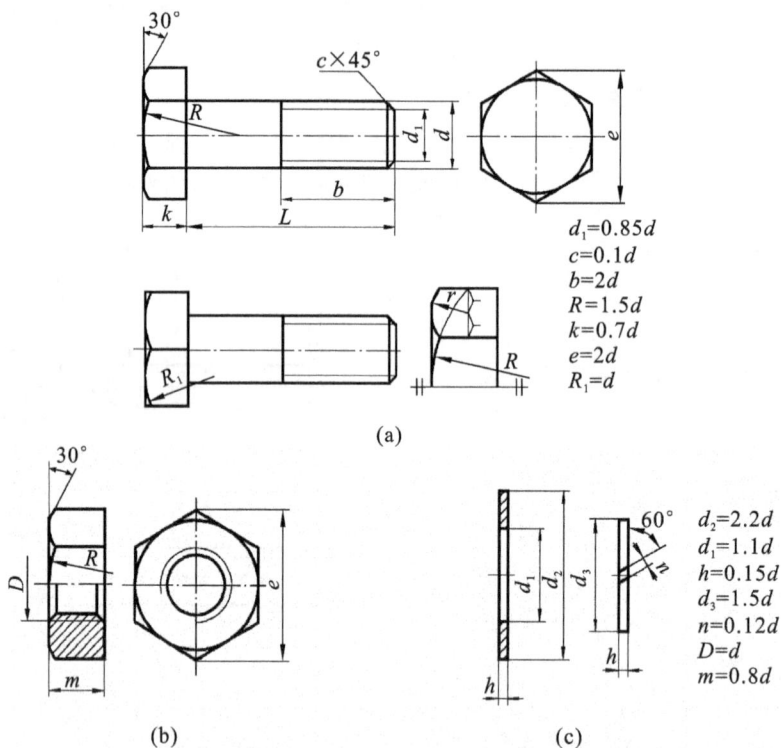

$d_1=0.85d$
$c=0.1d$
$b=2d$
$R=1.5d$
$k=0.7d$
$e=2d$
$R_1=d$

(a)

$d_2=2.2d$
$d_1=1.1d$
$h=0.15d$
$d_3=1.5d$
$n=0.12d$
$D=d$
$m=0.8d$

(b)　　　　　　　　　　　　　　　　　(c)

图 4-9　螺栓、螺母、垫圈的比例画法

(a)六角头螺栓的比例画法;(b)六角螺母的比例画法;(c)垫圈的比例画法

3. 螺纹紧固件的连接画法

1)螺栓连接

画螺纹紧固件的装配图时,应遵守下述基本规定。

(1)两零件的接触表面之间只画一条线,不接触的表面间,不论间隙大小,都应画成两条轮廓线。

(2)两零件邻接时,不同零件的剖面线方向应错开,或者方向一致、间隔不等;同一零件在各剖视图、断面图中的剖面线方向、间隔应相同。

(3)对于紧固件和实心零件(如螺钉、螺栓、螺母、垫圈、键、销、球及轴等),若剖切平面通过它们的基本轴线时,则这些零件都按不剖绘制,仍画外形;需要时,可采用局部剖视。图 4-10 所示为螺栓连接比例画法的画图过程。其中螺栓长度 L 可按下式估算:

$$L \geqslant t_1 + t_2 + 0.15d + 0.8d + (0.2 \sim 0.3)d$$

根据上式的估算值,从有关手册中(参见本书附表 2-1)选取与估算值相近的标准长度值作为 L 值。

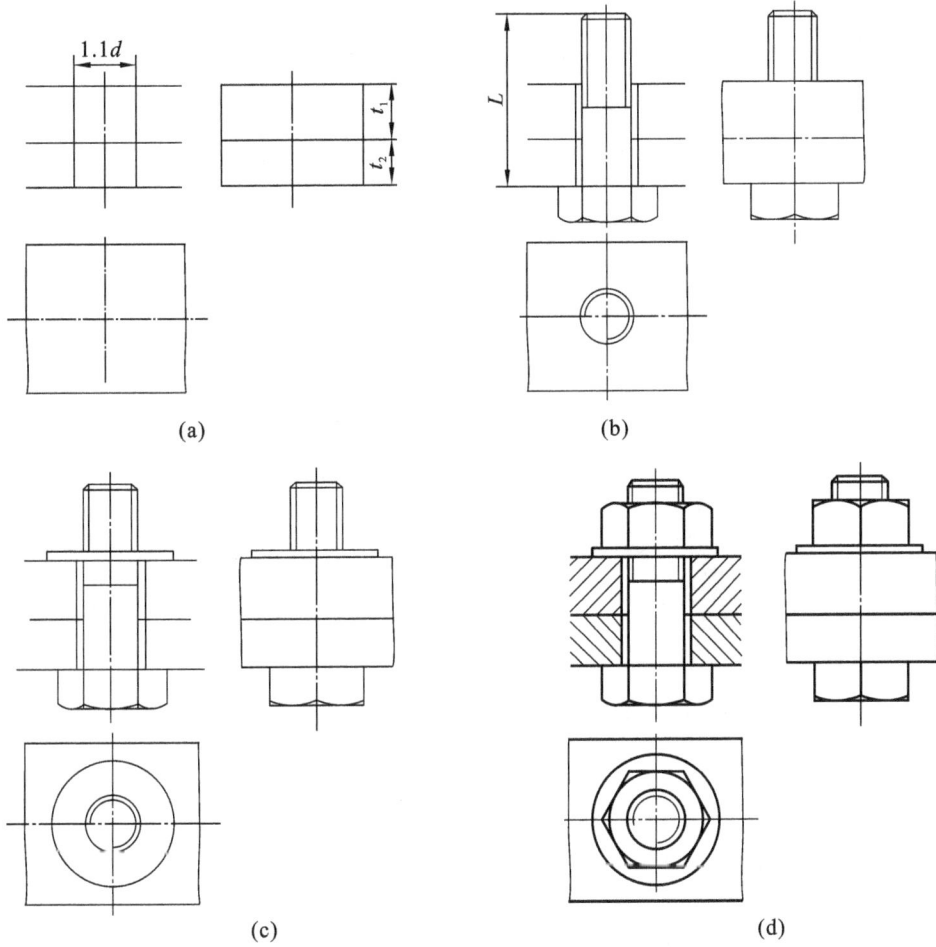

图 4-10　螺栓连接比例画法的画图过程

在装配图中,螺栓连接也可采用图 4-11 所示的简化画法。但应注意,螺母、螺栓的六方倒角省略不画后,螺栓上螺纹端面的倒角也应省略不画。

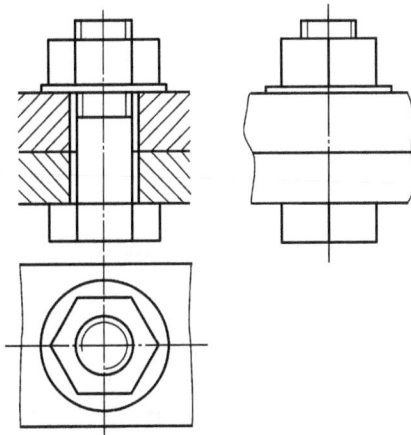

图 4-11　螺栓连接的简化画法

2) 螺柱连接

双头螺柱两端均加工有螺纹,一端和被连接件旋合,一端和螺母旋合,如图 4-12 所示。双头螺柱连接的比例画法和螺栓连接的比例画法基本相同。双头螺柱旋入端长度 b_m 要根据被旋入件的材料而定,以确保连接可靠。对应于不同的材料,b_m 有下列四种取值:

$$b_m = d \qquad (用于钢或青铜)$$
$$\left.\begin{array}{l} b_m = 1.25d \\ b_m = 1.5d \end{array}\right\} (用于铸铁)$$
$$b_m = 2d \qquad (用于铝合金)$$

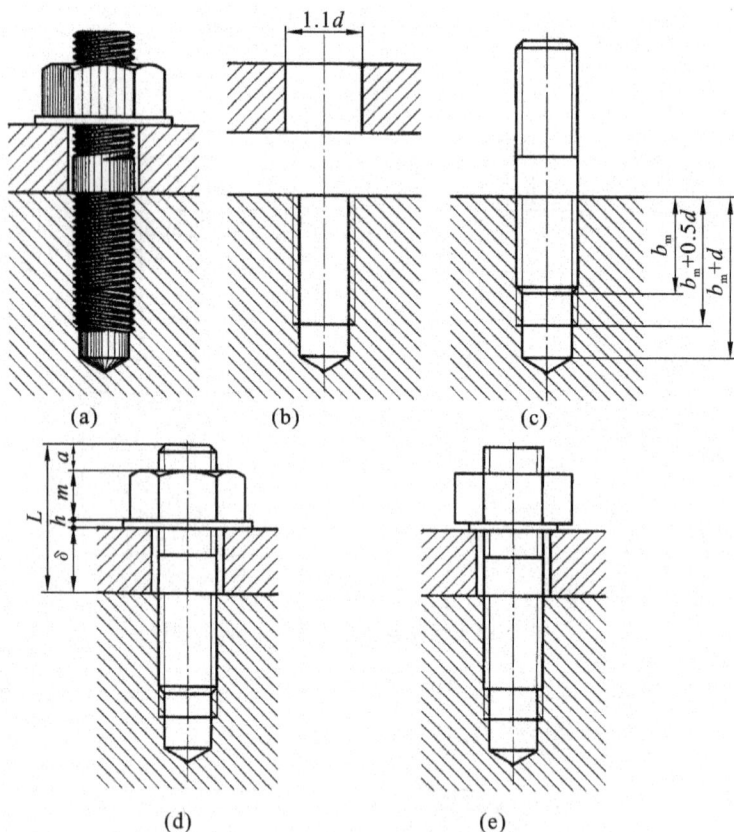

图 4-12 双头螺柱连接的比例画法

螺柱的公称长度 L 可按下式估算:

$$L \geqslant \delta + 0.15d + 0.8d + (0.2 \sim 0.3)d$$

根据上式的估算值,对照有关手册中螺柱的标准长度系列,选取与估算值相近的标准长度值作为 L 值。

3) 螺钉连接

螺钉连接的比例画法,除头部形状以外,其他部分与螺柱连接相似,只是螺钉的螺纹终止线必须超出两连接件的结合面,表示螺钉还有拧紧的余地。螺钉头部结构有圆柱头和沉头等,具有沟槽的螺钉头部,在与轴线平行的视图上沟槽要放正,而与轴线垂直的视图上画成与水平倾斜 45°。这些结构的比例画法如图 4-13 所示。

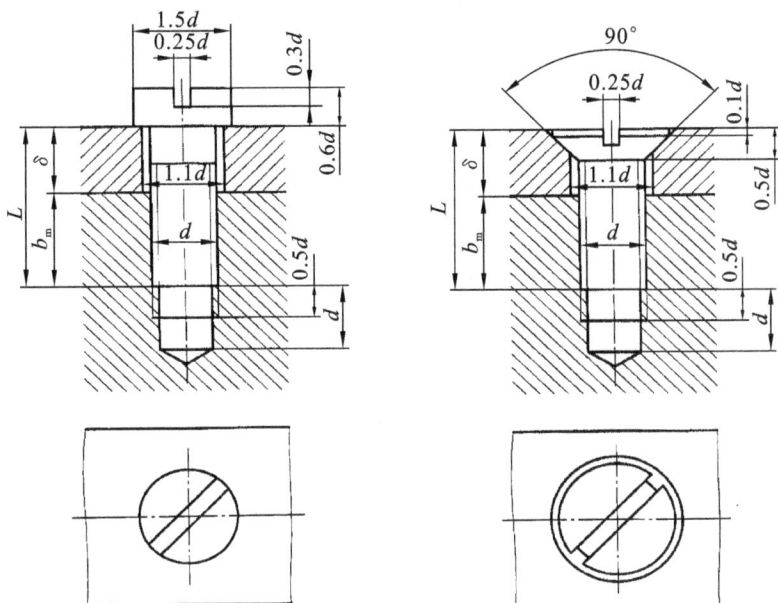

图 4-13　螺钉连接的比例画法

4.2.3　键、花键及其连接的表示法

为了使齿轮、带轮等零件和轴一起转动,通常在轮孔和轴上分别加工出键槽,用键将轴、轮等连接起来转动,起到传递转矩的作用。键主要用于轴和轴上的零件(如齿轮、带轮等)间的连接,以传递转矩。如图 4-14 所示,将键装入轴上的键槽中,再把齿轮装在轴上,当轴转动时,通过键连接,齿轮也将和轴同步转动,达到传递动力的目的。

图 4-14　键连接

1. 常用键及其标记

常用的键有普通平键、半圆键和钩头型楔键等。普通平键又有 A 型、B 型和 C 型三种,表 4-5 列出了几种常用键的标准编号、形式和标记示例。

表 4-5　　　　　　　　　　　　键及其标记示例

名称(标准号)	图　　　例	标 注 示 例
普通平键 GB/T 1096—2003		$b=10$mm、$h=8$mm、$L=28$mm 的普通平键(B 型)标记为: GB/T 1096—2003 键 B 10×8×28(普通平键的形式有 A、B、C 三种,标记时 A 型普通平键省"A",而 B 型和 C 型应写出"B"或"C"字)

名称（标准号）	图　例	标　注　示　例
半圆键 GB/T 1099.1—2003		$b=6$mm、$h=10$mm、$D=25$mm 的半圆键标记为： GB/T 1099.1—2003 键 6×10×25
钩头型楔键 GB/T 1565—2003		$b=6$mm、$L=25$mm 的钩头型楔键标记为： GB/T 1565—2003 键 6×25

2. 键连接的画法及尺寸标注

1) 普通平键连接画法

当采用普通平键时，键的长度 L 和宽度 b 要根据轴的直径 d 和传递的转矩大小从标准中选取适当值。轴和轮毂上键槽的表达方法及尺寸标注如图 4-15（a）、（b）所示。轴上的键槽若在前面，局部视图可以省略不画；键槽在上面时，键槽和外圆柱面产生的截交线可用柱面的转向轮廓线代替。

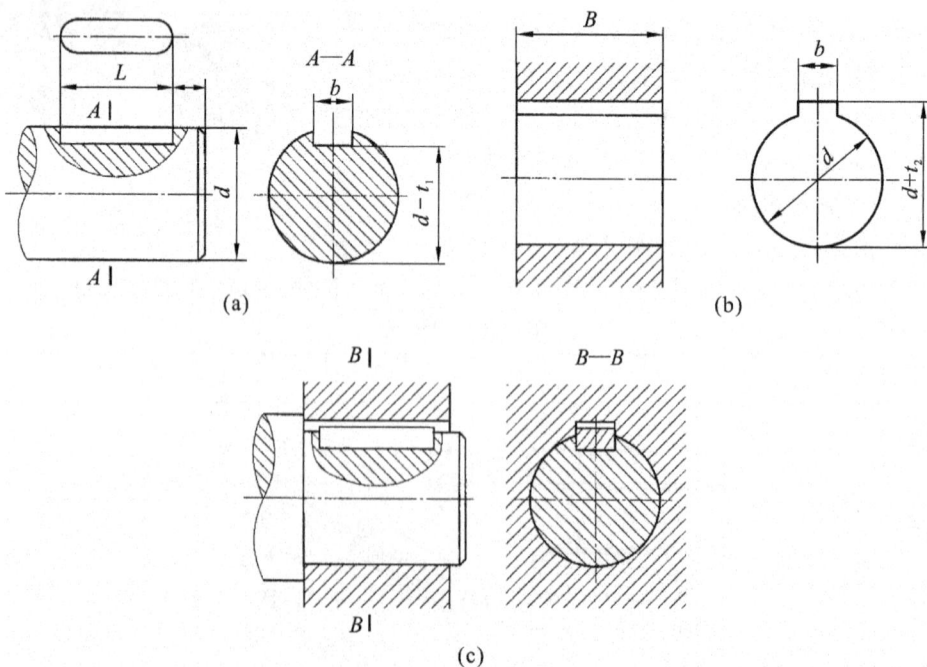

图 4-15　普通平键连接

普通平键与半圆键连接图中,键的两侧面均为工作面(即键的两侧面与被连接零件接触),接触面的投影处只画一条轮廓线,没有间隙。键的上表面和轮毂上键槽的底面为非接触面,不接触,应留有间隙,画两条线。在装配图上,键连接的画法如图 4-15(c)所示。因为键是实心零件,所以当平行于轴线剖切时键按不剖绘制,但当垂直于轴线剖切时,键按剖视绘制。轮、轴和键剖面线的方向要遵守装配图中剖面线的规定画法。

2) 半圆键连接画法

半圆键连接常用于载荷不大的传动轴上,其工作原理和画法与普通平键相似,键槽的表示方法和装配画法如图 4-16 所示。

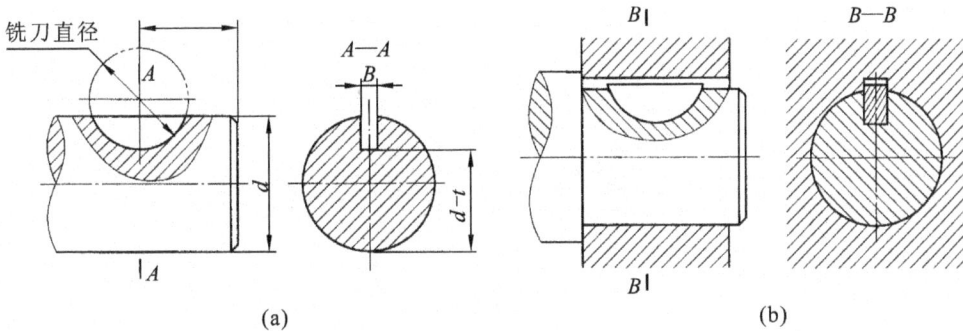

图 4-16 半圆键连接

3) 钩头型楔键连接画法

钩头型楔键的上顶面有 1∶100 的斜度,装配时将键沿轴向打入键槽内,直至打紧为止,靠键的上、下面将轴和轮毂连接在一起,因此,它的上、下面为工作面,两侧面为非工作面,但画图时侧面不留间隙,其装配图的画法如图 4-17 所示。

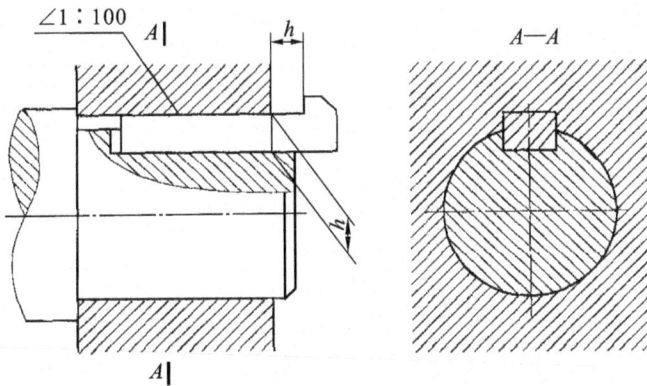

图 4-17 钩头型楔键连接

3. 花键表示法(GB/T 4459.3—2000)

当传递的载荷较大时,需采用花键连接。图 4-18 所示为应用较广泛的矩形花键。除矩形花键外,还有梯形、三角形、渐开线形等,这里主要介绍矩形花键连接的画法和标记。

图 4-18　矩形花键

1) 外花键的画法和标注

和外螺纹画法相似,大径用粗实线绘制,小径用细实线表示。当采用剖视时,若平行于键齿剖切,键齿按不剖绘制,且大小径均用粗实线画出。在反映圆的视图上,小径用细实线圆表示。

外花键的画法和标注如图 4-19 所示。

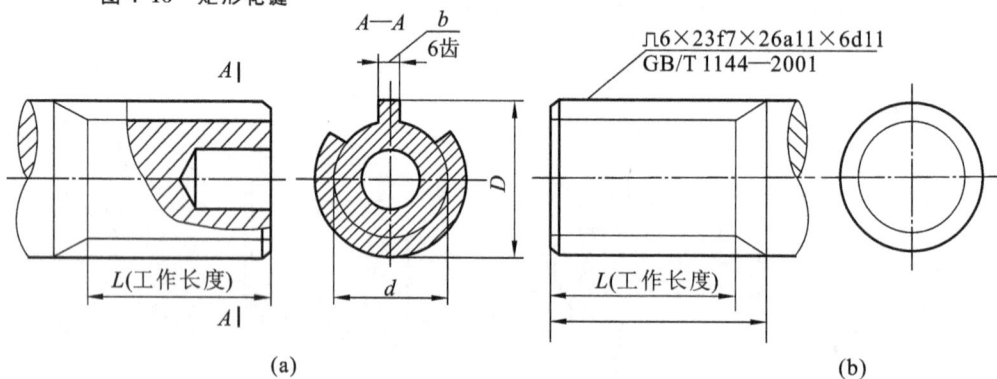

(a)　　　　　　　　　　　　　(b)

图 4-19　外花键的画法和标注

外花键的标注可采用一般尺寸标注法和标记标注法两种。一般尺寸标注法应注出大径 D、小径 d、键宽 b(及齿数 N)、工作长度 L,如图 4-19(a)所示;用标记标注时,指引线应从大径引出,标记组成为:

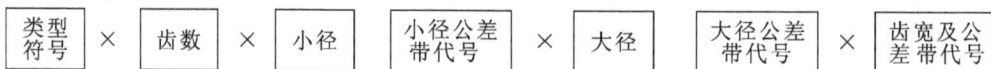

| 类型符号 | × | 齿数 | × | 小径 | 小径公差带代号 | × | 大径 | 大径公差带代号 | × | 齿宽及公差带代号 |

2) 内花键画法及标记

内花键的画法及标记如图 4-20 所示。当采用剖视时,若平行于键齿剖切,键齿按不剖绘制,且大、小径均用粗实线绘制。在反映圆的视图上,大径用细实线圆表示。

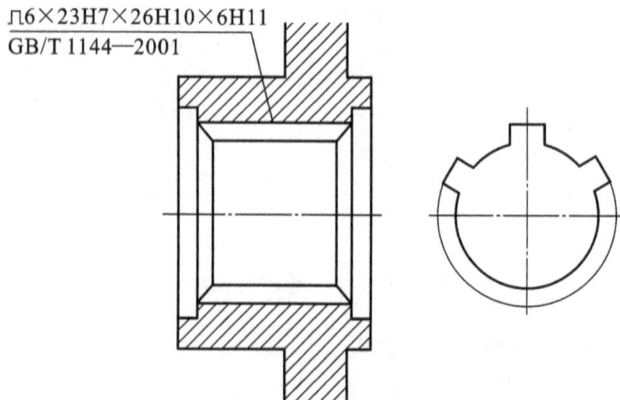

图 4-20　内花键画法和标注

内花键的标记同外花键,只是表示公差带的偏差代号用大写字母表示。

3)矩形花键的连接画法

与螺纹连接画法相似,矩形花键连接的画法为公共部分按外花键绘制,不重合部分按各自的画法规定绘制,如图 4-21 所示。

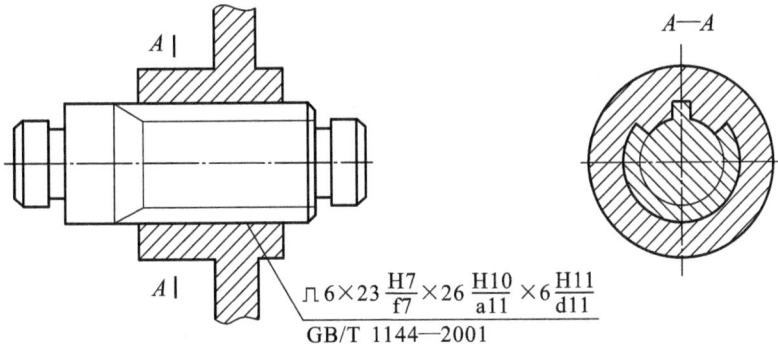

图 4-21　矩形花键连接的画法和代号标注

4.2.4　销连接

销常用来连接和固定零件,或在装配时起定位、防松作用。

1. 常用销的形式和标记示例及画法

销为标准件,常用的销有圆柱销、圆锥销和开口销等,见表 4-6。

表 4-6　　　　　　　　　　　　　　常用销的形式和标记

名称(标准号)	图　例	标记示例
圆锥销 GB/T 117—2000		公称直径 $d=8$ mm,长度 $l=30$ mm,材料为 35 钢,热处理硬度 $28\sim38$HRC,表面氧化处理的 A 型圆锥销: 　销　GB/T 117—2000　8×30 (圆锥销的公称直径是指小端直径)
圆柱销 GB/T 119.2—2000		公称直径 $d=8$ mm,长度 $l=32$ mm,材料为钢,普通淬火,表面氧化处理的圆柱销: 　销　GB/T 119.2—2000　8×32
开口销 GB/T 91—2000		公称直径 $d=5$ mm,长度 $l=50$ mm,材料为 Q215,不经表面热处理的开口销: 　销　GB/T 91—2000　5×50 (开口销的公称直径指销孔的直径)

2. 常用销的连接画法

（1）在销连接中，两零件上的孔是在零件装配时一起配作的，因此在零件图上标注销孔的尺寸时应注明"配作"。

（2）销为标准件，绘图时销的有关尺寸查阅标准选用，在剖视图中当剖切平面通过销的轴线时，销按不剖处理，如表 4-7 所示。

常用销的连接画法如表 4-7 所示。

表 4-7 常用销的连接画法

名　称	连 接 图 例
圆锥销	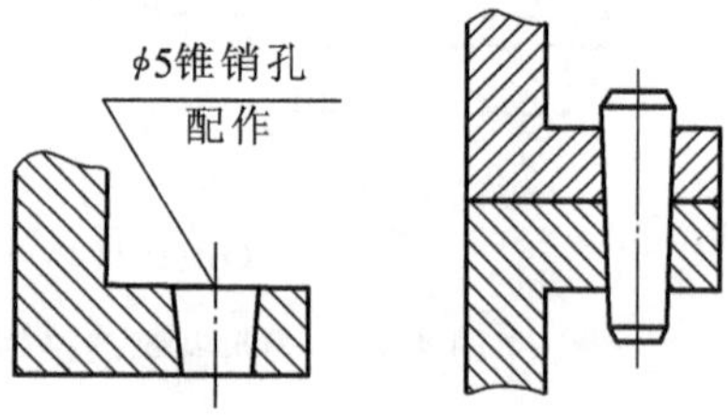
圆柱销	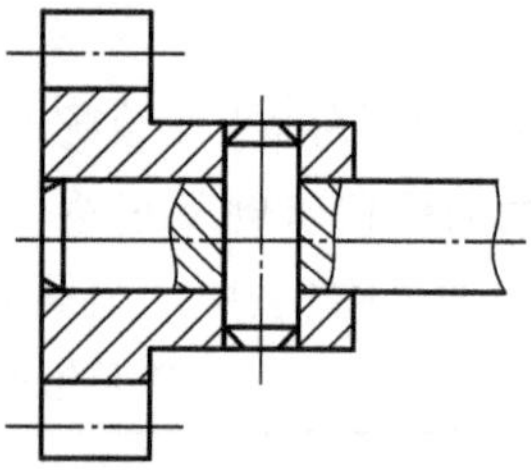
开口销	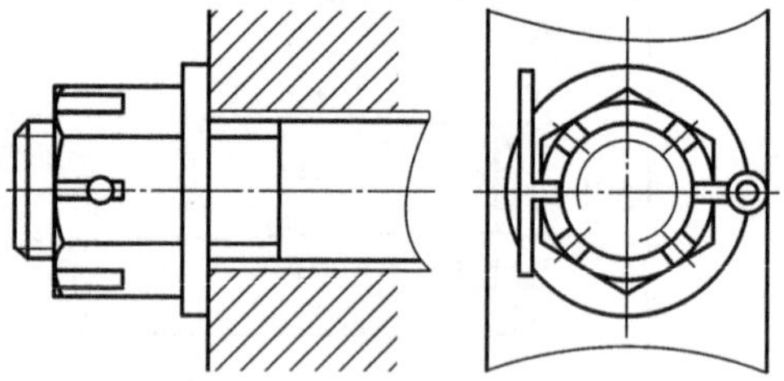

4.3 任 务 实 施

4.3.1 钢架连接图绘制

机器设备经常用到螺栓、螺钉、螺母、垫圈、键、销等标准件连接其他零件，实现零件的装配。标准件指为了使零件有更好的互换性及便于批量生产和使用，国家对它们的结构、尺寸规格、技术要求等实现标准化的零件或零件组。一台机器的零件标准化程度越高，其使用维护就越方便，就越利于机器的推广、销售和市场占有。

螺纹连接标准件是标准件中的重要部分，包括各种螺栓、螺柱、螺钉、垫圈、螺母等。

在绘图时,对这些已标准化的结构和形状不必按其真实投影画出,而是根据相应的国家标准所规定的画法、代号和标记进行绘图和标注。

图 4-22 和图 4-23 所示为钢架连接的装配案例,这里用到了两组螺栓连接(具体包括螺栓、螺母)来连接钢架和方板,用一个螺钉来紧固轴和钢架。

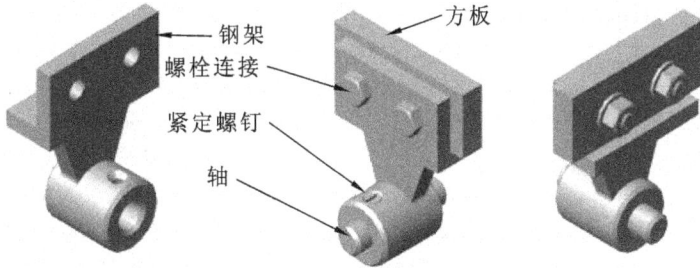

图 4-22　钢架连接示意图

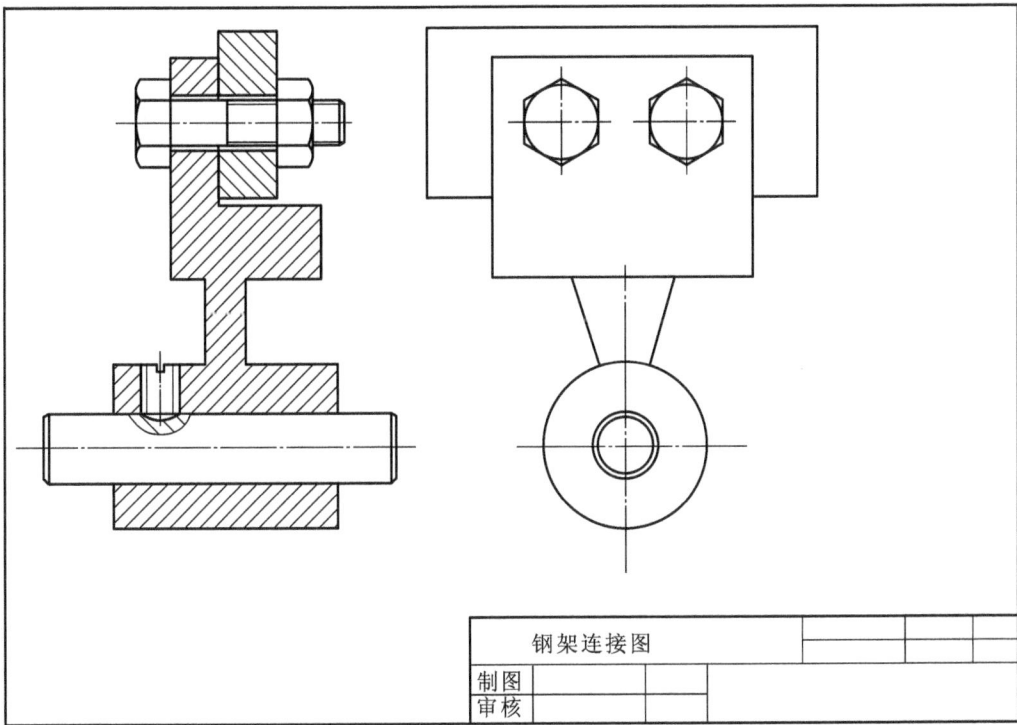

图 4-23　钢架连接图

4.3.2　带轮连接图绘制

图 4-24 和图 4-25 所示为带轮连接的装配案例,带轮与轴之间用了普通平键进行连接紧固。试完成带轮连接中带轮及轴连接图的绘制。

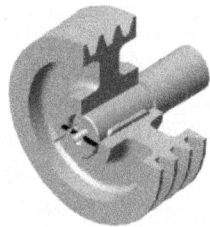

图 4-24　带轮连接示意图

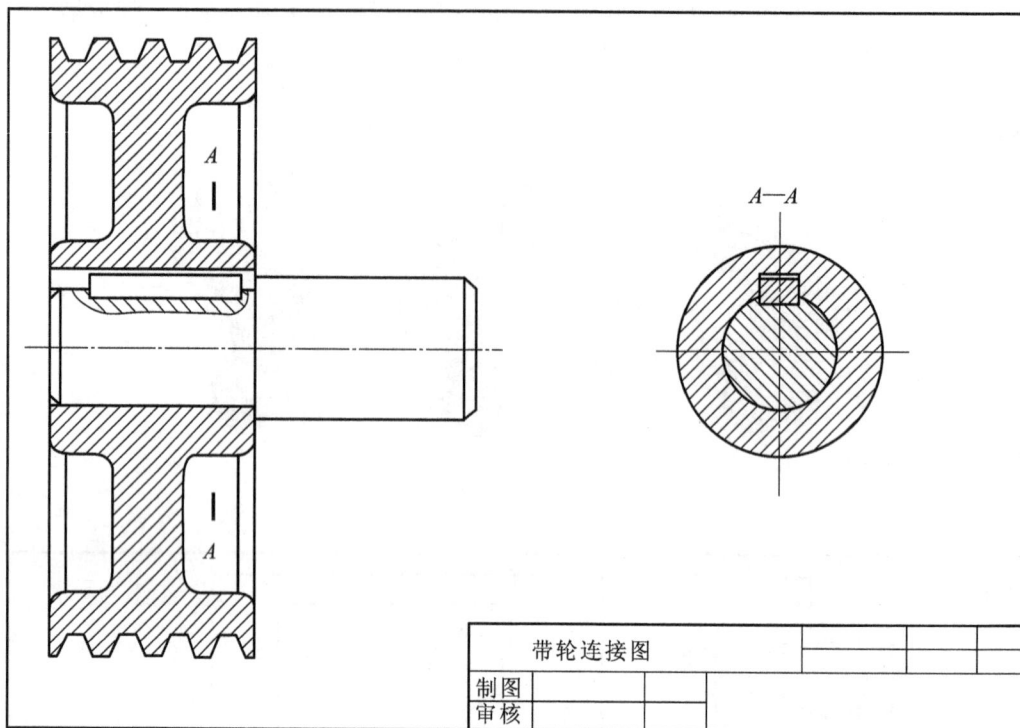

图 4-25　带轮连接图

项目5 传动件的识读与绘制

5.1 学习目标与工作任务

通过本项目的实施,学生应掌握直齿圆柱齿轮、直齿锥齿轮的构造及各部分名称、尺寸及其各传动零件的工作图和齿轮啮合图的绘制,掌握滚动轴承的种类、构造、规定标记、规定画法等知识点,完成如表 5-1 所示工作任务:

表 5-1   工作任务

序号	任 务 名 称	任 务 目 标
1	绘制直齿圆柱齿轮零件工作图、齿轮啮合图	掌握直齿圆柱齿轮的构造及各部分名称、尺寸,绘制直齿圆柱齿轮零件工作图和齿轮啮合图
2	绘制减速器输出轴的部件装配图	掌握滚动轴承的画法,完成减速器输出轴的部件装配图

5.2 知识准备

5.2.1 直齿圆柱齿轮

齿轮在机器设备中应用十分广泛,是用来传递运动和动力的常用件,可以实现减速、增速、换向等动作。常见的齿轮传动有三种:圆柱齿轮传动——适用于两轴线平行的传动,锥齿轮传动——适用于两轴线相交的传动,蜗杆传动——适用于两轴线垂直交叉的传动,如图 5-1 所示。齿轮的齿形有渐开线、摆线、圆弧等形状,这里主要介绍渐开线标准齿轮的有关知识和画法规定。

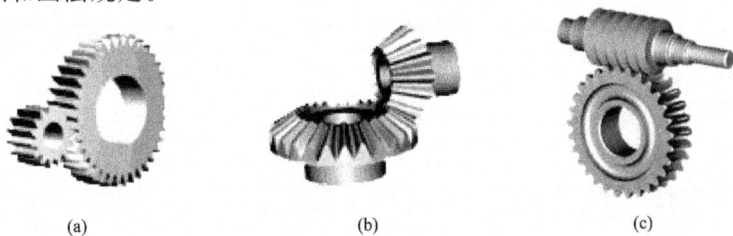

图 5-1   常见的齿轮传动形式

(a)圆柱齿轮;(b)锥齿轮;(c)蜗轮蜗杆

常用的齿轮按两轴的相对位置不同分为如下三种。

(1) 圆柱齿轮用于两平行轴之间的传动,如图 5-1(a)所示。

(2) 锥齿轮用于两相交轴之间的传动,如图 5-1(b)所示。

(3) 蜗轮蜗杆用于两交叉轴之间的传动,如图 5-1(c)所示。

圆柱齿轮的轮齿有直齿、斜齿、人字齿等,直齿圆柱齿轮是齿轮中常用的一种。

1. 直齿圆柱齿轮各部分的名称及参数(如图 5-2 所示)

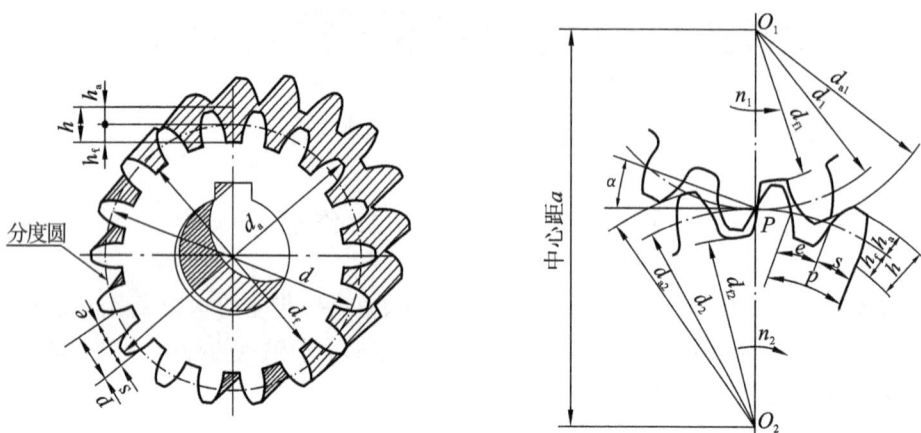

图 5-2　直齿圆柱齿轮各部分名称和代号

齿数 z——齿轮上轮齿的个数。

齿顶圆直径 d_a——通过齿顶的圆柱面直径。

齿根圆直径 d_f——通过齿根的圆柱面直径。

分度圆直径 d——分度圆是一个假想的圆,在该圆上齿厚(s)等于齿槽宽(e),其直径称为分度圆直径。分度圆直径是齿轮设计和加工时的重要参数。

齿高 h——齿顶圆和齿根圆之间的径向距离。

齿顶高 h_a——齿顶圆和分度圆之间的径向距离。

齿根高 h_f——齿根圆与分度圆之间的径向距离。

齿距 p——分度圆上相邻两齿廓对应点之间的弧长称为齿距。

齿厚 s——分度圆上轮齿的弧长。

模数 m——由于分度圆的周长 $\pi d=pz$,所以 $d=\dfrac{p}{\pi}\cdot z$,$\dfrac{p}{\pi}$ 称为模数,模数以 mm 为单位,是齿轮设计和制造的重要参数,模数越大,轮齿的尺寸越大,承载能力越大。为便于制造,减少齿轮成形刀具的规格,模数的值已经标准化。渐开线齿轮的模数如表 5-2 所示。

齿形角 α——一对齿轮啮合时,在分度圆上啮合点的法线方向与切线方向所夹的锐角。标准齿齿形角 $\alpha=20°$。

一对齿轮啮合时,模数和齿形角必须相等。

中心距 a——两圆柱齿轮轴线间的距离。

传动比——主动齿轮的转速 n_1 与从动齿轮的转速 n_2 之比,以 i 表示,$i>1$ 为减速。

表 5-2　　　　　　　　　　渐开线圆柱齿轮模数(摘自 GB/T 1357—2008)　　　　　　　　　(单位:mm)

第一系列	1　1.25　1.5　2　2.5　3　4　5　6　8　10　12　16　20　25　32　40　50
第二系列	1.125　1.375　1.75　2.25　2.75　3.5　4.5　5.5　(6.5)7　9　11　14　18　22　28　36　45

注:优先选用第一系列,其次是第二系列,括号内的数值尽可能不用。

2. 直齿圆柱齿轮几何尺寸计算

已知模数 m 和齿数 z 时,齿轮轮齿的其他参数均可以计算出来,计算公式见表 5-3。

表 5-3　　　　　　　　　　标准直齿圆柱齿轮各基本尺寸计算公式

序　　号	名　　称	符　　号	计　算　公　式
1	齿数	z	由测绘或设计要求决定
2	模数	m	$m=p/\pi=d/z$(按照标准选取)
3	齿距	p	$p=m\pi$
4	齿顶高	h_a	$h_a=m$
5	齿根高	h_f	$h_f=1.25m$
6	齿高	h	$h=h_a+h_f=2.25m$
7	分度圆直径	d	$d=mz$
8	齿顶圆直径	d_a	$d_a=d+2h_a=m(z+2)$
9	齿根圆直径	d_f	$d_f=d-2h_f=m(z-2.5)$
10	中心距	a	$a=(d_1+d_2)/2=m(z_1+z_2)/2$

3. 直齿圆柱齿轮的画法

1)单位齿轮的画法

单个齿轮的画法如图 5-3 所示。

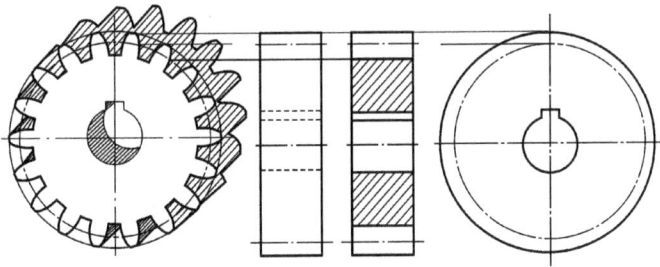

图 5-3　直齿圆柱齿轮的画法

(1)齿顶圆和齿顶线用粗实线绘制。

(2)分度圆和分度线用细点画线绘制(分度线应超出轮齿两端面 2～3 mm)。

(3)齿根圆和齿根线用细实线绘制,也可省略不画。在剖视图中,齿根线用粗实线绘制,这时不可省略。当剖切平面通过轮齿时,轮齿一律按不剖绘制。除轮齿部分外,齿轮的其他部分结构均按真实投影画出。齿轮属于轮盘类零件,其表达方法与一般轮盘类零件相同,通常将轴线水平放置,可选用两个视图表达。

在零件图中,轮齿部分的径向尺寸仅标注出分度圆直径和齿顶圆直径即可。轮齿部分的轴向尺寸仅标注齿宽和倒角。其他参数,如模数、齿数等,可在位于图纸右上角的参数表中给出,如图 5-4 所示。

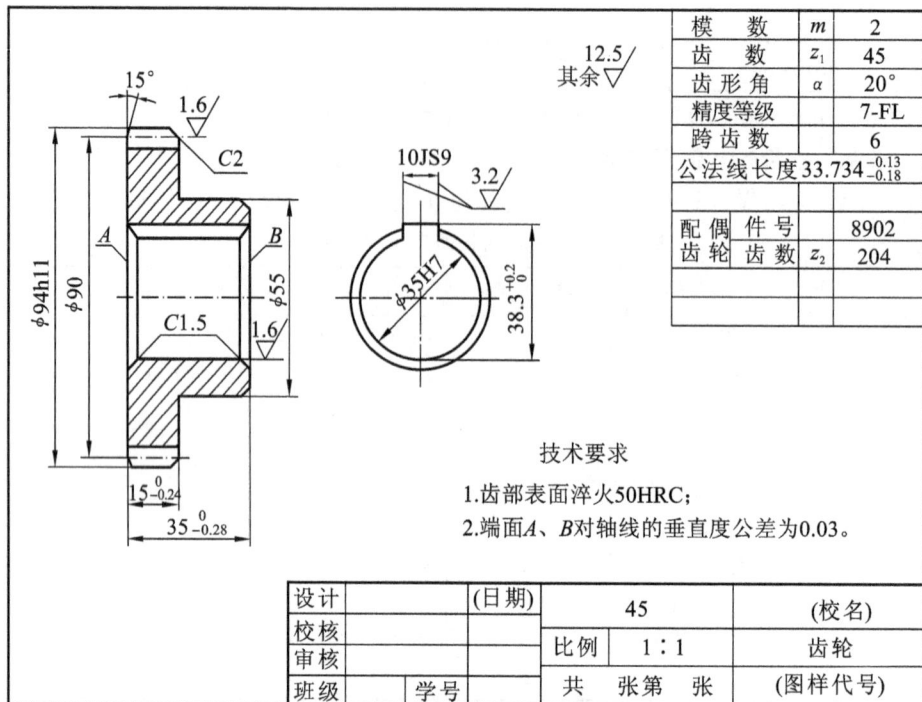

模　数	m	2
齿　数	z_1	45
齿 形 角	α	20°
精度等级		7-FL
跨齿数		6
公法线长度33.734$^{-0.13}_{-0.18}$		
配偶齿轮	件　号	8902
	齿　数 z_2	204

技术要求

1.齿部表面淬火50HRC;

2.端面A、B对轴线的垂直度公差为0.03。

设计		(日期)	45		(校名)
校核			比例	1:1	齿轮
审核					
班级	学号		共　张第　张		(图样代号)

图 5-4　直齿圆柱齿轮零件图

一对齿轮啮合的画法如图 5-5 所示。

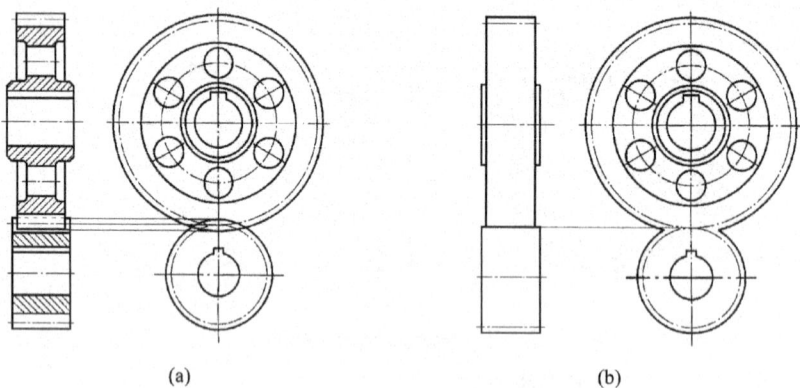

(a)　　　　　　　　　　　　(b)

图 5-5　直齿圆柱齿轮啮合画法

2)啮合齿轮的画法

两齿轮啮合时,除啮合区外,其余部分均按单个齿轮绘制。啮合区按如下规定绘制。

(1) 在反映圆的视图(垂直于齿轮轴线的视图)中,齿顶圆均用粗实线绘制,两齿轮分度圆相切,用细点画线绘制,齿根圆省略不画。

(2) 在不反映圆的视图上,采用剖视图时,在啮合区域,一个齿轮的轮齿用粗实线绘制,另一个齿轮的轮齿按被遮挡处理,齿顶线用细虚线绘出;齿顶线和齿根线之间的缝隙为 $0.25m(m$ 为模数)。

当不采用剖视而用外形视图表示时,在不反映圆的视图上,啮合区的齿顶线和齿根线均不画,分度线用粗实线绘制。

5.2.2　斜齿圆柱齿轮

斜齿圆柱齿轮简称斜齿轮,斜齿轮的齿在一条螺旋线上,螺旋线和轴线的夹角称为螺旋角,用 β 表示。因此,斜齿轮的端面齿形和垂直于轮齿方向的法向齿形不同,其法向模数为标准值。斜齿轮的画法和直齿轮相同,当需要表示螺旋线方向时,可用三条与齿向相同的细实线表示,如图 5-6 所示。

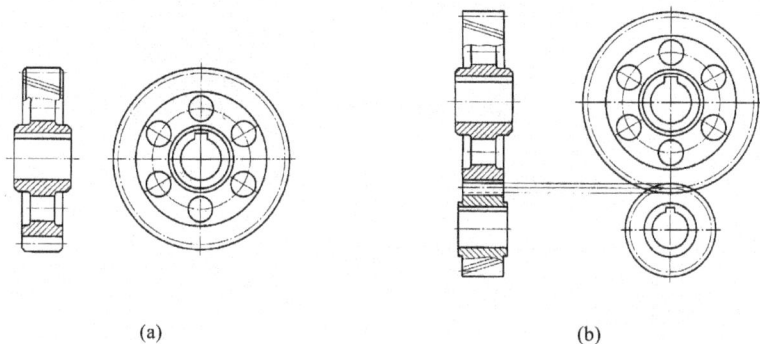

(a)　　　　　　　　　　　　　(b)

图 5-6　斜齿圆柱齿轮及其啮合画法

5.2.3　直齿锥齿轮

锥齿轮的轮齿有直齿、斜齿和曲线齿(圆弧齿、摆线齿)等多种形式。直齿锥齿轮的设计、制造和安装均较简单,故在一般机械传动中得到了广泛的应用。但是在汽车、拖拉机等高速重载机械中,为提高传动的平稳性和承载能力,减少噪声,多用曲线齿锥齿轮。这里只讨论直齿锥齿轮。

1. 直齿锥齿轮各部分的名称

直齿锥齿轮的齿坯如图 5-7 所示,其基本形体结构由前锥、顶锥、背锥等组成。

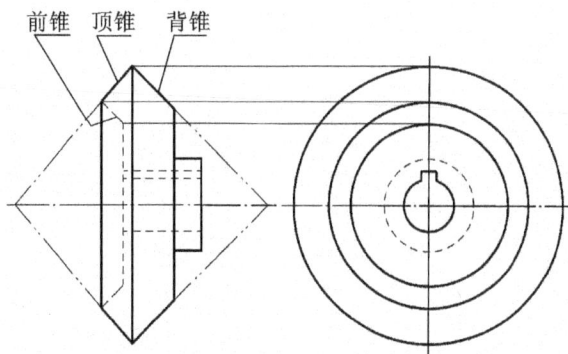

前锥　顶锥　背锥

图 5-7　直齿锥齿轮齿坯

由于锥齿轮的轮齿在锥面上，因而其齿形从大端到小端是逐渐收缩的，齿厚和齿高均沿着圆锥素线方向逐渐变化，为便于设计和制造，规定大端的法向模数为标准模数，法向齿形为标准渐开线。在轴剖面内，大端背锥素线与分度锥素线垂直，轴线与分度锥素线的夹角δ称为分锥角，它也是一个基本参数，如图 5-8 所示。

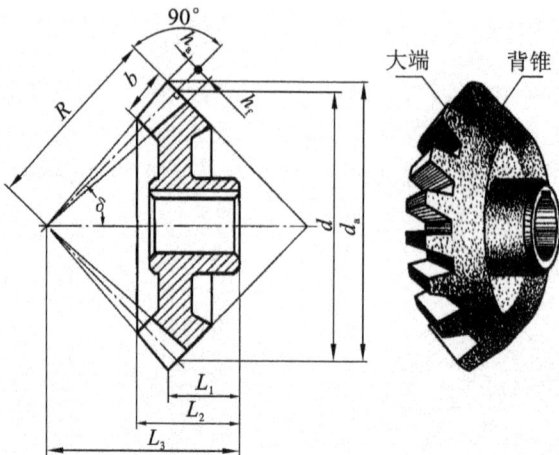

图 5-8　直齿锥齿轮各部分的名称及参数

2. 直齿锥齿轮的画法

直齿锥齿轮的画图步骤如图 5-9 所示。直齿圆柱齿轮的计算公式仍适用于锥齿轮大端法线方向的参数计算，由齿数和模数计算出大端分度圆直径，齿顶高为 m，齿根高为 $1.25m$（m 为模数）。

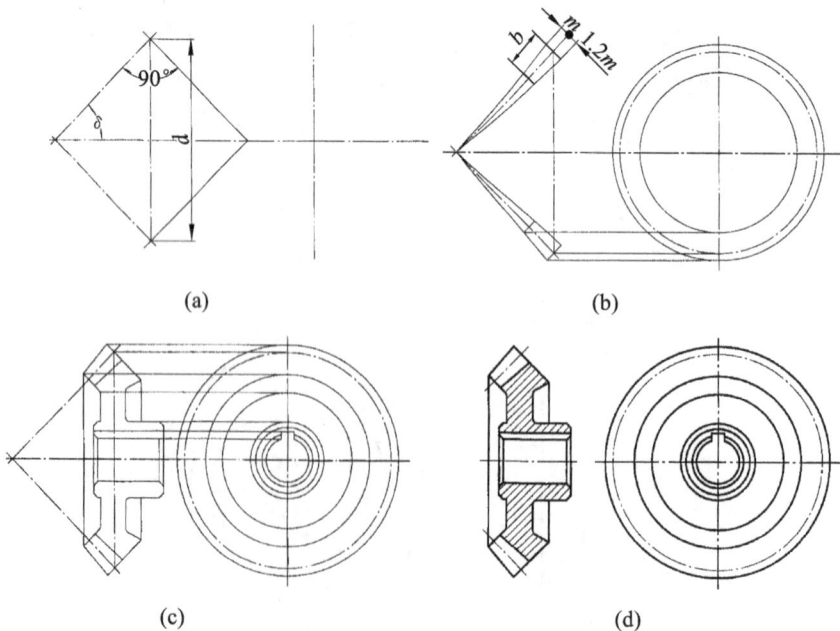

(a)　　　　　　　　　　　　(b)

(c)　　　　　　　　　　　　(d)

图 5-9　直齿锥齿轮的画图步骤

直齿锥齿轮啮合的画图步骤如图 5-10 所示。安装准确的标准直齿锥齿轮,两分度圆锥相切,两分锥角 δ_1 和 δ_2 互为余角,啮合区轮齿的画法同直齿圆柱齿轮。

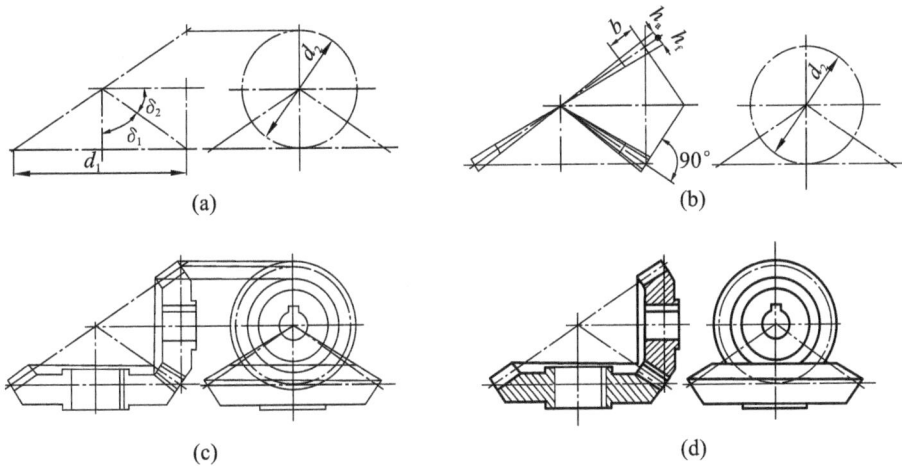

图 5-10　直齿锥齿轮啮合的画图步骤

5.2.4　滚动轴承的结构

滚动轴承是支承转动轴的标准部件,具有结构紧凑、摩擦力小、动能损耗少和旋转精度高等优点,在生产中使用比较广泛。滚动轴承的规格、形式很多,都已标准化,由专门的工厂生产,使用时应根据设计要求,选用标准系列的轴承代号。

滚动轴承的类型按承受载荷的方向可分为下述三类。

向心轴承——主要承受径向载荷,如深沟球轴承。

推力轴承——只承受轴向载荷,如推力球轴承。

向心推力轴承——同时承受轴向和径向载荷,如圆锥滚子轴承。

滚动轴承的结构一般由四部分组成,如图 5-11 所示。

外圈——装在机体或轴承座内,一般固定不动或偶作少许转动。

内圈——装在轴上,与轴紧密配合在一起,且随轴一起旋转。

滚动体——装在内、外圈之间的滚道中,有滚珠、滚柱、滚锥等几种类型。

保持架——用以均匀分隔滚动体,防止它们相互之间的摩擦和碰撞。

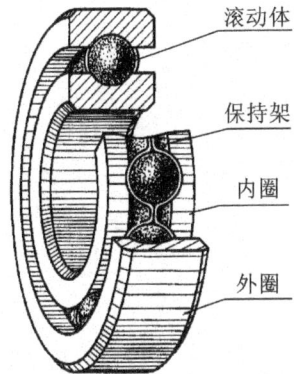

图 5-11　滚动轴承的结构

5.2.5　滚动轴承的画法

《机械制图　滚动轴承表示法》(GB/T 4459.7—1998)对滚动轴承的画法作了统一规定,有简化画法和规定画法之分,简化画法又分通用画法和特征画法两种。

1. 简化画法

用简化画法绘制滚动轴承时应采用通用画法或特征画法,但在同一图样中一般只采用其中的一种画法。

(1) 通用画法。在剖视图中,当不需要确切地表示滚动轴承的外形轮廓、载荷特性、结构特征时,可用矩形线框及位于线框中央正立的十字形符号表示。矩形线框和十字形符号均用粗实线绘制,十字符号不应与矩形线框接触,通用画法应绘制在轴的两侧。通用画法的尺寸比例示例如表 5-4 所示。

表 5-4   滚动轴承通用画法的尺寸比例示例

通用画法	需表示外圈无挡边的通用画法	需表示内圈有单挡边的通用画法

(2) 特征画法。在剖视图中,如需较形象地表示滚动轴承的结构特征时,可采用在矩形线框内画出其结构要素符号的方法表示。结构要素符号由长粗实线(或长粗圆弧线)和短粗实线组成。长粗实线表示滚动体的滚动轴线,长粗圆弧线表示可调心轴承的调心表面或滚动体滚动轴线的包络线,短粗实线表示滚动体的列数和位置。短粗实线和长粗实线(或长粗圆弧线)相交成 90°(或相交于法线方向),并通过滚动体的中心。特征画法的矩形线框用粗实线绘制,并且应绘制在轴的两侧。

在垂直于滚动轴承轴线的投影面上,无论滚动体的形状(球、柱、针等)及尺寸如何,均可按图 5-12 所示的方法绘图。

常用滚动轴承的特征画法的尺寸比例示例如表 5-5 所示。

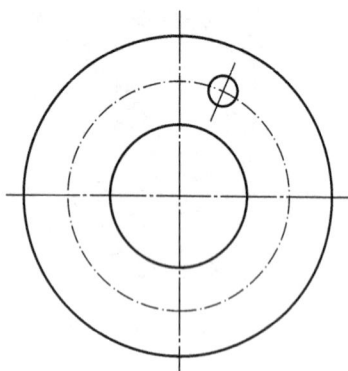

图 5-12 滚动轴承轴线垂直投影面的特征画法

表 5-5　　　　　　　　　　　　特征画法及规定画法的尺寸比例示例

轴承类型	特征画法	规定画法
深沟球轴承 (GB/T 276—1994)	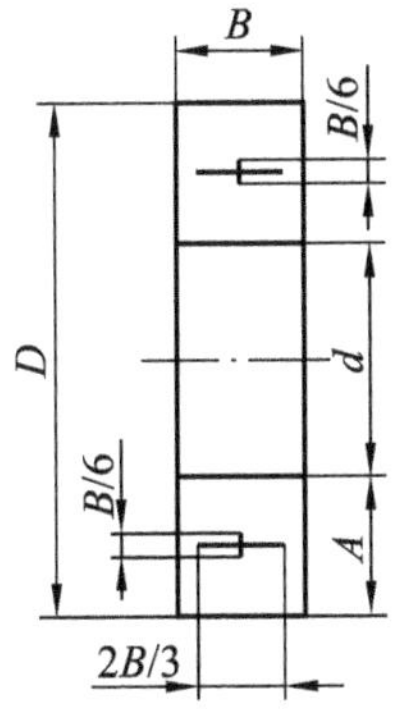	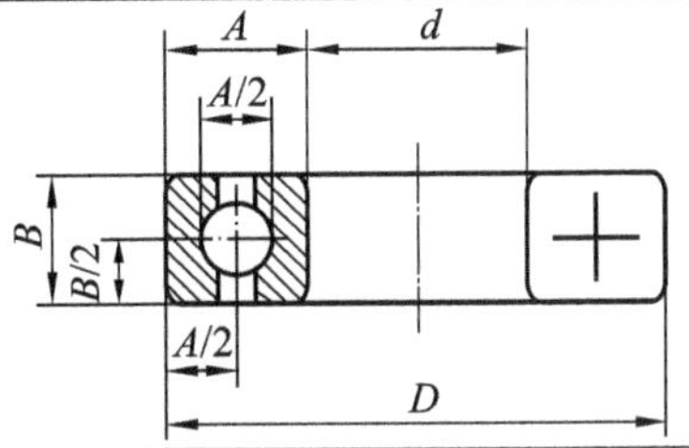
圆柱滚子轴承 (GB/T 283—2007)		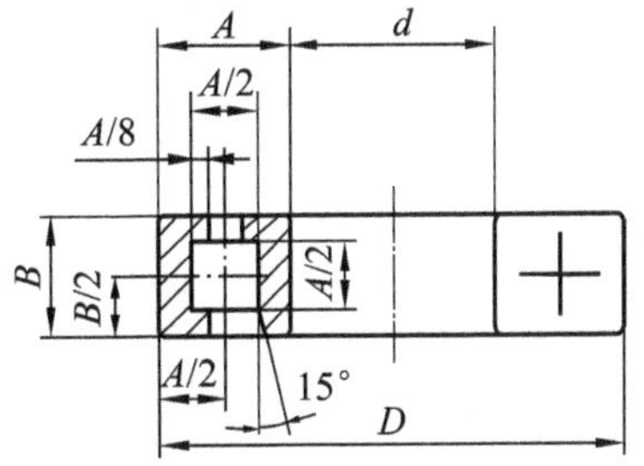
角接触球轴承 (GB/T 292—2007)	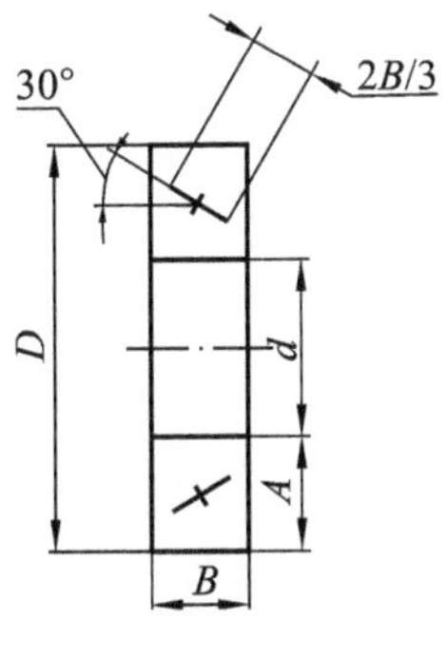	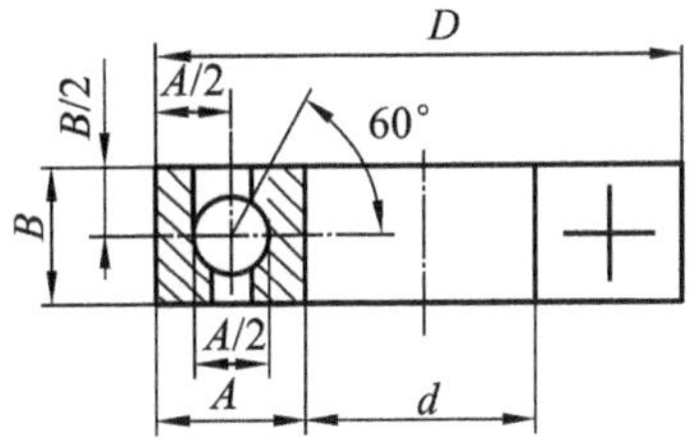
圆锥滚子轴承 (GB/T 297—1994)		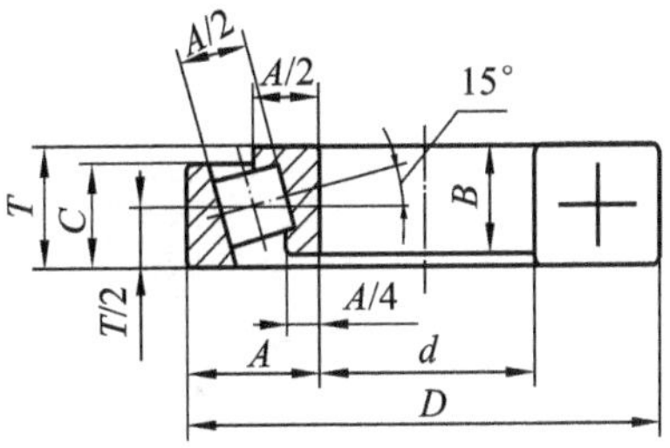
推力球轴承 (GB/T 28697—2012)	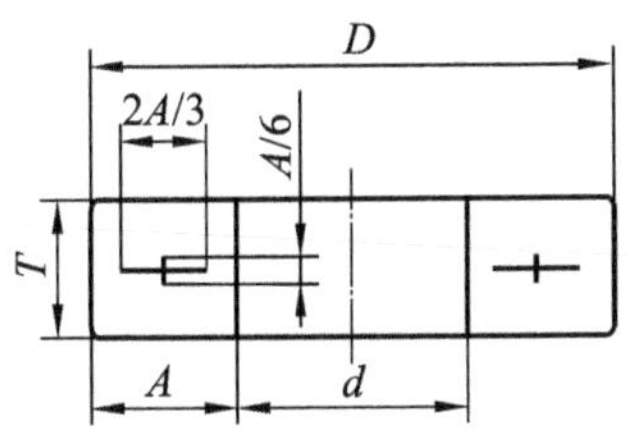	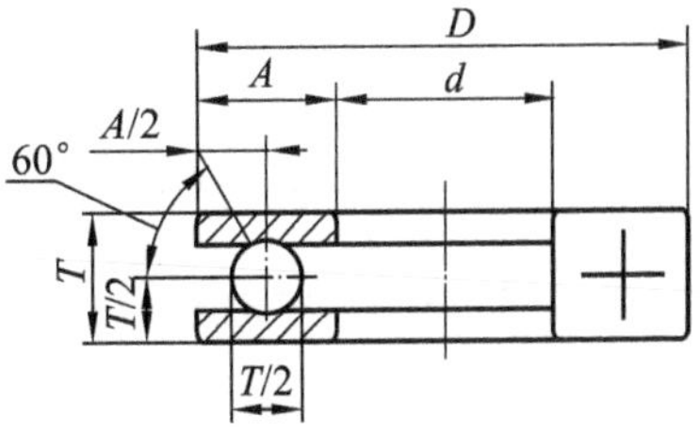

2. 规定画法

必要时,在滚动轴承的产品图样、产品样本、产品标准、用户手册和使用说明书中可采用规定画法。采用规定画法绘制滚动轴承的剖视图时,轴承的滚动体不画剖面线,其各套圈等可画成方向和间隔相同的剖面线;滚动轴承的保持架及倒角等可省略不画;规定画法一般绘制在轴的一侧,另一侧按通用画法绘制,如图 5-13 所示。

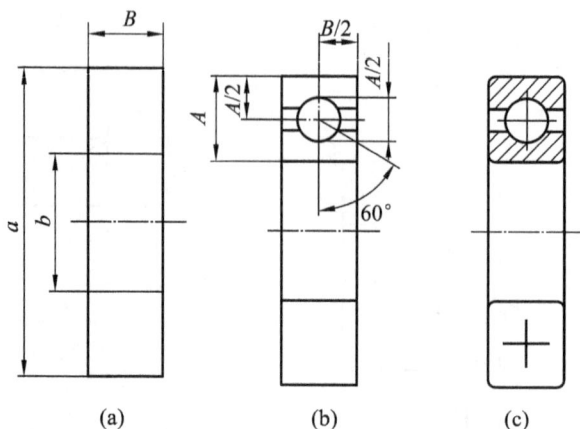

图 5-13　深沟球轴承规定画法的作图步骤

规定画法中各种符号、矩形线框和轮廓线均采用粗实线绘制。其尺寸比例示例如表 5-5 所示。

在装配图中,滚动轴承的画法示例如图 5-14 所示。

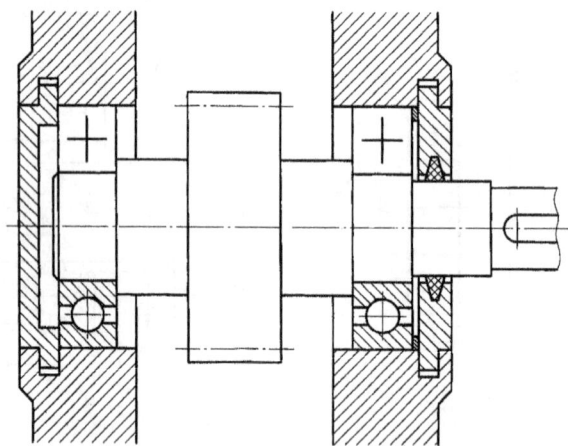

图 5-14　滚动轴承在装配图中的画法

5.2.6　滚动轴承的代号

滚动轴承的代号(GB/T 272—1993)由基本代号、前置代号和后置代号组成,其排列如下。

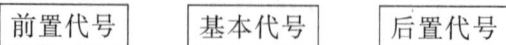

前置代号　　基本代号　　后置代号

1. 基本代号

基本代号表示滚动轴承的基本类型、结构和尺寸,是滚动轴承代号的基础。滚动轴承(除滚针轴承外)的基本代号由轴承类型代号、尺寸系列代号、内径代号构成。类型代号用

阿拉伯数字或大写拉丁字母表示,尺寸系列代号和内径代号用数字表示。例如:

6　2　07

6——类型代号(深沟球轴承);

2——尺寸系列代号(02);

07——内径代号($d=7\times5$mm$=35$ mm)。

N21　10

N——类型代号(圆柱滚子轴承);

21——尺寸系列代号(21);

10——内径代号($d=10\times5$mm$=50$ mm)。

(1) 类型代号。类型代号用数字或字母表示,其含义如表 5-6 所示。

表 5-6　　　　　　　　　　　　滚动轴承的类型代号

代号	轴承类型	代号	轴承类型
0	双列角接触球轴承	7	角接触球轴承
1	调心球轴承	8	推力圆柱滚子轴承
2	调心滚子轴承和推力调心滚子轴承	N	圆柱滚子轴承
3	圆锥滚子轴承	NN	双列或多列圆柱滚子轴承
4	双列深沟球轴承	U	外球面球轴承
5	推力球轴承	QJ	四点接触球轴承
6	深沟球轴承		

(2) 尺寸系列代号。尺寸系列代号由滚动轴承的宽(高)度系列代号和直径代号组合而成,具体如表 5-7 所示。

表 5-7　　　　　　　　　　向心轴承、推力轴承尺寸系列代号

直径系列代号	向 心 轴 承								推 力 轴 承			
	宽度系列代号								高度系列代号			
	8	0	1	2	3	4	5	6	7	9	1	2
	尺寸系列代号											
7	—	—	17	—	37	—	—	—	—	—	—	—
8	—	08	18	28	38	48	58	68	—	—	—	—
9	—	09	19	29	39	49	59	69	—	—	—	—
0	—	00	10	20	30	40	50	60	70	90	10	—
1	—	01	11	21	31	41	51	61	71	91	11	—
2	82	02	12	22	32	42	52	62	72	92	12	22
3	83	03	13	23	33	—	—	—	73	93	13	23
4	—	04	—	24	—	—	—	—	74	94	14	24
5	—	—	—	—	—	—	—	—	—	95	—	—

（3）内径代号。内径代号表示轴承的公称内径,如表 5-8 所示。

表 5-8   **滚动轴承内径代号及其示例**

轴承公称内径/mm		内 径 代 号	示 例
0.6 到 10(非整数)		用公称内径直接表示,与其与尺寸系列代号之间用"/"分开	深沟球轴承 618/2.5 $d=2.5$ mm
1 到 9(整数)		用公称内径毫米数直接表示,对深沟及角接触球轴承 7、8、9 直径系列,内径与尺寸系列代号之间用"/"分开	深沟球轴承 625 618/5 $d=5$ mm
10 到 17	10	00	深沟球轴承 6200 $d=10$ mm
	12	01	
	15	02	
	17	03	
20 到 480(22,28,32 除外)		公称内径除以 5 的商数,商数为个位数时,需在商数左边加"0",如 08	调心滚子轴承 23 208 $d=40$ mm
大于和等于 500 以及 22,28,32		用公称内径毫米数直接表示,与尺寸系列之间用"/"分开	调心滚子轴承 230/500 $d=500$ mm 深沟球轴承 62/22 $d=22$ mm

2. 前置代号和后置代号

前置、后置代号是轴承在结构形状、尺寸、公差、技术要求等有改变时,在其基本代号左、右添加的补充代号。前置代号用字母表示,后置代号用字母(或加数字)表示,具体内容可查阅有关的国家标准。

5.2.7 圆柱螺旋压缩弹簧各部分的名称及尺寸计算

弹簧是机械、电气设备中常用的零件,其种类很多,常见的有圆柱螺旋弹簧、板弹簧、平面涡卷弹簧等。圆柱螺旋弹簧又分为压缩弹簧、拉伸弹簧和扭转弹簧。常见的弹簧种类如图 5-15 所示。本节主要介绍圆柱螺旋压缩弹簧的参数计算和规定画法。

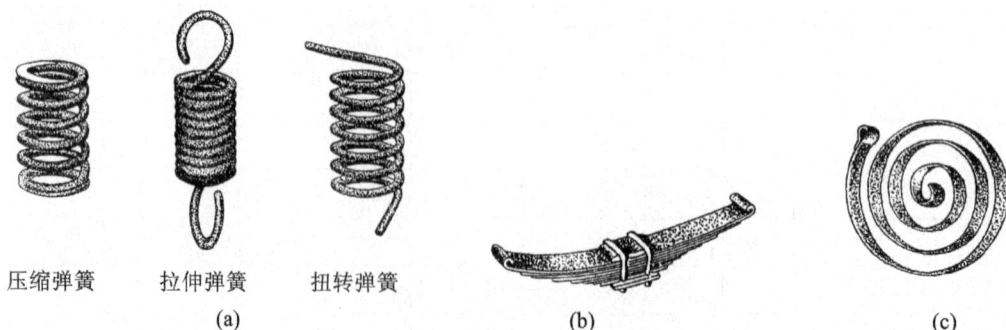

压缩弹簧   拉伸弹簧   扭转弹簧

(a)   (b)   (c)

图 5-15 常见弹簧种类

(a)圆柱螺旋弹簧;(b)板弹簧;(c)平面涡卷弹簧

簧丝直径 d——制造弹簧所用金属丝的直径。

弹簧外径 D——弹簧的最大直径。

弹簧内径 D_1——弹簧的内孔最小直径，$D_1 = D - 2d$。

弹簧中径 D_2——弹簧轴剖面内簧丝中心所在柱面的直径。

$$D_2 = (D_1 + D)/2 = D_1 + d = D - d$$

有效圈数 n——保持相等节距且参与工作的圈数。

支承圈数 N_z——为了使弹簧工作平衡，端面受力均匀，制造时将弹簧两端的 $0.75\sim$ 1.25 圈压紧靠实，并磨出支承平面。这些圈主要起支承作用，所以称为支承圈。支承圈数 N_z 表示两端支承圈数的总和，一般为 1.5、2、2.5 圈。

总圈数 n_1——有效圈数和支承圈数的总和。

节距 t——相邻两有效圈上对应点间的轴向距离。

自由高度 H_0——未受载荷作用时的弹簧高度（或长度），$H_0 = nt + (N_z - 0.5)d$。

展开长度 L——制造弹簧时所需的金属丝长度，按螺旋线展开，L 可按下式计算：

$$L \approx n_1 \sqrt{(\pi D_2)^2 + t^2}$$

旋向——与螺旋线的旋向意义相同，分为左旋和右旋两种。

5.2.8　圆柱螺旋压缩弹簧的画法

1. 弹簧的画法

GB/T 4459.4—2003《机械制图　弹簧表示法》对弹簧的画法作了如下规定：

（1）在平行丁螺旋弹簧轴线的投影面的视图中，其各圈的轮廓应画成直线；

（2）有效圈数在 4 圈以上时，可以每端只画出 $1\sim2$ 圈（支承圈除外），其余省略不画；

（3）螺旋弹簧均可画成右旋，但左旋弹簧不论画成左旋或右旋，一律要注写旋向"左"字；

（4）螺旋压缩弹簧如要求两端并紧且磨平，不论支承圈多少均按支承圈为 2.5 圈绘制，必要时也可按支承圈的实际结构绘制。

例如，已知圆柱螺旋压缩弹簧的中径 $D_2 = 38\text{mm}$，簧丝直径 $d = 6\text{mm}$，节距 $t = 11.8\text{mm}$，有效圈数 $n = 7.5$，支承圈数 $N_z = 2.5$，右旋，试画出弹簧的轴向剖视图。

弹簧外径 $D = D_2 + d = 38\text{mm} + 6\text{mm} = 44\text{mm}$。

自由高度 $H_0 = nt + (N_z - 0.5)d = 7.5 \times 11.8\text{mm} + (2.5 - 0.5) \times 6\text{mm} = 100.5\text{mm}$。

画图步骤如图 5-16 所示。本例的有效圈数每端画了一圈。

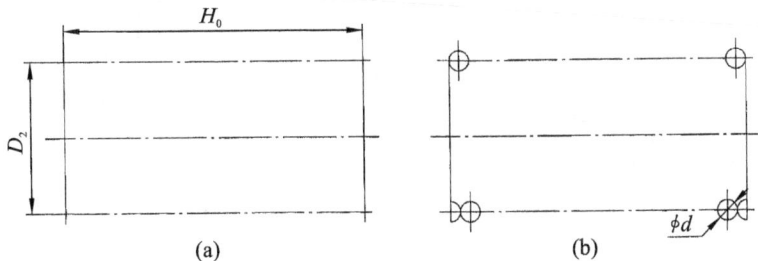

(a)　　　(b)

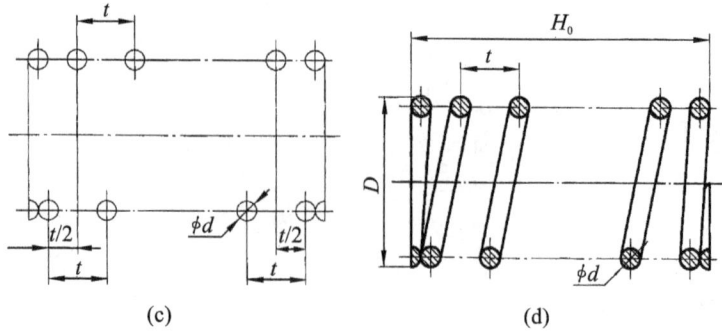

图 5-16　圆柱螺旋压缩弹簧的画图步骤

弹簧的表示方法有剖视、视图和示意画法，如图 5-17 所示。

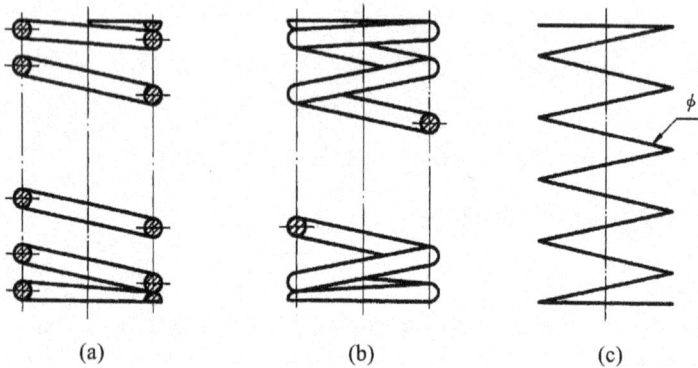

图 5-17　圆柱螺旋压缩弹簧的表示法
(a)剖视图；(b)视图；(c)示意图

2. 装配图中弹簧的简化画法

在装配图中，弹簧被看作实心物体，被弹簧挡住的结构一般不画，可见部分应画至弹簧的外轮廓或弹簧中径，如图 5-18(a)、(b)所示。当簧丝直径小于 2 mm 的弹簧被剖切时，其剖面可以涂黑，也可以采用示意画法，如图 5-18(c)所示。

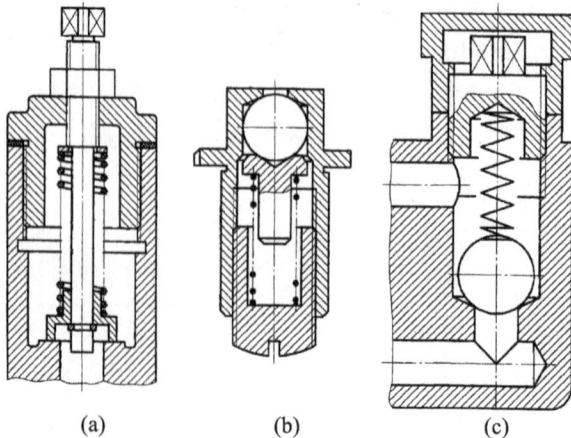

图 5-18　装配图中弹簧的画法

5.3　任务实施

5.3.1　绘制直齿圆柱齿轮零件工作图

测绘直齿圆柱齿轮零件工作图,已知齿轮齿数为 32。

① 目测画出草图,并标出尺寸(暂不写出数值)。

② 数齿数 z。

③ 测量实际齿顶圆直径 d_a'。

④ 确定模数。

按齿顶圆直径计算公式,初步计算 $m' = d_a'/(z+2)$,查表选取与 m' 最接近的标准模数。

⑤ 计算轮齿各部分尺寸。

根据标准模数和齿数,按公式计算出 d、d_a、d_f,根据草图标注尺寸。

⑥ 测量齿轮其他各部分尺寸。

⑦ 绘制齿轮零件工作图。

只需画出齿轮的视图及标注相关尺寸,其他内容(如表面粗糙度、技术要求等)暂不作要求,可参考图 5-19。

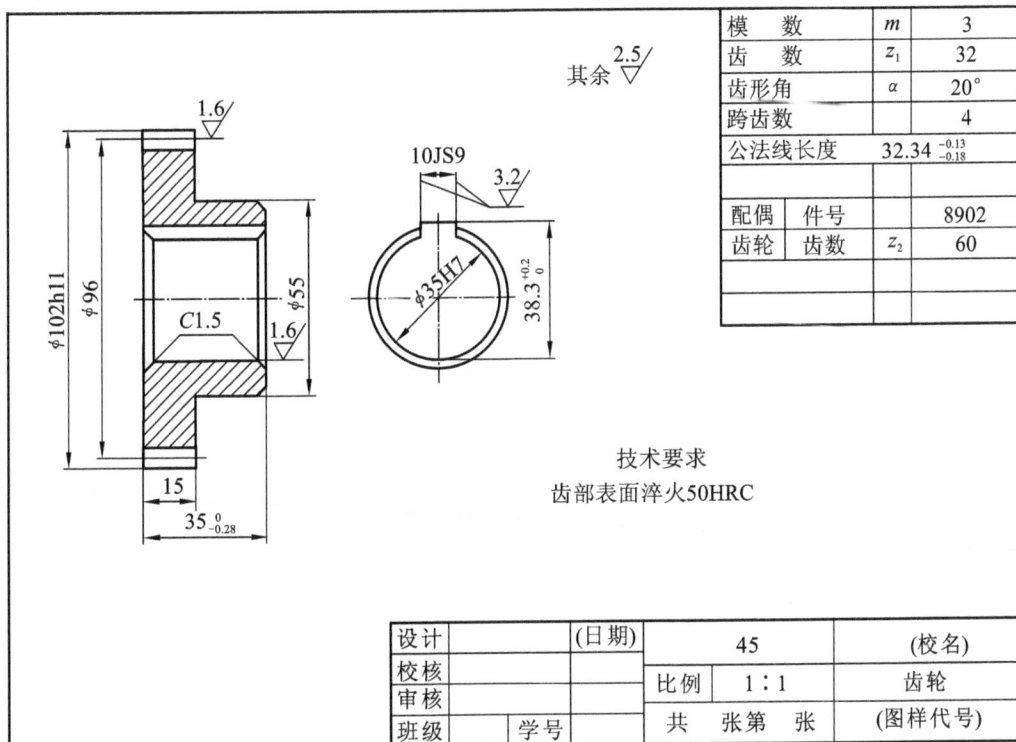

模　　数	m	3
齿　　数	z_1	32
齿形角	α	20°
跨齿数		4
公法线长度	32.34 $^{-0.13}_{-0.18}$	
配偶	件号	8902
齿轮	齿数　z_2	60

其余 $\sqrt{\dfrac{2.5}{}}$

技术要求
齿部表面淬火50HRC

设　计		(日期)	45		(校名)
校　核					
审　核			比例	1：1	齿轮
班　级	学　号		共　张第　张		(图样代号)

图 5-19　齿轮图

5.3.2　绘制减速器输出轴的部装图

根据减速器输出轴上的相关零件装配情况，绘制局部装配图，如图 5-20 所示。滚动轴承等标准件按规定画法绘制。

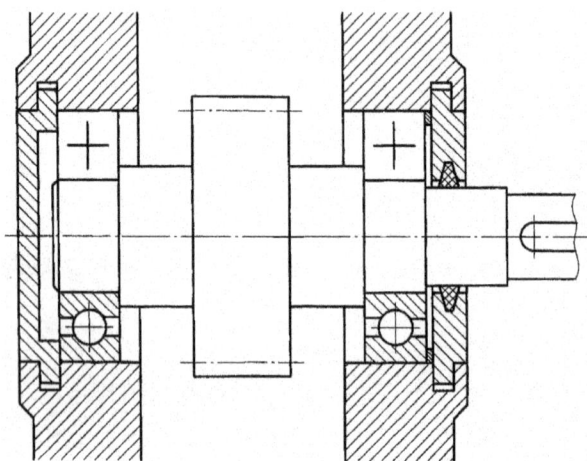

图 5-20　减速器输出轴的部装图

项目6　典型机件的零件图绘制

6.1　学习目标与工作任务

通过本项目的实施,学生应掌握零件图的视图表达方案、尺寸标注、相关的技术要求及零件上常见的工艺结构等知识点,完成如表 6-1 所示的工作任务:

表 6-1　　　　　　　　　　　　工作任务

序号	任务名称	任务目标
1	轴套类零件的绘制	绘制轴套类零件,注意零件图的尺寸基准选择、尺寸标注配置形式及尺寸公差的选用
2	滑动轴承盖的测绘	测绘滑动轴承盖,掌握零件的铸造工艺结构
3	端盖零件的绘制	绘制端盖零件图,掌握表面粗糙度及形位公差的选用

6.2　知识准备

6.2.1　零件图的内容

任何机器(或部件)都是由若干零件组成的。图 6-1 所示的球阀就是由阀体、阀杆、阀盖等零件组成的。设计机器(或部件)时,首先根据工作原理绘制装配草图,然后根据装配草图整理成装配图。制造机器时,先按零件图生产出全部零件,再按装配图将零件装配成部件或机器。所以,零件图和装配图是生产中的重要技术文件。本章主要介绍零件图绘制和识读时所涉及的有关知识。

零件图是设计部门提交给生产部门的重要文件。它不仅反映了设计意图,而且表达了零件的各种技术要求,如尺寸精度、表面粗糙度等。工艺部分要根据零件图进行毛坯制造,进行工艺规程、工艺装备等设计,所以,零件图是制造和检验零件的重要依据。图 6-2所示是阀盖零件三维图,图 6-3 所示是球阀阀盖零件图。从图中可知,一张完整的零件图应包括以下内容。

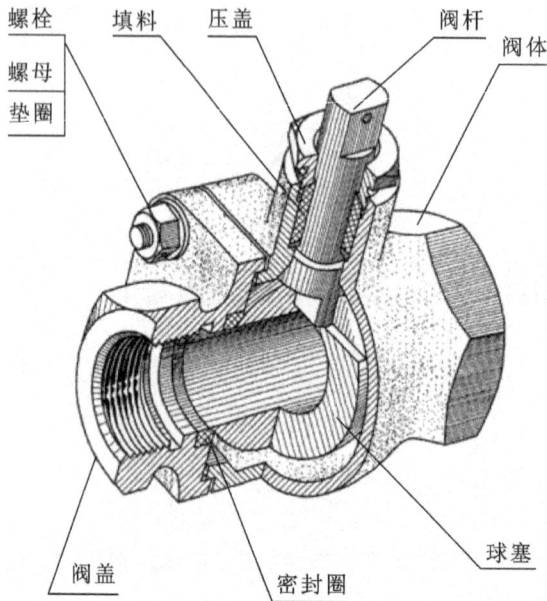

图 6-1　球阀的轴测装配图

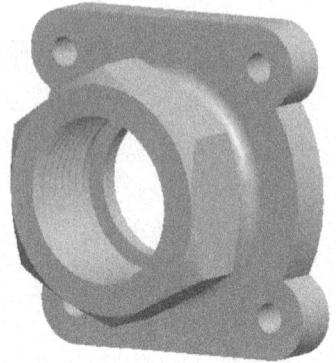

图 6-2　阀盖零件三维图

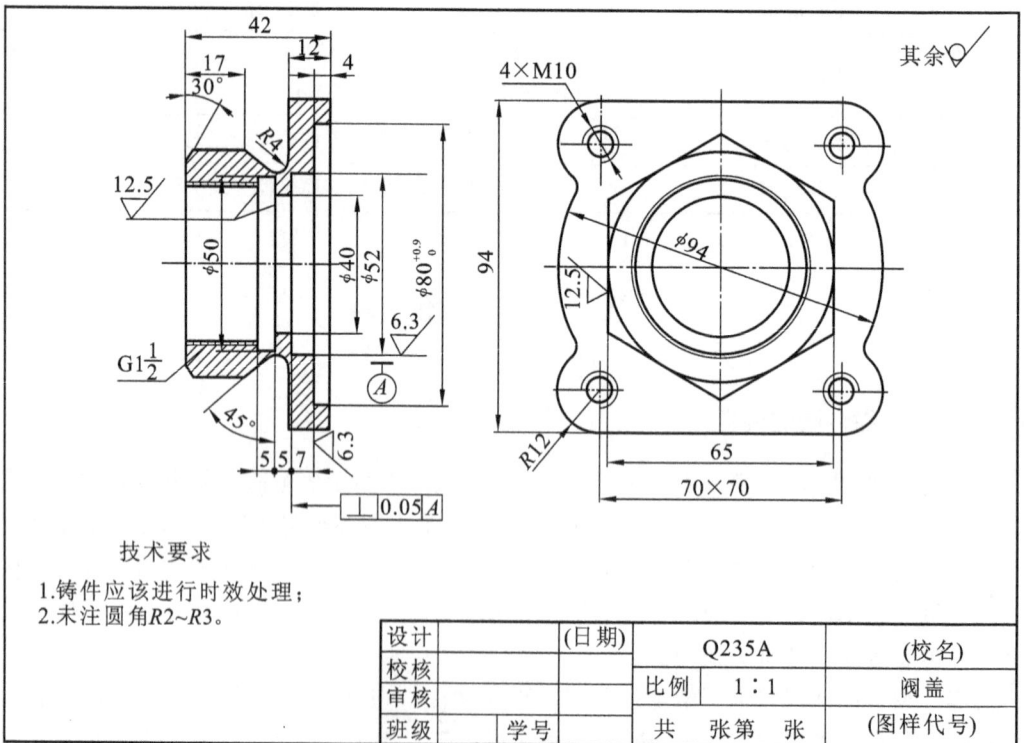

技术要求

1.铸件应该进行时效处理;
2.未注圆角R2~R3。

设计		(日期)	Q235A		(校名)
校核			比例	1:1	阀盖
审核					
班级	学号		共　张第　张		(图样代号)

图 6-3　阀盖零件图

1. 一组视图

在零件图中需用一组视图来表达零件的形状和结构,应根据零件的结构特点选择适当的剖视、断面、局部放大图等表示法,用最简明的方法将零件的形状、结构表达出来。

2. 完整的尺寸

零件图上的尺寸不仅要标注得完整、清晰,而且还要标注得合理,能够满足设计意图,适宜加工制造,便于检验。

3. 技术要求

零件图上的技术要求包括表面粗糙度、尺寸极限与配合、表面形状公差和位置公差、表面处理、热处理、检验等要求,零件制造后要满足这些要求才能算是合格产品。这些要求的制订不能太高,否则要增加制造成本,也不能太低,以致影响产品的使用性能和寿命。要在满足产品对零件性能要求的前提下,既经济又合理。

4. 标题栏

对于标题栏的格式,国家标准 GB/T 10609.1—2008 已作了统一规定,本书项目 1 已作介绍,使用中应尽量采用标准推荐的标题栏格式。零件图标题栏的内容一般包括零件名称、材料、数量、比例、图的编号以及设计、描图、绘图、审核人员的签名等。填写标题栏时,应注意以下几点。

(1)零件名称。标题栏中的零件名称要精练,如"轴"、"齿轮"、"泵盖"等,不必体现零件在机器中的具体作用。

(2)图样代号。图样代号可按隶属编号和分类编号进行编制。机械图样一般采用隶属编号。图样编号要有利于图纸的检索。

(3)零件材料。零件材料要用规定的牌号表示,不得用自编的文字或代号表示。

6.2.2 零件图的视图表达方案

1. 零件图的视图表达方法

零件的形状结构要用一组视图来表示,这一组视图并不只限于三个基本视图,可采用各种手段,以最简明的方法将零件的形状和结构表达清楚。为此在画图之前要详细考虑主视图的选择和视图配置等问题。

1) 主视图的选择

主视图是零件图的核心,主视图的选择直接影响到其他视图选择及读图的方便和图幅的利用。选择主视图要确定零件的摆放位置和主视图的投射方向。因此,在选择主视图时,要考虑以下原则。

(1)形状特征最明显。主视图要能将组成零件的各形体之间的相互位置和主要形体的形状、结构表达得最清楚。

(2)以加工位置为主视图。按照零件在主要加工工序中的装夹位置选取主视图,是为了加工制造者看图方便。

(3)以工作位置选取主视图。工作位置是指零件装配在机器或部件中工作时的位置。按工作位置选取主视图,容易想象零件在机器或部件中的作用。

2)其他视图的选择

其他视图的选择原则是:配合主视图,在完整、清晰地表达出零件结构形状的前提下,视图数尽可能少。所以,配置其他视图时应注意以下几个问题。

(1)每个视图都有明确的表达重点,各个视图互相配合、互相补充,表达内容尽量不重复。

(2)根据零件的内部结构选择恰当的剖视图和断面图。选择剖视图和断面图时,一定要明确剖视和断面图的意义,使其发挥最大的作用。

(3)对尚未表达清楚的局部形状和细小结构,补充必要的局部视图和局部放大图。

(4)能采用省略、简化方法表达的要尽量采用。

2. 典型零件的表达方法

工程实际中的零件结构千变万化,但从总体结构上可将其大致分为轴套类零件、轮盘类零件、叉架类零件、箱体类零件等。每类零件的表达方法有共同的一面,掌握相应零件的表达方法后,可以做到举一反三,触类旁通。

1)轴套类零件的表达方法

轴套类零件的主要加工工序是车削和磨削。在车床或磨床上装夹时以轴线定位,三爪或四爪卡盘夹紧,所以该类零件的主视图常将轴线水平放置。因为轴类一般是实心的,所以主视图多采用不剖或局部剖视图,对轴上的沟槽、孔洞可采用移出断面图或局部放大图,如图6-4所示。

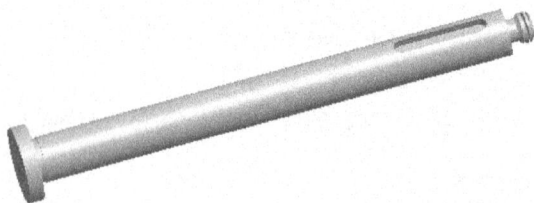

图6-4 蜗轮轴三维图

2)轮盘类零件的表达方法

轮盘类零件一般是空心的,所以主视图多采用全剖视图或半剖视图,并且绘出反映圆的视图。图6-5所示为蜗杆减速器上的蜗轮轴的零件图,图6-6所示为某部件上法兰盘的零件图。

3)叉架类零件的表达方法

叉架类零件的结构形状一般比较复杂,主视图的选择要能够反映零件的形状特征,其他视图要配合主视图,在主视图没有表达清楚的结构上采用移出断面图、局部视图和斜视图等。图6-7所示为支架零件图。主视图和左视图采用了局部剖视图,此外采用了一个局部视图和一个移出断面图来表达凸台和肋板的形状。

4)箱体类零件的表达方法

箱体类零件的结构一般均比较复杂,毛坯多采用铸件,工作表面采用铣削或刨削,箱体上的孔多采用钻、扩、铰、镗。所以,主视图可采用工作位置或主要表面的加工位置,表达方法可采用全剖视图、局部剖视图等。

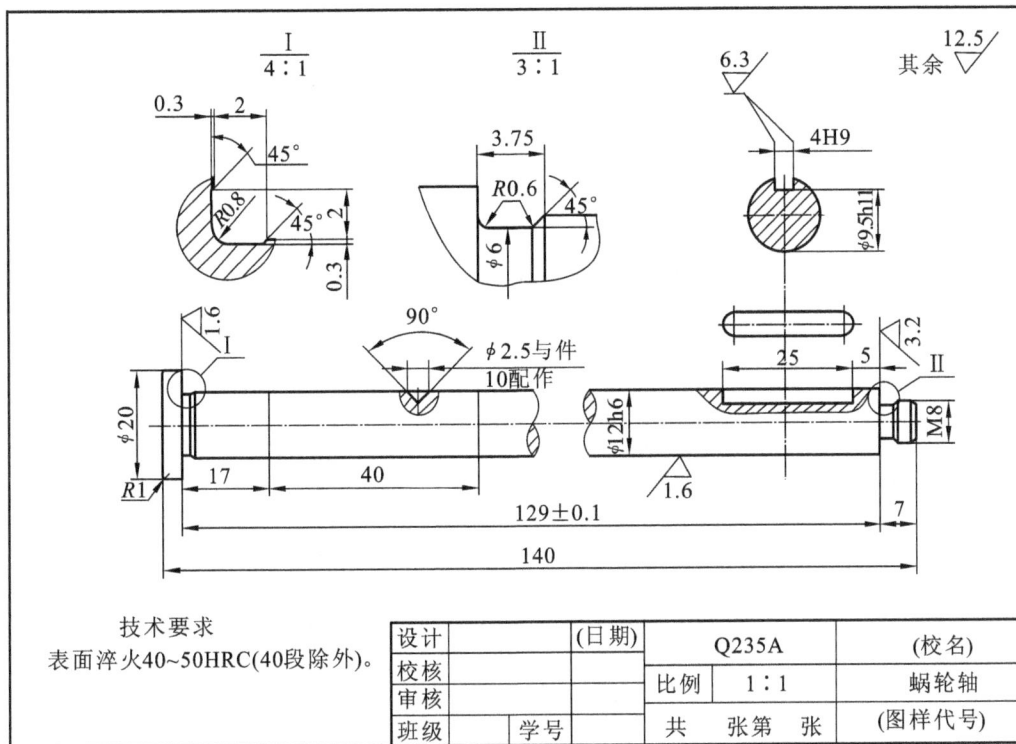

图 6-5 蜗轮轴零件图

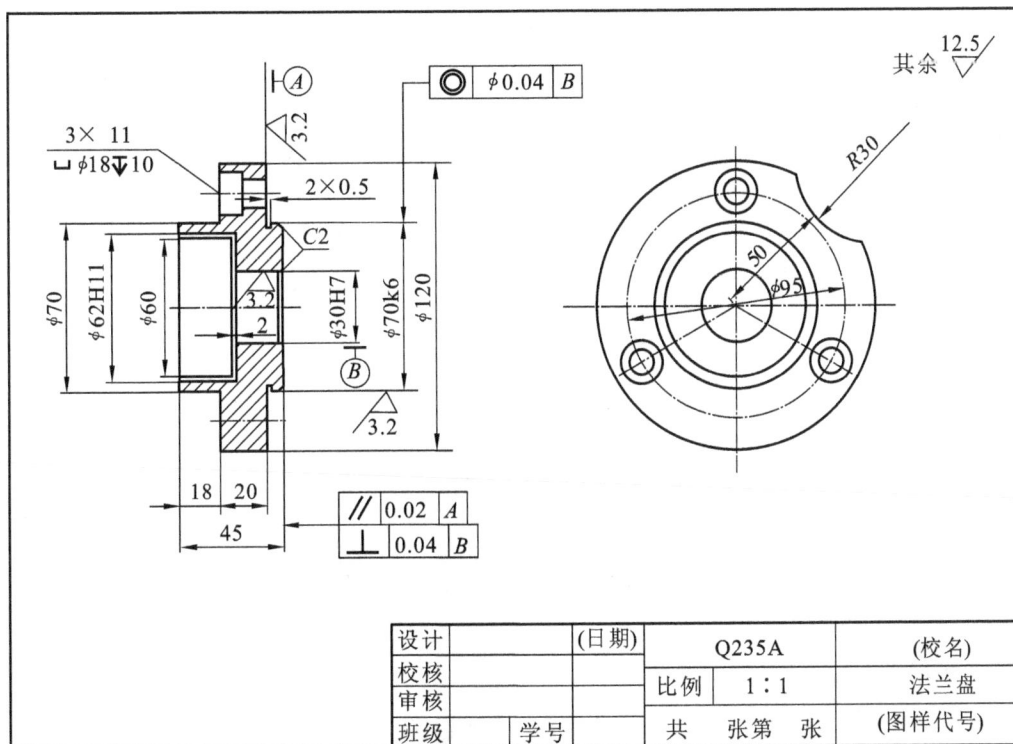

图 6-6 法兰盘零件图

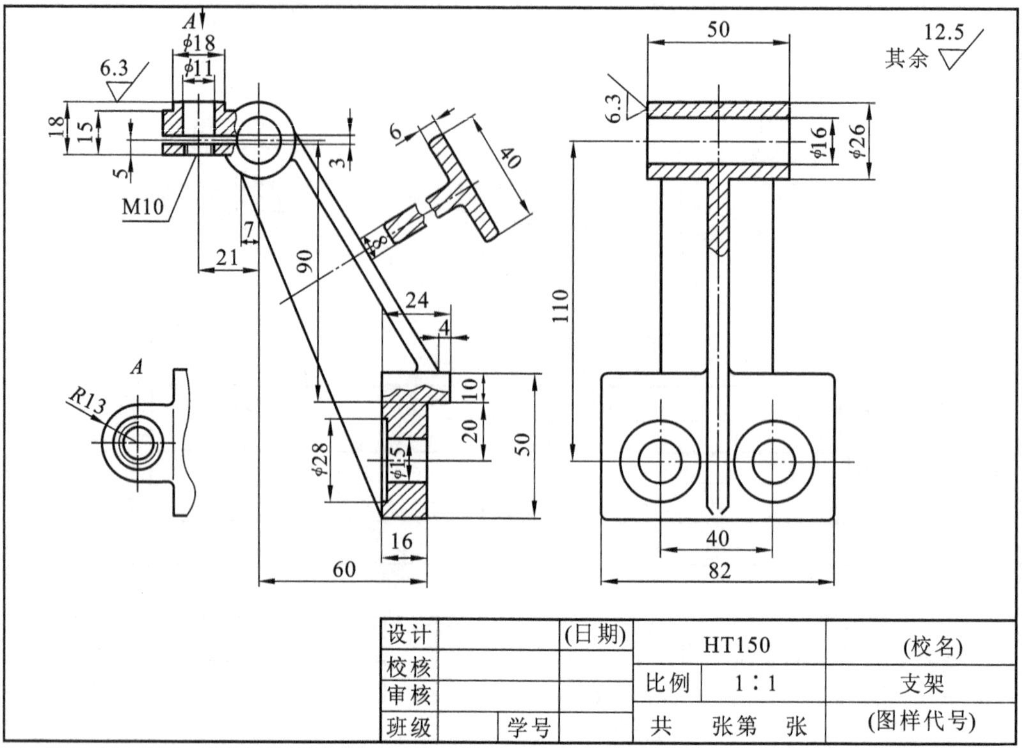

图 6-7　支架零件图

图 6-8 所示为蜗杆减速器箱体,其零件图如图 6-9 所示,主视图主要采用工作位置,且采用全剖视图,主要表达了 φ52J7 和 φ40J7 蜗轮轴孔的结构形状以及各形体的相对位置;俯视图主要表达了箱壁的结构形状;左视图主要表达了蜗轮轴与蜗杆轴孔的相对位置;C—C剖视图主要表达了肋板的位置和底板的形状。几个视图配合起来,完整地表达了箱体的复杂结构。

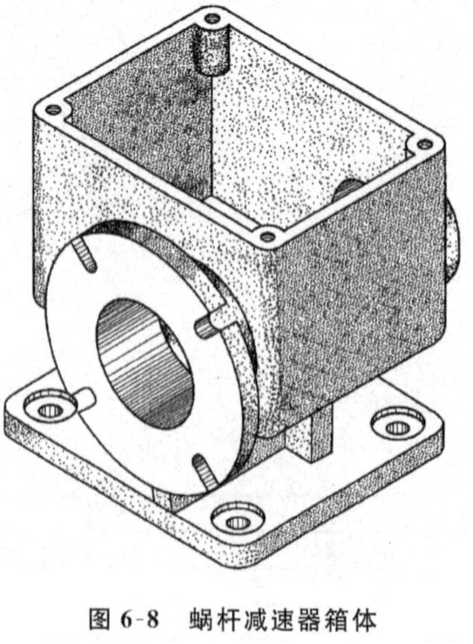

图 6-8　蜗杆减速器箱体

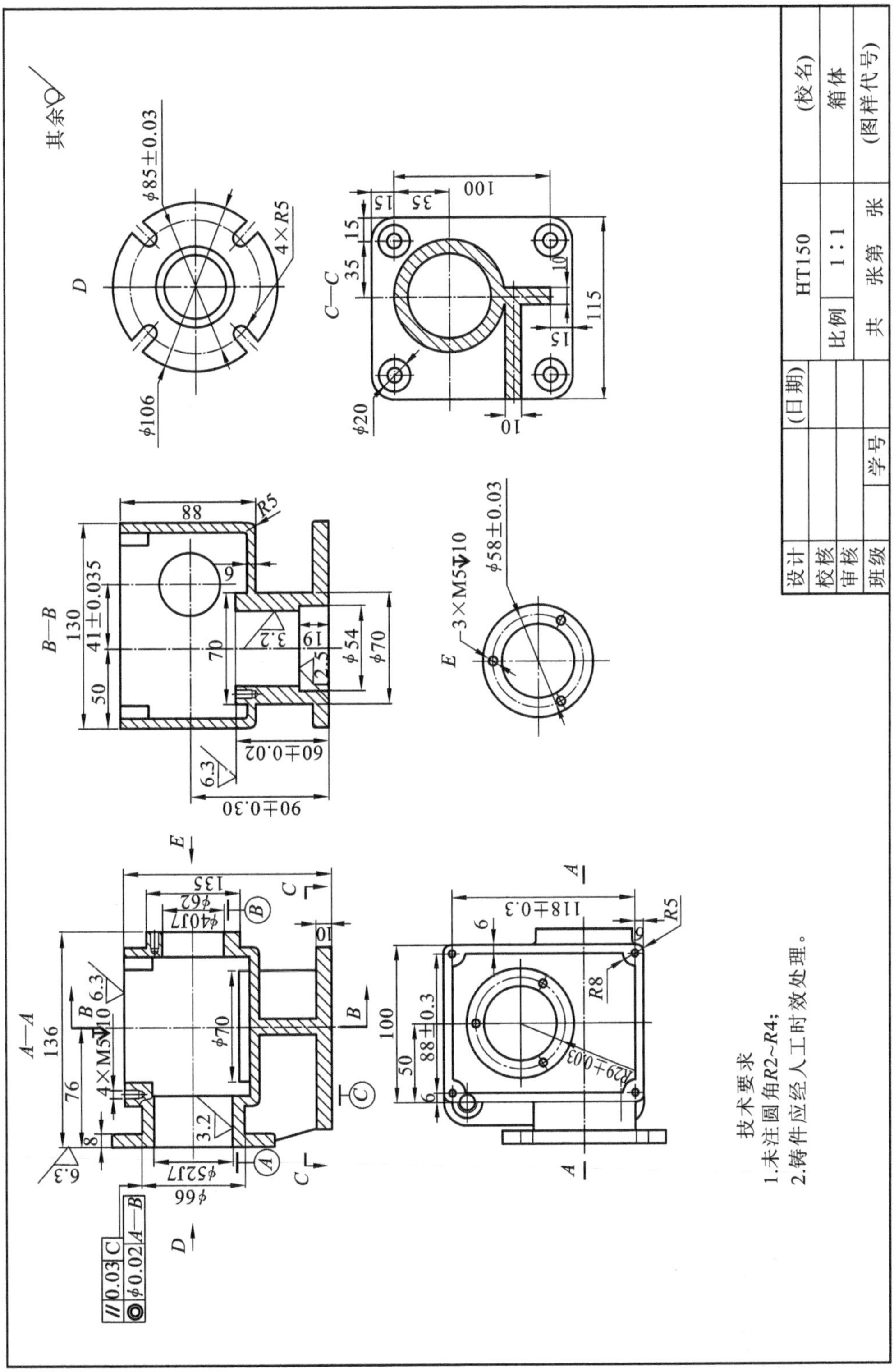

图6—9 蜗杆减速器箱体零件图

技术要求
1.未注圆角R2~R4；
2.铸件应经人工时效处理。

6.2.3 零件上常见的工艺结构

零件上因设计或工艺的要求,常有一些特定的结构,如凸台、倒角等,下面简单介绍零件上结构的作用、画法和尺寸标注。

1.机械加工工艺结构

1)圆角和倒角

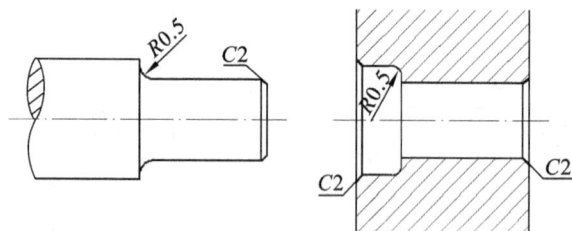

图 6-10 轴、孔的倒角及圆角

阶梯的轴和孔,为了在轴肩、孔肩处避免应力集中,常以圆角过渡。轴和孔的端面加工成 45°或其他度数的倒角,其目的是为了便于安装和操作安全。轴、孔的标准倒角和圆角的尺寸可由 GB/T 6403.4—2008 查得。其尺寸标注方法如图 6-10 所示。零件上倒角尺寸全部相同时,可在图样右上角注明"全部倒角 C×(×为倒角的轴向尺寸)";当零件倒角尺寸无一定要求时,则可在技术要求中注明"锐边倒钝"。

2)钻孔结构

用钻头加工不通孔时,由于钻头尖部有 120°的圆锥面,所以不通孔的底部总有一个 120°的圆锥面。扩孔加工也将在直径不等的两柱面孔之间留下 120°的圆锥面。

钻孔时,应尽量使钻头垂直于孔端面,否则易将孔钻偏或将钻头折断。当孔的端面是斜面或曲面时,应先把该平面铣平或制作成凸台或凹坑等结构,如图 6-11 所示。

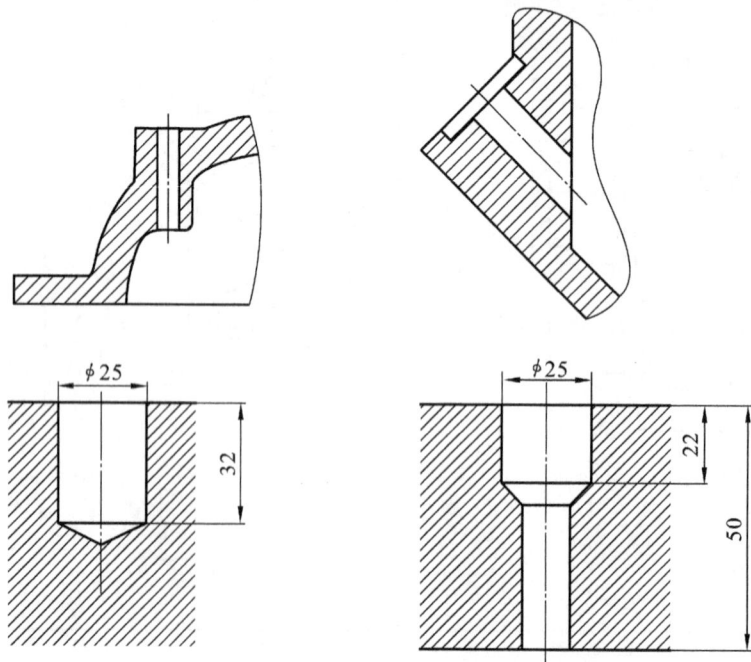

图 6-11 钻孔工艺结构

3）退刀槽和越程槽

在切削加工中，为了使刀具易于退出，并在装配时容易与有关零件靠紧，常在加工表面的台肩处先加工出退刀槽或越程槽。常见的有螺纹退刀槽、砂轮越程槽、刨削越程槽等，数据可在相关的标准中查取。退刀槽的尺寸标注形式，一般可按"槽宽×直径"或"槽宽×槽深"标注。越程槽一般用局部放大图画出，如图 6-12 所示。

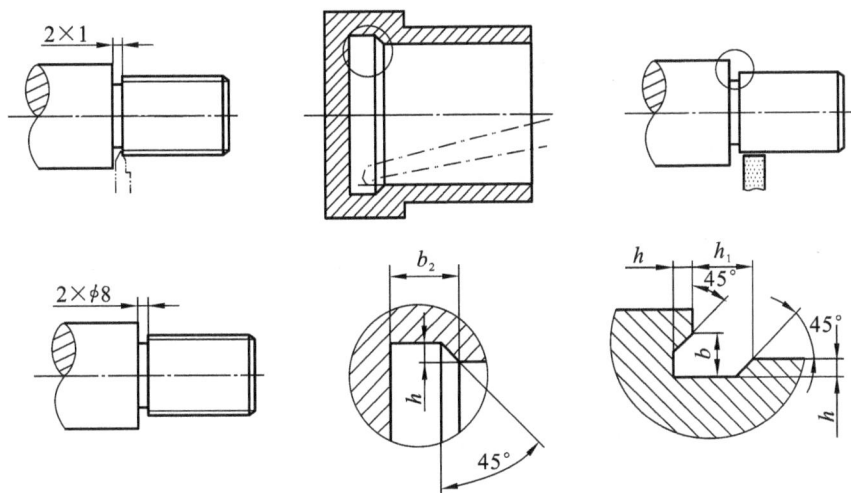

图 6-12　退刀槽和越程槽

2. 铸件工艺结构

1）壁厚

铸件各部分壁厚应尽量均匀，在不同壁厚处使厚壁与薄壁逐渐过渡，以免铸件在冷却过程中，在较厚处形成热节，产生缩孔。铸件壁厚也应直接注出，如图 6-13 所示。

2）铸造圆角

铸件上相邻两表面相交处应做成圆角。若为尖角，则浇铸时铁液易将尖角处的型砂冲落，而冷却时，则在尖角处易形成裂纹。铸造圆角的大小一般为 $R3 \sim R5\text{mm}$，可集中标注在右上角，或写在技术要求中。铸造圆角在图样上一般采用徒手绘制。当有一个表面加工后圆角被切去，此时应画成尖角，如图 6-14 所示。

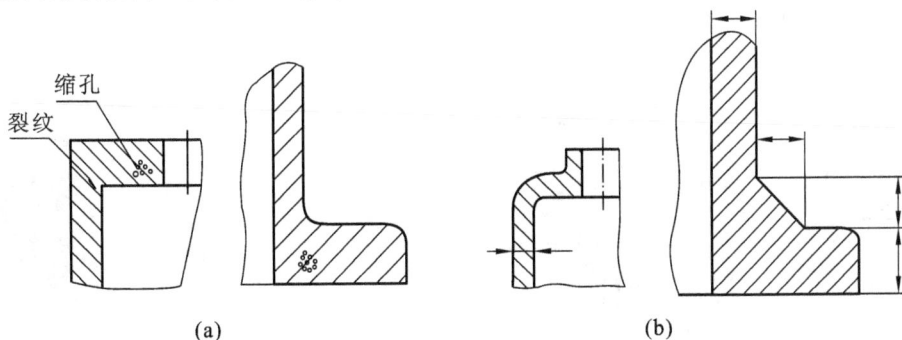

图 6-13　铸件壁厚

（a）不正确；（b）正确

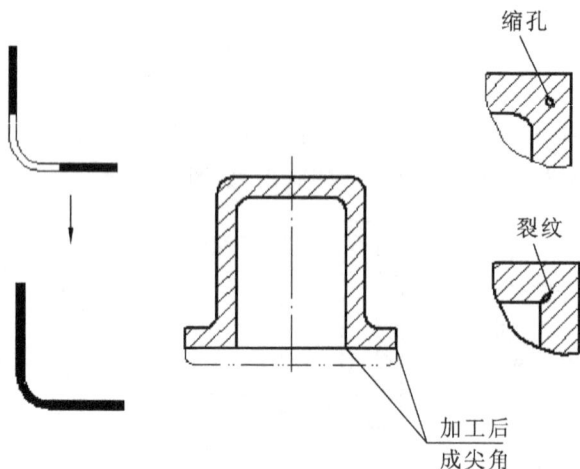

图 6-14　铸造圆角

3）起模斜度

铸件在起模时,为了起模顺利,在沿起模方向的内外壁上应有适当斜度,称为起模斜度,一般为 3°～5°30′。通常在图样上不画出,也不标注,可在技术要求或其他技术文件中统一规定。

4）过渡线

如前所述,两个非切削表面相交处一般均做成圆角过渡,所以两表面的交线就变得不明显。这种交线称为过渡线。当过渡线的投影和面的投影重合时,按面的投影绘制;当过渡线的投影不与投影面重合时,过渡线按其理论交线的投影用细实线绘出,但线的两端要与其他轮廓线断开。

如图 6-15 所示,两外圆柱表面均为非切削表面,相贯线为过渡线。在俯视图和左视图中,过渡线与柱面的投影重合;而在主视图中,相贯线的投影不与任何表面的投影重合,所以,相贯线的两端与轮廓线断开。当两个柱面直径相等时,在相切处也应该断开。

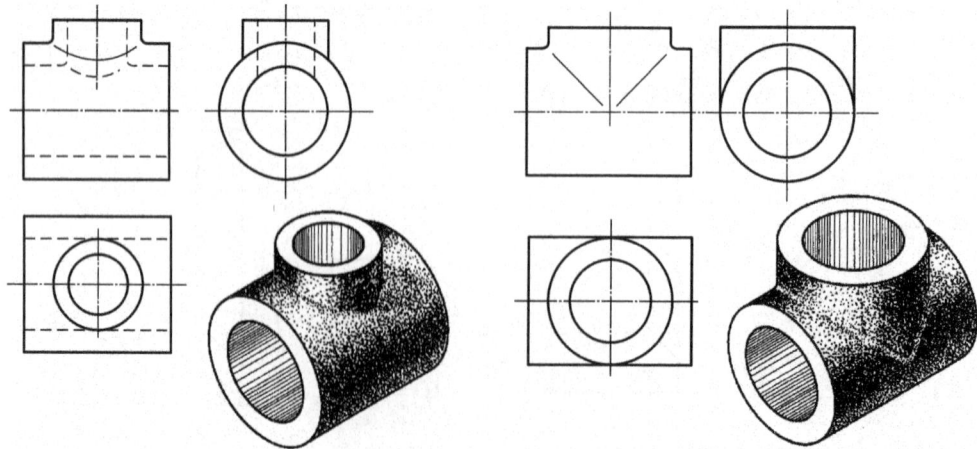

图 6-15　两曲面相交的过渡线画法

图 6-16 所示为平面与平面、平面与曲面相交的过渡线画法。在图 6-16(a)中,三棱柱肋板的斜面与底板上表面的交线的水平投影不与任何平面重合,所以两端断开。在图 6-16(b)中,圆柱截交线的水平投影按过渡线绘制。

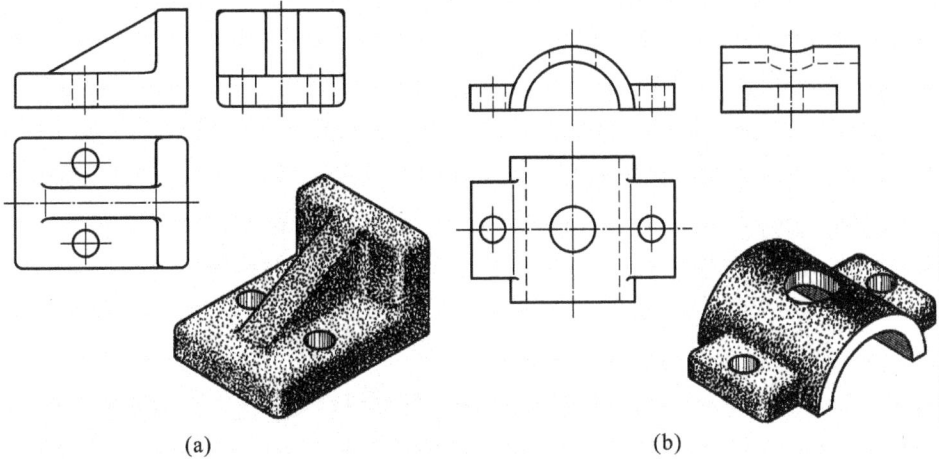

(a)　　　　　　　　　　　　　(b)

图 6-16　过渡线画法

(a)平面与平面相交;(b)平面与曲面相交

应特别注意的是两非切削表面的交线,虽然由于铸造圆角的原因变得不明显,形成了过渡线,但若其三面投影均与平面或曲面的投影重合,则不按过渡线绘制。此外,过渡线上一般不能标注尺寸。

5) 工艺凸台和凹坑

为了减少加工表面,使配合面接触良好,常在两接触面处制出工艺凸台和凹坑。其尺寸标注如图 6-17 所示。

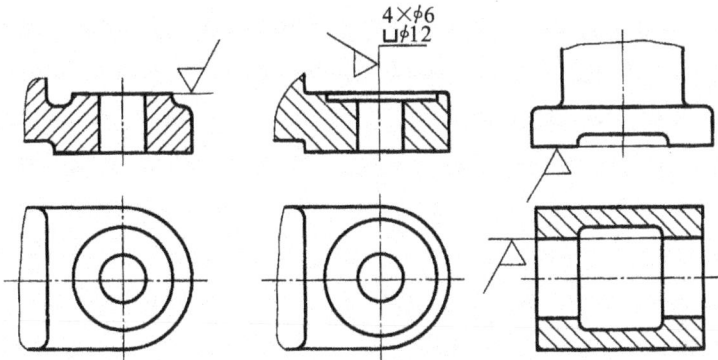

图 6-17　工艺凸台和凹坑

6.2.4　零件图的尺寸标注

零件图的尺寸标注,除了满足正确、齐全和清晰的要求外,还要考虑合理标注零件图的尺寸。

合理标注尺寸是指零件图上所标注尺寸既要满足使用要求,又能符合工艺要求,便于零件的加工和检验。必须注意,要合理标注零件图的尺寸,需要一定的生产经验和相关专业知识。

1. 零件图上的主要尺寸必须直接注出

主要尺寸是指直接影响零件在机器或部件中的工作性能和准确位置的尺寸,如零件间的配合尺寸、重要的安装定位尺寸等。

如图 6-18(a)所示,轴承座轴承孔的中心高度 B 和安装孔的间距尺寸 A 必须直接注出,而不应如图 6-18(b)所示,主要尺寸 B 和 A 没有直接注出,要通过其他尺寸 E、F 和 C 间接计算得到,从而造成尺寸误差的积累。

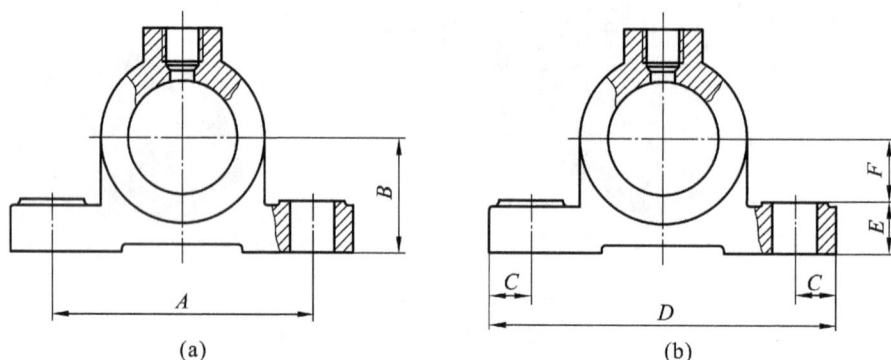

(a)   (b)

图 6-18　主要尺寸直接注出

(a)正确;(b)不正确

2. 尺寸基准的选择

尺寸基准一般选择零件上的一些面和线。面基准常选择零件上较大的加工面、与其他零件的结合面、零件的对称面、重要端面和轴肩。如图 6-19 所示的轴承座,高度方向的尺寸基准是安装面,也是最大的加工面;长度方向的尺寸以左右对称面为基准;宽度方向的尺寸以前后对称面为基准。线基准一般选择轴和孔的轴线、对称中心线等。如图 6-20 所示的轴,长度方向尺寸以端面Ⅰ(重要断面)为基准,并以轴线作为直径方向的尺寸基准,同时也是高度和宽度方向的基准。

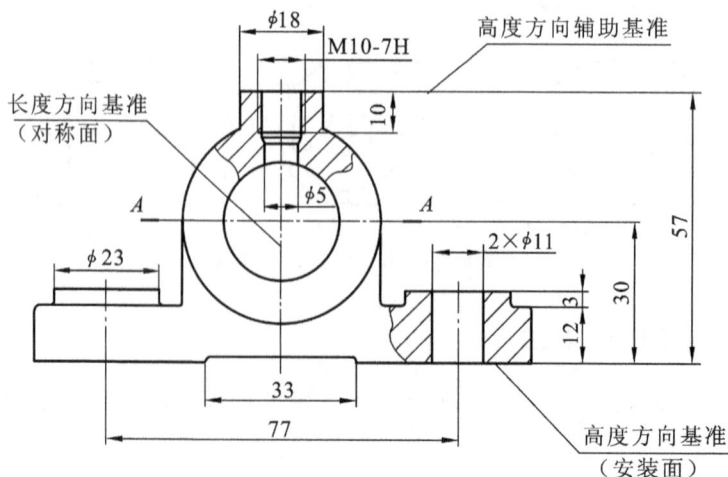

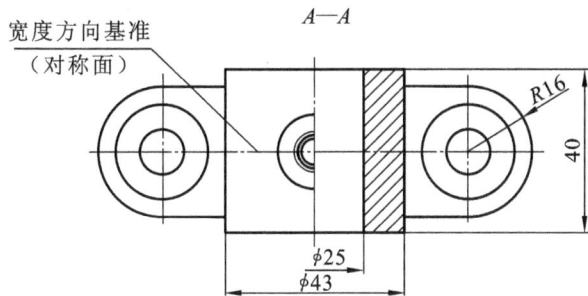

图 6-19 基准的选择

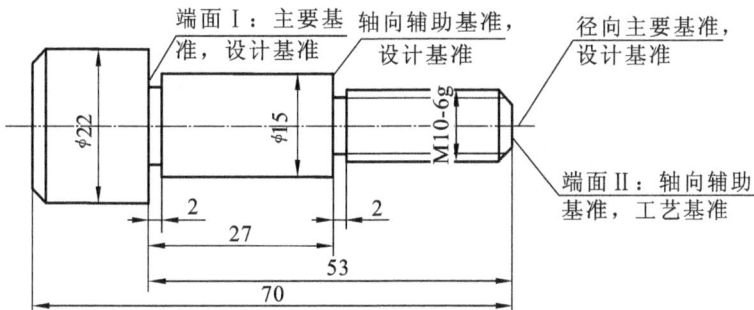

图 6-20 基准的选择

由于每个零件都有长、宽、高 3 个方向的尺寸,因此每个方向都有一个主要尺寸基准。在同一方向上,还可以有一个或几个与主要尺寸基准有联系的辅助基准。

基准按用途可分为设计基准和工艺基准:设计基准是用来确定零件在部件中准确位置的基准,常选择其中之一作为尺寸标注的主要基准;工艺基准是为便于加工和测量而选定的基准。

3. 避免出现封闭的尺寸链

零件同一方向上的尺寸可以首尾相接,排列成尺寸链的形式,如图 6-21(b)所示的阶梯轴上标注出尺寸 26mm、27mm、67mm;但不能如图 6-21(a)所示,长度方向尺寸 14mm、26mm、27mm、67mm 首尾相接,从一个始点开始,一个尺寸接一个尺寸,最后又回到始点,构成封闭尺寸链,这种情况应该避免。因为 67mm 是 14mm、26mm、27mm 之和,而每个尺寸在加工后都有误差,则 67mm 的误差为另外 3 个尺寸误差的总和,可能达不到设计要求。所以应选一个次要尺寸(例如 14mm)空出不注,以便所有的尺寸误差都积累到这一段,保证主要尺寸的精度,如图 6-21(b)所示,没有注出 14mm,就避免了标注封闭尺寸链的情况。

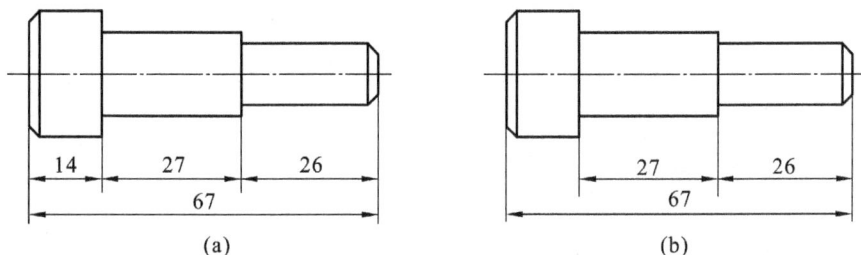

图 6-21 避免出现封闭尺寸链

4. 标注尺寸要便于加工和测量

(1) 考虑符合加工顺序的要求

如图 6-22(a)所示的小轴,长度方向尺寸的标注符合加工顺序。从图 6-22(b)所示的小轴加工顺序可以看出,从下料到每一个加工工序①～④,都在图中直接注出所需尺寸(图中尺寸应为设计要求的主要尺寸)。

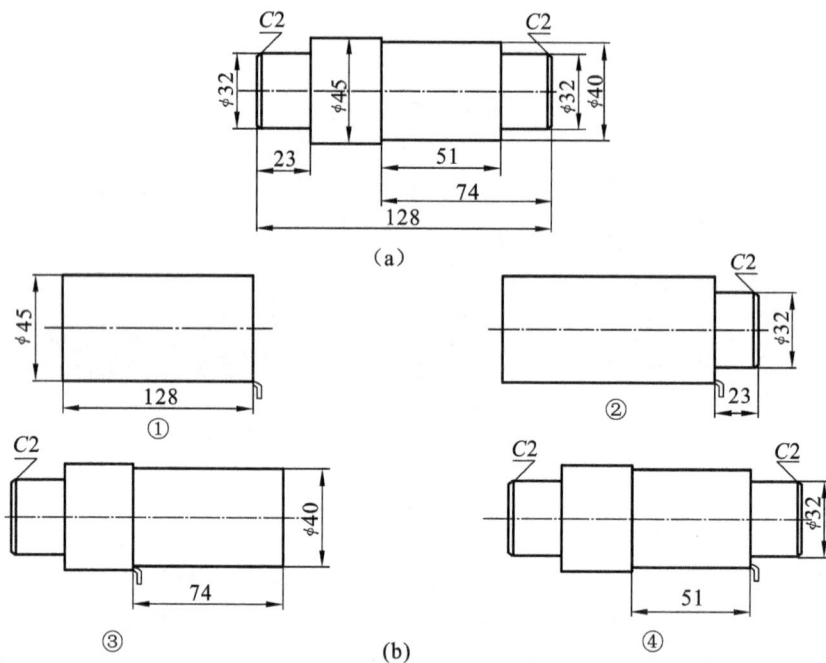

(a)

图 6-22 标注尺寸应符合加工顺序

(2) 考虑测量、检验方便的要求

图 6-23 是常见的几种断面形状,显然图 6-23(a)中标注的尺寸便于测量、检验,而图 6-23(b)中标注的尺寸不便于测量。同理,在图 6-24 所示的套筒中所注的长度尺寸,(b)图标注的尺寸不便于测量。

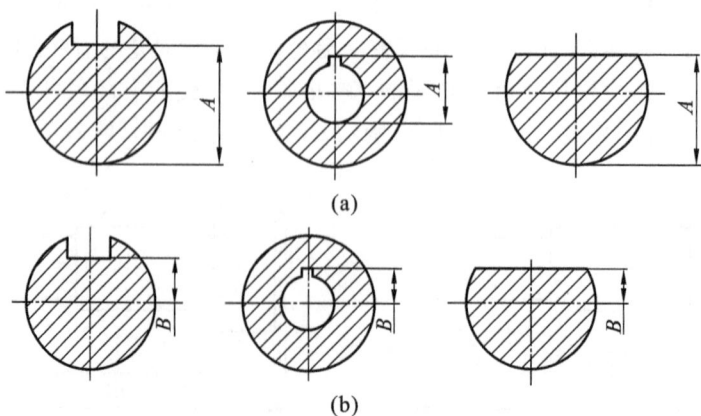

图 6-23 标注尺寸应便于测量

(a)　　　　　　　　　　　　(b)

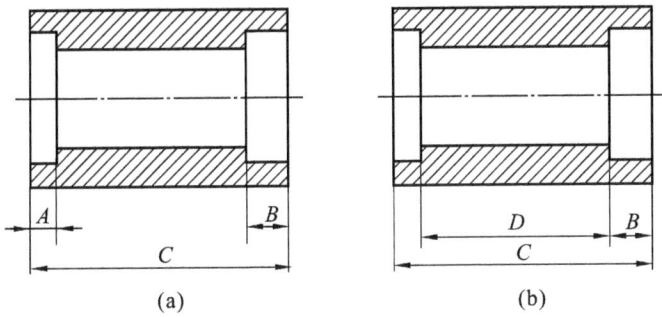

图 6-24　标注尺寸应便于测量

5. 零件上常见孔的尺寸标注

各种孔的尺寸注法如表 6-2 所示。

国家标准《技术制图　简化表示法　第 2 部分:尺寸注法》(GB/T 16675.2—2012)要求标注尺寸时,应使用符号和缩写词(见表中说明)。

表 6-2　　　　　　　　　　　　零件上常见孔的尺寸标注

结构类型		简 化 注 法	一 般 注 法
螺纹	通孔		
	不通孔		
光孔	圆柱孔		
	锥销孔		

续表

结构类型		简 化 注 法	一 般 注 法
沉孔	锥形沉孔	4×φ6 ∨φ10×90° 4×φ6 ∨φ10×90°	90° φ10 4×φ6
	柱形沉孔	4×φ6 ⊔φ12▽5 4×φ6 ⊔φ12▽5	φ12 5 4×φ6

6.2.5 零件图的技术要求

1. 技术要求的内容

零件图上的技术要求主要包括以下内容：

（1）表面粗糙度；

（2）尺寸公差；

（3）表面形状和位置公差；

（4）材料及其热处理等。

下面简要介绍国家标准对以上技术要求的有关规定。

2. 表面粗糙度

1）表面粗糙度的概念

在零件加工时，由于切削变形和机床振动等因素的影响，使零件的实际加工表面存在着微观的高低不平，这种微观的高低不平程度称为表面粗糙度，如图 6-25 所示。

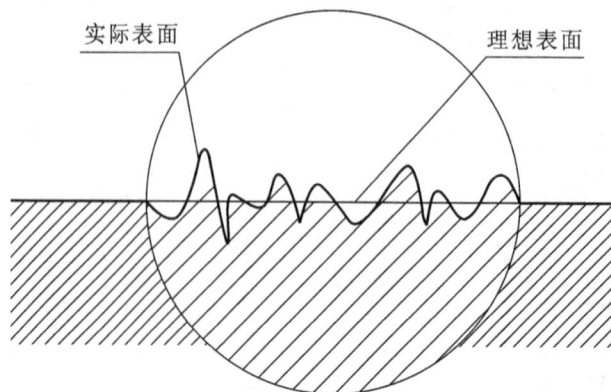

实际表面　　　　　　　理想表面

图 6-25　表面粗糙度的概念

2）表面粗糙度的评定参数

在零件图上表面粗糙度的评定参数常采用轮廓的算术平均偏差 R_a。轮廓的算术平均偏差 R_a 的定义为：在取样长度 L 内，轮廓偏距 Y 绝对值的算术平均值，其几何意义如图6-26所示。

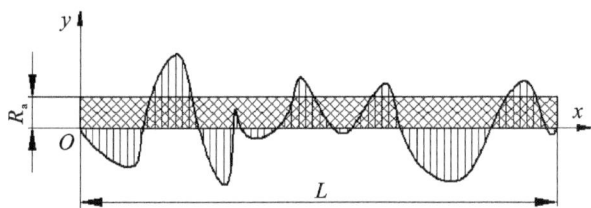

图 6-26　轮廓的算术平均偏差 R_a

R_a 按下列公式算出：

$$R_a = \frac{1}{L} \int_0^L |Y(x)| \, \mathrm{d}x$$

近似值为：

$$R_a = \frac{1}{n} \sum_{i=1}^{n} |Y_i|$$

表面粗糙度对零件的配合性质、疲劳强度、耐蚀性、密封性等影响较大。因此，要根据零件表面的不同情况，合理选择其参数值。表 6-3 列出了国家标准推荐的 R_a 优先选用系列。

表 6-3		轮廓的算术平均偏差 R_a 值				(单位：μm)
0.012	0.025	0.05	0.1	0.2	0.4	0.8
1.6	3.2	6.3	12.5	25	50	100

3）表面粗糙度代号

GB/T 131—2006 规定，表面粗糙度代号是由规定的符号和有关参数值组成，零件表面粗糙度符号的画法及意义如表 6-4 所示。表面粗糙度符号的尺寸如表 6-5 所示。

表 6-4	表面粗糙度的符号及意义
符　号	意　义
（基本图形符号）	基本图形符号，表示表面可用任何方法获得。当不加注粗糙度参数值或有关说明时，仅适用于简化代号标注
（去除材料符号）	表示表面是用去除材料的方法获得，如：车、铣、钻、磨、剪切、抛光、腐蚀、电火花加工、气割等
（不去除材料符号）	表示表面是用不去除材料的方法获得，如：铸、锻、冲压、热轧、冷轧、粉末冶金等；或者是保持上道工序的状况或原供应状况

续表

符　号	意　义
（三个符号，长边加横线）	在上述三个符号的长边上均可加一横线,用于标注有关参数和说明
（三个符号，长边加小圆）	在上述三个符号的长边上均可加一小圆,表示所有表面具有相同的表面粗糙度要求
（60°符号 H_1、H_2、d'）	H_1、H_2、d'尺寸见表6-5

表6-5　　　　　　　　　　表面粗糙度符号的尺寸　　　　　　（单位:mm）

轮廓线的线宽 d	0.35	0.5	0.7	1	1.4	2	2.8
数字与大写字母(或/和小写字母)的高度 h	2.5	3.5	5	7	10	14	20
符号的线宽、数字与字母的笔画宽度 d'	0.25	0.35	0.5	0.7	1	1.4	2
高度 H_1	3.5	5	7	10	14	20	28
高度 H_2(最小值)	7.5	10.5	15	21	30	42	60

4) 轮廓的算术平均偏差 R_a 的标注

轮廓的算术平均偏差 R_a 值标注的方法及意义见表6-6。

表6-6　　　　　　　轮廓的算术平均偏差 R_a 值的标注示例及其意义

代　号	意　义	代　号	意　义
3.2	用任何方法获得的表面,R_a 的上限值为 3.2 μm	3.2max	用任何方法获得的表面,R_a 的最大值为 3.2 μm
3.2	用不去除材料的方法获得的表面,R_a 的上限值为 3.2 μm	3.2max	用不去除材料的方法获得的表面,R_a 的最大值为 3.2 μm
3.2	用去除材料的方法获得的表面,R_a 的上限值为 3.2 μm	3.2max	用去除材料的方法获得的表面,R_a 的最大值为 3.2 μm
3.2 1.6	用去除材料的方法获得的表面,R_a 的上限值为 3.2 μm,R_a 的下限值为 1.6 μm	3.2max 1.6min	用去除材料的方法获得的表面,R_a 的最大值为 3.2 μm,R_a 的最小值为 1.6 μm

需要注意的是,在通常情况下,零件图上注写的表面粗糙度值是 R_a 的上限值。这里所称的 R_a 上限值应理解为:该表面所有的 R_a 实测值中,当超过规定值的个数少于总数的16%时,该表面的粗糙度应认为是合格的。

5) 表面粗糙度代号在图样上的标注方法

表面粗糙度代号在图样上的标注方法见表6-7。

表 6-7　　　　　　　　　　　　　　　　　表面粗糙度标注示例

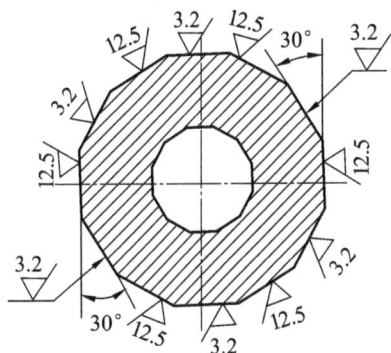

表面粗糙度代号一般注在可见轮廓线、尺寸界线、引出线或它们的延长线上。符号尖端必须从材料外指向表面,表面粗糙度代号中数字及符号的方向必须按图中的规定标注

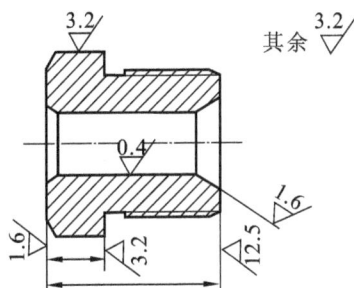

代号中数字的方向必须与尺寸数字方向一致。对其中使用最多的一种代(符)号可统一标注在图样的右上角,并加注"其余"两字,且高度是图样中的代(符)号的 1.4 倍

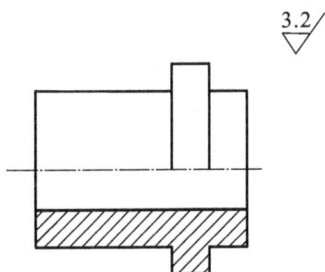

当零件所有表面具有相同的表面粗糙度时,其代号可在图样的右上角统一标注,其高度应是图中字符的 1.4 倍

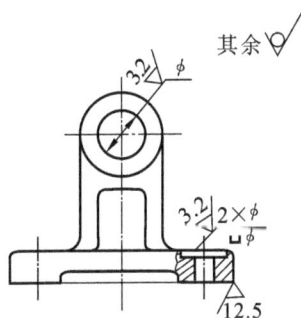

对不连续的同一表面,可用细实线相连,其表面粗糙度代(符)号可只注一次

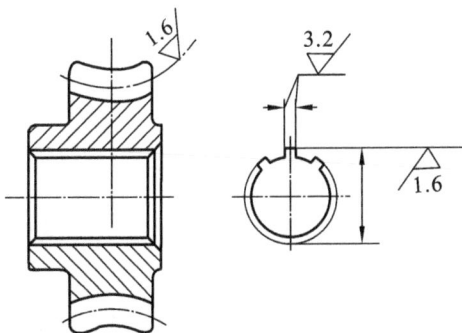

重复要素的表面只标注一次

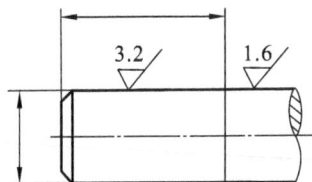

同一表面上有不同的表面粗糙度要求时,用细实线画出其分界线,注出尺寸和相应的表面粗糙度代(符)号

续表

齿轮、花键的齿部工作表面的粗糙度注法

螺纹工作表面需要注出表面粗糙度代号而图形中又未画出螺纹牙形时,其表面粗糙度代号必须在尺寸线的引出线上标注

其余 $\frac{25}{\sqrt{}}$

$\frac{\sqrt{}}{\sqrt{}} = \frac{3.2}{\sqrt{}}$

$\frac{\sqrt{}}{\sqrt{}} = \frac{100}{\sqrt{}}$

可以标注简化代号,但要在标题栏附近说明这些简化代号的意义

35~40 HRC

渗碳深度0.7~0.9
硬度 56~62 HRC

需要将零件局部热处理或局部镀(涂)时,应用粗点画线画出其范围并标注相应尺寸,也可将其要求注写在表面粗糙度符号上

6)表面粗糙度的选择

选择表面粗糙度时,既要考虑零件表面的功能要求,又要考虑经济性,还要考虑现有的加工设备,一般应遵从以下原则。

(1)同一零件上,工作表面比非工作表面的参数值要小。

(2)摩擦表面要比非摩擦表面的参数值小。有相对运动的工作表面,运动速度愈高,其参数值愈小。

(3)配合精度越高,参数值越小。间隙配合比过盈配合的参数值小。

(4)配合性质相同时,零件尺寸越小,参数值越小。

(5)要求密封、耐蚀或具有装饰性的表面,参数值要小。

3. 极限与配合

1)互换性概念

在相同规格的一批零件或部件中,任取一零件,不需选择,不经修配就能装在机器上,达到规定的性能要求,零件的这种性质就称为互换性。零件的互换性是现代化机械工业的重要基础,既有利于装配或维修机器,又便于组织生产协作,进行高效率的专业化生产。而极限与配合制度,是实现互换性的一个基本条件。

2）极限与配合的术语和定义

在生产中,零件的尺寸不可能也不需要做得绝对准确,但为了保证零件具有互换性,必须对零件的尺寸规定一个允许的变动量,这个变动量称为尺寸公差。

为了叙述方便,以图 6-27 中所注出的尺寸公差为例,介绍有关的术语和定义。

（1）基本尺寸。

设计给定的尺寸,称基本尺寸,如图 6-27 中的 $\phi50$mm。

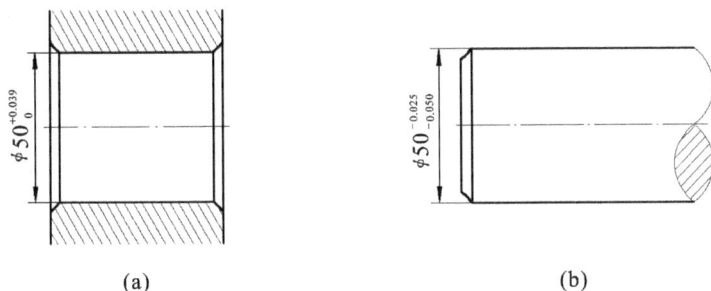

(a)　　　　　　　　　　　　　　　(b)

图 6-27　孔和轴的尺寸公差

（2）实际尺寸。

实际尺寸是指零件加工完后,实际量得的尺寸。

（3）极限尺寸。

一个尺寸允许的两个极限值,称为极限尺寸。极限尺寸有两个:一是最大极限尺寸,一是最小极限尺寸。例如图 6-27 中孔 $\phi50.039$mm 和轴 $\phi49.975$mm 就分别是孔与轴的最大极限尺寸,孔 $\phi50$mm 和轴的 $\phi49.950$mm 就分别是孔和轴的最小极限尺寸。显然,若实测的尺寸在最大与最小极限尺寸之间,就算是合格。

（4）偏差。

偏差有两个,上偏差和下偏差。上偏差＝最大极限尺寸－基本尺寸。例如图 6-27 中,孔的上偏差＝50.039mm－50mm＝＋0.039mm,轴的上偏差＝49.975mm－50mm＝－0.025mm。下偏差＝最小极限尺寸－基本尺寸。例如图 6-27 中,孔的下偏差＝50mm－50mm＝0,轴的下偏差＝49.950mm－50mm＝－0.050mm。

（5）尺寸公差（简称公差）。

允许尺寸的变动量,称为公差。公差＝最大极限尺寸－最小极限尺寸＝上偏差－下偏差。公差是一个没有正负号的绝对值,也不能为零。如图 6-28 中,孔的公差＝50.039mm－50mm＝0.039mm－0＝0.039mm,轴的公差＝49.975mm－49.950mm＝0.025mm。

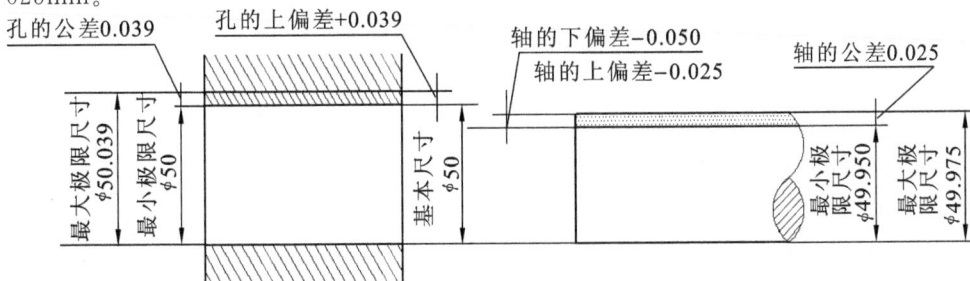

图 6-28　孔、轴尺寸公差示意图

(6)零线。

零线是指在极限与配合的图解中,表示基本尺寸的一条直线,以其为基准,确定偏差和公差的位置,如图 6-29 所示。通常零线沿水平方向绘制,正偏差位于其上,负偏差位于其下。

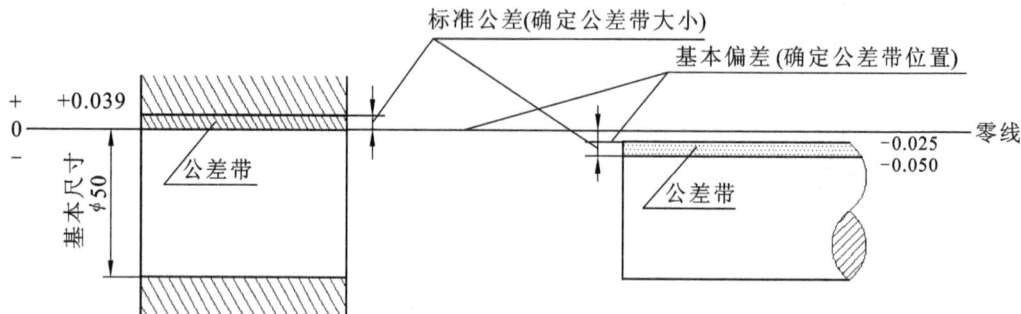

图 6-29 公差带图

(7)公差带。

公差带指在公差带图解中,由代表上偏差和下偏差,或最大极限尺寸和最小极限尺寸的两条直线所限定的一个区域。它由公差大小和其相对零线位置的基本偏差确定,如图 6-29 所示。公差带既确定了公差的大小,又确定了与零线的相对位置,前者由标准公差确定,后者由基本偏差确定。

(8)标准公差。

在极限和配合制中所规定的任一公差称为标准公差。如图 6-29 中,孔的标准公差为 0.039 mm,轴的标准公差为 0.025 mm,它们都是根据基本尺寸 $\phi50$mm 和所要求的精确程度,由国家标准列表规定的。

3)标准公差等级与基本偏差系列

国家标准规定,公差带由标准公差和基本偏差确定。标准公差确定公差带的大小,基本偏差确定公差带相对于零线的位置。

(1)标准公差等级。

标准公差为 GB/T 1800.1—2009 规定的公差值,用 IT 表示。国家标准将标准公差划分为 20 个公差等级,分别用 IT01,IT0,IT1,…,IT18 表示,其中 IT01 最高,其余依次降低,IT18 最低,标准公差值见附表。

机器零件的尺寸精确程度愈高,加工成本也愈高,因而在选用公差等级时,在满足使用要求的前提下,选用的公差等级愈低愈好。

(2)基本偏差系列。

基本偏差是上、下偏差中靠近零线的那个偏差,它确定公差带相对于零线的位置。国家标准对孔和轴分别规定了 28 个基本偏差,如图 6-30 所示。基本偏差代号用拉丁字母表示,其中大写的表示孔,小写的表示轴。图中符号 ES,es 分别表示孔、轴的上偏差,EI、ei 分别表示孔、轴的下偏差。基本偏差在零线以上为正,在零线以下为负。这 28 种基本偏差代号反映了 28 种公差带的位置,构成了基本偏差系列。

由图 6-30 可以看出基本偏差系列分布的特征。

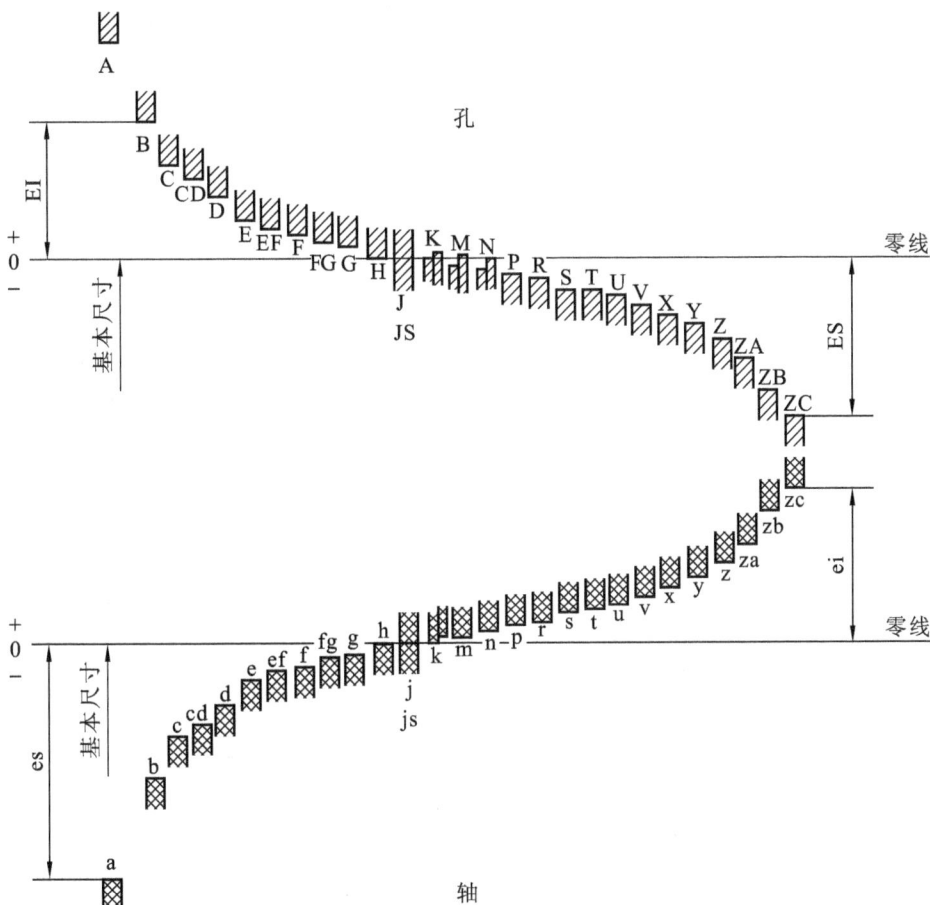

图 6-30 基本偏差系列

① 基本偏差系列图只表示公差带的位置，不表示其大小。图中远离零线的一端是开口的，它取决于标准公差大小。

② 对于孔，A～G 的基本偏差为下偏差（EI），H 的基本偏差 EI＝0，是基准孔。J～ZC 的基本偏差是上偏差（ES）。对于轴，a～g 的基本偏差是上偏差（es），h 的基本偏差 es＝0，是基准轴。j～zc 的基本偏差为下偏差（ei）。

③ 孔 JS 和轴 js 公差带对称于零线，基本偏差为上偏差 $\left(+\dfrac{IT}{2}\right)$ 或下偏差 $\left(-\dfrac{IT}{2}\right)$。

（3）孔、轴公差带的确定。

孔、轴公差代号由基本偏差代号和公差等级代号两部分所组成，例如孔 $\phi56H8$，轴 $\phi56f3$，只要知道孔轴的基本偏差和标准公差，就可以计算出孔轴的另一个偏差。

孔　　　　　　　　　　IT＝ES－EI

轴　　　　　　　　　　IT＝es－ei

4) 配合种类与配合制度

按照配合的定义,只要把基本尺寸相同的孔、轴公差带组合起来,就可形成三种不同的配合:间隙配合、过渡配合和过盈配合。为了便于设计制造、实现配合标准化,国家标准规定了两种基准制(配合制度),即基孔制和基轴制。

(1) 基孔制。

基本偏差为一定的孔的公差带,与不同基本偏差的轴的公差带结合起来形成各种配合的一种制度,如图 6-31 所示。基孔制的孔为基准孔,其基本偏差代号为 H,基准孔的下偏差 EI＝0。在基孔制配合中,形成三种配合:间隙配合、过渡配合和过盈配合,其中,a～h 用于间隙配合,j～zc 用于过渡配合和过盈配合。

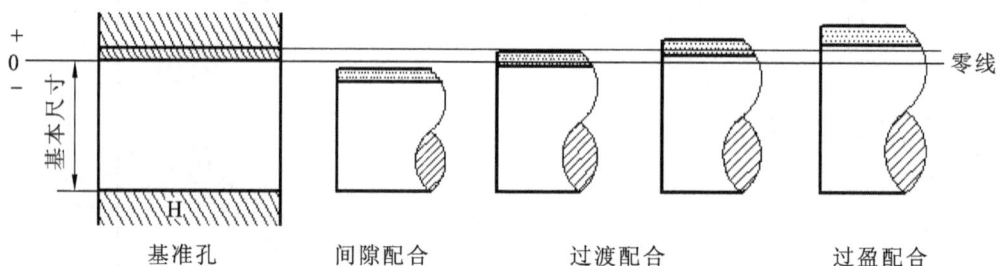

图 6-31　基孔制配合示意图

(2) 基轴制。

基本偏差为一定的轴的公差带,与不同基本偏差的孔的公差带结合起来形成各种配合的一种制度,如图 6-32 所示。基轴制的轴为基准轴,其基本偏差代号为 h,基准轴的上偏差 es＝0。在基轴制配合中,形成三种配合:间隙配合、过渡配合和过盈配合,其中,A～H 用于间隙配合,J～ZC 用于过渡配合和过盈配合。

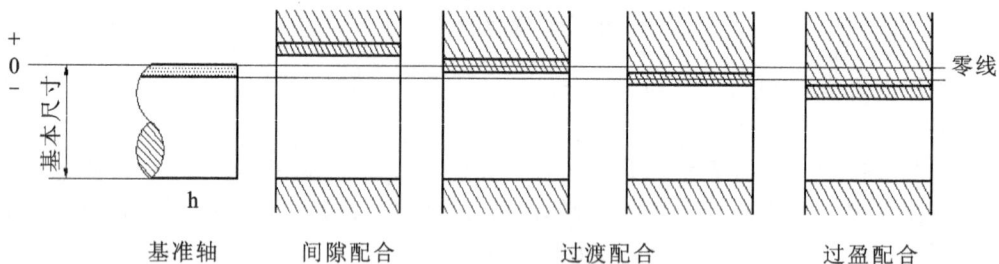

图 6-32　基轴制配合示意图

一般情况下,优先使用基孔制,这是因为加工孔要比加工轴困难些。采用基孔制可减少刀、量具的数量。当用冷拉钢作轴(不需要进行切削加工),或者在同一基本尺寸的轴上要求不同配合时(如图 6-33(a)),或与标准件如滚动轴承外圈配合时(如图 6-33(b)),才采用基轴制。

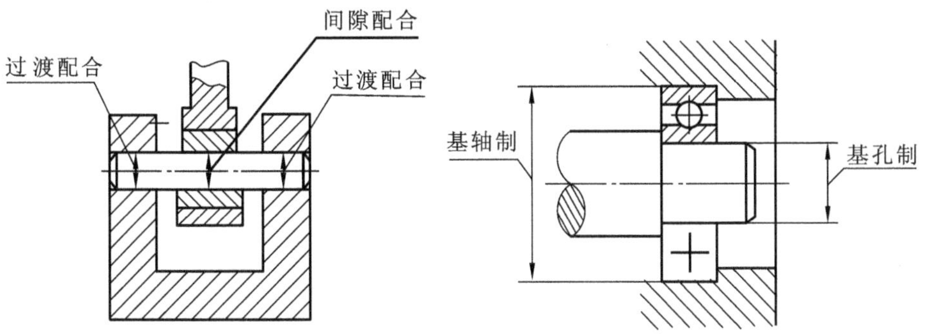

(a)

图 6-33　基轴制应用示例

(3) 优先和常用配合。

如前所述，标准公差有 20 个等级，基本偏差有 28 种，因而可以组成大量的配合。过多的配合既不能发挥标准的作用，也不利于生产，为此，国家标准规定了优先、常用和一般用途的孔、轴公差带和与之相应的优先和常用配合。基孔制的常用配合有 59 种，其中包括优先配合 13 种，如表 6-8 所示。例如表中$\frac{H7}{k6}$表示基孔制过渡配合：孔的基本偏差代号为 H，公差等级为 7 级；轴的基本偏差代号为 k，公差等级为 6 级。基轴制的常用配合有 47 种，其中优先配合也有 13 种，如表 6-9 所示。例如表中$\frac{F8}{h7}$表示基轴制间隙配合：孔的基本偏差代号为 F，公差等级为 8 级；轴的基本偏差代号为 h，公差等级为 7 级。在表 6-8、表 6-9 中，在左上角有“◤”的为优先配合。

表 6-8　　基孔制的常用配合

基准孔	轴																				
	a	b	c	d	e	f	g	h	js	k	m	n	p	r	s	t	u	v	x	y	z
	间隙配合								过渡配合			过盈配合									
H6						$\frac{H6}{f5}$	$\frac{H6}{g5}$	$\frac{H6}{h5}$	$\frac{H6}{js5}$	$\frac{H6}{k5}$	$\frac{H6}{m5}$	$\frac{H6}{n5}$	$\frac{H6}{p5}$	$\frac{H6}{r5}$	$\frac{H6}{s5}$	$\frac{H6}{t5}$					
H7						$\frac{H7}{f6}$	◤$\frac{H7}{g6}$	◤$\frac{H7}{h6}$	$\frac{H7}{js6}$	◤$\frac{H7}{k6}$	$\frac{H7}{m6}$	◤$\frac{H7}{n6}$	◤$\frac{H7}{p6}$	$\frac{H7}{r6}$	◤$\frac{H7}{s6}$	$\frac{H7}{t6}$	◤$\frac{H7}{u6}$	$\frac{H7}{v6}$	$\frac{H7}{x6}$	$\frac{H7}{y6}$	$\frac{H7}{z6}$
H8					$\frac{H8}{e7}$	◤$\frac{H8}{f7}$	$\frac{H8}{g7}$	◤$\frac{H8}{h7}$	$\frac{H8}{js7}$	$\frac{H8}{k7}$	$\frac{H8}{m7}$	$\frac{H8}{n7}$	$\frac{H8}{p7}$	$\frac{H8}{r7}$	$\frac{H8}{s7}$	$\frac{H8}{t7}$	$\frac{H8}{u7}$				
				$\frac{H8}{d8}$	$\frac{H8}{e8}$	$\frac{H8}{f8}$		$\frac{H8}{h8}$													
H9			$\frac{H9}{c9}$	◤$\frac{H9}{d9}$	$\frac{H9}{e9}$	$\frac{H9}{f9}$		◤$\frac{H9}{h9}$													
H10			$\frac{H10}{c10}$	$\frac{H10}{d10}$				$\frac{H10}{h10}$													

续表

基准孔	轴																				
	a	b	c	d	e	f	g	h	js	k	m	n	p	r	s	t	u	v	x	y	z
	间隙配合								过渡配合			过盈配合									
H11	H11/a11	H11/b10	◤H11/c11	H11/d11				◤H11/h11													
H12		H12/b12						H12/h12													

注:标注"◤"的配合为优先配合。

表 6-9 基轴制的常用配合

基准轴	孔																				
	A	B	C	D	E	F	G	H	JS	K	M	N	P	R	S	T	U	V	X	Y	Z
	间隙配合								过渡配合			过盈配合									
h5						F6/h5	G6/h5	H6/h5	JS6/h5	K6/h5	M6/h5	N6/h5	P6/h5	R6/h5	S6/h5	T6/h5					
h6						F7/h6	◤G7/h6	◤H7/h6	JS7/h6	◤K7/h6	M7/h6	◤N7/h6	◤P7/h6	R7/h6	◤S7/h6	◤T7/h6	U7/h6				
h7					E8/h7	◤F8/h7		◤H8/h7	JS8/h7	K8/h7	M8/h7	N8/h7									
h8				D8/h8	E8/h8	F8/h8		H8/h8													
h9				◤D9/h9	E9/h9	F9/h9		◤H9/h9													
h10				D10/h10				H10/h10													
h11	A11/h11	B11/h11	◤C11/h11	D11/h11				◤H11/h11													
h12		B12/h12						H12/h12													

注:标注"◤"的配合为优先配合。

为了便于使用,国家标准对所规定的孔、轴公差带列有极限偏差表。本书附录中列出了基本尺寸至 500 mm 的优先配合和部分常用配合中孔、轴极限偏差表(见附表)。

5) 极限与配合在图样上的标注

(1) 在零件图上的注法。

零件图上线性尺寸公差,按图 6-34 所示的三种形式之一注出。

值得注意的是,用公差带代号标注公差时,基本偏差代号与公差等级数字等高,如 H7、K6;用上、下偏差数值标注尺寸公差时,偏差数值应与基本尺寸单位相同(mm),偏差数字比基本尺寸数字小一号。上、下偏差数值前必须标出正、负号(0 除外),小数点必须对齐,小数点后的位数也必须相同。当上偏差或下偏差为 0 时,可用数字"0"标出,并与另一个偏差的个位数对齐。

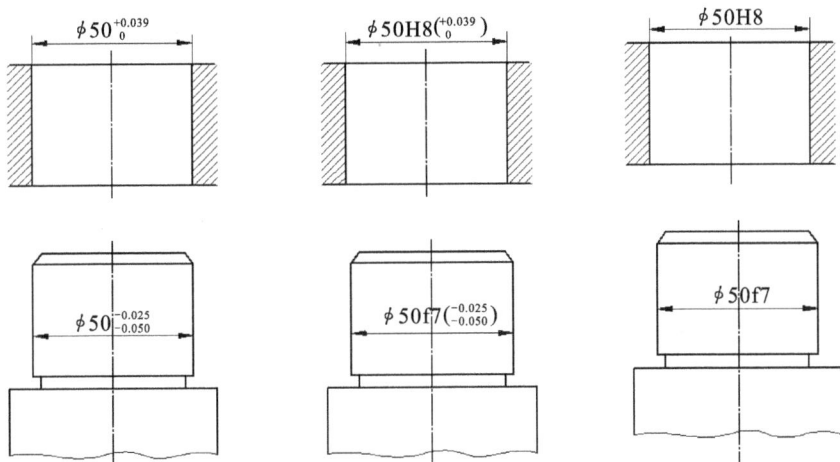

图 6-34 零件图上尺寸公差注法

（2）在装配图上的注法。

配合代号由两个相互结合的孔和轴的公差带代号组成，用分数形式表示：

$$基本尺寸\frac{孔公差带代号}{轴公差带代号}$$

在图样上的标注形式如图 6-35 所示。

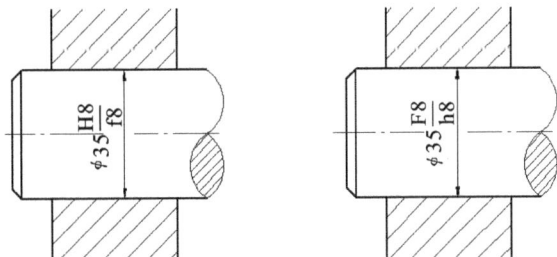

图 6-35 装配图上配合代号注法

（3）查表举例。

【例 6-1】 确定 $\phi50H8$ 的上下偏差。

【解】 H8 为孔的公差带代号，查孔的极限偏差表，在基本尺寸">40～50"分段和公差带 H8 的行列中找到 $^{+0.039}_{0}$，即得孔的尺寸 $\phi50^{+0.039}_{0}$。

【例 6-2】 确定 $\phi50h6$ 的上下偏差。

【解】 h6 为轴的公差带代号，查轴的极限偏差表，在基本尺寸">40～50"分段和公差带 h6 的行列中找到 $^{0}_{-0.016}$，即得轴的尺寸 $\phi50^{0}_{-0.016}$。

【例 6-3】 确定 $\phi28\frac{S7}{h6}$ 中孔、轴上、下偏差值。

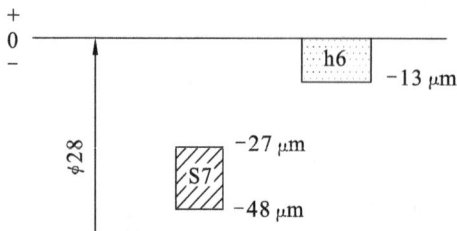

图 6-36 孔与轴公差带图

【解】 从表 6-9 中可知，$\dfrac{S7}{h6}$ 是基轴制优先选用的过盈配合，故可直接从附表中查得 $\phi28\ S7$ 的 $ES=-27\mu m$，$EI=-48\mu m$。从附表中查得 $\phi28h6$ 的 $es=0$，$ei=-13\mu m$。即孔：$\phi28^{-0.027}_{-0.048}$，轴：$\phi28^{\ 0}_{-0.013}$，孔、轴公差带图如图 6-36 所示。

4. 零件的形状与位置公差

1）形状和位置公差的概念

形状和位置公差简称形位公差，是零件要素（点、线、面）的实际形状或实际位置对理想形状或理想位置的允许变动量。

2）形位公差的项目符号及标注

国家标准 GB/T 1182—1996 将形状公差分为四个项目：直线度、平面度、圆度和圆柱度。将位置公差分为八个项目：平行度、垂直度和倾斜度为定向公差，位置度、同轴度和对称度为定位公差，圆跳动和全跳动为跳动公差。线轮廓度和面轮廓度按有无基准要求，分为位置公差和形状公差。形位公差的每个项目都规定了专用符号，如表 6-10 所示。

表 6-10　　　　　　　　形位公差各项目的名称和符号（GB/T 1182—1996）

公　差	项　目	符　号	公　差		项　目	符　号
形状公差	直线度	——	位置公差	定　向	平行度	//
	平面度	▱			垂直度	⊥
					倾斜度	∠
	圆　度	○		定　位	同轴度	◎
					对称度	=
	圆柱度	⌭			位置度	⊕
形状公差或位置公差	线轮廓度	⌒		跳动	圆跳动	↗
	面轮廓度	⌓			全跳动	↗↗

在图样上标注形位公差时，应有公差框格、被测要素和基准要素（对位置公差）三组内容。

（1）公差框格。

形位公差要求在矩形公差框格中给出，该框由两格或多格组成。其用细实线绘制，框格高度推荐为图内尺寸数字高度的两倍，框格中的内容从左到右分别填写公差特征符号、线性公差值（如公差带是圆形或圆柱形的，则在公差值前加注"ϕ"，如果是球形的，则加注"$S\phi$"），第三格及以后格为基准代号的字母和有关符号，如图 6-37 所示。公差框格可水平或垂直放置。

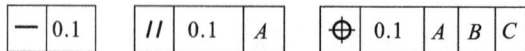

图 6-37　公差框格

（2）被测要素的标注。

用带箭头的指引线将框格与被测要素相连,按下列方式标注。

① 当公差涉及线或面时,将箭头垂直指向被测要素轮廓线或其延长线上,但必须与相应尺寸线明显地错开,如图 6-38 所示。

图 6-38　被测要素标注方式（一）

② 当公差涉及轴线或中心平面时,则箭头应与尺寸线对齐,如图 6-39 所示。

图 6-39　被测要素标注方式（二）

③ 几个表面有同一数值的公差带要求时,其表示法如图 6-40 所示。

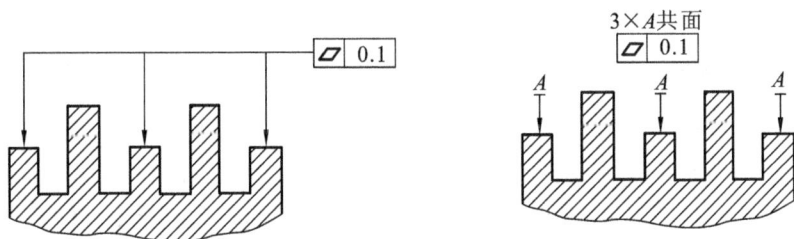

图 6-40　被测要素标注方式（三）

（3）基准要素的标注。

基准要素用基准字母表示,基准符号用带小圆(直径比图中尺寸数字高两倍)的大写字母用细实线与粗的短横线相连,如图 6-41 所示。表示基准的字母也应注在相应的公差框格内。

单一基准要用大写字母表示,如图 6-42(a)所示;由两个要素组成的公共基准,用横线隔开的大写字母表示,如图 6-42(b)所示;由三个或三个以上要素组成的基准体系,如多基准组合,表示基准的大写字母按基准的优先次序从左至右分别置于格中,如图 6-42(c)所示。

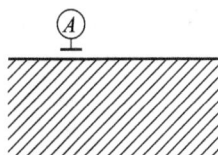

图 6-41　基准符号

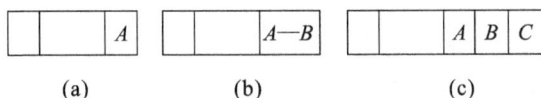

图 6-42　基准字母在框格内的表示

基准符号的短横线应置于：当基准要素是轴线、中心平面或带尺寸的要素确定的点时，则基准符号中的粗短线应与尺寸线对齐，如图 6-43 所示；当基准要素是轮廓线或表面时，在要素的外轮廓线上方或它的延长线上，并应与尺寸线明显错开，如图 6-44 所示。

当被测要素和基准要素允许互换时，即为任选基准时的标注方法，如图 6-45 所示。

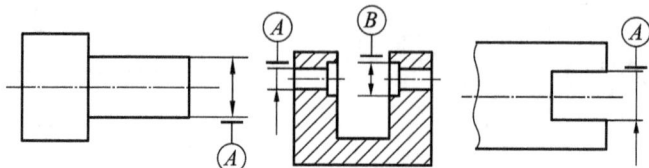

图 6-43　基准符号短横线的放置(一)

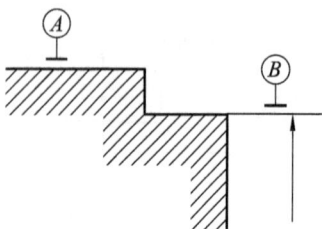

图 6-44　基准符号短横线的放置(二)

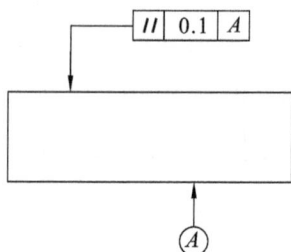

图 6-45　任选基准时

6.2.6　零件测绘与阅读零件图

根据已有的零件画出其零件图的过程叫零件测绘。在机械设计中，可在产品设计之前先对现有的同类产品进行测绘，作为设计产品的参考资料。在机器维修时，如果某零件损坏，又无配件或图样时，可对零件进行测绘，画出零件图，作为制造零件的依据。

1. 零件测绘的步骤

1）分析零件，确定表达方案

对零件进行形体和结构分析，主要是了解所测绘零件的名称、作用、材料和制造方法，以及与其他零件的相互关系，以确定表达方案。

2）画零件草图

测绘常在生产现场进行。零件草图是徒手目测画在方格纸或白纸上的，画图时要尽量保持零件各部分的大致比例关系。形体结构表达要准确，线条要粗细分明，图面干净整洁。一定要克服草图是潦草图的错误理解。

画草图的基本过程和绘图仪绘图相同，即先布图、画图框和标题栏，然后用 2H 或 H 的铅笔画视图底稿，底稿检查无误后，用 HB 的铅笔加深，最后用橡皮擦除多余线。

3）测量和标注尺寸

画出各视图后，再画出全部尺寸的尺寸界线和尺寸线。然后用量具精确测量出主要尺寸及部分结构尺寸，而一般结构的尺寸经测量圆整后逐一写到草图上。能计算出的主要尺寸，如齿轮啮合中心距等要通过计算再标注。标准化结构可先测量再查有关的标准，根据标准值注写。测量零件尺寸常用的测量工具有直尺、内外卡钳、游标卡尺、螺纹规、量角器等。线性尺寸如壁厚、中心距及直径等可直接用量具测出。常用测量工具及测量方法见表 6-11。

表 6-11　　　　　　　　　　　**常用测量工具及测量方法**

线性尺寸	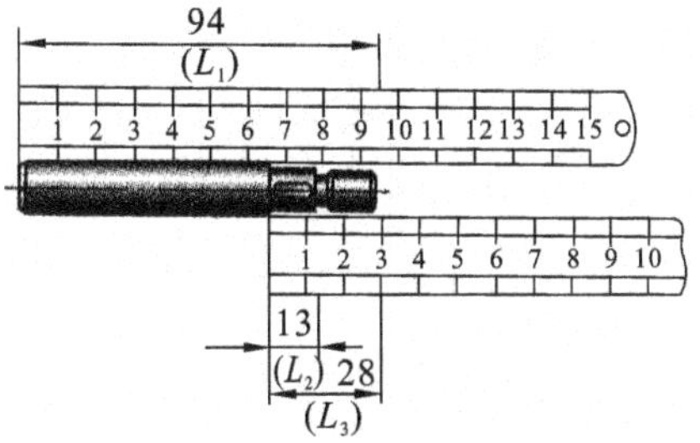 长度尺寸可以用钢直尺直接测量读数,如图中的长度 L_1(94)、L_2(13)、L_3(28)
螺纹螺距	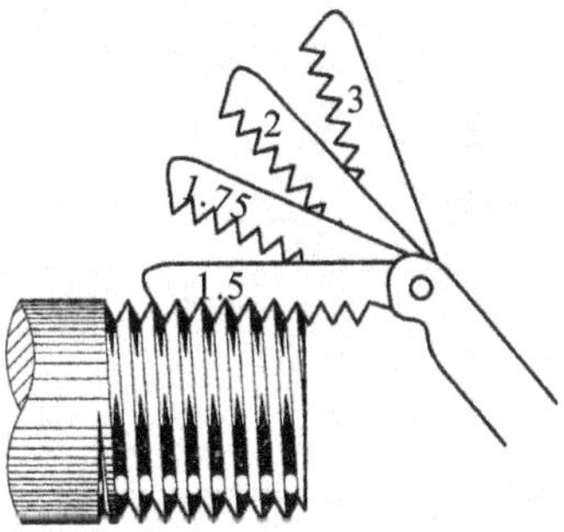 1. 螺纹规测螺距 (1) 用螺纹规确定螺纹的牙型和螺距 $P=1.5\text{mm}$; (2) 用游标卡尺量出螺纹大径; (3) 目测螺纹的线数和旋向; (4) 根据牙型、大径、螺距,与有关手册中螺纹的标准核对,选取相近的标准值 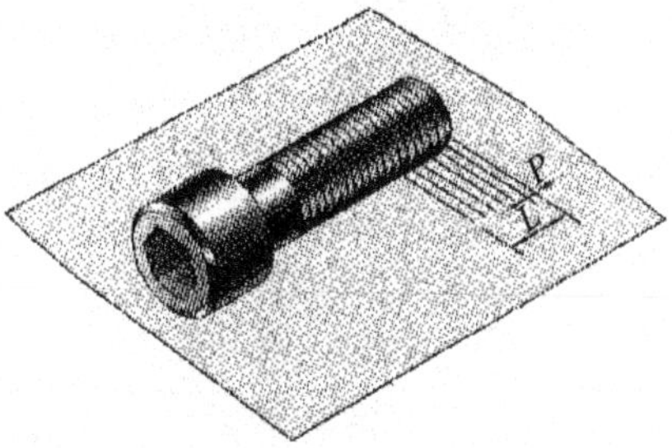 2. 压痕法测螺距 若没有螺纹规,可将一张纸放在被测螺纹上,压出螺距印痕,用钢直尺量出 5～10 个螺纹的长度,即可算出螺距 P,根据 P 和测出的大径查手册取标准数值
孔间距	 (a) $D=K+d$ (b) $L=A+(D_1+D_2)/2$ 孔间距可以用卡钳(或游标卡尺)结合钢直尺测出

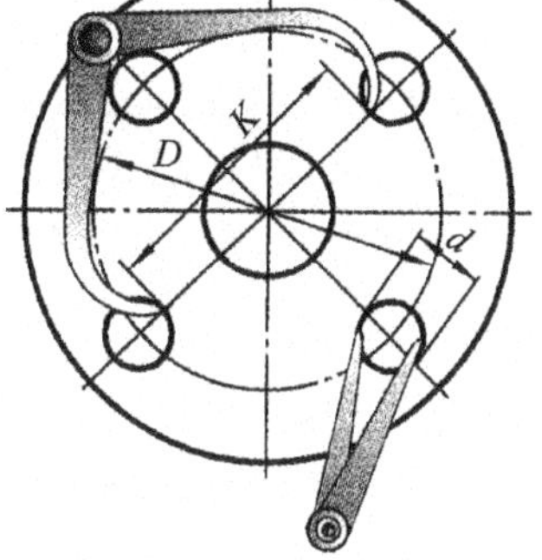

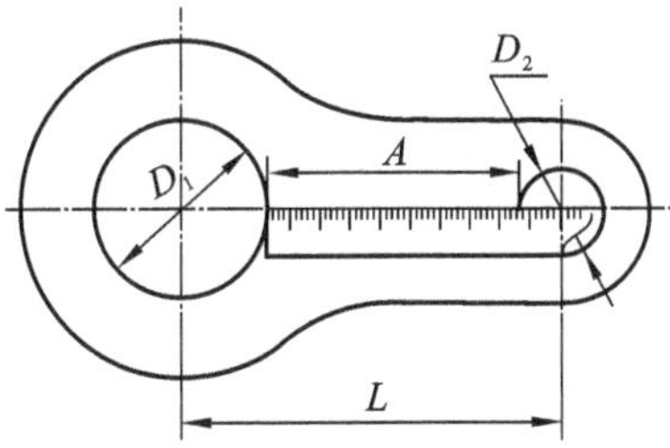

<table>
<tr><td>曲面轮廓</td><td>

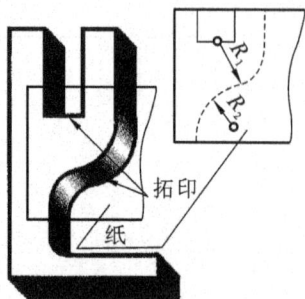

泵盖外形的圆弧连接曲线直接测量有困难,可以采用拓印法。先在泵盖端面上涂一些油,再放在纸上拓印出它的轮廓形状。然后用几何作图方法求出两圆心的位置 O_1 和 O_2,并定出轮廓部分各圆弧的尺寸(如 $\phi68$mm、$R8$mm、$R4$mm 等)

</td><td>壁厚尺寸</td><td>

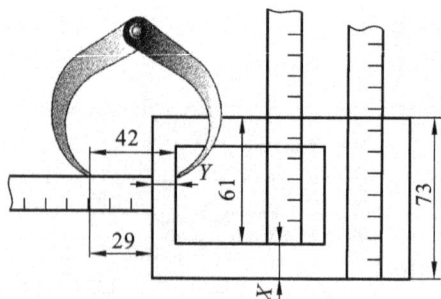

壁厚尺寸可以用钢直尺测量,如图中底壁厚 $X=73$mm-61mm,或用卡钳和钢直尺测量,如图中侧壁厚度 $Y=42$mm-29mm

</td></tr>
<tr><td rowspan="2">直径尺寸</td><td rowspan="2">

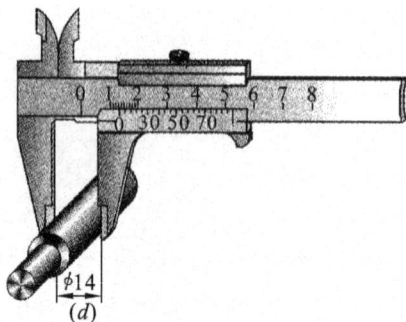

直径尺寸可以用游标卡尺直接测量读数,如图中的直径 $d(\phi14$mm$)$

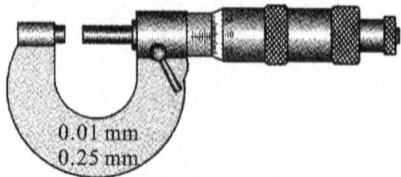

</td><td>中心高</td><td>

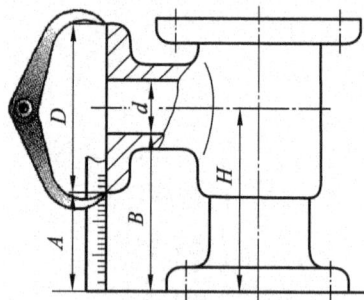

$$H=A+D/2=B+d/2$$

中心高可以用钢直尺和卡钳(或游标卡尺)测出

</td></tr>
<tr><td>角度</td><td>

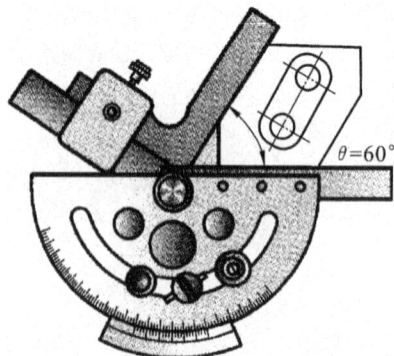

用游标万能角度尺可以测量各种角度

</td></tr>
</table>

齿轮的模数	(1) 数出齿数 $Z=16$； (2) 量出顶圆直径 $d_a=53.6\text{mm}$。当齿数为单数而不能直接测量时,可按右下图所示方法量出 $(d_a=d+2e)$； (3) 计算 $m'=d_a/(z+2)=53.6\text{mm}/(16+2)=2.98\text{mm}$； (4) 修正模数。由于齿轮磨损或测量误差,当计算的模数不是标准模数时,应在标准模数表(表5-2)中选用与 m' 最接近的标准模数,现应定模数为 3mm； (5) 按表 5-3 计算出齿轮其余各部分的尺寸	

4) 标注精度要求

注完尺寸后,要根据零件的工作情况标注尺寸公差、表面粗糙度和形位公差。尺寸公差、表面粗糙度及形位公差的数值要根据表面的作用及加工情况合理选择。只有深入了解零件各表面的作用及工作要求后才能合理选择,一定要防止主观臆断,随意注写精度要求。

5) 绘制零件图

将零件草图整理成完整的零件图,可用仪器或计算机绘制,绘制方法和步骤与绘制草图的步骤相同。

2. 阅读零件图的一般步骤

1) 阅读零件图的目的

一张零件图的内容是相当丰富的,不同工作岗位的人看图的目的也不同,通常读零件图的主要目的如下。

(1) 对零件有一个概括的了解,如名称、材料等。

(2) 根据给出的视图,想象出零件的形状,进而明确零件在设备或部件中的作用及零件各部分的功能。

(3) 通过阅读零件的尺寸,对零件各部分的大小有一个概念,进一步分析出各方向尺寸的主要基准。

(4) 明确制造零件的主要技术要求,如表面粗糙度、尺寸公差、形位公差、热处理及表面处理等要求,以便确定正确的加工方法。

2) 阅读零件图的方法和步骤

阅读零件图的方法没有一个固定不变的程序,对于较简单的零件图,也许泛泛地阅读就能想象出物体的形状及明确其精度要求。对于较复杂的零件图,则需要通过深入分析,由整体到局部,再由局部到整体反复推敲,最后才能搞清其结构和精度要求。一般而言按下述步骤去阅读一张零件图。

(1) 看标题栏。

看一张图,首先从标题栏入手,标题栏内列出了零件的名称、材料、比例等信息,从标题栏可以得到一些有关零件的概括信息。

例如图 6-46 所示的机座零件图,从名称就能联想到,它是一个起支承作用的零件。从材料 HT200 知道,零件毛坯采用铸件,所以具有铸造工艺要求的结构,如铸造圆角、起模斜度、铸造壁厚均匀等。

(2)明确视图关系。

所谓视图关系,即视图表达方法和各视图之间的投影联系。

如图 6-46 所示的机座零件图,采用了主、俯、左三个基本视图,主视图采用半剖视,左视图采用局部剖视,俯视图采用全剖视。

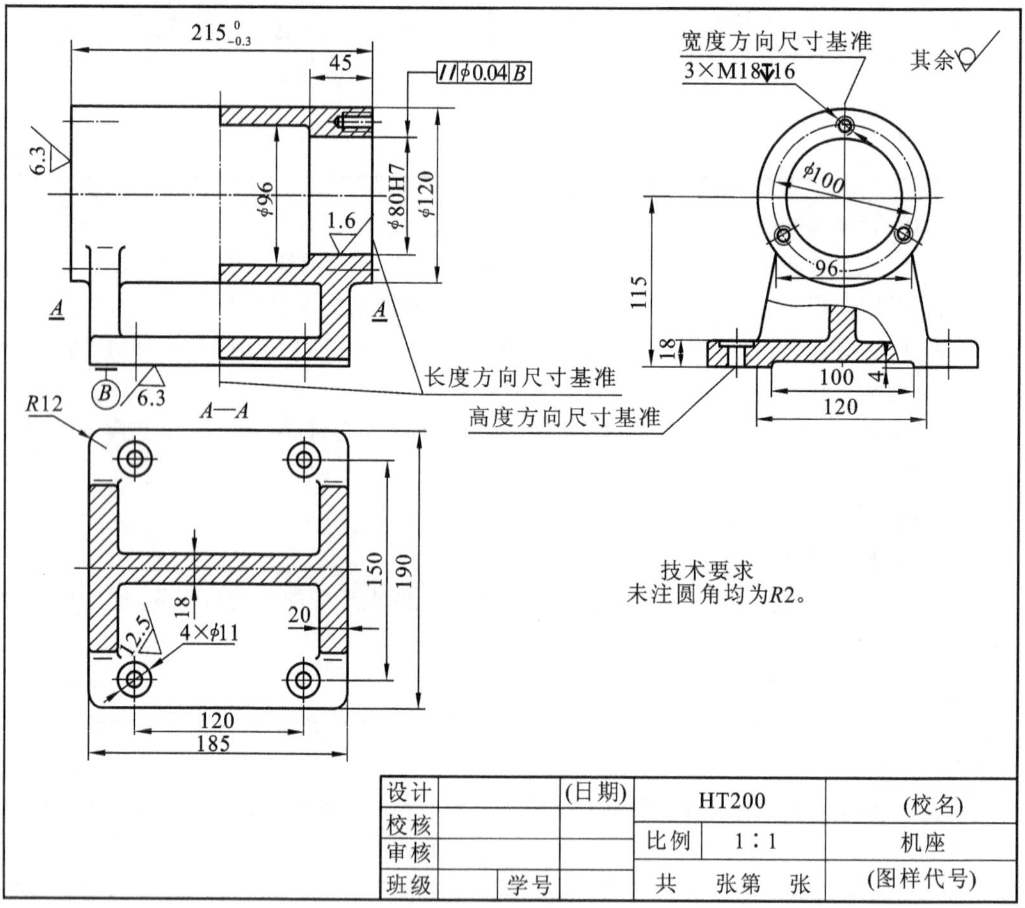

图 6-46 机座零件图

(3)分析视图,想象零件结构形状。

从学习阅读机械图的角度来说,分析视图、想象零件的结构形状是最关键的一步。看图时,仍采用前述组合体的看图方法,对零件进行形体分析、线面分析。由组成零件的基本形体入手,由大到小,从整体到局部,逐步想象出物体的结构形状。

从图 6-46 机座零件图的三视图可以看出零件的基本结构形状。它的基本形体由三部分构成,上部是圆柱体,下部是长方体底板,其和圆柱体之间用 H 形肋板连接。

想象出基本形体之后,再深入到细部,这一点一定要引起高度重视,初学者往往被某些不易看懂的细节所困扰,这是抓不住整体造成的后果。对于本例来说,圆柱体的内部由三段圆柱孔组成,两端的 $\phi80H7$mm 是轴承孔,中间的 $\phi96$mm 是毛坯面。柱面端面上各有 3 个 M18 的螺纹孔。底板上有 4 个 $\phi11$mm 的地脚孔,H 形肋板和圆柱为相交关系。

(4)看尺寸,分析尺寸基准。

分析零件上的尺寸的目的,是识别和判断哪些尺寸是主要尺寸,各方向的主要尺寸基准是什么,明确零件各组成部分的定形尺寸、定位尺寸。按上述形体分析的方法对图 6-46 所示的机座进行形体分析,找出各部分形体的定形尺寸、定位尺寸和各方向的尺寸基准。

(5)看技术要求。

零件图上的技术要求主要有表面粗糙度,极限与配合,形位公差及文字说明的加工、制造、检验等要求。这些要求是制订加工工艺、组织生产的重要依据,要深入分析理解。

图 6-46 机座零件图中,精度最高的是 $\phi80H7$mm 轴承孔,表面粗糙度 $R_a = 1.6$ μm,且与底面保持平行度要求。

以上分析了阅读零件图的一般方法和步骤,可根据上述方法自行阅读图 6-47 所示的缸体零件图。

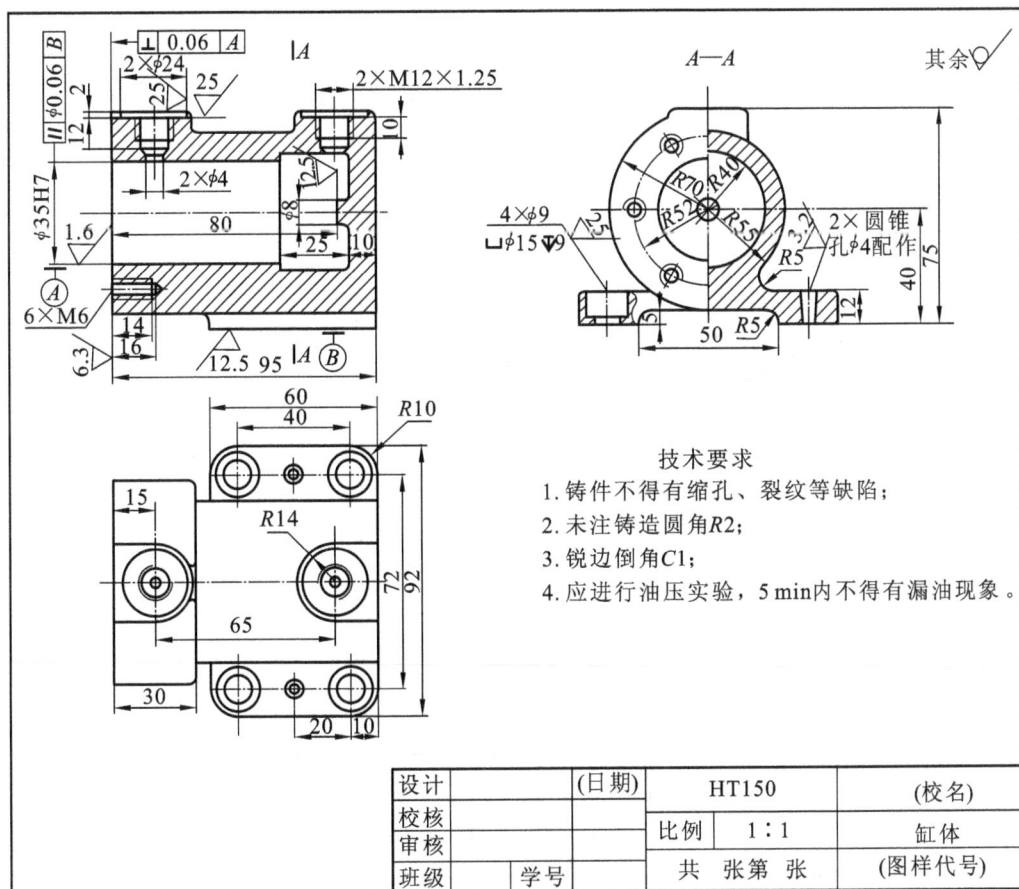

技术要求
1. 铸件不得有缩孔、裂纹等缺陷;
2. 未注铸造圆角 R2;
3. 锐边倒角 C1;
4. 应进行油压实验,5 min 内不得有漏油现象。

设计		(日期)	HT150	(校名)
校核			比例　1:1	缸体
审核				
班级	学号		共　张第　张	(图样代号)

图 6-47　缸体零件图

6.3　任务实施

6.3.1　轴套类零件的绘制

轴套类零件包括各种轴、丝杆、套筒等，在机器中主要用来支承传动件（如齿轮、带轮等），实现旋转运动并传递动力。

1. 结构分析

轴套类零件大多数由同轴心线、不同直径的数段回转体组成，轴向尺寸比径向尺寸大得多。轴上常有一些典型工艺结构，如键槽、退刀槽、螺纹、倒角、中心孔等结构，其形状和尺寸大部分已标准化。如图 6-48 所示的纵轴即属于轴套类零件。

2. 表达方法

轴套类零件一般在车床上加工，要按形状和加工位置确定主视图，轴线水平放置，大头在左、小头在右，键槽和孔结构可以朝前。轴套类零件的主要结构形状是回转体，一般只画一个主视图，如图 6-49 所示。对于零件上的键槽、孔等，可作移出断面图。砂轮越程槽、退刀槽、中心孔等可用局部放大图表达。

图 6-48　纵轴

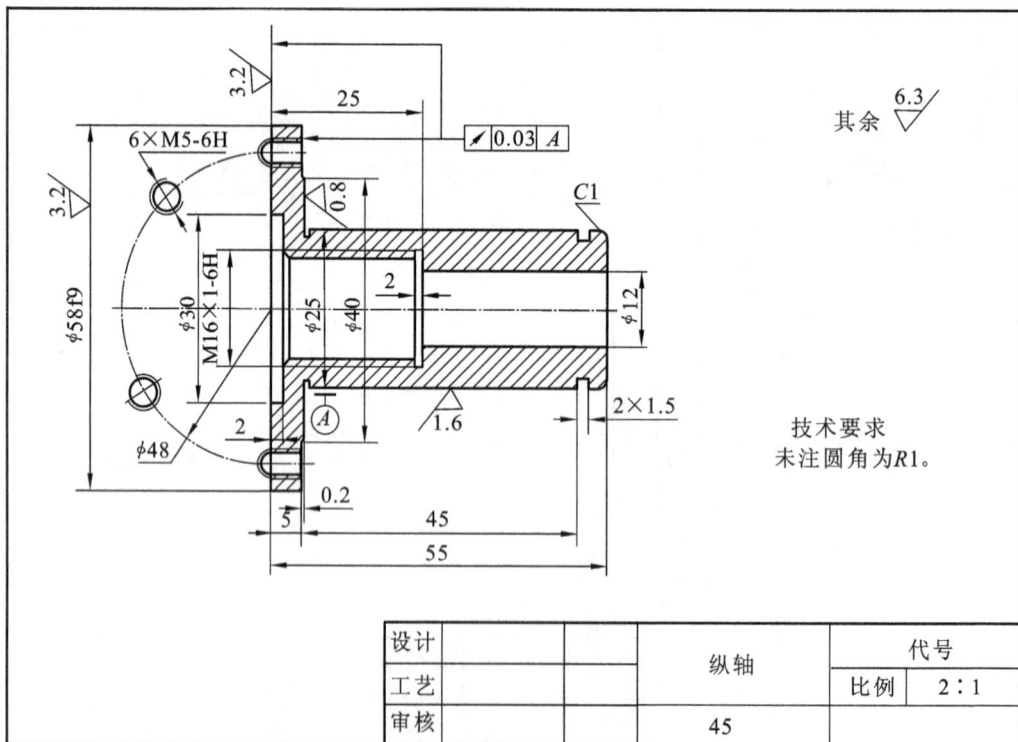

图 6-49　轴套零件图

3. 尺寸标注

（1）轴套类零件的尺寸主要是轴向和径向尺寸，径向尺寸的主要基准是轴线，轴向尺寸的主要基准是一些重要的端面。

（2）主要形体是同轴的，可省去定位尺寸。

（3）重要尺寸必须直接注出，其余尺寸多按加工顺序注出。

（4）为了清晰和便于测量，在剖视图上，内外结构形状尺寸应分开标注。

（5）零件上的标准结构，应按该结构标准尺寸注出。

4. 技术要求

有配合要求的表面，其表面粗糙度、尺寸精度要求较严。有配合的轴颈和重要的端面应有形位公差要求，如同轴度、径向圆跳动、端面圆跳动及键槽的对称度等。

6.3.2　滑动轴承盖的测绘

滑动轴承盖轴测图如图 6-50 所示。

轴承盖的结构具有对称性，主要加工表面为止口、轴孔及其端面（轴承盖与轴承座、轴瓦等零件的关系）。毛坯采用铸件，材料为铸铁。表达方案为主视图采用半剖，投射方向与轴孔的轴线方向相同，俯视图采用外形视图，左视图采用半剖。绘制出的草图如图 6-51 所示，根据草图绘制出零件图，如图 6-52 所示。

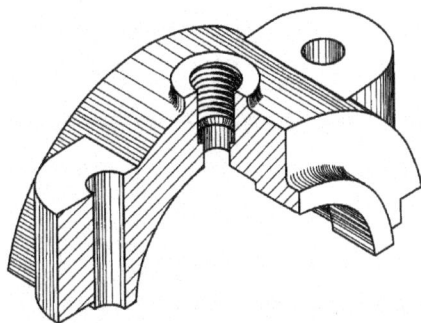

图 6-50　滑动轴承盖轴测图

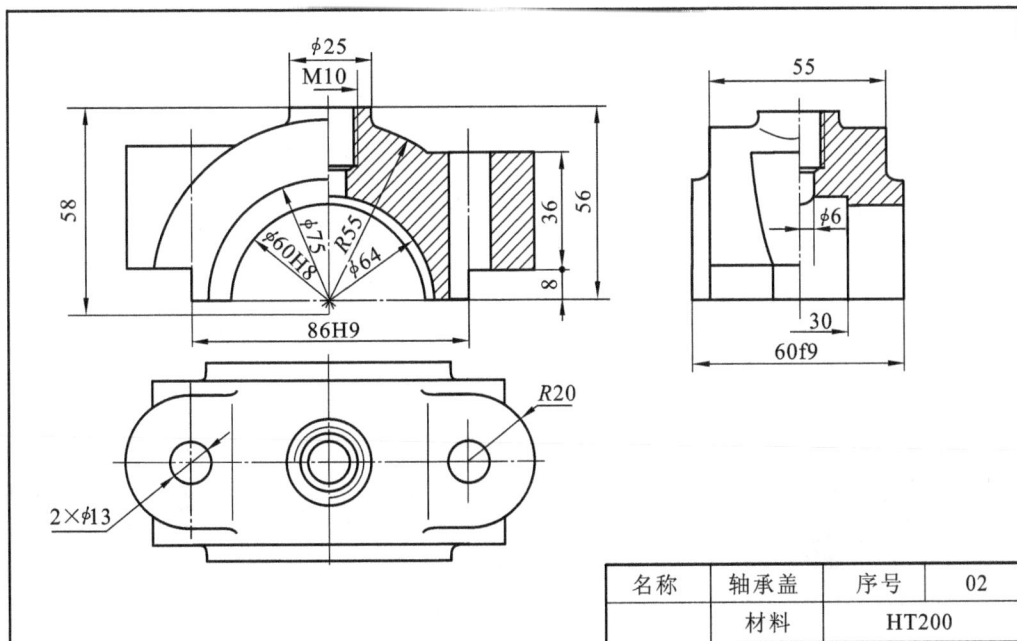

图 6-51　滑动轴承盖草图

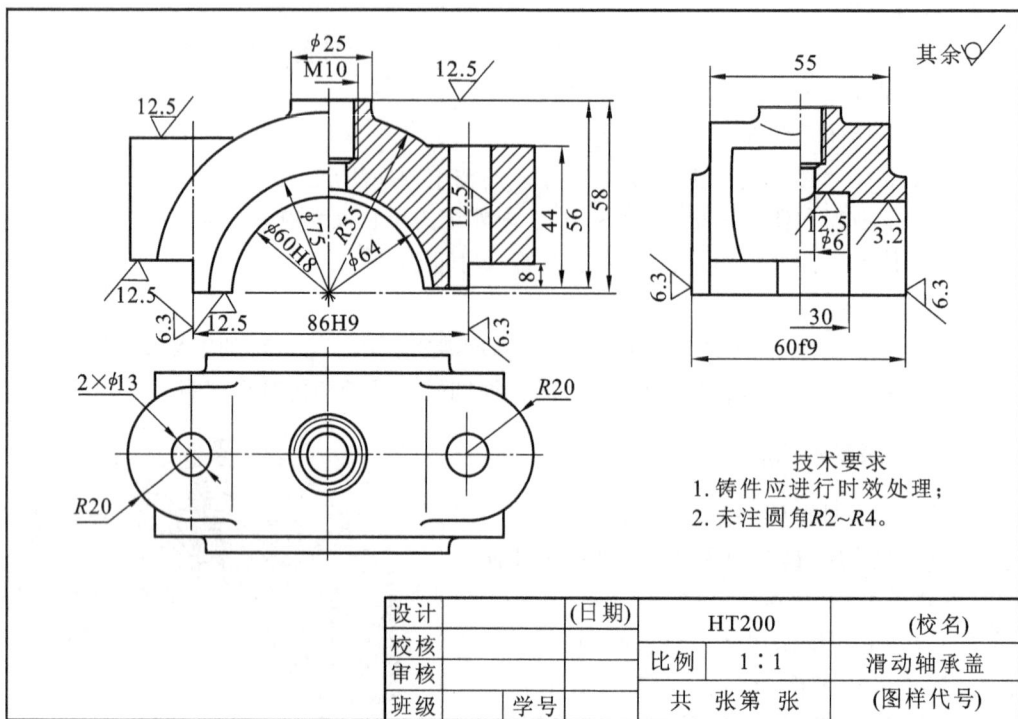

表 6-52 滑动轴承盖零件图

6.3.3 端盖零件的绘制

1. 结构分析

主体一般为回转体或其他平板型,厚度方向的尺寸比其他两个方向的尺寸小,其上常有凸台、凹坑、螺孔、销孔、轮辐等局部结构,如图 6-53 所示。端盖零件图见图 6-54。

图 6-53 端盖

2. 表达方法

(1) 这类零件的毛坯为铸件或锻件,机械加工以车削为主,主视图一般按加工位置水平放置,但有些较复杂的盘盖,因加工工序较多,主视图也可按工作位置画出。

(2) 一般需要两个及以上基本视图。

(3) 根据结构特点,视图具有对称面时,可作半剖视;无对称面时,可作全剖或局部剖视。其他结构形状如轮辐和肋板等可用移出断面图或重合断面图表示,也可用简化画法。

(4) 注意均布肋板、轮辐的规定画法。

3. 尺寸标注

(1) 此类零件的尺寸一般为两大类:轴向及径向尺寸,径向尺寸的主要基准是回转轴

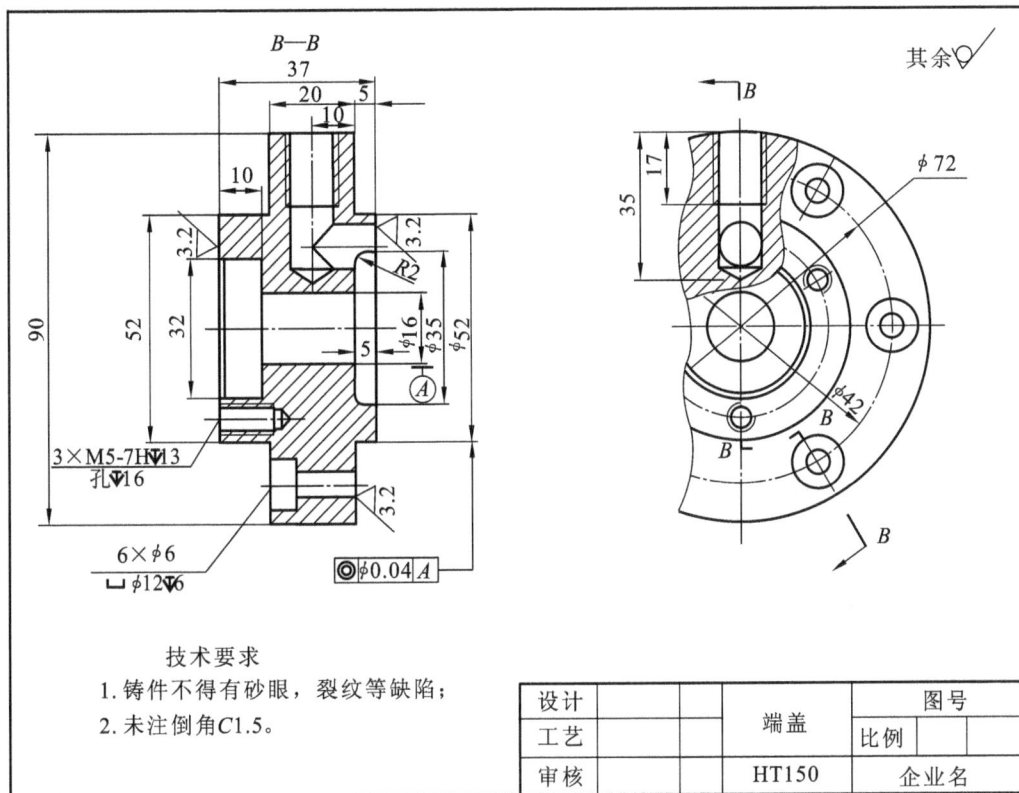

图 6-54 端盖零件图

线,轴向尺寸的主要基准是重要的端面。

(2) 定形和定位尺寸都较明显,尤其是在圆周上分布的小孔的定位圆直径是这类零件的典型定位尺寸,多个小孔一般采用如"6×φ6EQS"形式标注,EQS 即等分圆周,角度定位尺寸一般不标注。

(3) 内外结构形状尺寸应分开标注。

4. 技术要求

有配合要求或用于轴向定位的表面,其表面粗糙度和尺寸精度要求较高,端面与轴线之间常有形位公差要求。

项目 7　装配图的绘制

7.1　学习目标与工作任务

通过本项目的实施,学生应掌握装配图的作用和内容、装配图的规定画法和特殊画法、尺寸和技术要求、零(部)件序号和明细表的画法等知识点,完成如表 7-1 所示的工作任务:

表 7-1　　　　　　　　　　　　　　　工作任务

序　号	任务名称	任务目标
1	绘制千斤顶的装配图	了解千斤顶的工作原理和装配线路,根据各零件图绘制千斤顶的装配图
2	绘制机用虎钳装配图	根据已有的部件(或机器)和零件进行测量,并画出机用虎钳装配图和零件图

7.2　知　识　准　备

7.2.1　装配图的作用和内容

1. 装配图的作用

表达装配体(机器或部件)的图样,称为装配图。装配图表示装配体的基本结构、各零件的相对位置、装配关系和工作原理。在产品设计中,一般先根据产品的工作原理设计装配图,然后再根据装配图进行零件设计并画出零件图;在产品制造中,装配图是制订装配工艺规程,进行装配和检验的技术依据;在机器使用和维修时,也需要通过装配图来了解机器的工作原理和构造。因此,装配图是生产中的主要技术文件。

2. 装配图的内容

图 7-1 所示为滑动轴承的轴测图,图 7-2 所示是滑动轴承的装配图,从中可见装配图的内容一般包括四个方面。

1) 一组视图

用一组视图完整、清晰、准确地表达出机器的工作原理、各零件的相对位置及装配关系、连接方式和重要零件的形状结构。

图 7-1 所示是滑动轴承的轴测图,它直观地表示了滑动轴承的外形结构,但不能清晰地表示各零件的装配关系。图 7-2 所示是滑动轴承的装配图,图中采用了三个基本视图,由于结构基本对称,所以三个视图均采用了半剖视,这就比较清楚地表示了轴承盖、轴承座和上下轴衬的装配关系。

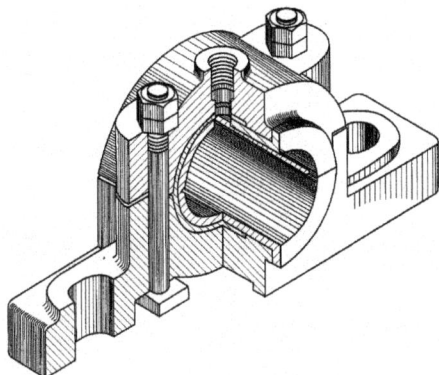

图 7-1 滑动轴承的轴测图

2) 必要的尺寸

装配图上要有表示机器或部件的规格、装配、检验、总体尺寸和安装时所需要的一些尺寸。

图 7-2 所示滑动轴承的装配图中,轴孔直径 $\phi50H8$mm 为规格尺寸,176mm、58mm、2 $\times\phi20$mm 等为安装尺寸。$\phi60H8/k7$mm、$86H9/f9$mm 等为装配尺寸,236mm、121mm 为总体尺寸。

3) 技术要求

技术要求就是说明机器或部件的性能和装配、调整、试验等所必须满足的技术条件。一般在标题栏、明细栏的上方或左面,如图 7-2 中的部件,其技术要求是:装配后要进行接触面涂色检查。

4) 零件的序号、明细栏和标题栏

装配图中的零件编号、明细栏用于说明每个零件的名称、代号、数量和材料等。标题栏包括零部件名称、比例、绘图及审核人员的签名等。绘图及审核人员签名后就要对图纸的技术质量负责,所以画图时必须细致认真。

7.2.2 装配图画法的基本规定

装配图的表示法和零件图基本相同,都是通过各种视图、剖视图和断面图等来表示的,所以零件图中所应用的各种表示法都适用于装配图。此外,根据装配图的要求还有一些规定画法的特殊规定。

(1) 两相邻零件的接触面和基本尺寸相同的两配合面只画一条线,但是,如果两相邻零件的基本尺寸不相同,即使间隙很小,也必须画成两条线,间隙小时可夸大画出。如

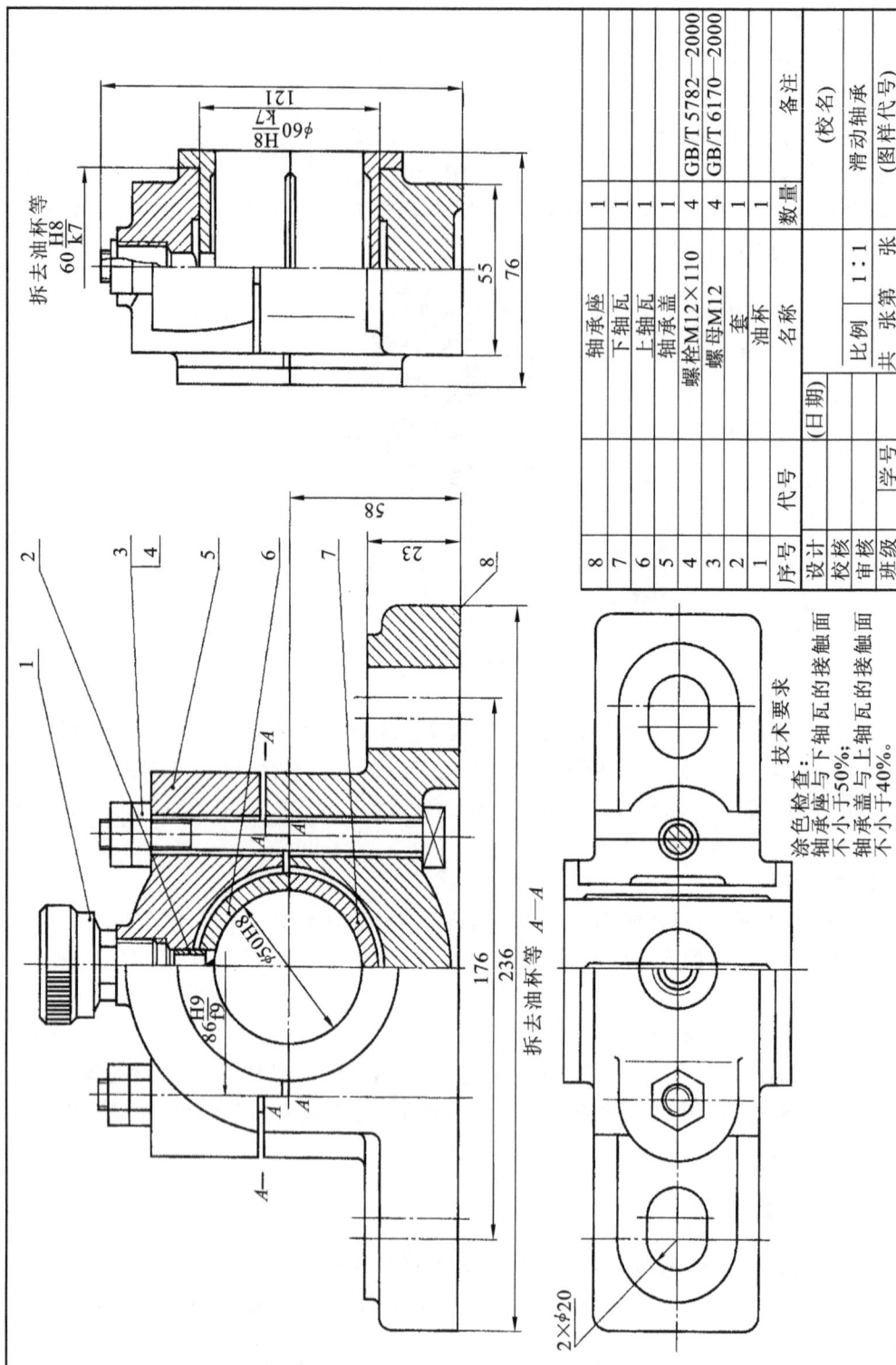

8		轴承座	1		
7		下轴瓦	1		
6		上轴瓦	1		
5		轴承盖	1		
4		螺栓M12×110	4	GB/T 5782—2000	
3		螺母M12	4	GB/T 6170—2000	
2		套	1		
1		油杯	1	滑动轴承	
序号	代号	名称	数量	备注	
设计		(日期)			(校名)
校核			比例	1:1	
审核			共 张 第 张		(图样代号)
班级		学号			

技术要求
涂色检查:
轴承座与下轴瓦的接触面
不小于50%;
轴承盖与上轴瓦的接触面
不小于40‰。

图7-2 滑动轴承装配图

图 7-3 所示轴承盖和轴承座的接触表面:$86\dfrac{H9}{f9}$mm 是配合尺寸,所以画成一条线;水平方向的表面为非接触表面,画成两条线。

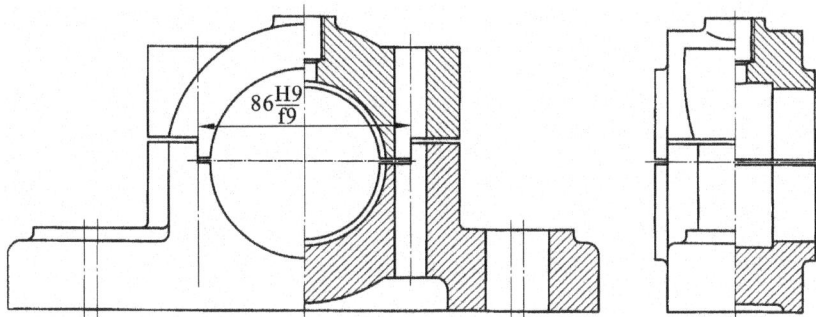

图 7-3　接触面和非接触面画法

（2）相邻两个或多个零件的剖面线应有区别,或者方向相反,或者方向一致但间隔不等,相互错开,如图 7-4 所示。

在装配图中,所有剖视图、断面图中同一零件的剖面线方向和间隔必须一致。这样有利于找出同一零件的各个视图,想象其形状和装配关系。

（3）对于紧固件以及实心的球、手柄、键等零件,若剖切平面通过其对称平面或轴线时,则这些零件均按不剖绘制;如需表明零件的凹槽、键槽、销孔等构造,可用局部剖视表示,如图 7-5 所示。

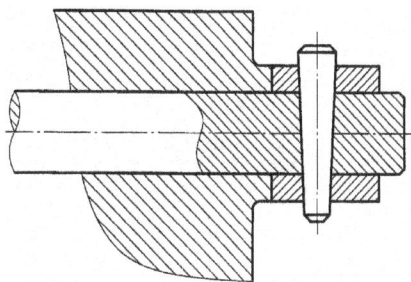

图 7-4　装配图中剖面线的画法

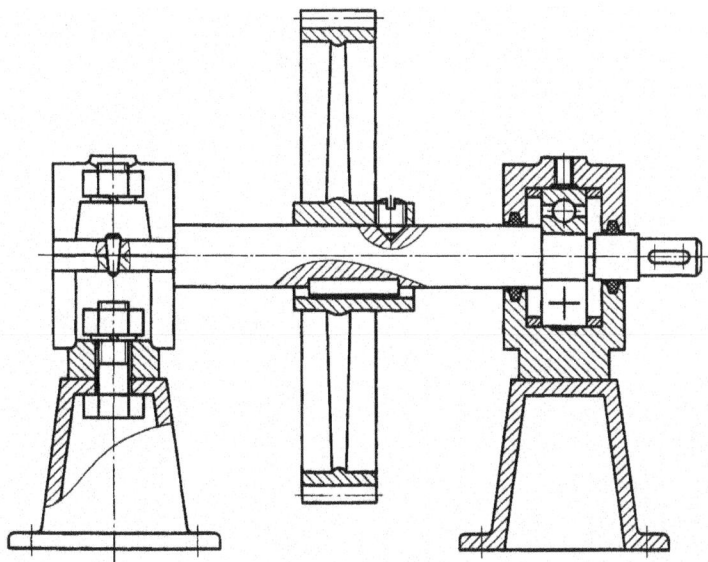

图 7-5　剖视图中不剖零件的画法

7.2.3 装配图画法的特殊规定和简化画法

1.装配图画法的特殊规定

（1）拆卸画法。在装配图的某个视图上，如果有些零件在其他视图上已经表示清楚，而又遮住了需要表达的零件时，则可将其拆卸掉不画而画剩下部分的视图，为了避免看图时产生误解，常在图上加"拆去零件××……"，也可选择沿零件结合面进行剖切的画法。如图 7-2 所示的滑动轴承装配图中，俯视图就采用了拆卸画法。

（2）单独表达某零件的画法。如所选择的视图已将大部分零件的形状、结构表达清楚，但仍有少数零件的某些方面还未表达清楚时，可单独画出这些零件的视图或剖视图，如图 7-6 所示的转子油泵中泵盖的 B 向视图。

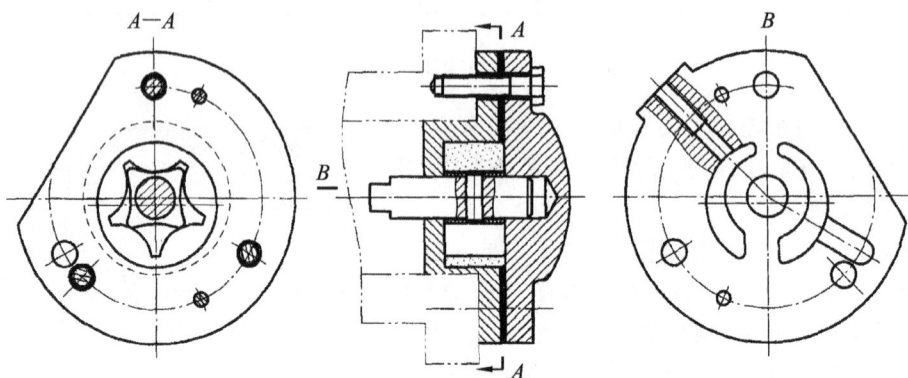

图 7-6　转子油泵

（3）假想画法。为表示部件或机器的作用、安装方法，可将其他相邻零件、部件的部分轮廓用细双点画线画出，如图 7-6 所示。假想轮廓的剖面区域内不画剖面线。

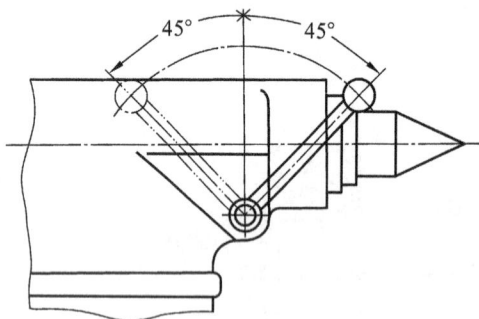

图 7-7　运动零件的极限位置

当需要表示运动零件的运动范围或运动的极限位置时，可按其运动的一个极限位置绘制图形，再用细双点画线画出另一极限位置的图形，如图 7-7 所示。

（4）夸大画法。在装配图中，对于一些薄片零件、细丝弹簧、小的间隙和小的锥度等，可不按其实际尺寸作图，而适当地夸大画出。

2.装配图的简化画法

（1）对于装配图中若干相同的零、部件组，如螺栓连接等，可详细地画出一组，其余只需用细点画线表示其位置即可，如图 7-8 所示。

（2）在装配图中，对薄的垫片等不易画出的零件可将其涂黑，如图 7-8 所示。

（3）在装配图中，零件的工艺结构，如小圆角、倒角、退刀槽、起模斜度等可不画出，如图 7-8 所示。

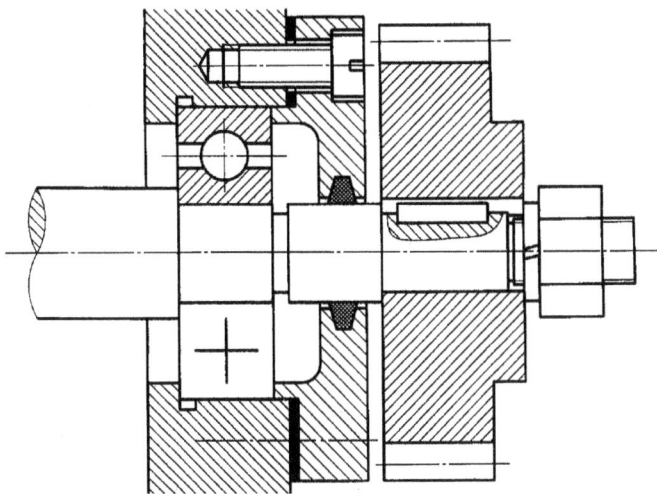

图 7-8 装配图中的简化画法

7.2.4 装配图中的尺寸标注与零、部件编号及明细栏

1. 尺寸标注

装配图的作用是表达零、部件的装配关系,因此,其尺寸标注的要求不同于零件图。不需要注出每个零件的全部尺寸,一般只需标注规格尺寸、装配尺寸、安装尺寸、外形尺寸和其他重要尺寸五大类尺寸。

(1) 规格尺寸。说明部件规格或性能的尺寸,它是设计和选用产品时的主要依据。如图 7-2 中的 $\phi50H8$mm 就是规格尺寸。

(2) 装配尺寸。装配尺寸是保证部件正确装配,并说明配合性质及装配要求的尺寸。如图 7-2 中 $86\frac{H9}{f9}$mm、$\phi60\frac{H8}{k7}$mm 及连接螺栓中心距等都属于装配尺寸。

(3) 安装尺寸。将部件安装到其他零、部件或基础上所需要的尺寸。如图 7-2 中地脚螺栓孔的尺寸 176mm 等属于安装尺寸。

(4) 外形尺寸。机器或部件的总长、总宽和总高尺寸,它反映了机器或部件的体积大小,即该机器或部件在包装、运输和安装过程中所占空间的大小。如图 7-2 中的 236mm、121mm 和 76mm 即是外形尺寸。

(5) 其他重要尺寸。除以上四类尺寸外,在装配或使用中必须说明的尺寸,如运动零件的位移尺寸等。

需要说明的是,装配图上的某些尺寸有时兼有几种意义,而且每一张图上也不一定都具有上述五类尺寸。在标注尺寸时,必须明确每个尺寸的作用,对装配图没有意义的结构尺寸不需注出。

2. 零、部件编号

在生产中,为便于图纸管理、生产准备、机器装配和看懂装配图,对装配图上各零、部件都要编注序号和代号。序号是为了看图方便编制的,代号是该零件或部件的图号或国标代号。零、部件图的序号和代号要和明细栏中的序号和代号相一致,不能产生差错。

1)一般规定

(1)装配图中所有的零、部件都必须编注序号,规格相同的零件只编一个序号,标准化组件如滚动轴承、电动机等,可看作一个整体编注一个序号。

(2)装配图中的零件序号应与明细栏中的序号一致。

2)序号的组成

装配图中的序号一般由指引线(细实线)、圆点(或箭头)、横线(或圆圈)和序号数字组成,如图7-9所示。具体要求如下。

(1)指引线不要与轮廓线或剖面线等图线平行,指引线之间不允许相交,但指引线允许弯折一次。

(2)指引线末端不便画出圆点时,可在指引线末端画出箭头,箭头指向该零件的轮廓线,如图7-9(b)所示。

(3)序号数字比装配图中的尺寸数字大一号或大两号。

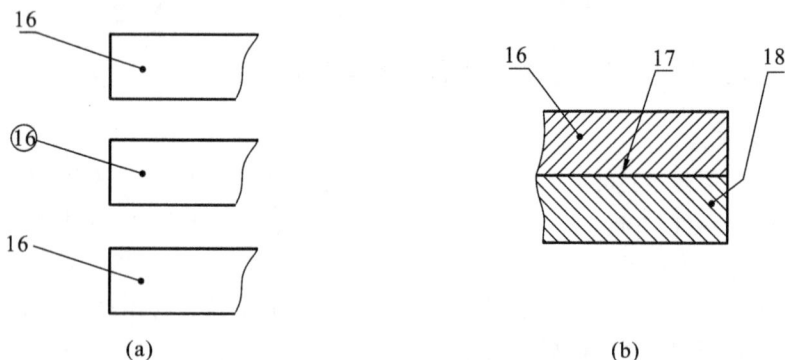

(a)   (b)

图 7-9 序号的组成

3)零件组序号

对紧固件组或装配关系清楚的零件组,允许采用公共指引线,如图7-10所示。

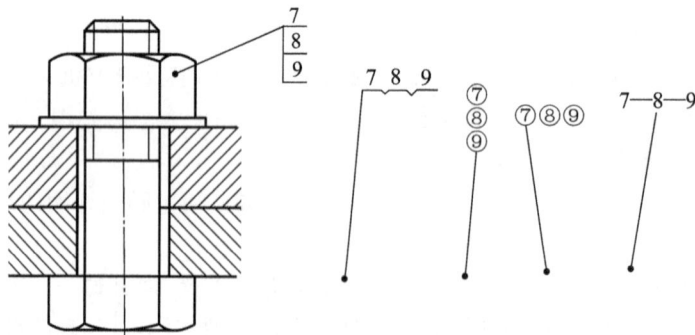

图 7-10 零件组序号

4)序号的排列

零件的序号应沿水平或垂直方向按顺时针或逆时针方向排列,并尽量使序号间隔相等,如图7-2所示。

3. 标题栏及明细栏

标题栏格式由前述的 GB/T 10609.1—2008 确定,明细栏则按 GB/T 10609.2—2009 规定绘制。各工厂企业有时也有各自的标题栏、明细栏格式。推荐的装配图作业格式如图 7-11 所示。

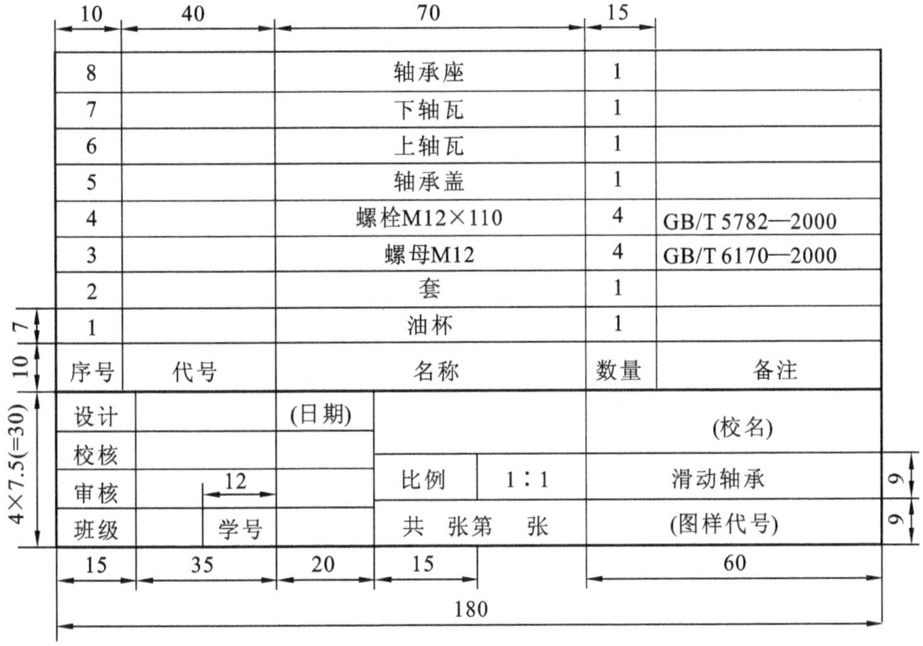

序号	代号	名称	数量	备注
8		轴承座	1	
7		下轴瓦	1	
6		上轴瓦	1	
5		轴承盖	1	
4		螺栓M12×110	4	GB/T 5782—2000
3		螺母M12	4	GB/T 6170—2000
2		套	1	
1		油杯	1	

设计		(日期)	(校名)		
校核					
审核	12		比例	1:1	滑动轴承
班级	学号		共　张第　张		(图样代号)

尺寸标注:10　40　70　15;7　10　4×7.5(=30);15　35　20　15　60;180;9　9

图 7-11　装配图标题栏和明细栏格式

绘制和填写标题栏、明细栏时应注意以下问题。

(1) 明细栏和标题栏的分界线是粗实线,明细栏的外框竖线是粗实线,明细栏的横线和内部竖线均为细实线(包括最上一条横线)。

(2) 序号应自下而上顺序填写,如向上延伸位置不够,可以在紧靠标题栏左边自下而上延续。

(3) 标准件的国标代号可写入备注栏。

7.2.5　装配图中的技术要求

由于装配体的性能、用途各不相同,因此其技术要求也不同,拟订装配体技术要求时,应具体分析,一般应从以下几个方面考虑。

(1) 装配要求。在装配过程中的注意事项和装配后应满足的要求,如保证间隙、精度要求、润滑和密封的要求等。

(2) 检验要求。装配体基本性能的检验、试验规范和操作要求。

(3) 使用要求。对装配体的规格、参数及维护、保养、使用时的注意事项及要求。

上述各项,不是每张装配图都要求全部注写,应根据具体情况而定。装配图上的技术要求一般用文字注写在明细栏上方或图样右下方的空白处。

7.2.6 常见的装配工艺结构及机器上的常见装置

了解装配体上一些有关装配的工艺结构和常见装置,可使图样画得更合理,以满足装配要求。

1. 装配工艺结构

(1) 为了避免装配时表面发生互相干涉,两零件在同一方向上只应有一个接触面,如图 7-12 所示。

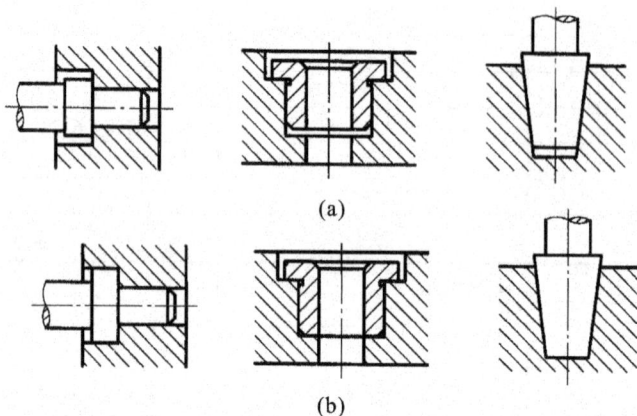

(a)

(b)

图 7-12 两零件接触面的结构
(a)正确;(b)不正确

图 7-2 所示的滑动轴承装配图中,轴承盖、轴承座和上、下轴瓦在竖直方向通过 $\phi 60 \dfrac{H8}{k7}$ 接触,所以轴承盖和轴承座在竖直方向无接触面(参考图 7-3)。

(2) 两零件有一对相交的表面接触时,在转角处应制出倒角、圆角、凹槽等,以保证表面接触良好,如图 7-13 所示。

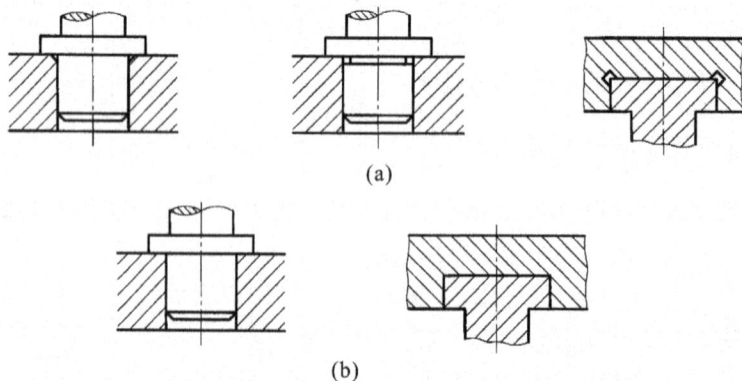

(a)

(b)

图 7-13 直角接触面处的结构
(a)正确;(b)不正确

（3）零件的结构设计要考虑维修时拆卸方便，如图 7-14 所示。其中图 7-14(a)的结构易于拆卸，图 7-14(b)的结构无法拆卸。

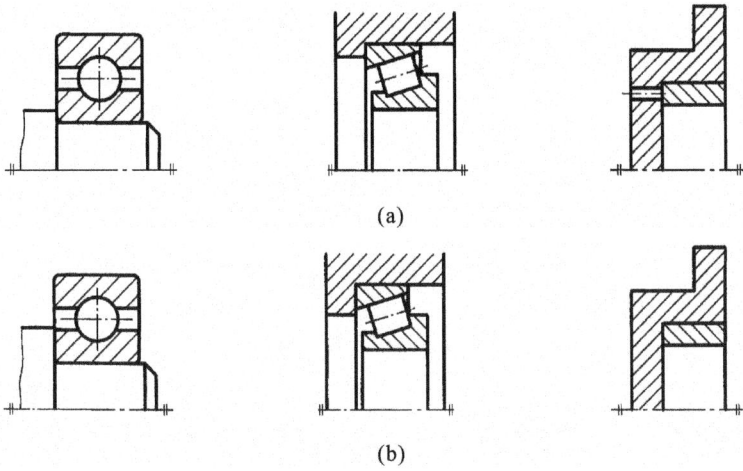

(a)

(b)

图 7-14　装配结构要便于拆卸

(a)易于拆卸；(b)无法拆卸

（4）用螺纹连接的地方要留足装拆的活动空间，如图 7-15 所示。

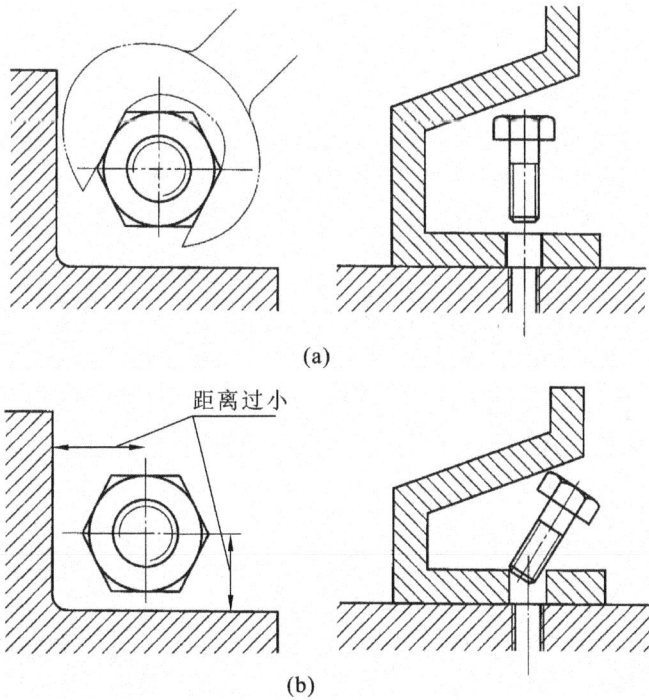

(a)

(b)

图 7-15　螺纹连接装配结构

(a)正确；(b)不正确

2. 机器上的常见装置

1）螺纹防松装置

为防止机器在工作中由于振动而使螺纹紧固件松开,常采用双螺母、弹簧垫圈、止动垫圈、开口销等防松装置,其结构如图 7-16 所示。

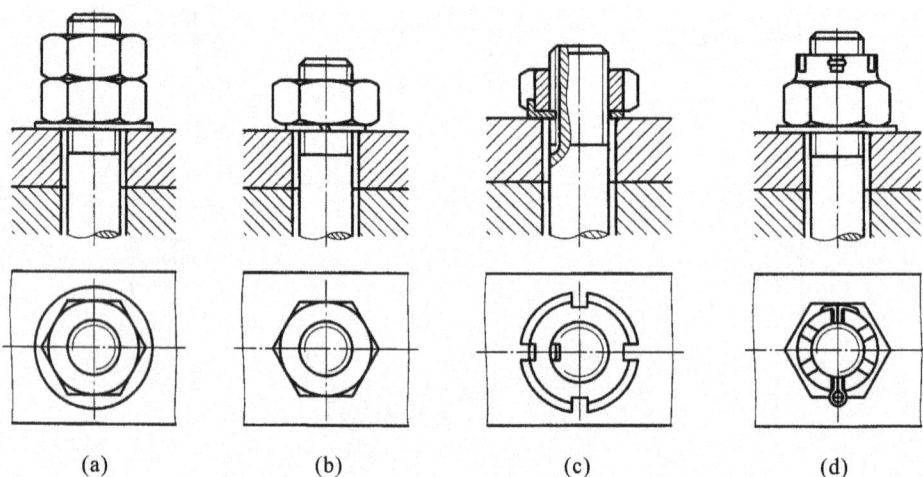

(a)   (b)   (c)   (d)

图 7-16　螺纹防松装置

(a)双螺母;(b)弹簧垫圈;(c)止动垫圈;(d)开口销

2）滚动轴承的固定装置

使用滚动轴承时,需根据受力情况将滚动轴承的内、外圈固定在轴上或机体的孔中。因考虑到工作温度的变化,会导致滚动轴承卡死而无法工作,所以不能将两端轴承的内、外圈全部固定,一般可以一端固定,另一端留有轴向间隙,允许有极小的伸缩。如图 7-17 所示,右端轴承内、外圈均作了固定,左端只固定了内圈。

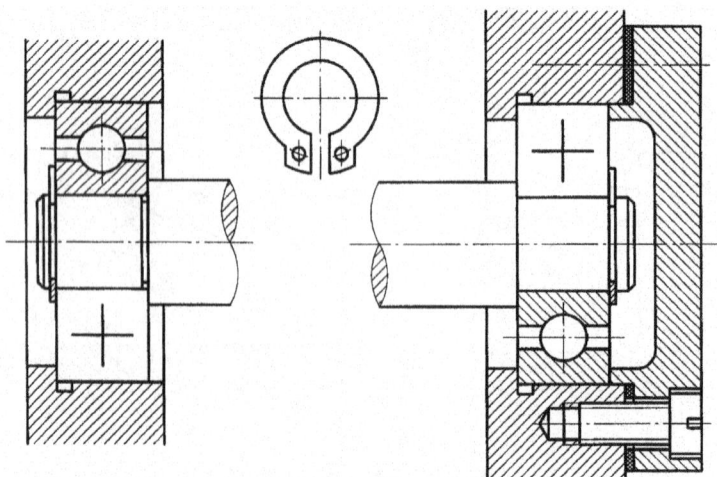

图 7-17　滚动轴承固定装置

3）密封装置

为了防止灰尘、杂屑等进入轴承,并防止润滑油的外溢和阀门或管路中的气、液体的泄漏,通常采用如图 7-18 所示的密封装置图。

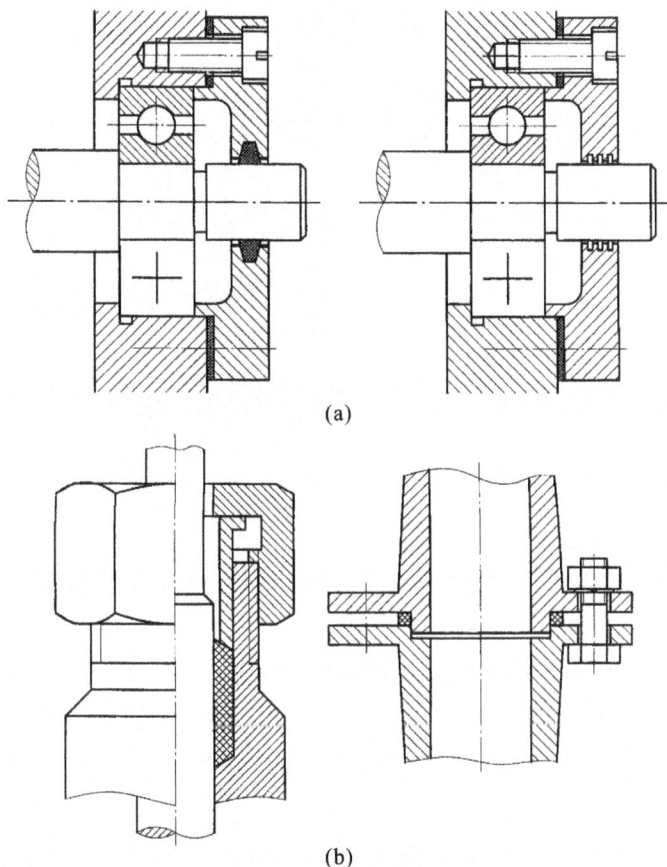

(a)

(b)

图 7-18　密封装置

7.2.7　部件测绘和装配图画法

1．部件测绘

根据现有部件(或机器)画出其装配图和零件图的过程称为部件(或机器)测绘。在新产品设计、引进先进技术以及对原有设备进行技术改造和维修时,有时需要对现有的机器或零件、部件进行测绘,画出其装配图、零件图。因此,掌握测绘技术对工程技术人员具有重要意义。

以下结合齿轮油泵介绍部件测绘的方法和步骤。

1）了解和分析部件结构

部件测绘时,首先要对部件进行研究分析,了解其工作原理、结构特点和部件中各零件的装配关系。

齿轮油泵是机床等设备液压系统的供油泵,其基础零件是泵体,主要零件有传动齿轮、泵盖、轴等,细节部分有密封结构、螺钉连接等。其装配关系如图 7-19 所示。

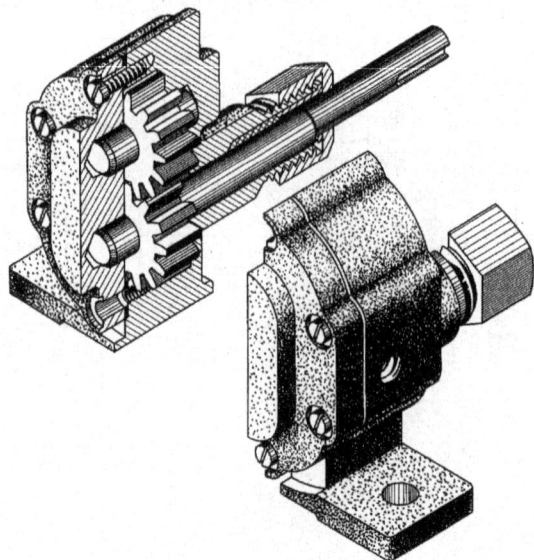

图 7-19　齿轮油泵轴测图

　　齿轮油泵的工作原理如图 7-20 所示。当主动齿轮作逆时针方向旋转时,带动从动齿轮作顺时针方向的旋转。这时,右边啮合的轮齿逐渐分开,空腔体积逐渐扩大,压力降低,因而机油被吸入,齿隙中的油随着齿轮的旋转被带到左边;而左边的各对轮齿又重新啮合,空腔体积减小,使齿隙中不断挤出的机油成为高压油,并由出口压出,经管道送到需要润滑的各零件间。

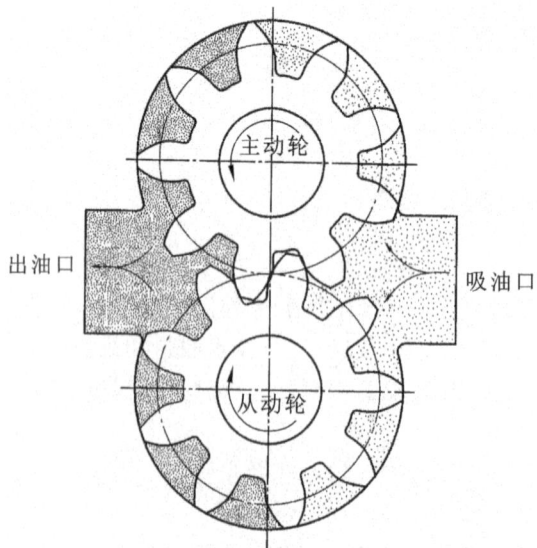

图 7-20　齿轮油泵工作原理

从图 7-19 中可以看出,齿轮油泵主要有两个装配关系,一个是齿轮副啮合,一个是压盖与压紧螺母处的填料密封装置。此外,泵盖和泵体由六个螺钉连接,中间有纸板密封垫片。齿轮与轴做成一个整体。主要的装配轴线为主动齿轮轴。

2)画装配示意图

装配示意图用来表示部件中各零件的相互位置和装配关系,是部件拆卸后重新装配和画装配图的依据,图 7-21 为齿轮油泵的装配示意图。

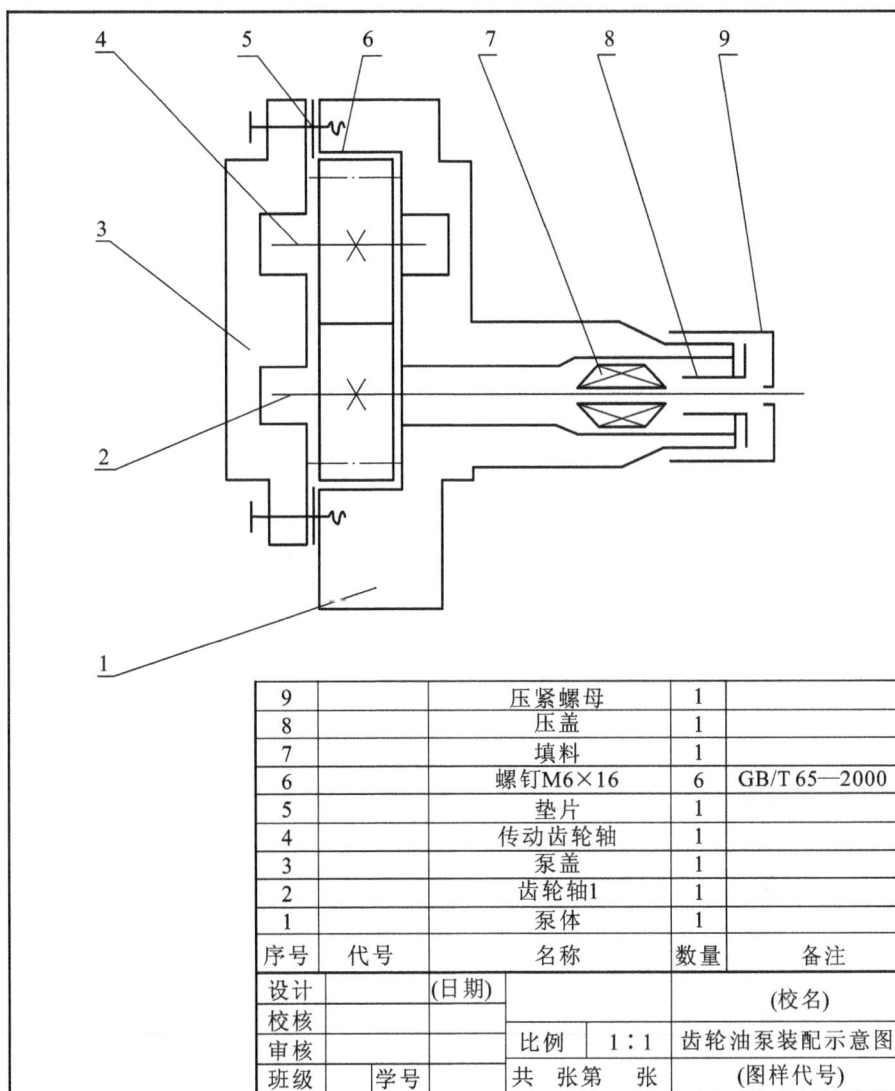

9		压紧螺母	1	
8		压盖	1	
7		填料	1	
6		螺钉M6×16	6	GB/T 65—2000
5		垫片	1	
4		传动齿轮轴	1	
3		泵盖	1	
2		齿轮轴1	1	
1		泵体	1	
序号	代号	名称	数量	备注
设计		(日期)		(校名)
校核				
审核		比例 1:1		齿轮油泵装配示意图
班级	学号	共　张第　张		(图样代号)

图 7-21　齿轮油泵装配示意图

从图 7-21 中可以看出装配示意图有以下特点。

(1)装配示意图只用简单的符号和线条表达部件中各零件的大致形状和装配关系。

(2)一般零件可用简单图形画出其大致轮廓。形状简单的零件如螺钉、轴等可用单线表示,其中常用的标准件可用国标规定的示意图符号表示,如轴承、键等。

(3) 相邻两零件的接触面或配合面之间应留有间隙,以便区别。

(4) 零件可看作透明体,且没有前后之分,均为可见。

(5) 全部零件应进行编号,并填写明细栏。

3) 拆卸零件

拆卸零件前要研究拆卸方法和拆卸顺序,不可拆的部分要尽量不拆,不能采用破坏性拆卸方法。

拆卸前要测量一些重要尺寸,如运动部件的极限位置和装配间隙等。拆卸后要对零件进行编号、清洗,并妥善保管,以免损坏丢失。

4) 画零件草图

对所有非标准零件,均要绘制零件图。零件图应包括零件图的所有内容。图 7-22~图 7-26 分别为齿轮油泵主要零件的零件草图。

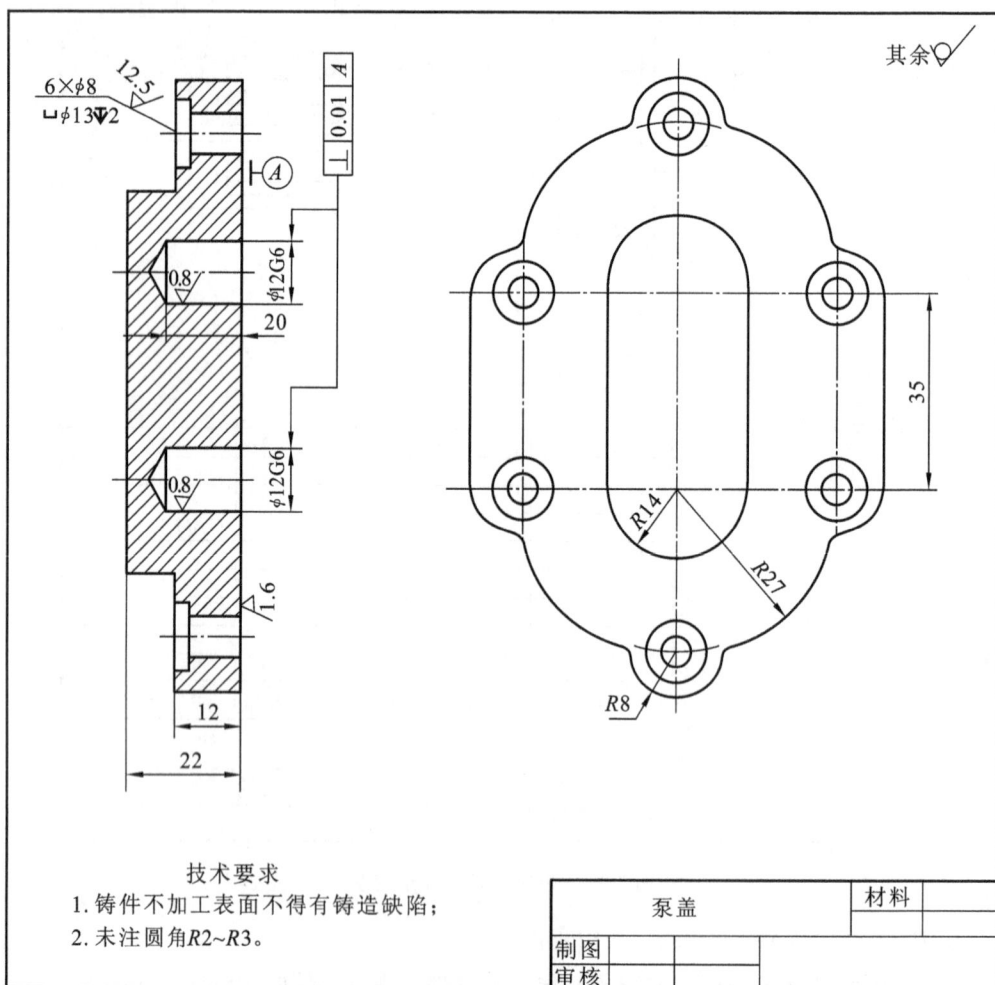

图 7-22　泵盖零件草图

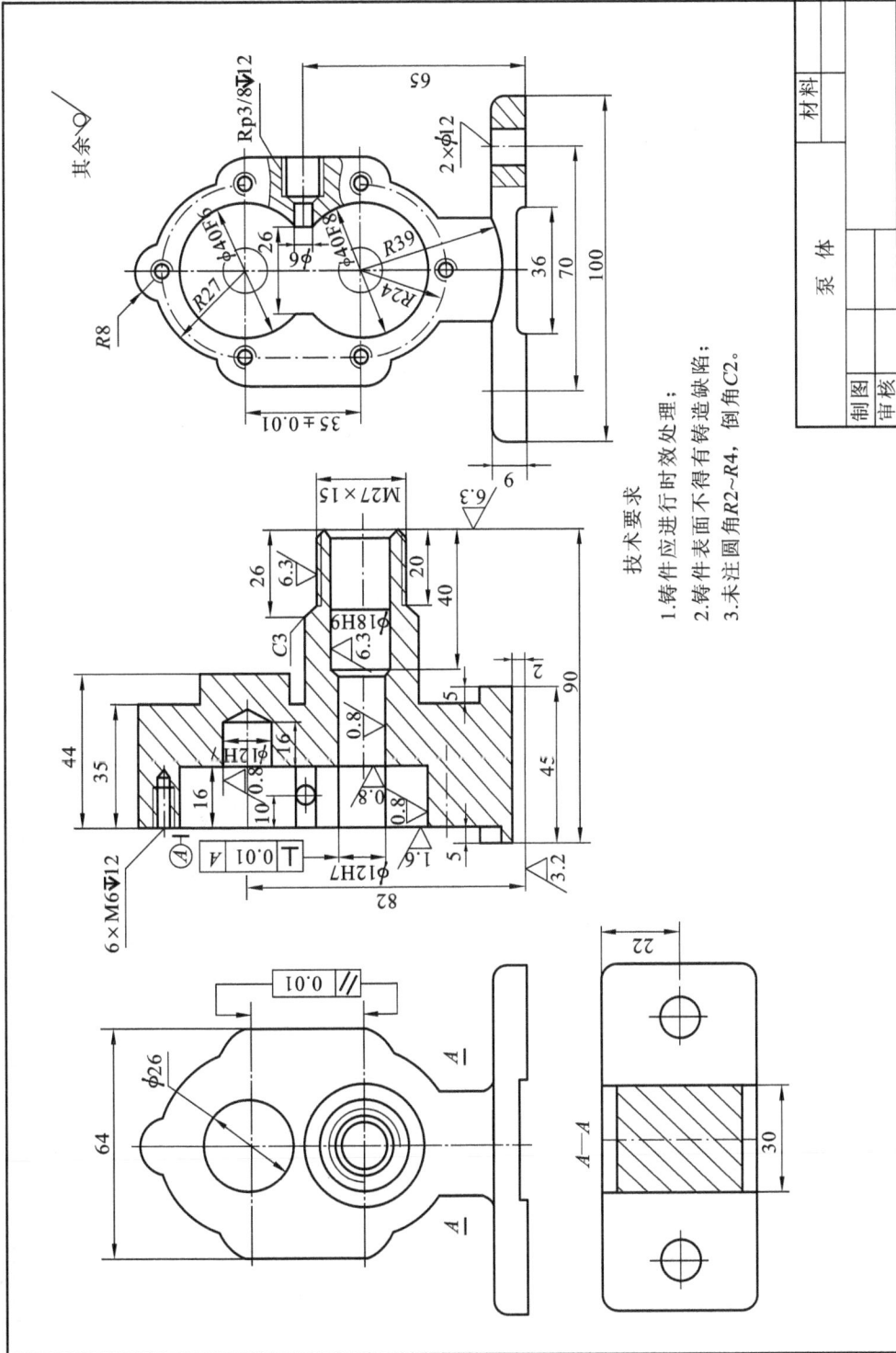

技术要求

1.铸件应进行时效处理;

2.铸件表面不得有铸造缺陷;

3.未注圆角 R2~R4, 倒角 C2。

图7-23　泵体零件草图

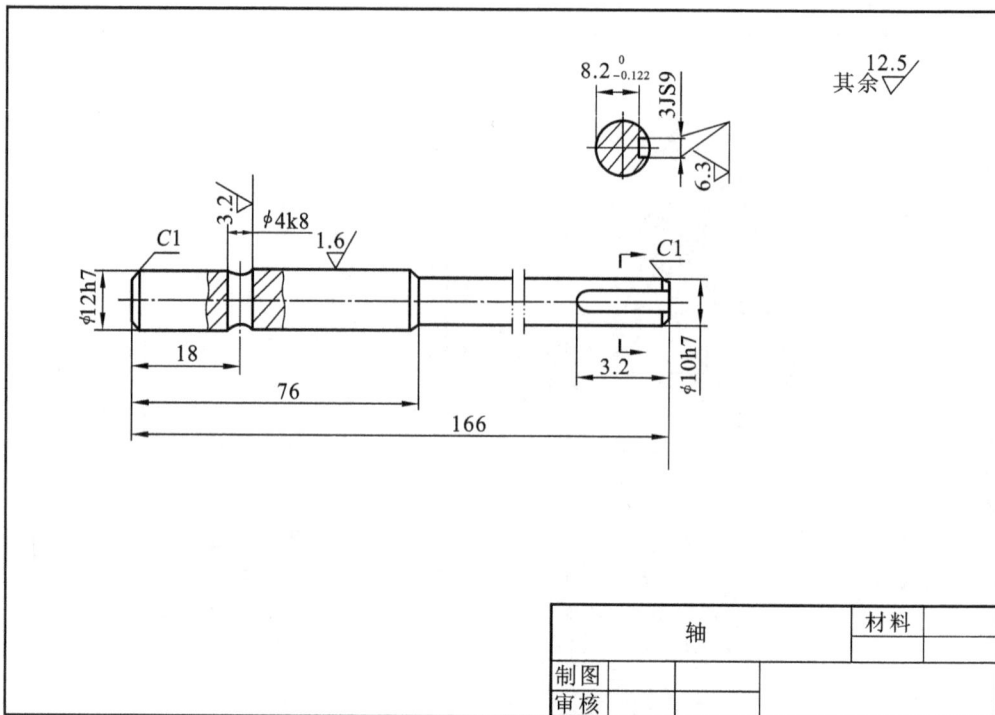

图 7-24　轴零件草图

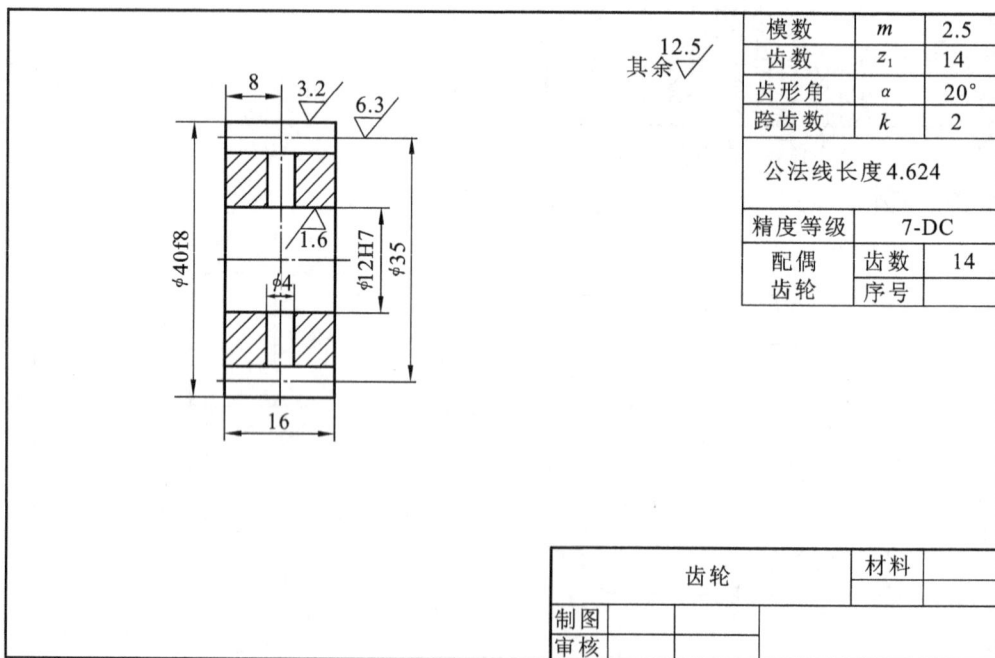

模数	m	2.5
齿数	z_1	14
齿形角	α	20°
跨齿数	k	2
公法线长度4.624		
精度等级	7-DC	
配偶齿轮	齿数	14
	序号	

图 7-25　齿轮零件草图

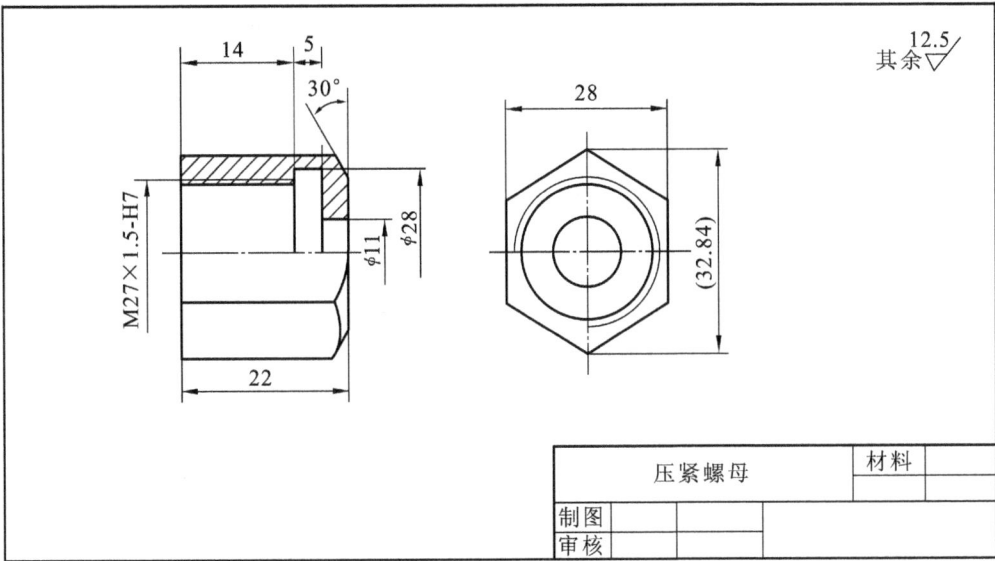

图 7-26 压紧螺母零件草图

2. 画装配图

1) 装配图的视图选择

装配图的作用是表达机器或部件的工作原理、装配关系以及主要零件的结构形状。视图选择的目的是以最少的视图,完整、清晰地表达出机器或部件的装配关系和工作原理。所以,视图选择的一般步骤如下。

(1) 进行部件分析。对要绘制的机器或部件的工作原理、装配关系及主要零件形状、零件与零件之间的相对位置、定位方式等进行深入细致的分析。

(2) 确定主视图方向。主视图的选择应能较好地表达部件的工作原理和主要装配关系,并尽可能按工作位置放置,使主要装配轴线处于水平或垂直位置。

(3) 确定其他视图。针对主视图还没有表达清楚的装配关系和零件间的相对位置,选用其他视图给予补充(剖视、断面、拆去某些零件、剖视中套用剖视)。其目的是将装配关系表达清楚。

确定机器或部件的表达方案时,可以多设计几套方案,每套方案一般均有优缺点,通过分析再选择比较理想的表达方案。

齿轮油泵的表达方案为:以能表达油泵的形状结构和安装情况的一面作为主视图,并采用全剖视,把油泵的主要零件之间的相对位置、装配关系及连接方式等表达出来。由于结构对称,所以左视图采用了沿结合面剖切的半剖视图,这就清楚地表达出了齿轮油泵的工作原理和螺钉的分布位置。此外,左视图还采用了局部剖视,分别表达吸油口的形状结构及安装孔的形状。最终方案如图 7-30 所示。

2) 装配图的画图步骤

确定表达方案后,就可着手画图。画图时必须遵循以下步骤。

(1) 选比例、定图幅、布图、绘制基础零件的轮廓线。

应尽可能采用 1∶1 的比例，这样有利于想象物体的形状和大小。需要采用放大或缩小的比例时，必须采用 GB/T 14690—1993 推荐的比例。确定比例后，根据表达方案确定图幅。确定图幅和布图时要考虑标题栏和明细栏的大小和位置，然后从基础零件的轮廓线入手绘制。如图 7-27 所示，绘制齿轮油泵的装配图就是从齿轮开始的。

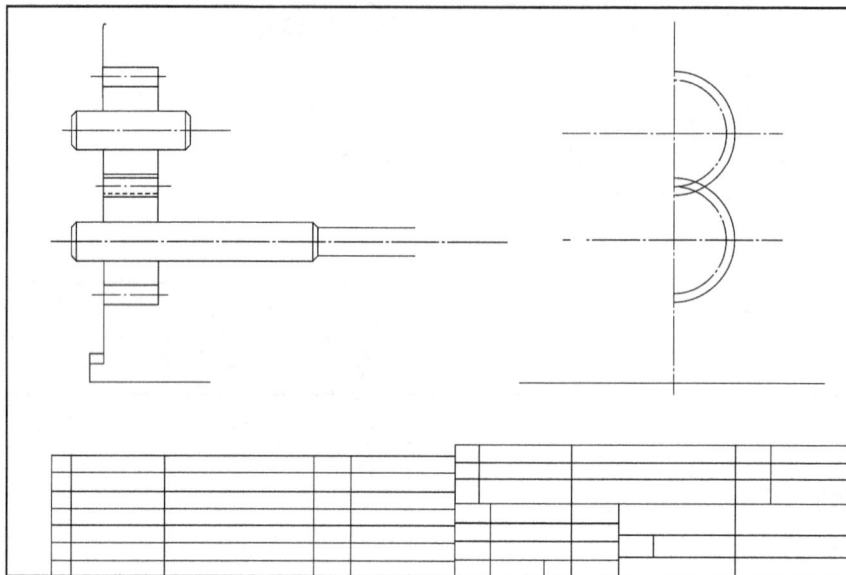

图 7-27　齿轮油泵画图步骤（一）

（2）绘制主要零件的轮廓线。

齿轮油泵的主要零件是泵体、泵盖和齿轮。画出齿轮的主要轮廓线后，接着画泵体、泵盖的轮廓线，如图 7-28 所示。

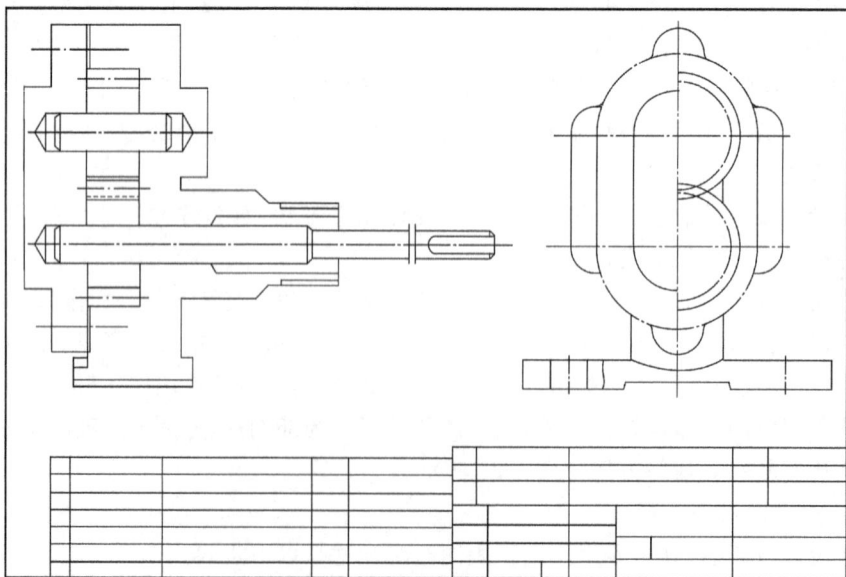

图 7-28　齿轮油泵画图步骤（二）

（3）绘制细部零件及结构。

画完齿轮油泵的主要零件的基本轮廓线之后,可继续绘制详细部件、零件的结构,如螺钉连接、填料、压盖、压紧螺母等,如图 7-29 所示。

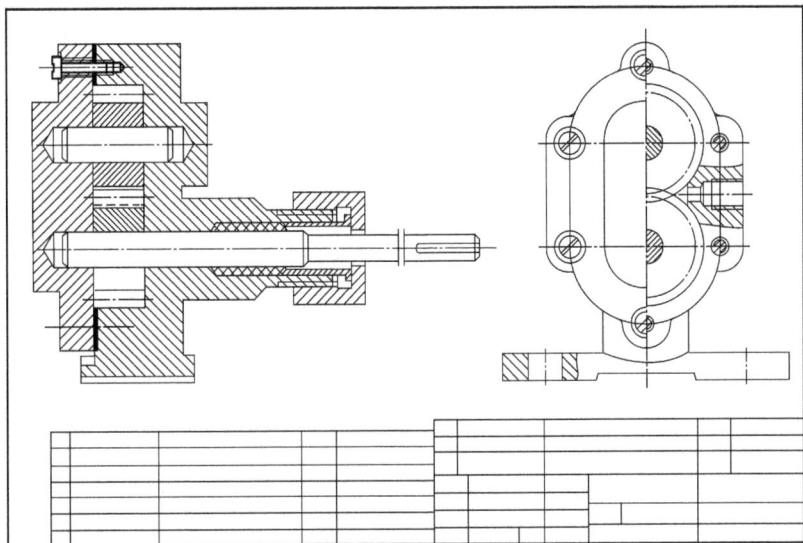

图 7-29　齿轮油泵画图步骤（三）

（4）整理加深,标注尺寸、编号,填写明细栏和标题栏,写出技术要求,完成全图,如图 7-30 所示。

7.2.8　读装配图和拆画零件图

读装配图应特别注意从机器或部件中分离出每一个零件,并分析其主要结构形状和作用,以及同其他零件的关系。然后再将各个零件合在一起,分析机器或部件的作用,工作原理及防松、润滑、密封等系统的原理和结构等。必要时还应查阅有关的专业资料。

1. 读装配图的方法和步骤

不同的工作岗位看图的目的是不同的,如有的仅需要了解机器或部件的用途和工作原理,有的要了解零件的连接方法和拆卸顺序,有的要拆画零件图等。一般说来,应按以下方法和步骤读装配图。

（1）概括了解。从标题和有关的说明书中了解机器或部件的名称和大致用途,从明细栏和图中的编号了解机器或部件的组成。

（2）对视图进行初步分析。明确装配图的表达方法、投影关系和剖切位置,并结合标注的尺寸,想象出主要零件的主要结构形状。

例如,图 7-31 所示为阀的装配图。该部件装配在液体管路中,用以控制管路的"通"与"不通"。该图采用了主（全剖视）、俯（全剖视）、左三个视图和一个 B 向局部视图的表达方法。有一条装配轴线,部件通过阀体上的 G1/2 螺孔、ϕ12mm 的螺栓孔和管接头上的 G3/4 螺孔装入液体管路中。

技术要求
1. 齿轮啮合面应占全长的2/3以上;
2. 在5 MPa油压下试验, 不得渗油。

3		齿轮轴1		1		
2		圆柱销φ4×28		2	GB/T 119.2—2000	
序号	代号	名称		数量	备注	

设计				齿轮油泵装配示意图	
校核		(日期)			
审核			比例	1:1	(图样代号)
班级			共 张 第 张		

10		压紧螺母	1		
9		压盖	1		
8		填料	1		
7		螺钉M6×16	6	GB/T 65—2000	
6		垫片	1		
5		传动齿轮轴	1		
4		泵盖	1		

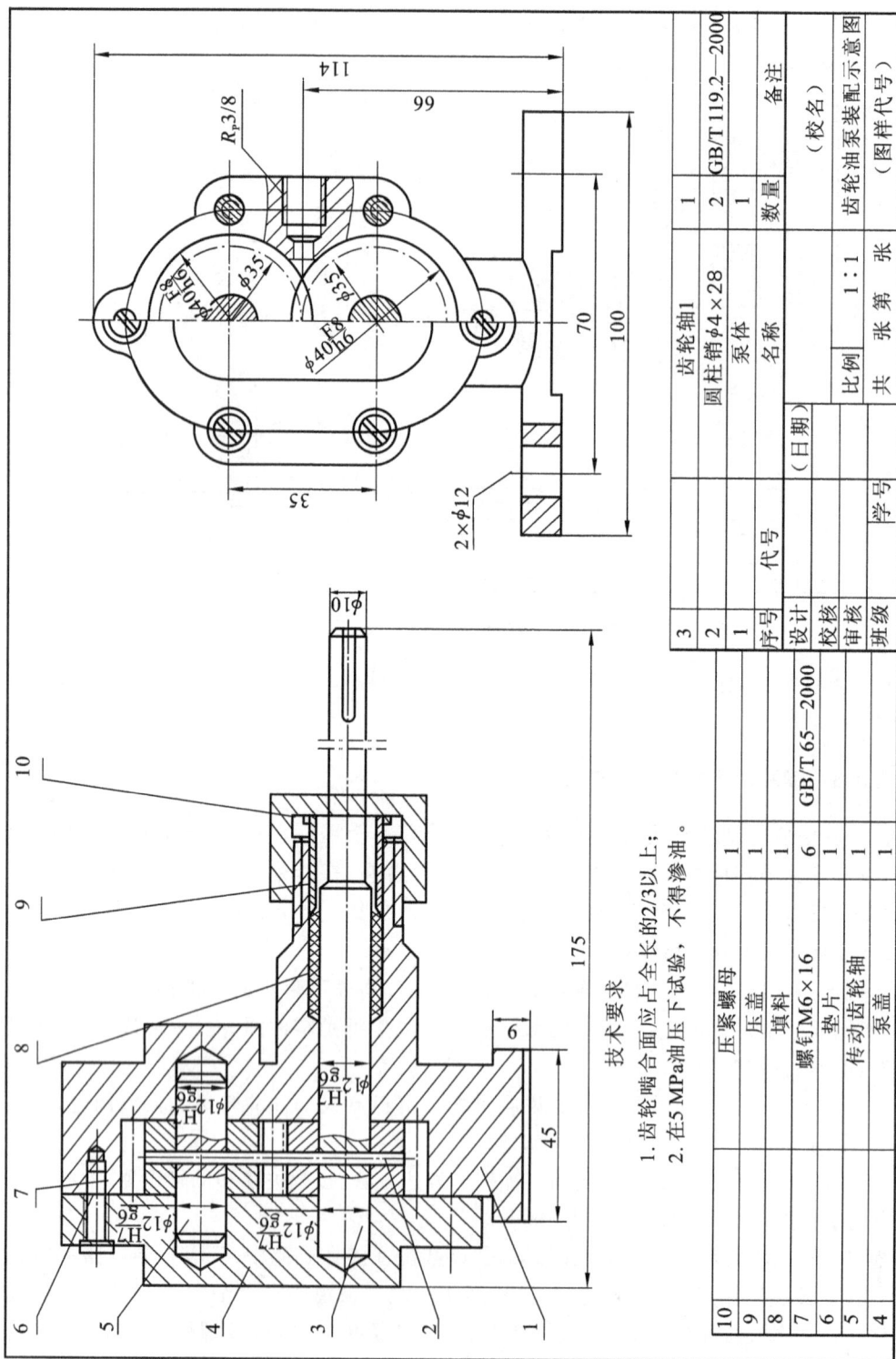

图7-30 齿轮油泵画图步骤(四)

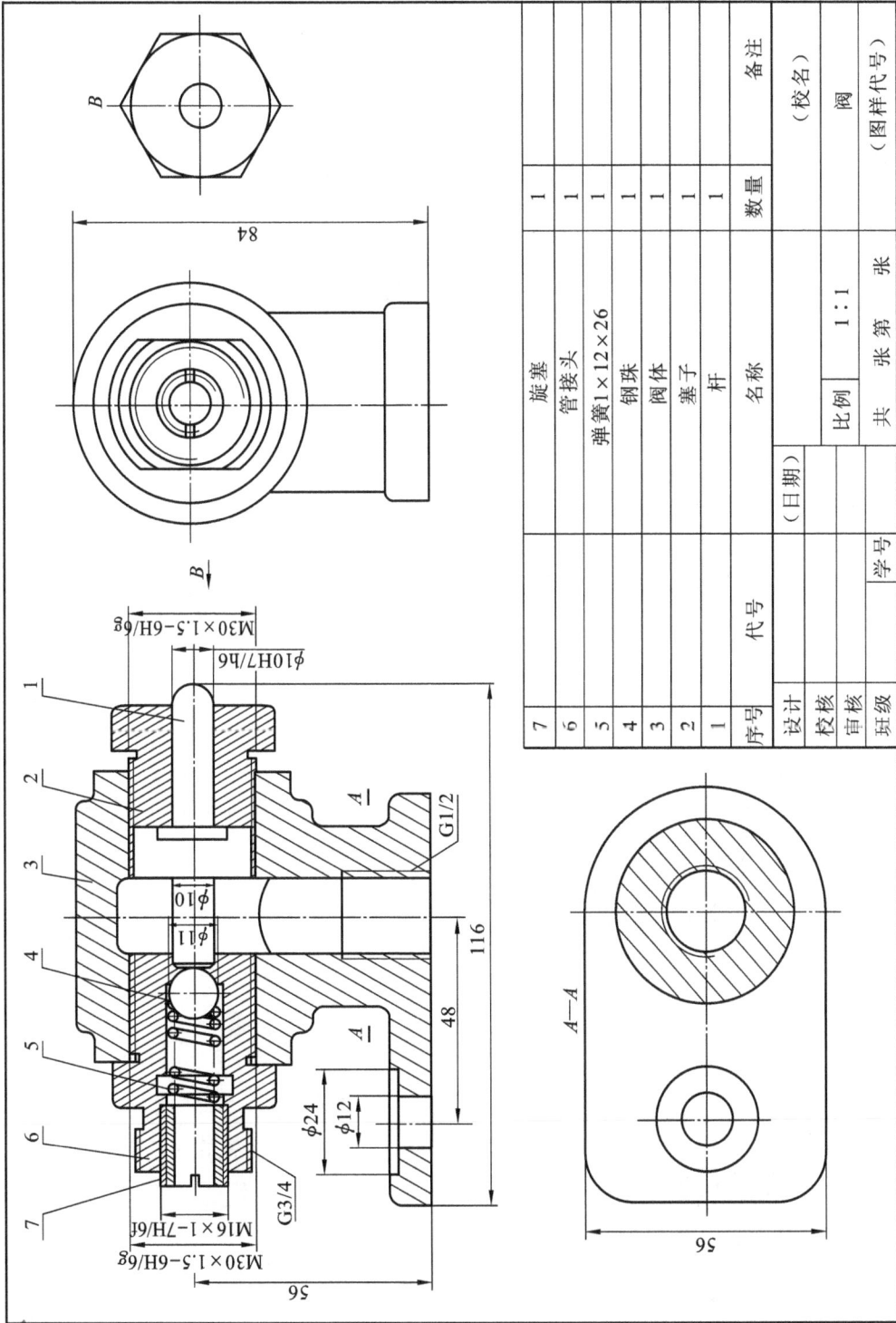

图 7-31　阀装配图

7		旋塞	1	
6		管接头	1	
5		弹簧 1×12×26	1	
4		钢珠	1	
3		阀体	1	
2		塞子	1	
1		杆	1	
序号	代号	名称	数量	备注

设计		（日期）		（校名）
校核				阀
审核		比例 1:1		
班级	学号	共　张　第　张		（图样代号）

（3）分析工作原理和装配关系。在概括了解的基础上，应对照各视图进一步研究机器或部件的工作原理、装配关系，这是看懂装配图的一个重要环节。看图时应先从反映工作原理的视图入手，分析机器或部件中零件的运动情况，从而了解工作原理。然后再根据投影规律，从反映装配关系的视图着手，分析各条装配轴线，弄清零件相互间的配合要求、定位和连接方式等。

图 7-31 所示阀的工作原理从主视图看最清楚。即当杆 1 受外力作用向左移动时，钢球 4 压缩弹簧 5，阀门被打开，当去掉外力时钢球在弹簧作用下将阀门关闭。旋塞 7 可以调整弹簧作用力的大小。

阀的装配关系也从主视图看最清楚。左侧将钢球 4、弹簧 5 依次装入管接头 6 中，然后将旋塞 7 拧入管接头，调整好弹簧压力，再将管接头拧入阀体左侧的 M30×1.5 螺孔中。右侧将杆 1 装入塞子 2 的孔中，再将塞子 2 拧入阀体右侧的 M30×1.5 螺孔中。杆 1 和塞子 2 径向有 1 mm 的间隙，管路接通时，液体由此间隙流过。

（4）分析零件结构。对主要的复杂零件要进行投影分析，想象出其形状及结构，必要时可按下述方法画出其零件图。

2. 由装配图拆画零件图

为了看懂某一零件的结构形状，必须先把这个零件的视图由整个装配图中分离出来，然后想象其结构形状。对于表达不清的地方要根据整个机器或部件的工作原理进行补充，然后画出其零件图。这种由装配图画出零件图的过程称为拆画零件图。拆画零件图的方法和步骤如下。

（1）看懂装配图。将要拆画的零件从整个装配图中分离出来。例如，要拆画阀装配图阀体 3 的零件图。首先将阀体 3 从主、俯、左三个视图中分离出来，然后想象其形状。对于大体形状想象并不困难，但阀体内形腔的形状，因左、俯视图没有表达，所以不易想象。但通过主视图中 G1/2 螺孔上方的相贯线形状得知，阀体内形腔为圆柱形，轴线水平放置，且圆柱孔的长度等于 G1/2 螺孔的直径，如图 7-32 所示。

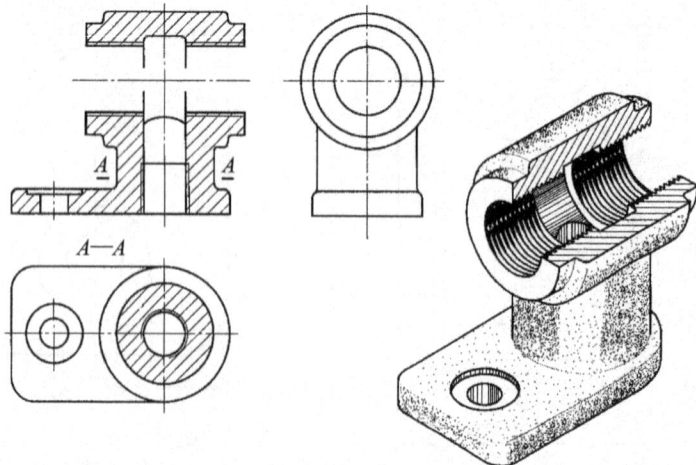

图 7-32　拆画装配图过程

（2）确定视图表达方案。看懂零件的形状后，要根据零件的结构形状及在装配图中的工作位置或零件的加工位置，重新选择视图，确定表达方案。此时可以参考装配图的表达方案，但要注意不受装配图的限制。如图 7-33 所示阀体的表达方法，主、俯视图和装配图相同，左视图采用了半剖视图。

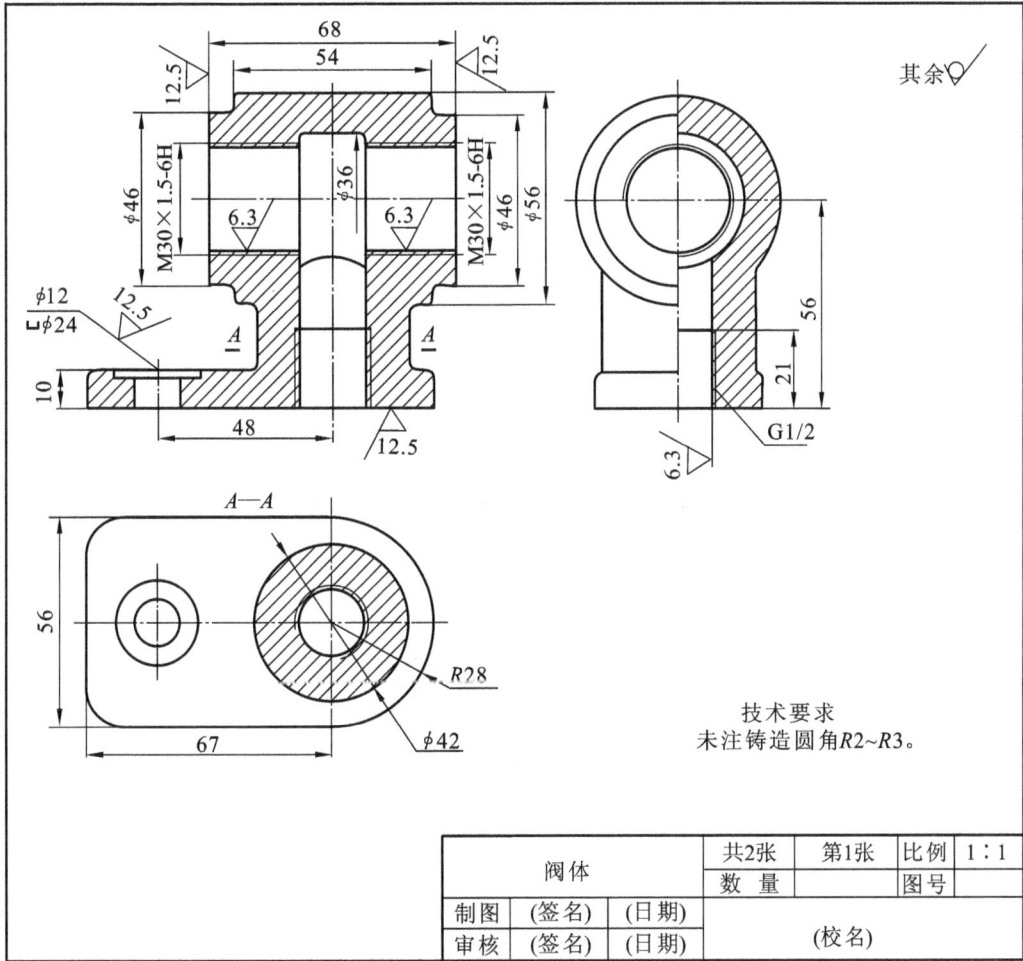

图 7-33　阀体零件图

（3）标注尺寸。由于装配图上给出的尺寸较少，而在零件图上则需注出零件各组成部分的全部尺寸，所以很多尺寸是在拆画零件图时才确定的，此时应注意以下几点。

① 凡是在装配图上已给出的尺寸，在零件图上可直接注出。

② 某些设计时计算的尺寸（如齿轮啮合的中心距）及查阅标准手册而确定的尺寸（如键槽等尺寸），应按计算所得数据及查表值准确标注，不得圆整。

③ 除上述尺寸外，零件的一般结构尺寸，可按比例从装配图上直接量取，并作适当圆整。

④ 标注零件各表面粗糙度、形位公差及技术要求时，应结合零件各部分的功能、作用及要求，合理选择精度要求，同时还应使标注数据符合有关标准。阀体的尺寸标注如图

7-33 所示。拆画零件图是一种综合能力训练。它不仅要具有看懂装配图的能力,而且还应具备有关的专业知识。随着计算机绘图技术的普及与提高,拆画零件图变得更容易。如果已有计算机绘出的机器或部件装配图,可对被拆画的零件进行拷贝,然后加以整理,并标注尺寸,即可画出零件图。如图 7-33 所示的阀体零件图,就是采用这种方法拆画的。

7.3　任务实施

7.3.1　绘制千斤顶的装配图

根据已有资料(千斤顶立体图、零件图)绘制千斤顶的装配图。

设计机器或部件需要画出装配图,测绘机器或部件时先画出零件草图,再依据零件草图拼画成装配图。画装配图与画零件图的方法、步骤类似。画装配图之前,首先要了解装配体的工作原理和零件的种类,每个零件在装配体中的功能和零件间的装配关系等。然后看懂每个零件的零件图,想象出零件的结构形状。下面以图 7-34 所示千斤顶为例,说明由零件图拼画装配图的方法与步骤。

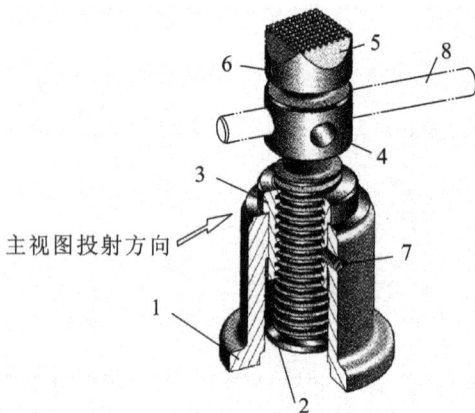

图 7-34　千斤顶的轴测装配图
1—底座;2—挡圈;3—螺母;4—螺杆;
5—顶垫;6—紧定螺钉;7—螺钉;8—铰杠

1. 了解装配体,阅读零件图

千斤顶是一种通用工具,在日常生活中,我们看到路边汽车抛锚时用它顶起汽车底盘修理汽车,类似使用在机器的维修保养、装配中也时常使用。其工作原理是:把千斤顶放在被顶机件下方,转动铰杠,带动重螺杆上升或下降,起重螺杆由螺钉连接着顶盖,也随螺杆上下移动,起到控制机件上升、下降的作用。

图 7-34 所示千斤顶是机械安装或汽车修理时用来起重或顶压的工具,它利用螺旋传动顶举重物,由底座、螺杆和顶垫等零件组成,图 7-35 是千斤顶全部零件的零件图。工作时,铰杠(图 7-34 中双点画线表示)穿入螺杆 4 上部的通孔中,拨动铰杠,使螺杆 4 转动,通过螺杆 4 与螺母 3 间的螺纹作用使螺杆 4 上升而顶起重物。螺母 3 镶在底座 1 的内孔

中,并用螺钉 7 紧定。在螺杆 4 的球面形顶部套一个顶垫 5,顶垫的内凹面是与螺杆顶面半径相同的球面。为了防止顶垫随螺杆一起转动时脱落,在螺杆顶部加工一环形槽,将紧定螺钉 6 的圆柱形端部伸进环形槽锁定。从底座和螺母的零件图可看出,螺母外表面与底座内孔的尺寸分别是 $\phi 65\mathrm{f}7\mathrm{mm}$ 和 $\phi 65\mathrm{H}8\mathrm{mm}$,两个零件的结合面选用基孔制间隙配合。

2. 确定表达方案

1)选择主视图

部件的主视图通常按工作位置画出,并选择能反映部件的装配关系、工作原理和主要零件的结构特点的方向作为主视图的投射方向。如图 7-34 所示千斤顶,按箭头所示方向作为主视图的投射方向,并作剖视,可清楚表达各主要零件的结构形状、装配关系以及工作原理。

2)选择其他视图

根据确定的主视图,再考虑反映其他装配关系、局部结构和外形的视图。如图 7-37 所示,以俯视方向沿螺母与螺杆的结合而剖切,表示螺母和底座的外形,再补充两个辅助视图,反映顶垫的顶面结构和螺杆上部用于穿铰杆的四个通孔的局部结构。

3. 画装配图的步骤

1)布置图面,画出作图基准线

如图 7-36 所示,根据部件大小、视图数量,定出比例和图纸幅面,然后画出各视图的作图基准线(如对称中心线、主要轴线和主要零件的基准面等)。千斤顶各视图的基准线如图 7-36(a)所示。

2)画底稿

一般从主视图画起,几个视图配合进行。画每个视图时,应先画部件的主要零件及主要结构,再画出次要零件及局部结构,千斤顶的装配图可先画出底座、螺母的轮廓线(图 7-36(b)),再画出螺杆、顶垫、挡圈以及两个辅助视图的轮廓线(图 7-36(c))。然后画出螺钉、孔、槽、螺纹等局部结构(图 7-36(d))。

3)检查、描深、完成全图

检查底稿后,画剖面线,标注尺寸,编排零件序号,填写标题栏、明细栏和技术要求。最后将各类图线按规定描深。图 7-37 所示为千斤顶装配图。

7.3.2　绘制机用虎钳装配图及零件工作图

根据已有的部件(或机器)和零件进行测量,并整理画出零件工作图和装配图的过程,称为测绘。实际生产中,设计(或仿造)新产品时,需要测绘同类产品的部分或全部零件,供设计时参考;机器或设备维修时,如果某一零件损坏,在无备件又无图样的情况下,也需要测绘损坏的零件,画出图样作为加工依据。

部件测绘的步骤通常是:了解测绘对象和拆卸部件、画装配示意图、画零件草图、测量和标注尺寸、画装配图、画零件工作图。现以测绘机用虎钳为例,说明测绘零、部件的方法。

其余 6.3

技术要求
1.未注圆角R3~R5;
2.热处理,调质220~240HBW。

制图	(姓名)	(日期)	比例	
审核				4
(校名)		学号	螺杆	
			45	

其余 6.3

2:1

制图	(姓名)	(日期)	比例	
审核				5
(校名)		学号	顶垫	
			45	

其余 6.3

技术要求
未注圆角R3~R5。

制图	(姓名)	(日期)	比例	
审核				2
(校名)		学号	底座	
			HT200	

其余 6.3

制图	(姓名)	(日期)	比例	
审核				3
(校名)		学号	螺母	
			ZQSn6-6-5	

全部 3.2

制图	(姓名)	(日期)	比例	
审核				1
(校名)		学号	挡圈	
			Q235A	

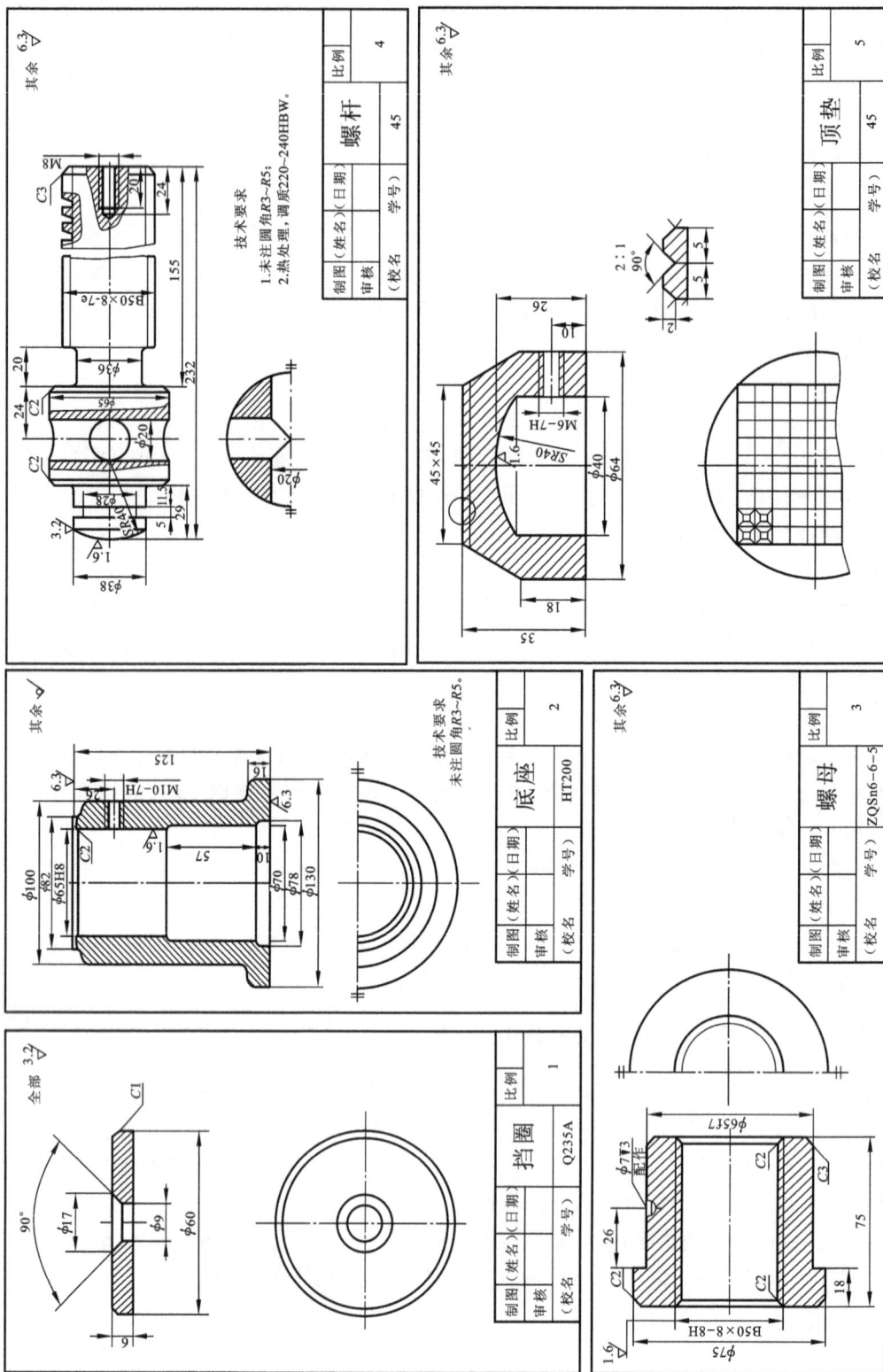

图7-35 千斤顶零件图

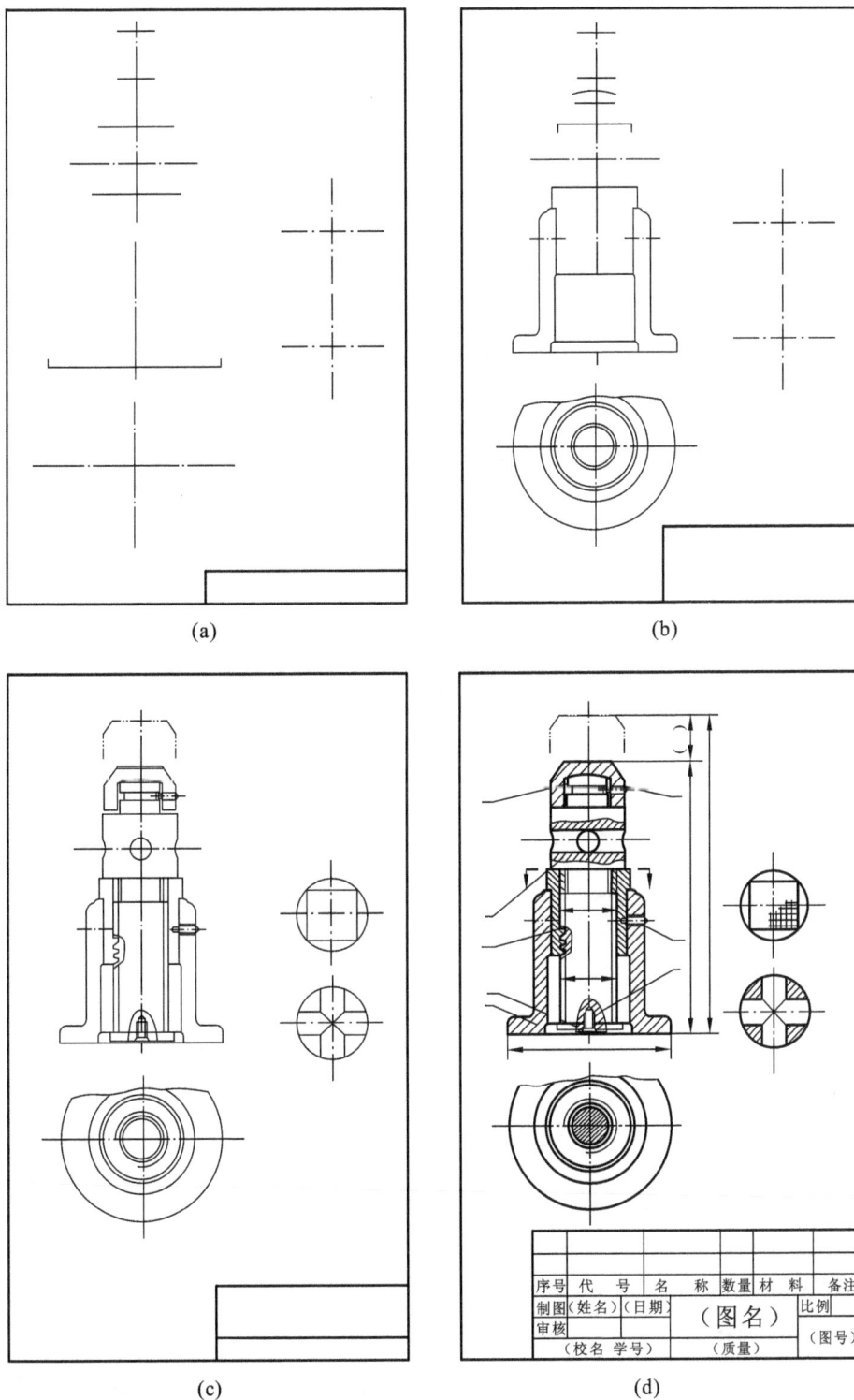

(a)

(b)

(c)

(d)

图 7-36　千斤顶装配图画图步骤

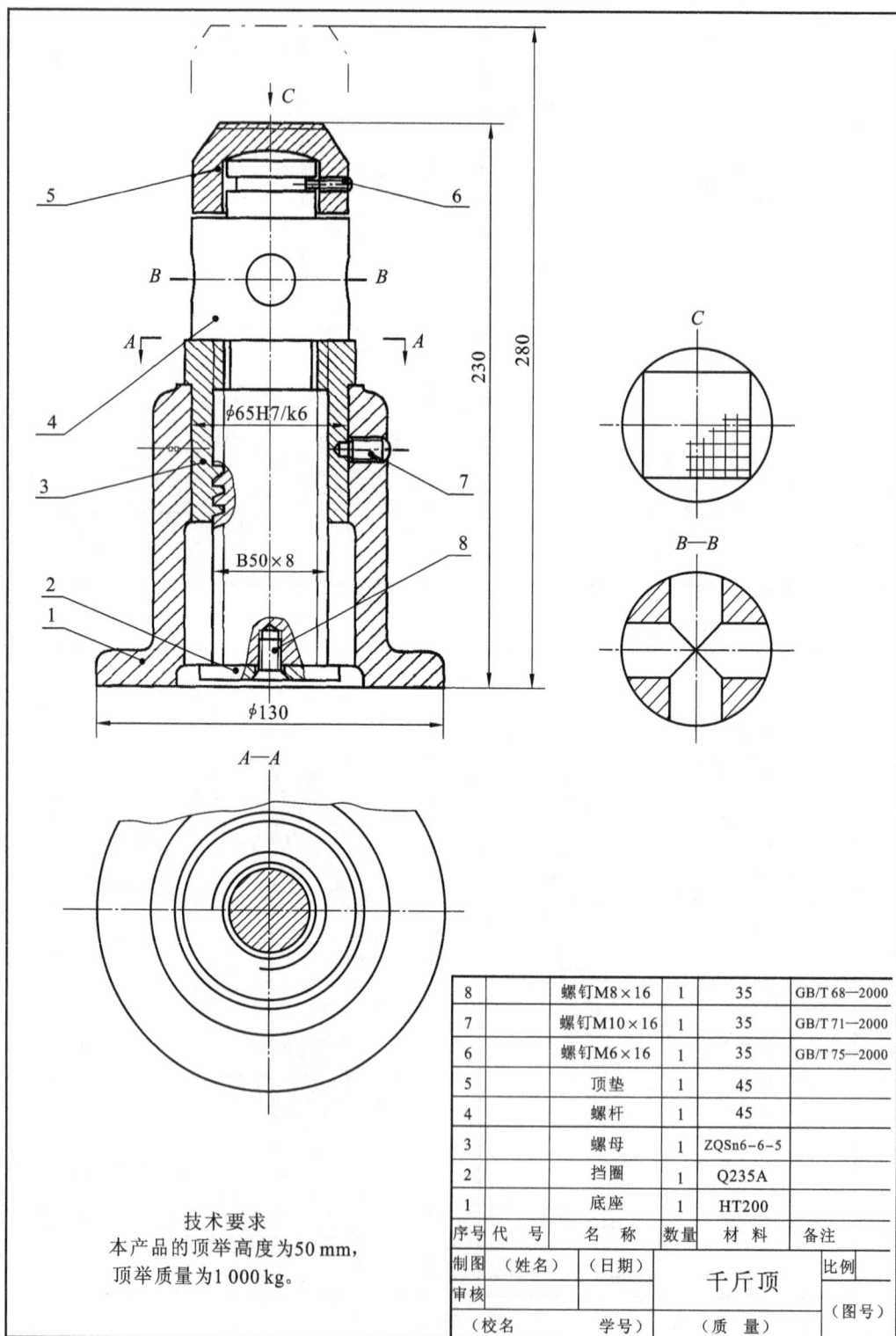

8		螺钉M8×16	1	35	GB/T 68—2000
7		螺钉M10×16	1	35	GB/T 71—2000
6		螺钉M6×16	1	35	GB/T 75—2000
5		顶垫	1	45	
4		螺杆	1	45	
3		螺母	1	ZQSn6-6-5	
2		挡圈	1	Q235A	
1		底座	1	HT200	
序号	代 号	名 称	数量	材 料	备 注
制图	(姓名)	(日期)		千斤顶	比例
审核					
(校名)		学号		(质 量)	(图号)

技术要求

本产品的顶举高度为50 mm,
顶举质量为1 000 kg。

图 7-37 千斤顶装配图

1. 了解测绘对象和拆卸部件

通过观察实物,了解部件的用途、性能、工作原理、装配关系和结构特点等。

图 7-38 所示机用虎钳是安装在机床工作台上,用于夹紧工件以便切削加工的一种通用工具。图 7-39 是虎钳的轴测分解图,它由 11 种零件组成,其中螺钉和圆柱销是标准件。对照虎钳的轴测装配图和轴测分解图,初步了解主要零件之间的装配关系:螺母块 9 从固定钳座 1 的下方空腔装入工字形槽内,再装入螺杆 8,并用垫圈 11、垫圈 5 以及环 6、圆柱销 7 将螺杆轴向固定;通过螺钉 3 将活动钳身 4 与螺母块 9 连接;最后用螺钉 10 将两块钳口板 2 分别与固定钳座和活动钳身连接。

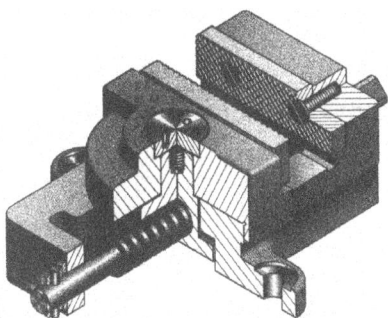

图 7-38　机用虎钳轴测装配图

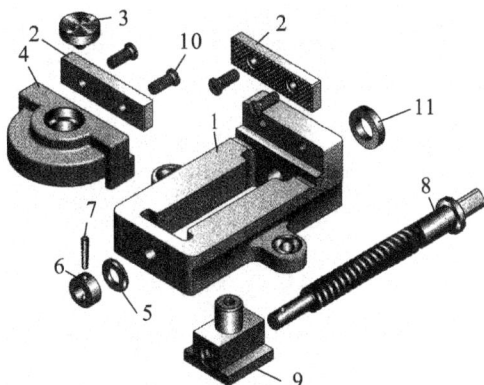

图 7-39　机用虎钳轴测分解图

1—固定钳座;2—钳口板;3—螺钉;4—活动钳身;5—垫圈;6—环;

7—圆柱销;8—螺杆;9—螺母块;10 螺钉,11 垫圈

虎钳的工作原理:旋转螺杆 8 使螺母块 9 带动活动钳身 4 作水平方向左右移动,夹紧工件进行切削加工。

2. 拆卸部件和画装配示意图

在初步了解部件的基础上,依次拆卸各零件,编号并作相应记录。为了便于部件拆卸后装配复原,在拆卸零件的同时边拆边绘制部件的装配示意图,编写序号,记录零件名称和数量,如图 7-40 所示。

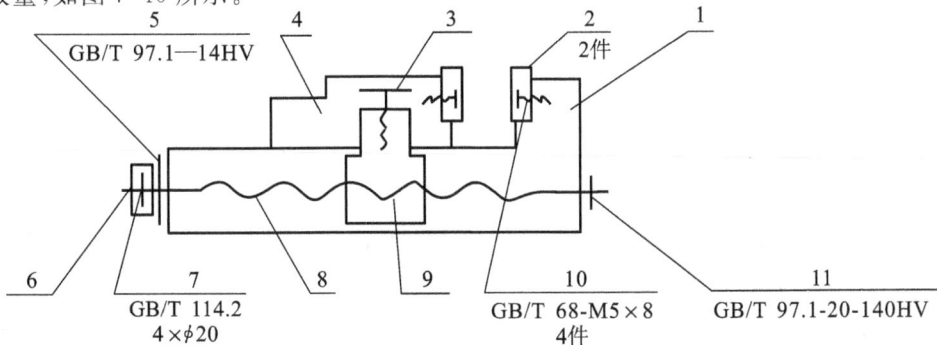

图 7-40　机用虎钳装配示意图

1—固定钳座;2—钳口板;3—螺钉;4—活动钳身;5—垫圈;6—环;

7—圆柱销;8—螺杆;9—螺母块;10—螺钉;11—垫圈

3. 画零件草图

零件测绘一般是在生产现场进行,因此不便于用绘图工具和仪器画图,而以徒手目测比例绘制零件的草图。零件草图是绘制部件装配图和零件工作图的重要依据,必须认真仔细。画草图的要求是:图形正确、表达清晰、尺寸齐全,并注写包括技术要求等必要的内容。

测绘时对标准件不必画零件草图,只要测量出几个主要尺寸,根据相应的国家标准确定其规格和标记列表说明,或者注写在装配示意图上。

现以机用虎钳中的活动钳身4为例,介绍画零件草图的方法和步骤。

(1) 确定表达方案、布图。确定主视图,根据完整、清晰表达零件的需要,画出其他视图。根据零件大小、视图数量多少,选择图纸幅面,布置各视图的位置,先画出中心线及其他定位基准线,如图 7-41(a)所示。

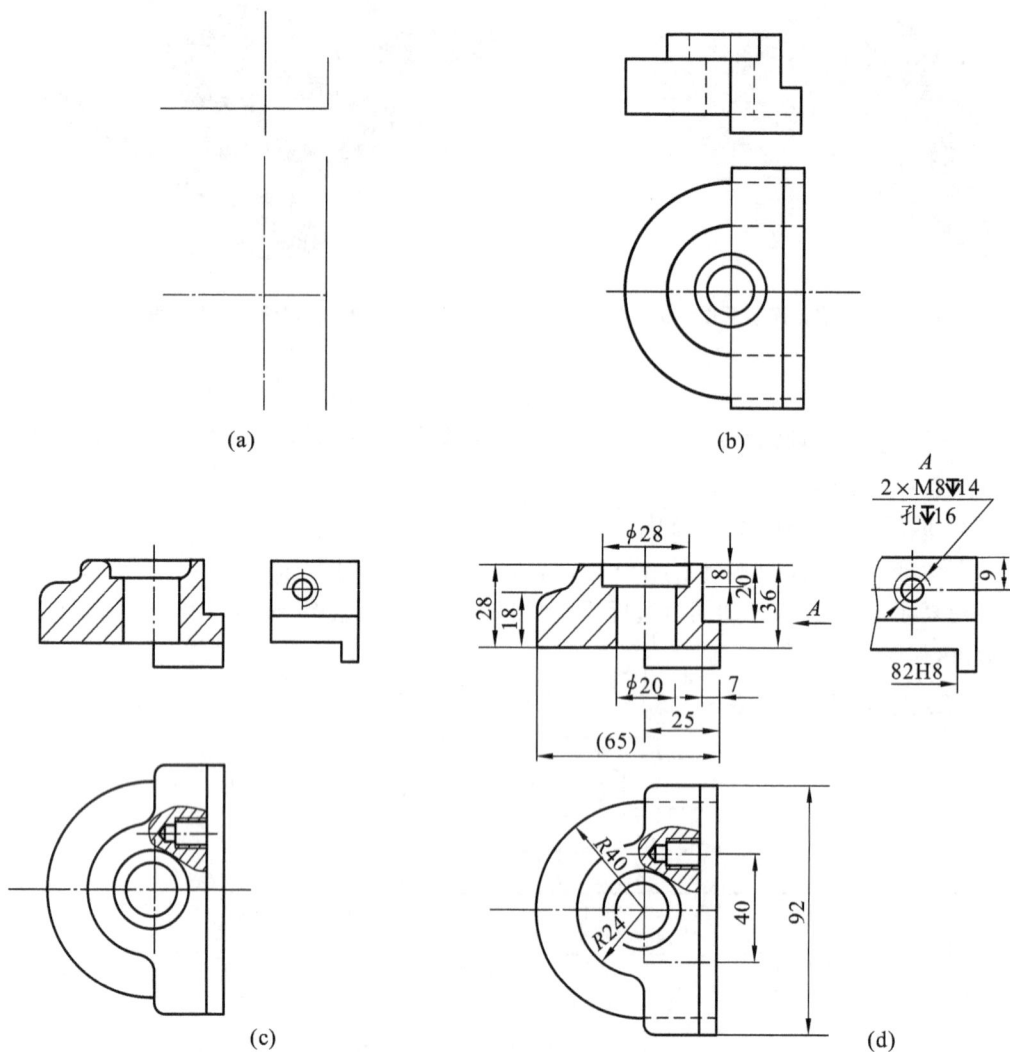

图 7-41 活动钳身草图画法

（2）画出零件各视图的轮廓线，如图 7-41(b) 所示。

（3）画出零件各视图的细节和局部结构，采用剖视、断面等表达方法，如图 7-41(c) 所示。

（4）标注尺寸和书写其他必要的内容。先画出全部尺寸界线、尺寸线和箭头，然后按尺寸线在零件上量取所需尺寸，填写尺寸数值，最后加注向视图的投射方向和图名，如图 7-41(d) 所示。必须注意：标注尺寸时，应在零件图上将尺寸线全部注出，并检查有无遗漏后再用测量工具一次把所需尺寸量出填写。切忌边测量尺寸，边画尺寸线和标注尺寸数字（常用测量工具及测量方法见表 6-11）。

4. 画部件装配图

应根据零件草图和装配示意图画出部件装配图，图 7-42 是机用虎钳的装配图，采用三个基本视图和一个表示单个零件的视图（2 号零件）来表达。主视图采用全剖视图，反映虎钳的工作原理和零件间的装配关系。俯视图反映固定钳座的结构形状，并通过局部剖视表达了钳口板与钳座连接的局部结构。

左视图采用 A—A 半剖视图。画装配图时，应考虑草图中可能存在的视图表达和尺寸标准不够妥善之处，在以后画零件工作图时要作必要的修正。

5. 画零件工作图

画零件工作图不是对零件草图的简单抄画，而是根据部件装配图，以零件草图为基础，对零件草图中的视图表达、尺寸标注等不合理或不够完善之处，在绘制零件工作图时应予以必要的修正。图 7-43(a)、图 7-43(b)、图 7-43(c)、图 7-43(d) 分别是固定钳座、活动钳身、螺杆和螺母块的零件工作图。

测绘零、部件时应注意以下问题。

（1）为了不损坏机件，应先研究装拆顺序后再动手拆装。零件拆散后，按拆卸顺序将零件编号，妥善保管以防丢失。

（2）对零件上的制造缺陷如砂眼、缩孔、裂纹以及破旧磨损等，画草图时不应画出。零件上的工艺结构如倒角、退刀槽、越程槽等，应查有关标准确定。

（3）测量尺寸要根据零件的精度要求选用相应的量具。对非主要尺寸，测量后应尽量圆整为整数（如 24.8 mm 可取整数 25 mm）。对两零件的配合尺寸和互相有联系的尺寸，应在测量后同时填入相应零件的草图中，以避免错漏。

（4）零件的技术要求如表面粗糙度、尺寸公差和形位公差、表面处理以及材料牌号等，可根据零件的作用、工作要求等，参照同类产品的图样和资料类比确定。

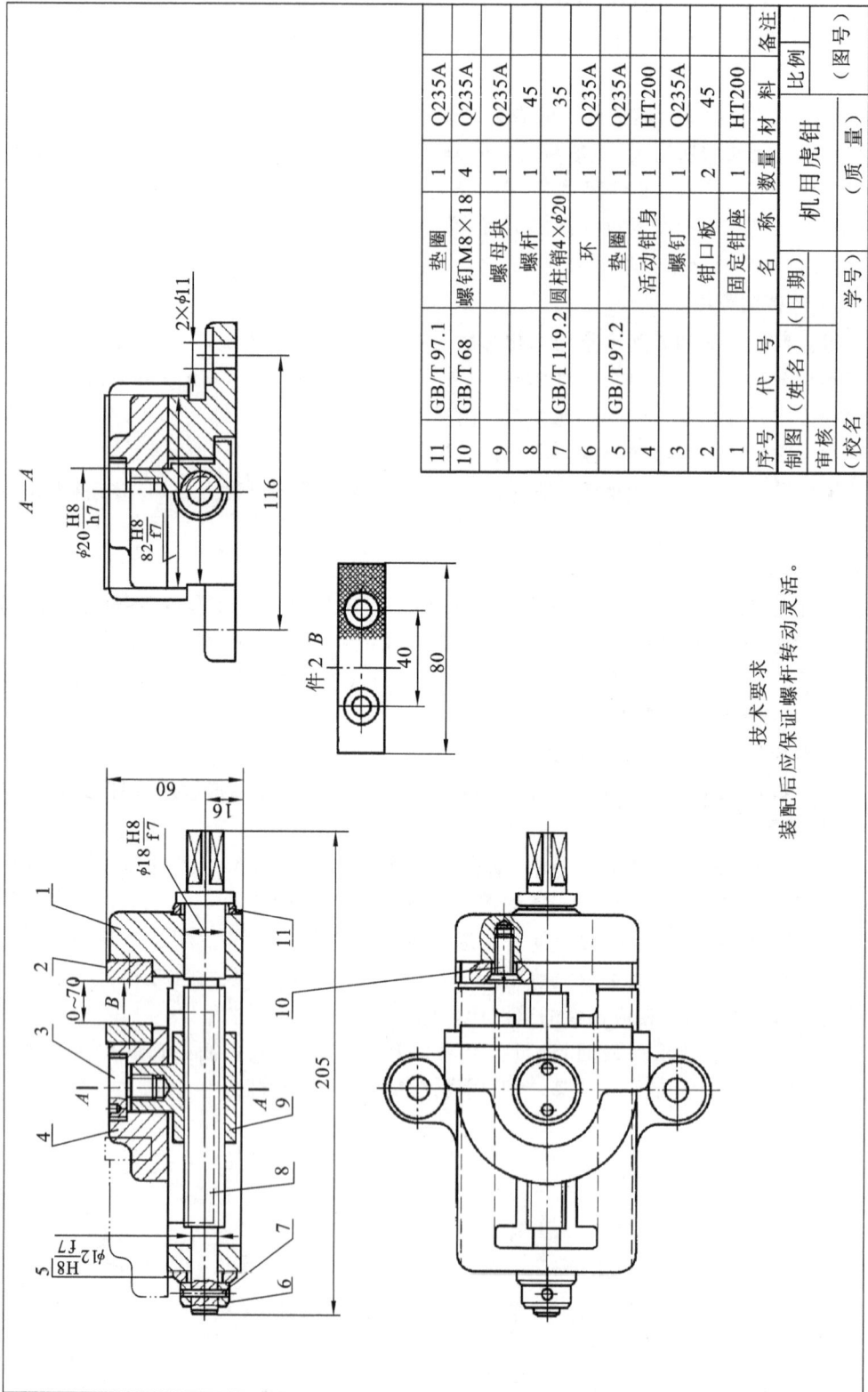

序号	代　号	名　称	数量	材　料	备注
11	GB/T 97.1	垫圈	1	Q235A	
10	GB/T 68	螺钉M8×18	4	Q235A	
9		螺母块	1	Q235A	
8		螺杆	1	45	
7	GB/T 119.2	圆柱销4×φ20	1	35	
6		环	1	Q235A	
5	GB/T 97.2	垫圈	1	Q235A	
4		活动钳身	1	HT200	
3		螺钉	1	Q235A	
2		钳口板	2	45	
1		固定钳座	1	HT200	

机用虎钳

技术要求

装配后应保证螺杆转动灵活。

图7-42　机用虎钳装配图

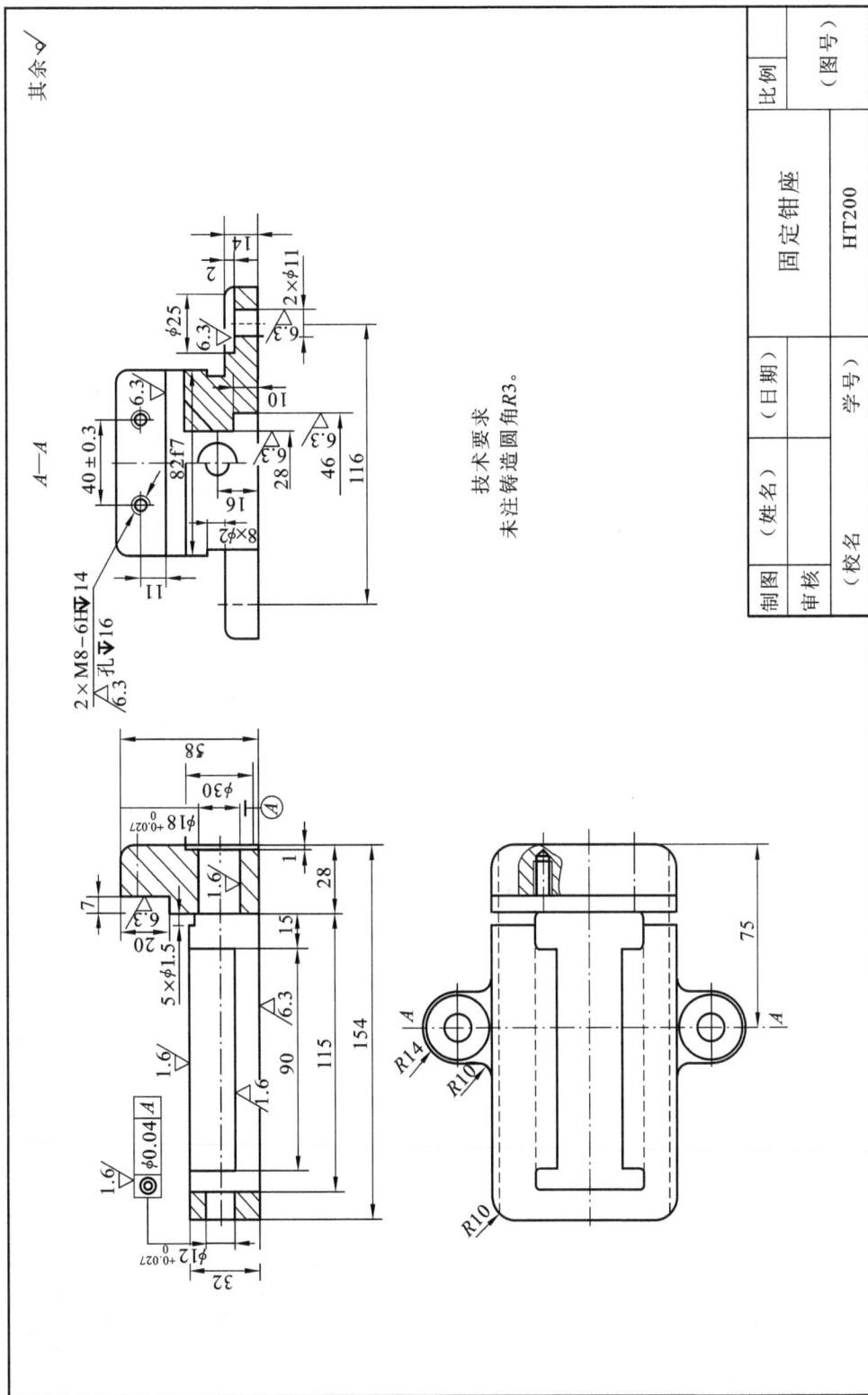

其余 √

A—A

技术要求
未注铸造圆角R3。

制图	（姓名）		（日期）	比例	
审核					固定钳座
					HT200
（校名）			学号		（图号）

(a)

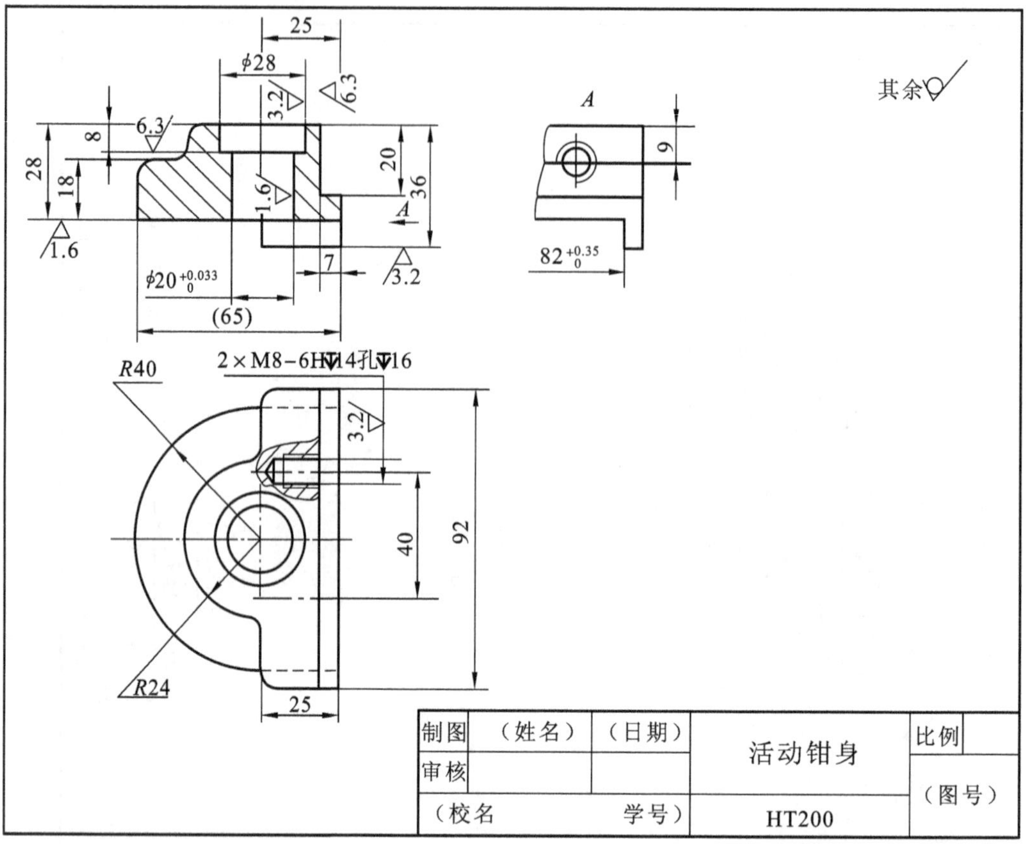
25
φ28
6.3
3.2
6.3
8
28
18
20
36
1.6
A
1.6
3.2
7
φ20 +0.033 0
(65)
A
9
82 +0.35 0
其余
R40
2×M8-6H▼14孔▼16
3.2
40
92
R24
25
制图 (姓名) (日期)
审核
(校名 学号)
活动钳身
HT200
比例
(图号)

(b)

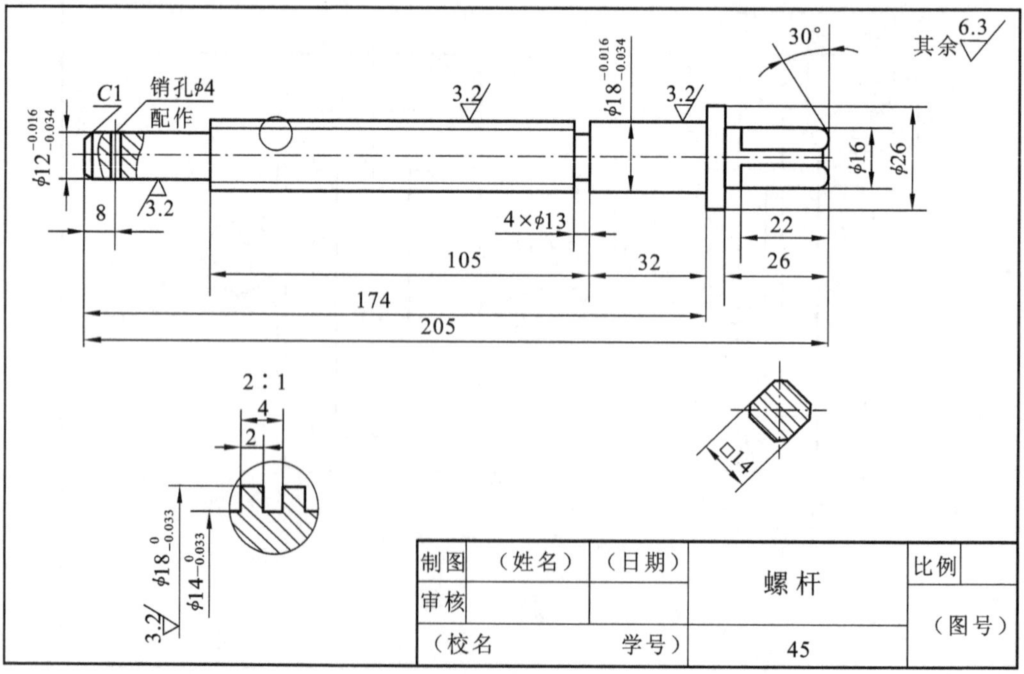
其余 6.3
30°
C1
销孔φ4
配作
3.2
φ18 −0.016 −0.034
3.2
φ12 −0.016 −0.034
8
3.2
4×φ13
φ16
φ26
22
105
32
26
174
205
2：1
4
2
φ18 0 −0.033
φ14 0 −0.033
3.2
□14
制图 (姓名) (日期)
审核
(校名 学号)
螺杆
45
比例
(图号)

(c)

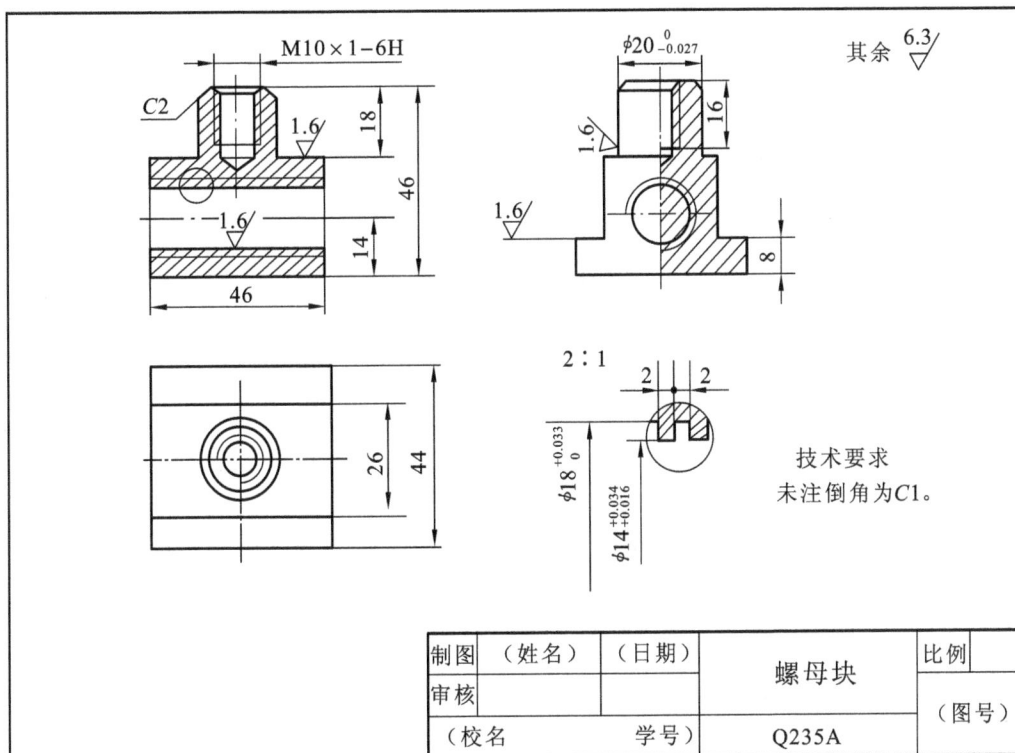

M10×1-6H

C2

1.6

18

46

1.6

14

46

$\phi20^{\ 0}_{-0.027}$

其余 6.3

1.6

16

1.6

8

2:1

26

44

2　2

$\phi18^{+0.033}_{\ \ \ 0}$

$\phi14^{+0.034}_{+0.016}$

技术要求

未注倒角为C1。

制图	（姓名）	（日期）	螺母块	比例	
审核					（图号）
（校名	学号）		Q235A		

(d)

图 7-43　机用虎钳主要零件的零件图

(a)固定钳座;(b)活动钳身;(c)螺杆;(d)螺母块

附　　录

一、螺纹

附表 1-1　普通螺纹直径与螺距系列(GB/T 193—2003)、公称(基本)尺寸(GB/T 196—2003)摘编

（单位：mm）

公称直径 D、d		螺距 P		粗牙中径 D_2、d_2	粗牙小径 D_1、d_1
第一系列	第二系列	粗牙	细牙		
3		0.5	0.35	2.675	2.459
	3.5	(0.6)		3.110	2.850
4		0.7		3.545	3.242
	4.5	(0.75)	0.5	4.013	3.688
5		0.8		4.480	4.134
6		1	0.75,(0.5)	5.350	4.917
8		1.25	1,0.75,(0.5)	7.188	6.647
10		1.5	1.25,1,0.75,(0.5)	9.026	8.376
12		1.75	1.5,1.25,1,(0.75),(0.5)	10.863	10.106
	14	2	1.5,(1.25)*,1,(0.75),(0.5)	12.701	11.835
16		2	1.5,1,(0.75),(0.5)	14.701	13.835
	18	2.5	2,1.5,1,(0.75),(0.5)	16.376	15.294
20		2.5		18.376	17.294
	22	2.5	2,1.5,1,(0.75),(0.5)	20.376	19.294
24		3	2,1.5,1,(0.75)	22.051	20.752
	27	3	2,1.5,1,(0.75)	25.051	23.752
30		3.5	(3),2,1.5,1,(0.75)	27.727	26.211
	33	3.5	(3),2,1.5,(1),(0.75)	30.727	29.211
36		4	3,2,1.5,(1)	33.402	31.670
	39	4		36.402	34.670

公称直径 D、d		螺距 P		粗牙中径	粗牙小径
第一系列	第二系列	粗牙	细牙	D_2、d_2	D_1、d_1
42		4.5	(4)、3、2、1.5、(1)	39.077	37.129
	45	4.5		42.077	40.129
48		5		44.752	42.587
	52	5		48.752	46.587
56		5.5	4、3、2、1.5、(1)	52.428	50.046
	60	5.5		56.428	54.046
64		6		60.103	57.505
	68	6		64.103	61.505

注:1. 优先选用第一系列,括号内尺寸尽可能不用,第三系列未列入。

2. ＊处 M14×1.25 仅用于火花塞。

附表 1-2 55°密封管螺纹 **第 1 部分 圆柱内螺纹与圆锥外螺纹(GB/T 7306.1—2000)** **第 2 部分 圆锥内螺纹与圆锥外螺纹(GB/T 7306.2—2000)** 摘编

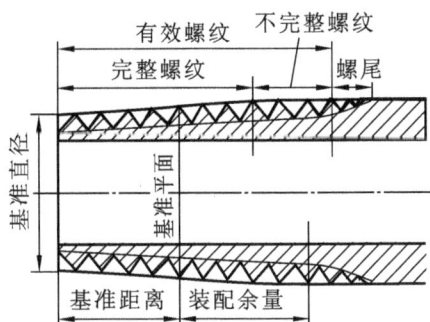

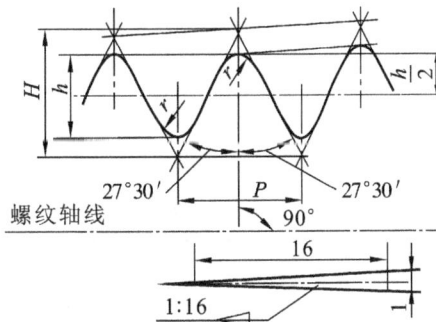

圆锥螺纹的设计牙型

标记示例

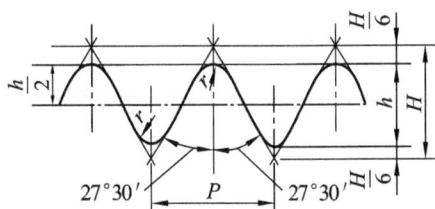

圆柱内螺纹的设计牙型

GB/T 7306.1—2000

尺寸代号 3/4,右旋,圆柱内螺纹:Rp3/4

尺寸代号 3,右旋,圆锥外螺纹:$R_1$3

尺寸代号 3/4,左旋,圆柱内螺纹:Rp3/4LH

右旋圆锥外螺纹、圆柱内螺纹螺纹副:Rp/$R_1$3

GB/T 7306.2—2000

尺寸代号 3/4,右旋,圆锥内螺纹:Rc3/4

尺寸代号 3,右旋,圆锥外螺纹:$R_2$3

尺寸代号 3/4,左旋,圆锥内螺纹:Rc3/4LH

右旋圆锥内螺纹、圆锥外螺纹副:Rc/$R_2$3

续表

尺寸代号	每25.4 mm内所含的牙数	螺距 P/mm	牙高 h/mm	基准平面内的基本直径			基准距离（基本）/mm	外螺纹的有效螺纹不小于/mm
				大径（基准直径）$d=D$/mm	中径 $d_2=D_2$/mm	小径 $d_1=D_1$/mm		
1/16	28	0.907	0.581	7.723	7.142	6.561	4	6.5
1/8	28	0.907	0.581	9.728	9.147	8.566	4	6.5
1/4	19	1.337	0.856	13.157	12.301	11.445	6	9.7
3/8	19	1.337	0.856	16.662	15.806	14.950	6.4	10.1
1/2	14	1.814	1.162	20.955	19.793	18.631	8.2	13.2
3/4	14	1.814	1.162	26.441	25.279	24.117	9.5	14.5
1	11	2.309	1.479	33.249	31.770	30.291	10.4	16.8
5/4	11	2.309	1.479	41.910	40.431	38.952	12.7	19.1
3/2	11	2.309	1.479	47.803	46.324	44.845	12.7	19.1
2	11	2.309	1.479	59.614	58.135	56.656	15.9	23.4
5/2	11	2.309	1.479	75.184	73.705	72.226	17.5	26.7
3	11	2.309	1.479	87.884	86.405	84.926	20.6	29.8
4	11	2.309	1.479	113.030	111.551	110.072	25.4	35.8
5	11	2.309	1.479	138.430	136.951	135.472	28.6	40.1
6	11	2.309	1.479	163.830	162.351	160.872	28.6	40.1

附表 1-3　　　55°非密封管螺纹（GB/T 7307—2001）摘编

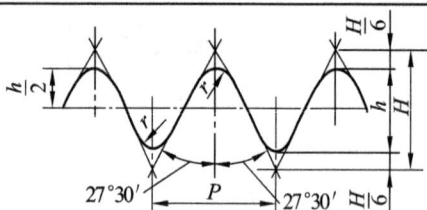

标记示例

尺寸代号 2,右旋,圆柱内螺纹:G2

尺寸代号 3,右旋,A 级圆柱外螺纹:G3A

尺寸代号 2,左旋,圆柱内螺纹:G2LH

尺寸代号 4,左旋,B 级圆柱外螺纹:G4BLH

螺纹的设计牙型

尺寸代号	每25.4 mm内所含的牙数 n	螺距 P/mm	牙高 h/mm	基本直径		
				大径 $d=D$/mm	中径 $d_2=D_2$/mm	小径 $d_1=D_1$/mm
1/16	28	0.907	0.581	7.723	7.142	6.561
1/8	28	0.907	0.581	9.728	9.147	8.566
1/4	19	1.337	0.856	13.157	12.301	11.445
3/8	19	1.337	0.856	16.662	15.806	14.950

尺寸代号	每25.4 mm内所含的牙数 n	螺距 P/mm	牙高 h/mm	基本直径		
				大径 d=D/mm	中径 d₂=D₂/mm	小径 d₁=D₁/mm
1/2	14	1.814	1.162	20.955	19.793	18.631
3/4	14	1.814	1.162	26.441	25.279	24.117
1	11	2.309	1.479	33.249	31.770	30.291
5/4	11	2.309	1.479	41.910	40.431	38.952
3/2	11	2.309	1.479	47.803	46.324	44.845
2	11	2.309	1.479	59.614	58.135	56.656
5/2	11	2.309	1.479	75.184	73.705	72.226
3	11	2.309	1.479	87.884	86.405	84.926
4	11	2.309	1.479	113.030	111.551	110.072
5	11	2.309	1.479	138.430	136.951	135.472
6	11	2.309	1.479	163.830	162.351	160.872

附表 1-4　　　　梯形螺纹基本尺寸(GB/T 5796.3—2005)摘编　　　　(单位:mm)

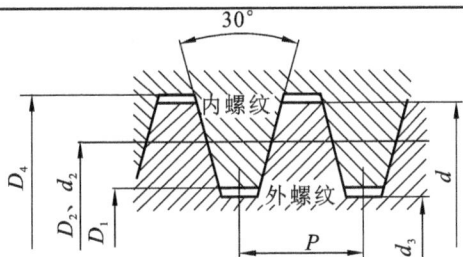

公称直径 d		螺距 P	中径 $d_2=D_2$	大径 D_4	小径		公称直径 d		螺距 P	中径 $d_2=D_2$	大径 D_4	小径	
第一系列	第二系列				d_3	D_1	第一系列	第二系列				d_3	D_1
8		1.5	7.25	8.30	6.20	6.50			3	24.50	26.50	22.50	23.00
	9	1.5	8.25	9.30	7.20	7.50		26	5	23.50	26.50	20.50	21.00
		2	8.00	9.50	6.50	7.00			8	22.00	27.00	17.00	18.00
10		1.5	9.25	10.30	8.20	8.50			3	26.50	28.50	24.50	25.00
		2	9.00	10.50	7.50	8.00	28		5	25.50	28.50	22.50	23.00
	11	2	10.00	11.50	8.50	9.00			8	24.00	29.00	19.00	20.00
		3	9.50	11.50	7.50	8.00		30	3	28.50	30.50	26.50	27.00

续表

公称直径 d 第一系列	公称直径 d 第二系列	螺距 P	中径 $d_2=D_2$	大径 D_4	小径 d_3	小径 D_1
12		2	11.00	12.50	9.50	10.00
12		3	10.50	12.50	8.50	9.00
	14	2	13.00	14.50	11.50	12.00
	14	3	12.50	14.50	10.50	11.00
16		2	15.00	16.50	13.50	14.00
16		4	14.00	16.50	11.50	12.00
	18	2	17.00	18.50	15.50	16.00
	18	4	16.00	18.50	13.50	14.00
20		2	19.00	20.50	17.50	18.00
20		4	18.00	20.50	15.50	16.00
	22	3	20.50	22.50	18.50	19.00
	22	5	19.50	22.50	16.50	17.00
	22	8	18.00	23.00	13.00	14.00
24		3	22.50	24.50	20.50	21.00
24		5	21.50	24.50	18.50	19.00
24		8	20.00	25.00	15.00	16.00

公称直径 d 第一系列	公称直径 d 第二系列	螺距 P	中径 $d_2=D_2$	大径 D_4	小径 d_3	小径 D_1
	30	6	27.00	31.00	23.00	24.00
	30	10	25.00	31.00	19.00	20.00
32		3	30.50	32.50	28.50	29.00
32		6	29.00	33.00	25.00	26.00
32		10	27.00	33.00	21.00	22.00
	34	3	32.50	34.50	30.50	31.00
	34	6	31.00	35.00	27.00	28.00
	34	10	29.00	35.00	23.00	24.00
36		3	34.50	36.50	32.50	33.00
36		6	37.00	33.00	29.00	30.00
36		10	37.00	31.00	25.00	26.00
	38	3	36.50	38.50	34.50	35.00
	38	7	34.50	39.00	30.00	31.00
	38	10	33.00	39.00	27.00	28.00
40		3	38.50	40.50	36.50	37.00
40		7	36.50	41.00	32.00	33.00
40		10	35.00	41.00	29.00	30.00

二、螺纹紧固件

附表 2-1　　　　　　　六角头螺栓（GB/T 5782—2000）摘编　　　　（单位：mm）

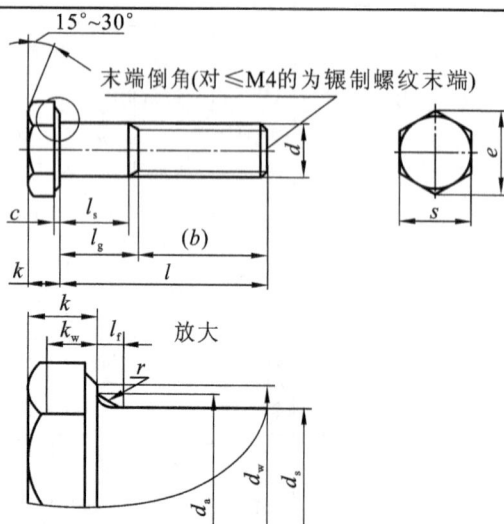

标记示例

螺纹规格 d = M12，公称长度 l = 80 mm、性能等级为 8.8 级、表面氧化、产品等级为 A 级的六角头螺栓：螺栓 GB/T 5782　M12×80

螺纹规格 d			M3	M4	M5	M6	M8	M10	M12	M16	M20	M24	M30	M36	M42	M48
螺距 P			0.5	0.7	0.8	1	1.25	1.5	1.75	2	2.5	3	3.5	4	4.5	5
$b_{参考}$	$l_{公称} \leqslant 125$		12	14	16	18	22	26	30	38	46	54	66	—	—	—
	$125 < l_{公称} \leqslant 200$		18	20	22	24	28	32	36	44	52	60	72	84	96	108
	$l_{公称} > 200$		31	33	35	37	41	45	49	57	65	73	85	97	109	121
c	max		0.4	0.4	0.5	0.5	0.6	0.6	0.60	0.8	0.8	0.8	0.8	0.8	1.0	1.0
	min		0.15	0.15	0.15	0.15	0.15	0.15	0.15	0.2	0.2	0.2	0.2	0.2	0.3	0.3
d_a	max		3.6	4.7	5.7	6.8	9.2	11.2	13.7	17.7	22.4	26.4	33.4	39.4	45.6	52.6
d_s	公称＝max		3.00	4.00	5.00	6.00	8.00	10.00	12.00	16.00	20.00	24.00	30.00	36.00	42.00	48.00
	min 产品等级	A	2.86	3.82	4.82	5.82	7.78	9.78	11.73	15.73	19.67	23.67	—	—	—	—
		B	2.75	3.70	4.70	5.70	7.64	9.64	11.57	15.57	19.48	23.48	29.48	35.38	41.38	47.38
d_w	min 产品等级	A	4.57	5.88	6.88	8.88	11.63	14.63	16.63	22.49	28.19	33.61	—	—	—	—
		B	4.45	5.74	6.74	8.74	11.47	14.47	16.47	22	27.7	33.25	42.75	51.11	59.95	69.45
e	min 产品等级	A	6.01	7.66	8.79	11.05	14.38	17.77	20.03	26.75	33.53	39.98	—	—	—	—
		B	5.88	7.50	8.63	10.89	14.20	17.59	19.85	26.17	32.95	39.55	50.85	60.79	71.3	82.6
l_f	max		1	1.2	1.2	1.4	2	2	3	3	4	4	6	6	8	10
k	公称		2	2.8	3.5	4	5.3	6.4	7.5	10	12.5	15	18.7	22.5	26	30
	产品等级 A	max	2.125	2.925	3.65	4.15	5.45	6.58	7.68	10.18	12.715	15.215	—	—	—	—
		min	1.875	2.675	3.35	3.85	5.15	6.22	7.32	9.82	12.285	14.785	—	—	—	—
	产品等级 B	max	2.2	3.0	3.74	4.24	5.54	6.69	7.79	10.29	12.85	15.35	19.12	22.92	26.42	30.42
		min	1.8	2.6	3.26	3.76	5.06	6.11	7.21	9.71	12.15	14.65	18.28	22.08	25.58	29.58
k_w	min 产品等级	A	1.31	1.87	2.35	2.70	3.61	4.35	5.12	6.87	8.6	10.35	—	—	—	—
		B	1.26	1.82	2.28	2.63	3.54	4.28	5.05	6.8	8.51	10.26	12.8	15.46	17.91	20.71
r	min		0.1	0.2	0.2	0.25	0.4	0.4	0.6	0.6	0.8	0.8	1	1	1.2	1.6
s	公称＝max		5.50	7.00	8.00	10.00	13.00	16.00	18.00	24.00	30.00	36.00	46	55.0	65.0	75.0
	min 产品等级	A	5.32	6.78	7.78	9.78	12.73	15.73	17.73	23.67	29.67	35.38	—	—	—	—
		B	5.20	6.64	7.64	9.64	12.57	15.57	17.57	23.16	29.16	35.00	45	53.8	63.1	73.1
l（商品规格范围）			20~30	25~40	25~50	30~60	40~80	45~100	50~120	65~160	80~200	90~240	110~300	140~360	160~440	180~480

l（系列）

20,25,30,35,40,45,50,55,60,65,70,80,90,100,110,120,
130,140,150,160,180,200,220,240,260,280,300,320,340,
360,380,400,420,440,460,480

注：l_g 与 l_s 表中未列出。

附表 2-2	双头螺柱	（单位:mm）

$$b_m=d(GB/T\ 897—1988) \quad b_m=1.25d(GB/T\ 898—1988)$$
$$b_m=1.5d(GB/T\ 899—1988) \quad b_m=2d(GB/T\ 900—1988)摘编$$

A型   B型

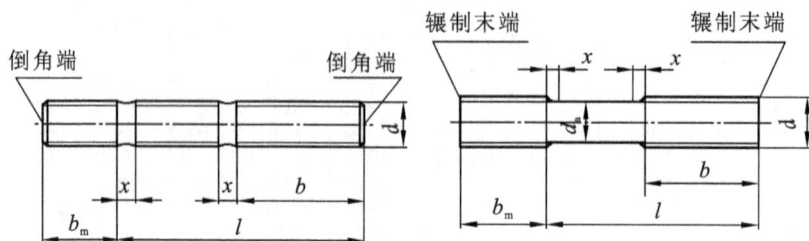

末端按 GB/T 2—2001 的规定；$d_s\approx$螺纹中径(仅适用于 B 型)

标记示例

两端均为粗牙普通螺纹，$d=10mm$、$l=50mm$、性能等级为 4.8 级、不经表面处理、B 型、$b_m=d$ 的双头螺柱：

螺柱 GB/T 897 M10×50

旋入机件一端为粗牙普通螺纹，旋螺母一端为螺距 $P=1$ mm 的细牙普通螺纹，$d=10$ mm、$l=50$ mm，性能等级为 4.8 级、不经表面处理、A 型、$b_m=d$ 的双头螺柱：

螺柱 GB/T 897 AM10-M10×1×50

螺纹规格 d	b_m（公称）				l/b
	GB/T 897—1988	GB/T 898—1988	GB/T 899—1988	GB/T 900—1988	
M2			3	4	12~16/6、20~25/10
M2.5			3.5	5	16/8、20~30/11
M3			4.5	6	16~20/6、25~40/12
M4			6	8	16~20/8、25~40/14
M5	5	6	8	10	16~20/10、25~50/16
M6	6	8	10	12	20/10、25~30/14、35~70/18
M8	8	10	12	16	20/12、25~30/16、35~90/22
M10	10	12	15	20	25/14、30~35/16、40~120/26、130/32
M12	12	15	18	24	25~30/16、35~40/20、45~120/30、130~180/36
M16	16	20	24	32	30~35/20、40~50/30、60~120/38、130~200/44
M20	20	25	30	40	35~40/25、45~60/35、70~120/46、130~200/52
M24	24	30	36	48	45~50/30、60~70/45、80~120/54、130~200/60

续表

螺纹规格 d	b_m（公称）				l/b
	GB/T 897—1988	GB/T 898—1988	GB/T 899—1988	GB/T 900—1988	
M30	30	38	45	60	60/40,70~90/50,100~120/66,130~200/72,210~250/85
M36	36	45	54	72	70/45,80~110/60,120/78,130~200/84,210~300/97
M42	42	52	63	84	70/80/50,90~110/70,120/90,130~200/96,210~300/109
M48	48	60	72	96	80~90/60,100~110/80,120/102,130~200/108,210~300/121
l（系列）	12,16,20,25,30,35,40,45,50,60,70,80,90,100,110,120,130,140,150 160,170,180,190,200,210,220,230,240,250,260,280,300				

附表 2-3　　　　　　　1 型六角螺母（GB/T 6170—2000）摘编　　　　　（单位：mm）

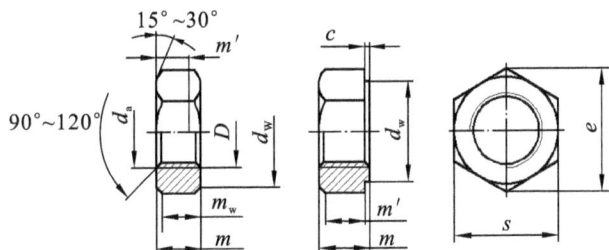

标记示例

螺纹规格 D＝M12、性能等级为 8 级、不经表面处理、产品等级为 A 级的 1 型六角螺母：

螺母　GB/T 6170　M12

垫圈面型应在订单中注明

螺纹规格 D		M1.6	M2	M2.5	M3	M4	M5	M6	M8	M10	M12
螺距 P		0.35	0.4	0.45	0.5	0.7	0.8	1	1.25	1.5	1.75
c	max	0.2	0.2	0.3	0.4	0.4	0.5	0.5	0.6	0.6	0.6
d_a	max	1.84	2.3	2.9	3.45	4.6	5.75	6.75	8.75	10.8	13
	min	1.60	2.0	2.5	3.00	4.0	5.00	6.00	8.00	10.00	12
d_w	min	2.4	3.1	4.1	4.6	5.9	6.9	8.9	11.6	14.6	16.6
e	min	3.41	4.32	5.45	6.01	7.66	8.79	11.05	14.38	17.77	20.03
m	max	1.30	1.60	2.00	2.40	3.2	4.7	5.2	6.80	8.40	10.80
	min	1.05	1.35	1.75	2.15	2.9	4.4	4.9	6.44	8.04	10.37
m_w	min	0.8	1.1	1.4	1.7	2.3	3.5	3.9	5.2	6.4	8.3
s	公称＝max	3.20	4.00	5.00	5.50	7.00	8.00	10.00	13.00	16.00	18.00
	min	3.02	3.82	4.82	5.32	6.78	7.78	9.78	12.73	15.73	17.73

续表

螺纹规格 D		M16	M20	M24	M30	M36	M42	M48	M56	M64
螺距 P		2	2.5	3	3.5	4	4.5	5	5.5	6
c	max	0.8	0.8	0.8	0.8	0.8	1.0	1.0	1.0	1.0
d_a	max	17.3	21.6	25.9	32.4	38.9	45.4	51.8	60.5	69.1
	min	16.0	20.0	24.0	30.0	36.0	42.0	48.0	56.0	64.0
d_w	min	22.5	27.7	33.3	42.8	51.1	60	69.5	78.7	88.2
e	min	26.75	32.95	39.55	50.85	60.79	72.02	82.6	93.56	104.86
m	max	14.8	18.0	21.5	25.6	31.0	34.0	38.0	45.0	51.0
	min	14.1	16.9	20.2	24.3	29.4	32.4	36.4	43.4	49.1
m_w	min	11.3	13.5	16.2	19.4	23.5	25.9	29.1	34.7	39.3
s	公称=max	24.00	30.00	36	46	55.0	65.0	75.0	85.0	95.0
	min	23.67	29.16	35	45	53.8	63.1	73.1	82.8	92.8

注:1. A级用于 $D \leqslant 16$ 的螺母;B级用于 $D > 16$ 的螺母。本表按优选的螺纹规格列出。

2. 螺纹规格为 M8～M64、细牙、A级和B级的1型六角螺母,请查阅 GB/T 6171—2000。

附表 2-4 　　**1 型六角开槽螺母——A 和 B 极(GB/T 6178—1986)**　　(单位:mm)

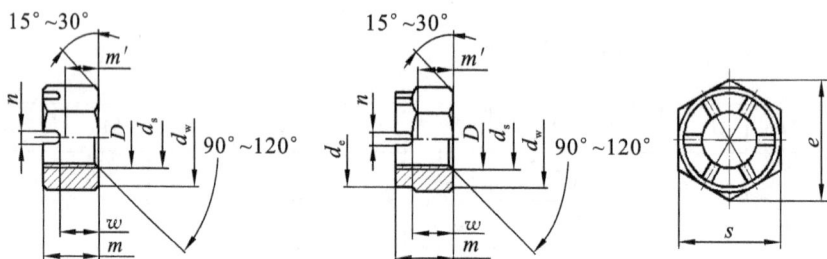

允许制造的形式

标记示例

螺纹规格 D=M12、性能等级为8级、表面氧化、A级的1型六角开槽螺母:

螺母　GB/T 6178　M12

螺纹规格 D		M4	M5	M6	M8	M10	M12	M16	M20	M24	M30	M36
d_s	max	4.6	5.75	6.75	8.75	10.8	13	17.3	21.6	25.9	32.4	38.9
	min	4	5	6	8	10	12	16	20	24	30	36
d_e	max	—	—	—	—	—	—	—	28	34	42	50
	min	—	—	—	—	—	—	—	27.16	33	41	49
d_w	min	5.9	6.9	8.9	11.6	14.6	16.6	22.5	27.7	33.2	42.7	51.1
e	min	7.66	8.79	11.05	14.38	17.77	20.03	26.75	32.95	39.55	50.85	60.79

螺纹规格 D		M4	M5	M6	M8	M10	M12	M16	M20	M24	M30	M36
m	max	5	6.7	7.7	9.8	12.4	15.8	20.8	24	29.5	34.6	40
	min	4.7	6.34	7.34	9.44	11.97	15.37	20.28	23.16	28.66	33.6	39
m′	min	2.32	3.52	3.92	5.15	6.43	8.3	11.28	13.52	16.16	19.44	23.52
n	min	1.2	1.4	2	2.5	2.8	3.5	4.5	4.5	5.5	7	7
	max	1.8	2	2.6	3.1	3.4	4.25	5.7	5.7	6.7	8.5	8.5
s	max	7	8	10	13	16	18	24	30	36	46	55
	min	6.78	7.78	9.78	12.73	15.73	17.73	23.67	29.16	35	45	53.8
w	max	3.2	4.7	5.2	6.8	8.4	10.8	14.8	18	21.5	25.6	31
	min	2.9	4.4	4.9	6.44	8.04	10.37	14.37	17.3	20.66	24.76	30
开口销		1×10	1.2×12	1.6×14	2×16	2.5×20	3.2×22	4×28	4×36	5×40	6.3×50	6.3×63

注：A 级用于 $D \leqslant 16$ 的螺母，B 级用于 $D > 16$ 的螺母。

附表 2-5　小垫圈—A 级（GB/T 848—2002）、平垫圈—A 级（GB/T 97.1—2002）
　　　　　平垫圈—倒角型（GB/T 97.2—2002）、大垫圈—A 级（GB/T 96—2002）　摘编

（单位：mm）

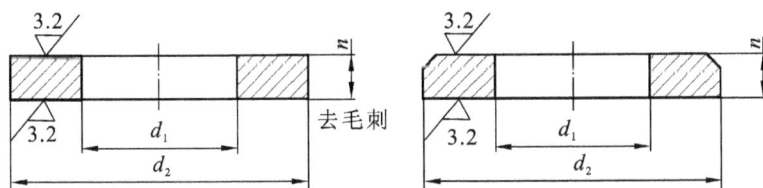

标记示例

标准系列、规格 8 mm、性能等级为 140HV 级、不经表面处理的平垫圈：

垫圈　GB/T 97.1　8

		规格（螺纹大径）	M3	M4	M5	M6	M8	M10	M12	M14	M16	M20	M24	M30	M36
内径 d_1	公称 (min)	GB/T 848—2002	3.2	4.3	5.3	6.4	8.4	10.5	13	15	17				
		GB/T 97.1—2002	3.2	4.3	5.3	6.4	8.4	10.5	13	15	17	21	25	31	37
		GB/T 97.2—2002	—	—	5.3	6.4	8.4	10.5	13	15	17				
		GB/T 96—2002	3.2	4.3	5.3	6.4	8.4	10.5	13	15	17	22	26	33	39
	max	GB/T 848—2002	3.38	4.48	5.48	6.62	8.62	10.77	13.27	15.27	17.27				
		GB/T 97.1—2002	3.38	4.48	5.48	6.62	8.62	10.77	13.27	15.27	17.27	21.33	25.33	31.99	37.62
		GB/T 97.2—2002	—	—	5.48	6.62	8.62	10.77	13.27	15.27	17.27				
		GB/T 96—2002	3.38	4.48	5.48	6.62	8.62	10.77	13.27	15.27	17.27	22.52	26.84	34	40

续表

规格(螺纹大径)			M3	M4	M5	M6	M8	M10	M12	M14	M16	M20	M24	M30	M36
内径 d_2	公称(max)	GB/T 848 2002	6	8	9	11	15	18	20	24	28	34	39	50	60
		GB/T 97.1—2002	7	9	10	12	16	20	24	28	30	37	44	56	66
		GB/T 97.2—2002	—	—											
		GB/T 96—2002	9	12	15	18	24	30	37	44	50	60	72	92	110
	min	GB/T 848—2002	5.7	7.64	8.64	10.57	14.57	17.57	19.48	23.48	27.48	33.38	38.38	49.38	58.8
		GB/T 97.1—2002	6.64	8.64	9.64	11.57	15.57	19.48	23.48	27.48	29.48	36.38	43.38	55.26	64.8
		GB/T 97.2—2002	—	—											
		GB/T 96—2002	8.64	11.57	14.57	17.57	23.48	29.48	36.38	43.38	49.38	58.1	70.1	89.8	107.8
厚度 h	公称	GB/T 848—2002	0.5	0.5				1.6	2		2.5				
		GB/T 97.1—2002		0.8	1	1.6	1.6			2.5		3	4	4	5
		GB/T 97.2—2002	—	—				2	2.5		3				
		GB/T 96—2002	0.8	1	1.2	1.6	2	2.5	3	3	3	4	5	6	8
	max	GB/T 848—2002	0.55	0.55				1.8	2.2		2.7				
		GB/T 97.1—2002		0.9	1.1	1.8	1.8			2.7		3.3	4.3	4.3	5.6
		GB/T 97.2—2002	—	—				2.2	2.7		3.3				
		GB/T 96—2002	0.9	1.1	1.4	1.8	2.2	2.7	3.3	3.3	3.3	4.6	6	7	9.2
	min	GB/T 848—2002	0.45	0.45				1.4	1.8		2.3				
		GB/T 97.1—2002		0.7	0.9	1.4	1.4			2.3		2.7	3.7	3.7	4.4
		GB/T 97.2—2002	—	—				1.8	2.3		2.7				
		GB/T 96—2002	0.7	0.9	1	1.4	1.8	2.3	2.7	2.7	2.7	3.4	4	5	6.8

附表 2-6 标准型弹簧垫圈(GB/T 93—1987)、轻型弹簧垫圈(GB/T 859—1987)摘编

(单位:mm)

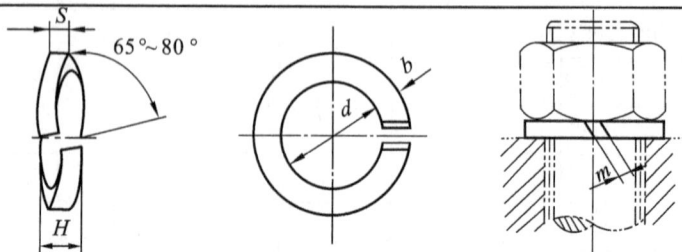

标记示例

规格 16 mm、材料为 65Mn、表面氧化的标准型弹簧垫圈:

垫圈　GB/T 93　16

规格 16 mm、材料为 65Mn、表面氧化的轻型弹簧垫圈:

垫圈　GB/T 859　16

规格(螺纹大径)			M2	M2.5	M3	M4	M5	M6	M8	M10	M12	M16	M20	M24	M30	M36	M42	M48
d	min		2.1	2.6	3.1	4.1	5.1	6.1	8.1	10.2	12.2	16.2	20.2	24.5	30.5	36.5	42.5	48.5
	max		2.35	2.85	3.4	4.4	5.4	6.68	8.68	10.9	12.9	16.9	21.04	25.5	31.5	37.7	43.7	49.7
$S(b)$ 公称	GB/T 93 —1987		0.5	0.65	0.8	1.1	1.3	1.6	2.1	2.6	3.1	4.1	5	6	7.5	9	10.5	12
S 公称	GB/T 859 —1987		—	—	0.6	0.8	1.1	1.3	1.6	2	2.5	3.2	4	5	6	—	—	—
b 公称	GB/T 859 —1987		—	—	1	1.2	1.5	2	2.5	3	3.5	4.5	5.5	7	9	—	—	—
H	GB/T 93 —1987	min	1	1.3	1.6	2.2	2.6	3.2	4.2	5.2	6.2	8.2	10	12	15	18	21	24
		max	1.25	1.63	2	2.75	3.25	4	5.25	6.5	7.75	10.25	12.5	15	18.75	22.5	26.25	30
	GB/T 859 —1987	min	—	—	1.2	1.6	2.2	2.6	3.2	4	5	6.4	8	10	12	—	—	—
		max	—	—	1.5	2	2.75	3.25	4	5	6.25	8	10	12.5	15	—	—	—
$m\leqslant$	GB/T 93 —1987		0.25	0.33	0.4	0.55	0.65	0.8	1.05	1.3	1.55	2.05	2.5	3	3.75	4.5	5.25	6
	GB/T 859 —1987		—	—	0.3	0.4	0.55	0.65	0.8	1	1.25	1.6	2	2.5	3	—	—	—

注:m 应大于零。

附表 2-7　开槽圆柱头螺钉(GB/T 65—2000)、开槽盘头螺钉(GB/T 67—2008)摘编

(单位:mm)

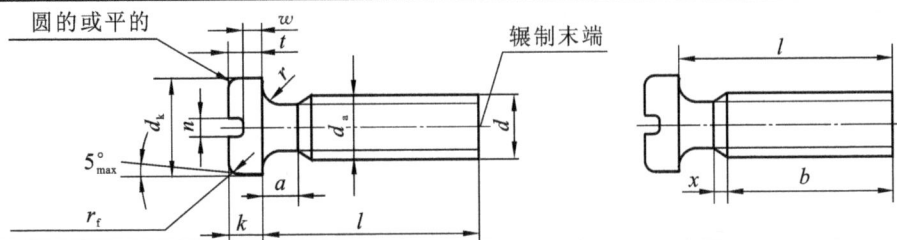

无螺纹部分杆径≈中径或=螺纹大径

标记示例

螺纹规格 d＝M5、公称长度 l＝20 mm、性能等级为 4.8 级、不经表面处理的 A 级开槽圆柱头螺钉:

螺钉　GB/T 65　M5×20

螺纹规格 d＝M5、公称长度 l＝20 mm、性能等级为 4.8 级、不经表面处理的 A 级开槽盘头螺钉:

螺钉　GB/T 67　M5×20

续表

螺纹规格 d		M1.6	M2	M2.5	M3	M4		M5		M6		M8		M10	
类别		GB/T 67—2008				GB/T 65—2000	GB/T 67—2008	GB/T 65—2000	GB/T 67—2008	GB/T 65—2000	GB/T 67—2008	GB/T 65—2000	GB/T 67—2008	GB/T 65—2000	GB/T 67—2008
螺距 P		0.35	0.4	0.45	0.5	0.7	0.7	0.8	0.8	1	1	1.25	1.25	1.5	1.5
a	max	0.7	0.8	0.9	1	1.4	1.4	1.6	1.6	2	2	2.5	2.5	3	3
b	min	25	25	25	25	38	38	38	38	38	38	38	38	38	38
d_k	max	3.2	4.0	5.0	5.6	7.00	8.00	8.50	9.50	10.00	12.00	13.00	16.00	16.00	20.00
	min	2.9	3.7	4.7	5.3	6.78	7.64	8.28	9.14	9.78	11.57	12.73	15.57	15.73	19.48
d_a	max	2	2.6	3.1	3.6	4.7	4.7	5.7	5.7	6.8	6.8	9.2	9.2	11.2	11.2
k	max	1.00	1.30	1.50	1.80	2.60	2.40	3.30	3.00	3.9	3.6	5.0	4.8	6.0	6.0
	min	0.86	1.16	1.36	1.66	2.46	2.26	3.12	2.86	3.6	3.3	4.7	4.5	5.7	5.7
n	公称	0.4	0.5	0.6	0.8	1.2	1.2	1.2	1.2	1.6	1.6	2	2	2.5	2.5
	min	0.46	0.56	0.66	0.86	1.26	1.26	1.26	1.26	1.66	1.66	2.06	2.06	2.56	2.56
	max	0.60	0.70	0.80	1.00	1.51	1.51	1.51	1.51	1.91	1.91	2.31	2.31	2.81	2.81
r	min	0.1	0.1	0.1	0.1	0.2	0.2	0.2	0.2	0.25	0.25	0.4	0.4	0.4	0.4
r_f	参考	0.5	0.6	0.8	0.9	1.2	1.2	1.5	1.5	1.8	1.8	2.4	2.4	3	3
t	min	0.35	0.5	0.6	0.7	1.1	1	1.3	1.2	1.6	1.4	2	1.9	2.4	2.4
w	min	0.3	0.4	0.5	0.7	1.1	1	1.3	1.2	1.6	1.4	2	1.9	2.4	2.4
x	max	0.9	1	1.1	1.25	1.75	1.75	2	2	2.5	2.5	3.2	3.2	3.8	3.8
l(商品规格范围公称长度)		2~16	2.5~20	3~25	4~30	5~40	5~40	6~50	6~50	8~60	8~60	10~80	10~80	12~80	12~80
l(系列)		2,2.5,3,4,5,6,8,10,12,(14),16,20,25,30,35,40,45,50,(55),60,(65),70,(75),80														

注:1. 螺纹规格 d＝M1.6～M3,公称长度 $l \leqslant 30$ mm 的螺钉,应制出全螺纹;螺纹规格 d＝M4～M10、公称长度 $l \leqslant 40$ mm 的螺钉,应制出全螺纹($b＝l-a$)。

2. 尽可能不采用括号内的规格。

附表 2-8　开槽沉头螺钉(GB/T 68—2000)、开槽半沉头螺钉(GB/T 69—2000)摘编

(单位:mm)

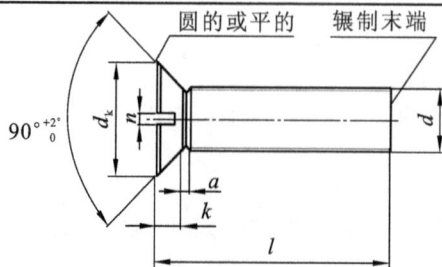
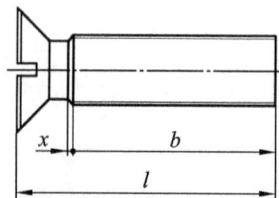

无螺纹杆径≈中径=螺纹大径

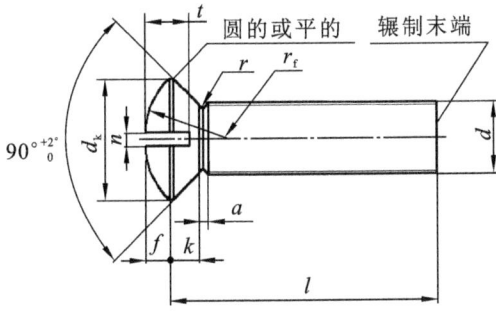

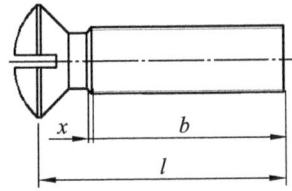

无螺纹杆径≈中径=螺纹大径

标记示例

螺纹规格 $d=$ M5、公称长度 $l=20$ mm、性能等级为 4.8 级、不经表面处理的 A 级开槽沉头螺钉：

螺钉　GB/T 68　M5×20

螺纹规格 d			M1.6	M2	M2.5	M3	M4	M5	M6	M8	M10
螺距 P			0.35	0.4	0.45	0.5	0.7	0.8	1	1.25	1.5
a	max		0.7	0.8	0.9	1	1.4	1.6	2	2.5	3
b	min		25				38				
d_k	理论值	max	3.6	4.4	5.5	6.3	9.4	10.4	12.6	17.3	20
	实际值	公称=max	3.0	3.8	4.7	5.5	8.40	9.30	11.30	15.80	18.30
		min	2.7	3.5	4.4	5.2	8.04	8.94	10.87	15.37	17.78
k	公称=max		1	1.2	1.5	1.65	2.7	2.7	3.3	4.65	5
n	公称		0.4	0.5	0.6	0.8	1.2	1.2	1.6	2	2.5
	min		0.46	0.56	0.66	0.86	1.26	1.26	1.66	2.06	2.56
	max		0.60	0.70	0.80	1.00	1.51	1.51	1.91	2.31	2.81
r	max		0.4	0.5	0.6	0.8	1	1.3	1.5	2	2.5
x	max		0.9	1	1.1	1.25	1.75	2	2.5	3.2	3.8
f	≈		0.4	0.5	0.6	0.7	1	1.2	1.4	2	2.3
r_f	≈		3	4	5	6	9.5	9.5	12	16.5	19.5
t	max	GB/T 68 —2000	0.50	0.60	0.75	0.85	1.3	1.4	1.6	2.3	2.6
		GB/T 69 —2000	0.80	1.0	1.2	1.45	1.9	2.4	2.8	3.7	4.4
	min	GB/T 68 —2000	0.32	0.4	0.50	0.60	1.0	1.1	1.2	1.8	2.0

续表

螺纹规格 d			M1.6	M2	M2.5	M3	M4	M5	M6	M8	M10
t	min	GB/T 69—2000	0.64	0.8	1.0	1.20	1.6	2.0	2.4	3.2	3.8
l(商品规格范围公称长度)			2.5~16	3~20	4~25	5~30	6~40	8~50	8~60	10~80	12~80
l(系列)			2.5,3,4,5,6,8,10,12,(14),16,20,25,30,35,40,45,50,(55),60,(65),70,(75),80								

注:1.公称长度 l≤30 mm,而螺纹规格 d 在 M1.6~M3 的螺钉,应制出全螺纹;公称长度 l≤45 mm 在 M4~M10 的螺钉也应制出全螺纹[b=l−(k+a)]。

2.尽可能不采用括号内的规格。

附表 2-9 十字槽盘头螺钉(GB/T 818—2000)、十字槽沉头螺钉(GB/T 819.1—2000)摘编

(单位:mm)

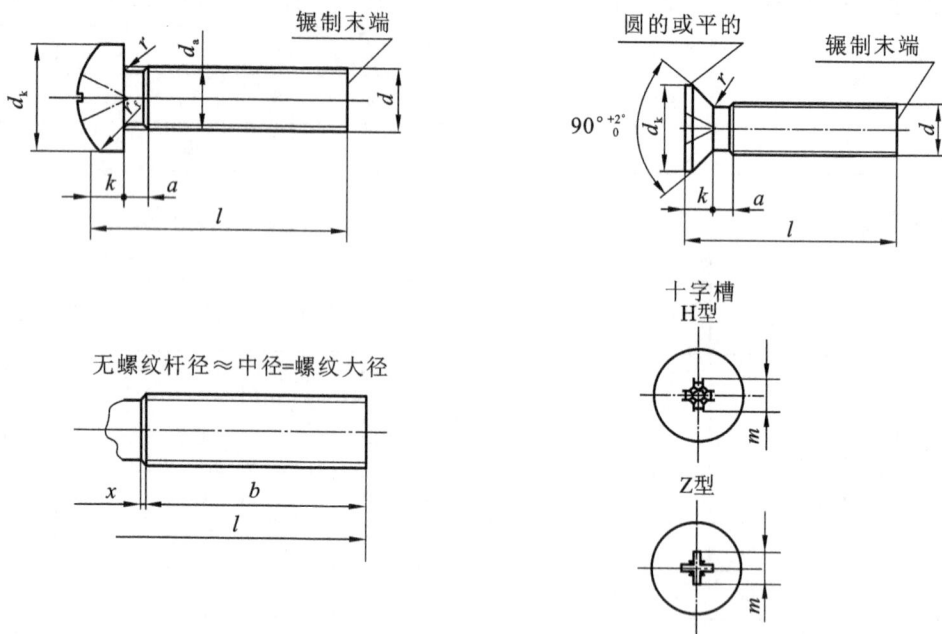

标记示例

螺纹规格 d=M5、公称长度 l=20 mm、性能等级 4.8 级、H 型十字槽、不经表面处理的 A 级十字槽盘头螺钉:

螺钉 GB/T 818 M5×20

螺纹规格 d		M1.6	M2	M2.5	M3	M4	M5	M6	M8	M10
螺距 P		0.35	0.4	0.45	0.5	0.7	0.8	1	1.25	1.5
a	max	0.7	0.8	0.9	1	1.4	1.6	2	2.5	3
b	min	25	25	25	25	38	38	38	38	38
d	max	2	2.6	3.1	3.6	4.7	5.7	6.8	9.2	11.2

续表

螺纹规格 d				M1.6	M2	M2.5	M3	M4	M5	M6	M8	M10
d_k	公称=max		GB/T 818—2000	3.2	4.0	5.0	5.6	8.00	9.50	12.00	16.00	20.00
			GB/T 819.1—2000	3.0	3.8	4.7	5.5	8.40	9.30	11.30	15.80	18.30
	min		GB/T 818—2000	2.9	3.7	4.7	5.3	7.64	9.14	11.57	15.57	19.48
			GB/T 819.1—2000	2.7	3.5	4.4	5.2	8.04	8.94	10.87	15.37	17.78
k	公称=max		GB/T 818—2000	1.30	1.60	2.10	2.40	3.10	3.70	4.6	6.0	7.50
			GB/T 819.1—2000	1	1.2	1.5	1.65	2.7	2.7	3.3	4.65	5
	min		GB/T 818—2000	1.16	1.46	1.96	2.26	2.92	3.52	4.3	5.7	7.14
r	min		GB/T 818—2000	0.1	0.1	0.1	0.1	0.2	0.2	0.25	0.4	0.4
	max		GB/T 819.1—2000	0.4	0.5	0.6	0.8	1	1.3	1.5	2	2.5
r_f			≈	2.5	3.2	4	5	6.5	8	10	13	16
x			max	0.9	1	1.1	1.25	1.75	2	2.5	3.2	3.8
十字槽	槽号		No.	0		1		2		3	4	
	H型	m参考	GB/T 818—2000	1.7	1.9	2.7	3	4.4	4.9	6.9	9	10.1
			GB/T 819.1—2000	1.6	1.9	2.9	3.2	4.6	5.2	6.8	8.9	10
		插入深度 max	GB/T 818—2000	0.95	1.2	1.55	1.8	2.4	2.9	3.6	4.6	5.8
			GB/T 819.1—2000	0.9	1.2	1.8	2.1	2.6	3.2	3.5	4.6	5.7
		插入深度 min	GB/T 818—2000	0.70	0.9	1.15	1.4	1.9	2.4	3.1	4.0	5.2
			GB/T 819.1—2000	0.6	0.9	1.4	1.7	2.1	2.7	3.0	4.0	5.1
	Z型	m参考	GB/T 818—2000	1.6	2.1	2.6	2.8	4.3	4.7	6.7	8.8	9.9
			GB/T 819.1—2000	1.6	1.9	2.8	3	4.4	4.9	6.6	8.8	9.8
		插入深度 max	GB/T 818—2000	0.90	1.42	1.50	1.75	2.34	2.74	3.46	4.50	5.69
			GB/T 819.1—2000	0.95	1.20	1.73	2.01	2.51	3.05	3.45	4.60	5.64
		插入深度 min	GB/T 818—2000	0.65	1.17	1.25	1.50	1.89	2.29	3.03	4.05	5.24
			GB/T 819.1—2000	0.70	0.95	1.48	1.76	2.06	2.60	3.00	4.15	5.19
l(商品规格范围)				3～16	3～20	3～25	4～30	5～40	6～45	8～60	10～60	12～60
l(系列)				3,4,5,6,8,10,12,(14),16,20,25,30,35,40,45,50,(55),60								

注:1. 公称长度 $l \leqslant 25$ mm(GB/T 819.1—2000),而螺纹规格 d 在 M1.3～M1.6 的螺钉,应制出全螺纹;公称长度 $l \leqslant 40$ mm(GB/T 819.1—2000,$l \leqslant 45$ mm),而螺纹规格 d 在 M4～M10 的螺钉,也应制出全螺纹($b=l-a$)(GB/T 819.1—2000,$b=l-(k+a)$)。

2. 尽可能不采用括号内的规格。

3. GB/T 819.1—2000 的尺寸“d_k理论值 max”未列入。

附表 2-10 　　　　　　　　内六角圆柱头螺钉（GB/T 70.1—2000）摘编　　　　　　（单位:mm）

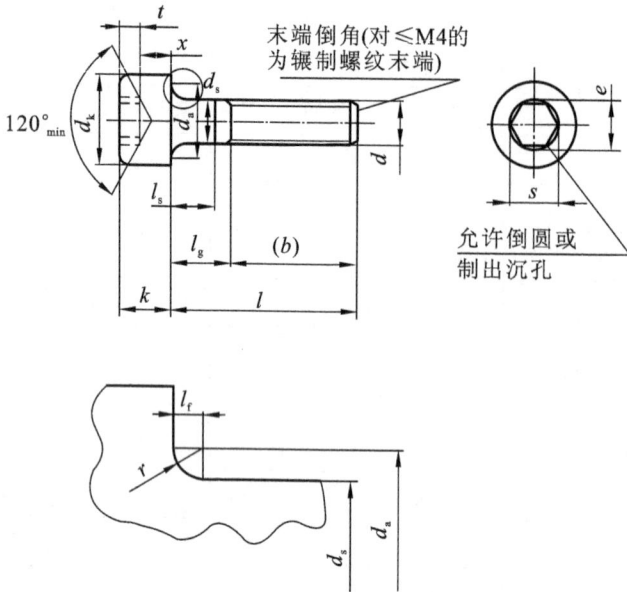

标记示例

螺纹规格 $d=$ M5、公称长度 $l=20$ mm、性能等级为 8.8 级、表面氧化的 A 级内六角圆柱头螺钉：

螺钉　GB/T 70.1　M5×20

螺纹规格 d		M3	M4	M5	M6	M8	M10	M12	M16	M20	M24
螺距 P		0.5	0.7	0.8	1	1.25	1.5	1.75	2	2.5	3
b 参考		18	20	22	24	28	32	36	44	52	60
d_k	max	5.50	7.00	8.50	10.00	13.00	16.00	18.00	24.00	30.00	36.00
	min	5.32	6.78	8.28	9.78	12.73	15.73	17.73	23.67	29.67	35.61
d_a	max	3.6	4.7	5.7	6.8	9.2	11.2	13.7	17.7	22.4	26.4
d_s	max	3.00	4.00	5.00	6.00	8.00	10.00	12.00	16.00	20.00	24.00
	min	2.86	3.82	4.82	5.82	7.78	9.78	11.73	15.73	19.67	23.67
e	min	2.87	3.44	4.58	5.72	6.86	9.15	11.43	16	19.44	21.73
l_f	max	0.51	0.6	0.6	0.68	1.02	1.02	1.45	1.45	2.04	2.04
k	max	3.00	4.00	5.00	6.0	8.00	10.00	12.00	16.00	20.00	24.00
	min	2.86	3.82	4.82	5.7	7.64	9.64	11.57	15.57	19.48	23.48
r	min	0.1	0.2	0.2	0.25	0.4	0.4	0.6	0.6	0.8	0.8
s	公称	2.5	3	4	5	6	8	10	14	17	19
	max	2.58	3.080	4.095	5.140	6.140	8.175	10.175	14.212	17.23	19.275
	min	2.52	3.020	4.020	5.020	6.020	8.025	10.025	14.032	17.05	19.065
t	min	1.3	2	2.5	3	4	5	6	8	10	12

螺纹规格 d	M3	M4	M5	M6	M8	M10	M12	M16	M20	M24
d_w　min	5.07	6.53	8.03	9.38	12.33	15.33	17.23	23.17	28.87	34.81
w　min	1.15	1.4	1.9	2.3	3.3	4	4.8	6.8	8.6	10.4
l（商品规格范围）	5~30	6~40	8~50	10~60	12~80	16~100	20~120	25~160	30~200	40~200
l≤表中数值时,螺纹制到距头部 $3P$ 以内	20	25	25	30	35	40	50	60	70	80
l（系列）	5,6,8,10,12,16,20,25,30,35,40,45,50,55,60,65,70, 80,90,100,110,120,130,140,150,160,180,200									

注:1. l_g 与 l_s 表中未列出。

　　2. s_{max} 用于除 12.9 级外的其他性能等级。

　　3. d_{kmax} 只对光滑头部,滚花头部未列出。

附表 2-11　　开槽锥端紧定螺钉（GB/T 71—1985）
开槽平端紧定螺钉（GB/T 73—1985）　　　　（单位:mm）
开槽长圆柱端紧定螺钉（GB/T 75—1985）摘编

GB/T 71—1985　　　　　GB/T 73—1985　　　　　GB/T 75—1985

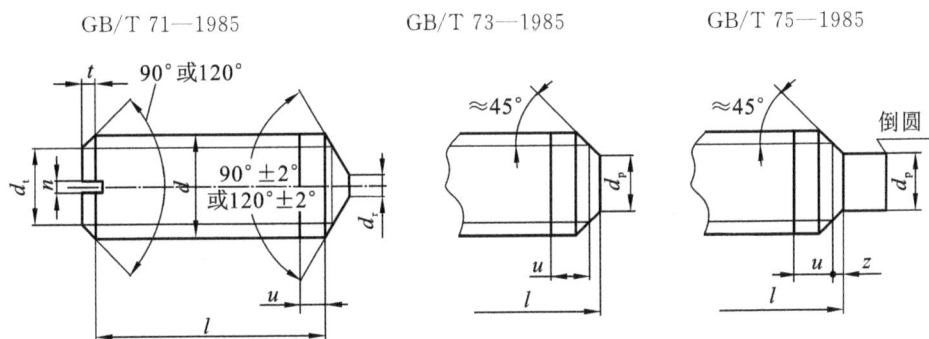

标记示例

螺纹规格 d＝M5、公称长度 l＝12 mm、性能等级为 14H 级、表面氧化的开槽平端紧定螺钉:

螺钉　GB/T 73　M5×12

螺纹规格 d	M1.2	M1.6	M2	M2.5	M3	M4	M5	M6	M8	M10	M12
螺距 P	0.25	0.35	0.4	0.45	0.5	0.7	0.8	1	1.25	1.5	1.75
d_f　≈	螺纹小径										
d_t　min	—	—	—	—	—	—	—	—	—	—	—
d_t　max	0.12	0.16	0.2	0.25	0.3	0.4	0.5	1.5	2	2.5	3

螺纹规格 d		M1.2	M1.6	M2	M2.5	M3	M4	M5	M6	M8	M10	M12
d_p	min	0.35	0.55	0.75	1.25	1.75	2.25	3.2	3.7	5.2	6.64	8.14
	max	0.6	0.8	1	1.5	2	2.5	3.5	4	5.5	7	8.5
n	公称	0.2	0.25	0.25	0.4	0.4	0.6	0.8	1	1.2	1.6	2
	min	0.26	0.31	0.31	0.46	0.46	0.66	0.86	1.06	1.26	1.66	2.06
	max	0.4	0.45	0.45	0.6	0.6	0.8	1	1.2	1.51	1.91	2.31
t	min	0.4	0.56	0.64	0.72	0.8	1.12	1.28	1.6	2	2.4	2.8
	max	0.52	0.74	0.84	0.95	1.05	1.42	1.63	2	2.5	3	3.6
z	min	—	0.8	1	1.25	1.5	2	2.5	3	4	5	6
	max	—	1.05	1.25	1.5	1.75	2.25	2.75	3.25	4.3	5.3	6.3
GB/T 71—1985	l(公称长度)	2~6	2~8	3~10	3~12	4~16	6~20	8~25	8~30	10~40	12~50	14~60
	l(短螺钉)	2	2~2.5	2~2.5	2~3	2~3	2~4	2~5	2~6	2~8	2~10	2~12
GB/T 73—1985	l(公称长度)	2~6	2~8	2~10	2.5~12	3~16	4~20	5~25	6~30	8~40	10~50	12~60
	l(短螺钉)	—	2	2~2.5	2~3	2~3	2~4	2~5	2~6	2~6	2~8	2~10
GB/T 75—1985	l(公称长度)	—	2.5~8	3~10	4~12	5~16	6~20	8~25	8~30	10~40	12~50	14~60
	l(短螺钉)	—	2~2.5	2~3	2~4	2~5	2~6	2~8	2~10	2~14	2~16	2~20
l(系列)		2,2.5,3,4,5,6,8,10,12,(14),16,20,25,30,35,40,45,50,(55),60										

注:1. 公称长度为商品规格尺寸。

2. 尽可能不采用括号内的规格。

三、键与销

附表 3-1　　　　　**普通平键键槽的尺寸与公差(GB/T 1095—2003)摘编**　　　　(单位:mm)

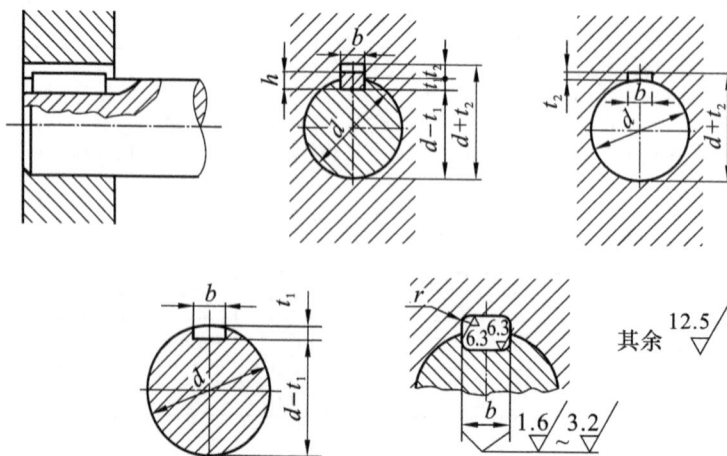

在工作图中,轴槽深用 t_1 或 (d/t_1) 标注,轮毂槽深用 $(d+t_2)$ 标注

轴的直径 d	键尺寸 b×h	宽度 b 基本尺寸	正常连接 轴 N9	正常连接 毂 JS9	紧密连接 轴和毂 P9	松连接 轴 H9	松连接 毂 D10	轴 t1 基本尺寸	轴 t1 极限偏差	毂 t2 基本尺寸	毂 t2 极限偏差	半径 r min	半径 r max
6~8	2×2	2	−0.004 −0.029	±0.0125	−0.006 −0.031	+0.025 0	+0.060 +0.020	1.2		1		0.08	0.16
>8~10	3×3	3						1.8	+0.10	1.4	+0.10		
>10~12	4×4	4	0 −0.030	±0.015	−0.012 −0.042	+0.030 0	+0.078 +0.030	2.5		1.8			
>12~17	5×5	5						3.0		2.3		0.16	0.25
>17~22	6×6	6						3.5		2.8			
>22~30	8×7	8	0 −0.036	±0.018	−0.015 −0.051	+0.036 0	+0.098 +0.040	4.0		3.3			
>30~38	10×8	10						5.0		3.3			
>38~44	12×8	12						5.0		3.3			
>44~50	14×9	14	0 −0.043	±0.026	+0.018 −0.061	+0.043 0	+0.120 +0.050	5.5		3.8		0.25	0.40
>50~58	16×10	16						6.0	+0.20	4.3	+0.20		
>58~65	18×11	18						7.0		4.4			
>65~75	20×12	20						7.5		4.9			
>75~85	22×14	22	0 −0.052	±0.031	+0.022 −0.074	+0.052 0	+0.149 +0.065	9.0		5.4		0.40	0.60
>85~95	25×14	25						9.0		5.4			
>95~110	28×16	28						10.0		6.4			
>110~130	32×18	32						11.0		7.4			
>130~150	36×20	36	0 −0.062	±0.037	−0.026 −0.088	+0.062 0	+0.180 +0.080	12.0	+0.30	8.4	+0.30	0.70	1.0
>150~170	40×22	40						13.0		9.4			
>170~200	45×25	45						15.0		10.4			

注:1.(d−t1)和(d+t2)两组组合尺寸的极限偏差按相应的 t1 和 t2 的极限偏差选取,但(d−t1)的极限偏差应取"−"。

2.轴的直径不在本标准所列,仅供参考。

附表 3-2　　　　　　普通平键键槽的尺寸与公差(GB/T 1096—2003)摘编　　　　　(单位:mm)

A 型　　　　　　　　　　　　B 型　　　　　　　　　　　　C 型

其余 $\sqrt{\dfrac{12.5}{}}$

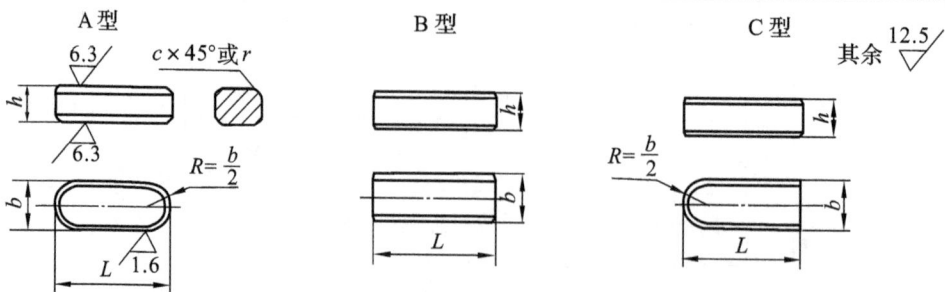

标记示例

普通 A 型平键(圆头)、$b=18$ mm、$h=11$ mm、$L=100$ mm:GB/T 1096—2003　键 $18\times11\times100$

普通 B 型平键(平头)、$b=18$ mm、$h=11$ mm、$L=100$ mm:GB/T 1096—2003　键 B$18\times11\times100$

普通 C 型平键(单圆头)、$b=18$ mm、$h=11$ mm、$L=100$ mm:GB/T 1096—2003　键 C$18\times11\times100$

宽度 b	基本尺寸		2	3	4	5	6	8	10	12	14	16	18	20	22
	极限偏差 (h8)		0 −0.014		0 −0.018			0 −0.022		0 −0.027			0 −0.033		

高度 h		基本尺寸	2	3	4	5	6	7	8	8	9	10	11	12	14
	极限偏差	矩形 (h11)	—		—				0 −0.090				0 −0.010		
		方形 (h8)	0 −0.014		0 −0.018			—							

倒角或圆角 s	0.16~0.25	0.25~0.40	0.40~0.60	0.60~0.80

长度 L

基本尺寸	极限偏差 (h14)	2	3	4	5	6	8	10	12	14	16	18	20	22
6	0 −0.36			—	—	—	—	—	—	—	—	—	—	—
8						—	—	—	—	—	—	—	—	—
10							—	—	—	—	—	—	—	—
12								—	—	—	—	—	—	—
14	0 −0.48								—	—	—	—	—	—
16										—	—	—	—	—
18											—	—	—	—
20												—	—	—
22	0 −0.52	—	标准										—	—
25		—												—
28		—												

32	0	—											
36	−0.62	—											
40	0	—	—			长度							
45		—	—										
50	−0.62	—	—										
56		—	—	—									
63	0	—	—	—									
70	−0.74	—	—	—									
80		—	—	—	—	—							
90		—	—	—	—	—	范围						
100	0	—	—	—	—	—							
110	−0.87	—	—	—	—	—							
125		—	—	—	—	—	—						
140	0	—	—	—	—	—	—						
160	−1.00	—	—	—	—	—	—						
180		—	—	—	—	—	—	—					
200		—	—	—	—	—	—	—	—				
220	0	—	—	—	—	—	—	—	—				
250	−1.15	—	—	—	—	—	—	—	—	—	—		

附表 3-3　　圆柱销　不淬硬钢和奥氏体不锈钢（GB/T 119.1—2000）摘编
　　　　　　圆柱销　淬硬钢和马氏体不锈钢（GB/T 119.2—2000）　（单位：mm）

末端形状，由制造者统一

标记示例

公称直径 $d=6$ mm、公差为 m6、公差长度 $l=30$ mm、材料为钢、不经淬火、不经表面处理的圆柱销：

销　GB/T 119.1　6m6×30

公称直径 $d=6$ mm、公差为 m6、公称长度 $l=30$ mm、材料为钢、普通淬火（A 型）、表面氧化处理的圆柱销：

销　GB/T 119.2　6×30

续表

d	(公称)	1.5	2	2.5	3	4	5	6	8
c	≈	0.3	0.35	0.4	0.5	0.63	0.8	1.2	1.6
l(商品长度范围)	GB/T 119.1	4~16	6~20	6~24	8~30	8~40	10~50	12~60	14~80
	GB/T 119.2	4~16	5~20	6~24	8~30	10~40	12~50	14~60	18~80
d	(公称)	10	12	16	20	25	30	40	50
c	≈	2	2.5	3	3.5	4	5	6.3	8
l(商品长度范围)	GB/T 119.1	18~95	22~140	26~180	35~200	50~200	60~200	80~200	95~200
	GB/T 119.2	22~100	26~100	40~100	50~100	—	—	—	—
l(系列)	3,4,5,6,8,10,12,14,16,18,20,22,24,26,28,30,32,35,40,45,50,55,60,65,70,75,80, 85,90,95,100,120,140,160,180,200,…								

注:1.公差直径 d 的公差:GB/T 119.2—2000 规定为 m6 和 h8,GB/T 119.1—2000 仅有 m6。其他公差由供需双方协议。

2.GB/T 119.2—2000 中淬硬钢按淬火方法不同,分为普通淬火(A 型)和表面淬火(B 型)。

3.公称长度大于 200 mm,按 20 mm 递增。

附表 3-4　　　　　　　　　圆锥销(GB/T 117—2000)摘编　　　　　　　　(单位:mm)

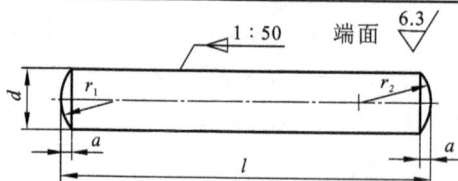

$r_1 \approx d$

$r_2 \approx \dfrac{a}{2} + d + \dfrac{(0.02l)^3}{8a}$

锥面粗糙度见附注

标记示例

公称直径 $d = 6$ mm、公称长度 $l = 30$ mm、材料为 35 钢、热处理硬度 28~38HRC、表面氧化处理的 A 型圆锥销:

销　GB/T 117　6×30

d	公称	0.6	0.8	1	1.2	1.5	2	2.5	3	4	5
a	≈	0.08	0.1	0.12	0.16	0.2	0.25	0.3	0.4	0.5	0.63
l(商品长度范围)		4~8	5~12	6~16	6~20	8~24	10~35	10~35	12~45	14~55	18~60
d	公称	6	8	10	12	16	20	25	30	40	50
a	≈	0.8	1	1.2	1.6	2	2.5	3	4	5	6.3

续表

l（商品长度范围）	22～90	22～120	26～160	32～180	40～200	45～200	50～200	55～200	60～200	65～200
l（系列）	2,3,4,5,6,8,10,12,14,16,18,20,22,24,26,28,30,32,35,40,45,50,55,60,65, 70,75,80,85,90,95,100,120,140,160,180,200,…									

注：1.公称直径 d 的公差规定为 h10，其他公差如 a11、c11 和 f8 由供求双方协议。

　　2.圆锥销有 A 型和 B 型。A 型为磨销，锥面表面粗糙度 $R_a = 0.8\ \mu m$；B 型为切削或冷镦，锥面表面粗糙度 $R_a = 3.2\mu m$。

　　3.公称长度大于 200 mm，按 20 mm 递增。

附表 3-5	开口销（GB/T 91—2000）摘编	（单位：mm）

允许制造的形式

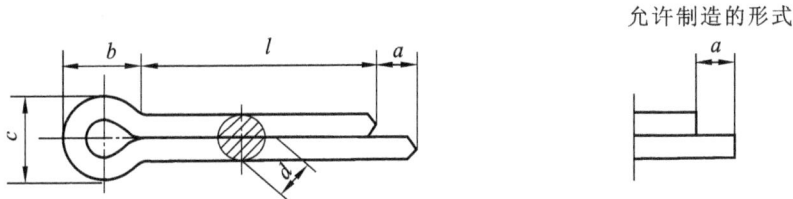

标记示例

公称规格为 5 mm、公称长度 $l = 50$ mm、材料为 Q215 或 Q235、不经表面处理的开口销：

销　GB/T 91　5×50

公称规格		0.6	0.8	1	1.2	1.6	2	2.5	3.2
d	max	0.5	0.7	0.9	1.0	1.4	1.8	2.3	2.9
	min	0.4	0.6	0.8	0.9	1.3	1.7	2.1	2.7
a	max	1.6	1.6	1.6	2.50	2.50	2.50	2.50	3.2
b	≈	2	2.4	3	3	3.2	4	5	6.4
c	max	1.0	1.4	1.8	2.0	2.8	3.6	4.6	5.8
适用的直径	螺栓 >	—	2.5	3.5	4.5	5.5	7	9	11
	螺栓 ≤	2.5	3.5	4.5	5.5	7	9	11	14
	U形销 >	—	2	3	4	5	6	8	9
	U形销 ≤	2	3	4	5	6	8	9	12
l（商品长度范围）		4～12	5～16	6～20	8～25	8～32	10～40	12～50	14～63
公称规格		4	5	6.3	8	10	13	16	20
d	max	3.7	4.6	5.9	7.5	9.5	12.4	15.4	19.3
	min	3.5	4.4	5.7	7.3	9.3	12.1	15.1	19.0
a	max	4	4	4	6.30	6.30	6.30	6.30	6.30
b	≈	8	10	12.6	16	20	26	32	40

续表

公称规格		4	5	6.3	8	10	13	16	20
c	max	7.4	9.2	11.8	15.0	19.0	24.8	30.8	38.5
适用的直径 螺栓	>	14	20	27	39	56	80	120	170
	≤	20	27	39	56	80	120	170	—
U形销	>	12	17	23	29	44	69	110	160
	≤	17	23	29	44	69	110	160	—
l(商品长度范围)		18～80	22～100	32～125	40～160	45～200	71～250	112～280	160～280
l(系列)		4,5,6,8,10,12,14,16,18,20,22,25,28,32,36,40,45,50,56,63,71,80,90,100,112,125,140,160,180,200,224,250,280								

注:1.公称规格等于开口销孔的直径。对销孔直径推荐的公差为:公称规格≤1.2;H13;公称规格>1.2;H14。
　　根据供需双方协议,允许采用公称规格为 3 mm、6 mm 和 12 mm 的开口销。
　　2.用于铁道和在 U 形销中开口销承受交变横向力的场合,推荐使用的开口销规格应较本表规定的加大一档。

四、滚动轴承

附表 4-1　　　　　深沟球轴承(GB/T 276—1994)摘编

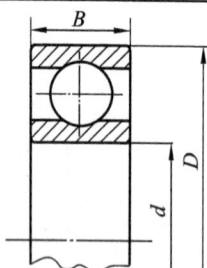

60000型

轴承代号	尺寸/mm		
	d	D	B
10 系列			
606	6	17	6
607	7	19	6
608	8	22	7
609	9	24	7
6000	10	26	8
6001	12	28	8
6002	15	32	9
6003	17	35	10
6004	20	42	12
60/22	22	44	12
6005	25	47	12
60/28	28	52	12
6006	30	55	13
60/32	32	58	13
6007	35	62	14
6008	40	68	15
6009	45	75	16

轴承代号	尺寸/mm		
	d	D	B
10 系列			
6010	50	80	16
6011	55	90	18
6012	60	95	18
02 系列			
623	3	10	4
624	4	13	5
625	5	16	5
626	6	19	6
627	7	22	7
628	8	24	8
629	9	26	8
6200	10	30	9
6201	12	32	10
6202	15	35	11
6203	17	40	12
6204	20	47	14
62/22	22	50	14
6205	25	52	15
62/28	28	58	16
6206	30	62	16
62/32	32	65	17
6207	35	72	17
6208	40	80	18
6209	45	85	19
6210	50	90	20
6211	55	100	21
6212	60	110	22

轴承代号	尺寸/mm			轴承代号	尺寸/mm		
	d	D	B		d	D	B
03 系列				04 系列			
633	3	13	5	6403	17	62	17
634	4	16	5	6404	20	72	19
635	5	19	6	6405	25	80	21
6300	10	35	11	6406	30	90	23
6301	12	37	12	6407	35	100	25
6302	15	42	13	6408	40	110	27
6303	17	47	14	6409	45	120	29
6304	20	52	15	6410	50	130	31
63/22	22	56	16	6411	55	140	33
6305	25	62	17	6412	60	150	35
63/28	28	68	18	6413	65	160	37
6306	30	72	19	6414	70	180	42
63/32	32	75	20	6415	75	190	45
6307	35	80	21	6416	80	200	48
6308	40	90	23	6417	85	210	52
6309	45	100	25	6418	90	225	54
6310	50	110	27	6419	95	240	55
6311	55	120	29	6420	100	250	58
6312	60	130	31	6422	110	280	65
6313	65	140	33				
6314	70	150	35				
6315	75	160	37				
6316	80	170	39				
6317	85	180	41				
6318	90	190	43				

附表 4-2　　　　推力球轴承（GB/T 301—1995）摘编

51000型

轴承代号	尺寸/mm				轴承代号	尺寸/mm			
	d	d_{1min}	D	T		d	d_{1min}	D	T
11 系列					11 系列				
51100	10	11	24	9	51111	55	57	78	16
51101	12	13	26	9	51112	60	62	85	17
51102	15	16	28	9	51113	65	67	90	18
51103	17	18	30	9	51114	70	72	95	18
51104	20	21	35	10	51115	75	77	100	19
51105	25	26	42	11	51116	80	82	105	19
51106	30	32	47	11	51117	85	87	110	19
51107	35	37	52	12	51118	90	92	120	22
51108	40	42	60	13	51120	100	102	135	25
51109	45	47	65	14	12 系列				
51110	50	52	70	14	51200	10	12	26	11
					51201	12	14	28	11
					51202	15	17	32	12
					51203	17	19	35	12
					51204	20	22	40	14
					51205	25	27	47	15
					51206	30	32	52	16
					51207	35	37	62	18

轴承代号	尺寸/mm				轴承代号	尺寸/mm			
	d	d_{1min}	D	T		d	d_{1min}	D	T
12 系列					13 系列				
51208	40	42	68	19	51313	65	67	115	36
51209	45	47	73	20	51314	70	72	125	40
51210	50	52	78	22	51315	75	77	135	44
51211	55	57	90	25	51316	80	82	140	44
51212	60	62	95	26	51317	85	88	150	49
51213	65	67	100	27	51318	90	93	155	50
51214	70	72	105	27	51320	100	103	170	55
51215	75	77	110	27	14 系列				
51216	80	82	115	28	51405	25	27	60	24
51217	85	88	125	31	51406	30	32	70	28
51218	90	93	135	35	51407	35	37	80	32
51220	100	103	150	38	51408	40	42	90	36
13 系列					51409	45	47	100	39
51304	20	22	47	18	51410	50	52	110	43
51305	25	27	52	18	51411	55	57	120	48
51306	30	32	60	21	51412	60	62	130	51
51307	35	37	68	24	51413	65	67	140	56
51308	40	42	78	26	51414	70	72	150	60
51309	45	47	85	28	51415	75	77	160	65
51310	50	52	95	31	51416	80	82	170	68
51311	55	57	105	35	51417	85	88	180	72
51312	60	62	110	35	51418	90	93	190	77
					51420	100	103	210	85

五、常用标准数据和标准结构

附表 5-1　　　　零件倒圆与倒角(GB/T 6403.4—2008)摘编　　　(单位:mm)

形式		R、C 尺寸系列: 0.1,0.2,0.3,0.4,0.5,0.6,0.8,1.0,1.2,1.6, 2.0,2.5,3.0,4.0,5.0,6.0,8.0,10,12,16,20, 25,32,40,50
装配方式		尺寸规定: ①R_1、C_1 的偏差为正,R、C 的偏差为负 ②左下的装配方式($C<0.58R_1$),C 的最大值 C_{max} 与 R_1 的关系如下

R_1	0.1	0.2	0.3	0.4	0.5	0.6	0.8	1.0	1.2	1.6	2.0	2.5	3.0	4.0	5.0	6.0	8.0	10	12	16	20	25
C_{max}	—	0.1	0.1	0.2	0.2	0.3	0.4	0.5	0.6	0.8	1.0	1.2	1.6	2.0	2.5	3.0	4.0	5.0	6.0	8.0	10	12

直径 ϕ、相应的倒角 C、倒圆 R 的推荐值

ϕ	～3	>3 ～6	>6 ～10	>10 ～18	>18 ～30	>30 ～50	>50 ～80	>80 ～120	>120 ～180
C 或 R	0.2	0.4	0.6	0.8	1.0	1.6	2.0	2.5	3.0
ϕ	>180 ～250	>250 ～320	>320 ～400	>400 ～500	>500 ～630	>630 ～800	>800 ～1000	>1000 ～1250	>1250 ～1600
C 或 R	4.0	5.0	6.0	8.0	10	12	16	20	25

附表 5-2　　　砂轮越程槽(用于回转面及端面)(GB/T 6403.5—2008)摘编　　　(单位:mm)

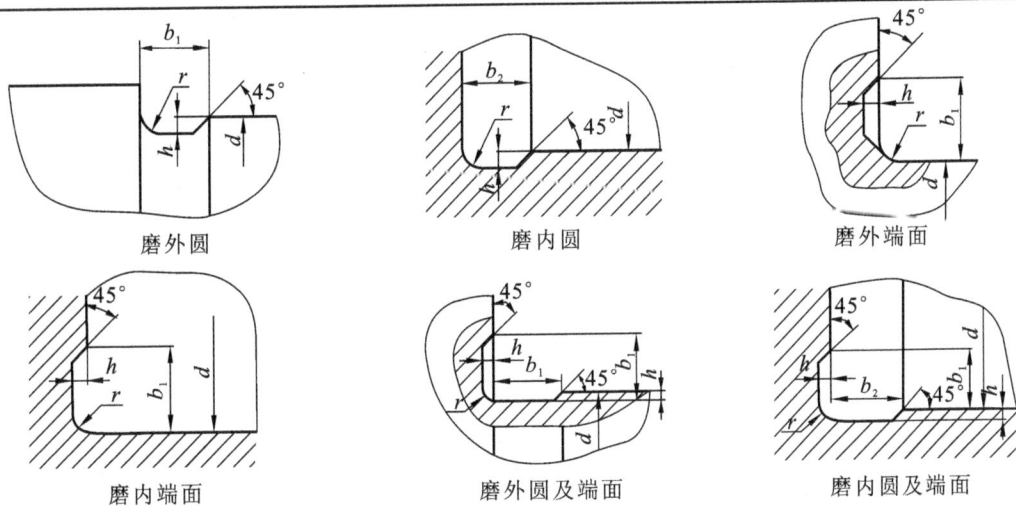

磨外圆　　　　　　　　　磨内圆　　　　　　　　　磨外端面

磨内端面　　　　　　磨外圆及端面　　　　　　磨内圆及端面

b_1	0.6	1.0	1.6	2.0	3.0	4.0	5.0	8.0	10
b_2	2.0	3.0		4.0		5.0		8.0	10
h	0.1	0.2		0.3	0.4		0.6	0.8	1.2
r	0.2	0.5		0.8	1.0		1.6	2.0	3.0
d	～10			>10～15		>50～100		>100	

注:1.越程槽内二直线相交处,不允许产生尖角。

　　2.越程槽深度 h 与圆弧半径 r 要满足 $r \leqslant 3h$。

　　3.磨削具有数个直径的工件时,可使用同一规格的越程槽。

　　4.直径 d 值大的零件,允许选择小规格的砂轮越程槽。

附表 5-3　　　　　中心孔的形式与尺寸（GB/T 145—2001）摘编　　　　　（单位：mm）

A 型　　　　　　　　B 型　　　　　　　　　C 型

（D、l₂制造厂可任选其一）　（D、l₂制造厂可任选其一）

中心孔尺寸

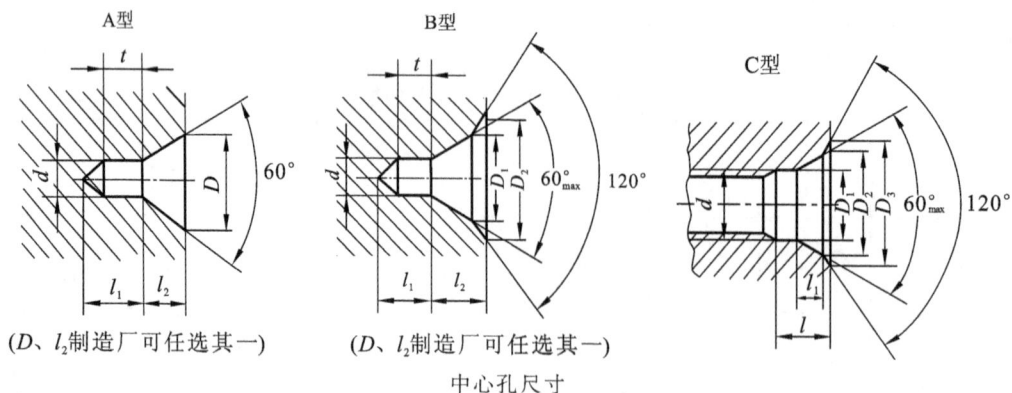

A 型				B 型					C 型					
d	D	l_2	t 参考	d	D_1	D_2	l_2	t 参考	d	D_1	D_2	D_3	l	l_1 参考
2.00	4.25	1.95	1.8	2.00	4.25	6.30	2.54	1.8	M4	4.3	6.7	7.4	3.2	2.1
2.50	5.30	2.42	2.2	2.50	5.30	8.00	3.20	2.2	M5	5.3	8.1	8.8	4.0	2.4
3.15	6.70	3.07	2.8	3.15	6.70	10.00	4.03	2.8	M6	6.4	9.6	10.5	5.0	2.8
4.00	8.50	3.90	3.5	4.00	8.50	12.50	5.05	3.5	M8	8.4	12.2	13.2	6.0	3.3
(5.00)	10.60	4.85	4.4	(5.00)	10.60	16.00	6.41	4.4	M10	10.5	14.9	16.3	7.5	3.8
6.30	13.20	5.98	5.5	6.30	13.20	18.00	7.36	5.5	M12	13.0	18.1	19.8	9.5	4.4
(8.00)	17.00	7.79	7.0	(8.00)	17.00	22.40	9.36	7.0	M16	17.0	23.0	25.3	12.0	5.2
10.00	21.20	9.70	8.7	10.00	21.20	28.00	11.66	8.7	M20	21.0	28.4	31.3	15.0	6.4

注：1. 尺寸 l_1 取决于中心钻的长度，此值不应小于 t 值（对 A 型、B 型）。

　　2. 括号内的尺寸尽量不采用。

　　3. R 型中心孔未列入。

附表 5-4　　　　　中心孔表示法（GB/T 4459.5—1999）

要　　求	符　　号	表示法示例	说　　明
在完工的零件上要求保留中心孔		GB/T 4459.5-B2.5/8	采用 B 型中心孔，$d=2.5$ mm，$D=8$ mm，在完工的零件上要求保留
在完工的零件上可以保留中心孔		GB/T 4459.5-A4/8.5	采用 A 型中心孔，$d=4$ mm，$D=8.5$ mm，在完工的零件上是否保留都可以
在完工的零件上不允许保留中心孔		GB/T 4459.5-A1.6/3.35	采用 A 型中心孔，$d=1.6$ mm，$D=3.35$ mm，在完工的零件上不允许保留

注：在不致引起误解时，可省略标记中的标准编号。

六、常用金属材料、热处理和表面处理

附表 6-1　　　　　　　　　常用钢材牌号及用途

名　称	牌　号	应用举例
碳素结构钢 (GB/T 700—2006)	Q215 Q235	塑性较高,强度较低,焊接性好,常用作各种板材及型钢,制作工程结构或机器中受力不大的零件,如螺钉、螺母、垫圈、吊钩、拉杆等,也可渗碳制作不重要的渗碳零件
	Q275	强度较高,可制作承受中等应力的普通零件,如紧固件、吊钩、拉杆等,也可经热处理后制造不重要的轴
优质碳素结构钢 (GB/T 699—1999)	15 20	塑性、韧性、焊接性和冷冲性很好,但强度较低。用于制造强度不大、韧性要求较高的零件、紧固件、渗碳零件及不要求处理的低负荷零件,如螺栓、螺钉、拉条、法兰盘等
	35	有较好的塑性和适当的强度,用于制造曲轴、转轴、轴销、杠杆、连杆、横梁、链轮、螺钉、垫圈、螺母等。这种钢多在正火和调质状态下使用,一般不作焊接
	40 45	用于强度要求较高、韧性要求中等的零件,通常进行调质或正火处理。用于制造齿轮、齿条、链轮、轴、曲轴等,经高频表面淬火后替代渗碳钢制作齿轮、轴、活塞销等零件
	55	经热处理后有较高的表面硬度和强度,具有较好韧性,一般经正火或淬火、回火后使用。用于制造齿轮、连杆、轮圈及轧辊等。焊接性及冷变形性均差
	65	一般经淬火中温回火,具有较高弹性,适用于制作小尺寸弹簧
	15Mn	性能与15钢相似,但其淬火性、强度和塑性均稍高于15钢。用于制作中心部分的力学性能要求较高且需渗碳的零件。这种钢焊接性好
	65Mn	性能与65钢相似,适于制造弹簧、弹簧垫圈、弹簧环和片,以及冷拔钢丝(≤7 mm)和发条
合金结构钢 (GB/T 3077—1999)	20Cr	用于制作渗碳零件,受力不太大、不需要强度很高的耐磨零件,如机床齿轮、齿轮轴、蜗杆、凸轮、活塞销等
	40Cr	调质后强度比碳钢高,常用作中等截面、要求力学性能比碳钢高的重要调质零件,如齿轮、轴、曲轴、连杆螺栓等
	20CrMnTi	强度、韧性均高,是铬镍钢的代用材料。经热处理后,用于承受高速、中等或重负荷以及冲击、磨损等的重要零件,如渗碳齿轮、凸轮等
	38CrMoAl	是渗氮专用钢种,经热处理后用于要求高耐磨性、高疲劳强度和相当高的强度且热处理变形小的零件,如镗杆、主轴、齿轮、蜗杆、套筒、套环等
	35SiMn	除了要求低温(−20 ℃以下)及冲击韧度很高的情况下,可全面替代40Cr作调质钢,亦可部分代替40CrNi,制作中小型轴类、齿轮等零件

续表

名　　称	牌　号	应 用 举 例
	50CrVA	用于 ϕ30～ϕ50 mm 重要的承受大应力的各种弹簧,也可用作大截面的温度低于 400 ℃ 的气阀弹簧、喷油嘴弹簧等
铸钢 (GB/T 11352—2009)	ZG200-400	用于各种形状的零件,如机座、变速箱壳等
	ZG230-450	用于铸造平坦的零件,如机座、机盖、箱体等
	ZG270-500	用于各种形状的零件,如飞机、机架、水压机工作缸、横梁等

附表 6-2　　　　　　　　　　　常用铸铁牌号及用途

名　　称	牌　号	应 用 举 例	说　明
灰铸铁 (GB/T 9439—2010)	HT100	低载荷和不重要零件,如盖、外罩、手轮、支架、重锤等	牌号中"HT"是"灰铁"二字汉语拼音的第一个字母,其后的数字表示最低抗拉强度(MPa),但这一力学性能与铸件壁厚有关
	HT150	承受中等应力的零件,如支柱、底座、齿轮箱、工作台、刀架、端盖、阀体、管路附件及一般无工作条件要求的零件	
	HT200 HT250	承受较大应力和较重零件,如汽缸体、齿轮、机座、飞轮、床身、缸套、活塞、刹车轮、联轴器、齿轮箱、轴承座、油缸等	
	HT300 HT350 HT400	承受高弯曲应力及抗拉应力的重要零件,如齿轮、凸轮、车床卡盘、剪床、压力机的机身、床身、高压油缸、滑阀壳体等	
球墨铸铁 (GB/T 1348—2009)	QT400-15 QT450-10 QT500-7 QT600-3 QT700-2	球墨铸铁可替代部分碳钢、合金钢,用来制造一些受力复杂,强度、韧性和耐磨性要求高的零件。前两种的球墨铸铁,具有较高的韧性和塑性,常用来制造受力阀门、机器底座、汽车后桥壳等;后两种牌号的球墨铸铁,具有较高的强度和耐磨性,常用来制造拖拉机和柴油机中曲轴、连杆、凸轮轴、各种齿轮、机床的主轴、蜗杆、蜗轮、轧钢机的轧辊、大齿轮、大型水压机的工作缸、缸套、活塞等	牌号中"QT"是"球铁"二字汉语拼音的第一个字母,其后两数字表示其抗拉强度(MPa)和最小伸长率 δ×100

附表 6-3　　　　　　　　　　　常用有色金属牌号及用途

名　　称	牌　号	应 用 举 例
加工黄铜 (GB/T 5231—2001)　普通青铜	H62	销钉、铆钉、螺钉、螺母、垫圈、弹簧等
	H68	复杂的冷冲压件、散热器外壳、弹壳、导管、波纹管、轴套等
	H90	双金属片、供水和排水管、证章、艺术品等

续表

名　称			牌　号	应用举例
加工青铜 (GB/T 5231—2001)	铍青铜		QBe2	用于重要的弹簧及弹性元件,耐磨零件以及在高速、高压和高温下工作的轴承等
	铅青铜		HPb59-1	适用于仪器仪表等工业部门用的切削加工零件,如销、螺钉、螺母、轴套等
	锡青铜	加工青铜	QSn4-3	弹性元件、管配件、化工机械中耐磨零件及抗磁零件
			QSn6.5-0.1	弹簧、接触片、振动片、精密仪器中的耐磨零件
		铸造青铜	ZCuSn10Pl	重要的减磨零件,如轴承、轴套、蜗轮、摩擦轮、机床丝杠螺母等
			ZCuSn5Pb5Zn5	中速、中载荷的轴承、轴套、蜗轮等耐磨零件
铸造铝合金 (GB/T 1173—1995)			ZAlSi7Mg (ZL101)	形状复杂的砂型、金属型和压力铸造的零件,如飞机、仪器的零件,抽水机壳体,工作温度不超过 185 ℃ 的汽化器等
			ZAlSi12 (ZL102)	形状复杂的砂型、金属型和压力铸造的零件,如仪表、抽水机壳体,工作温度在 200 ℃ 以下要求气密性、承受低负荷的零件
			ZAlSi5Cu1Mg (ZL105)	砂型、金属型和压力铸造的形状复杂、在 225 ℃ 以下工作的零件,如风冷发动机的汽缸头,机匣、油泵壳体等
			ZAlSi12Cu2Mg1 (ZL108)	砂型、金属型铸造的,要求高温强度及低膨胀系数的高速内燃机活塞及其他耐热零件

附表 6-4　　　　　常用热处理工艺及代号(GB/T 12603—2005)摘编

工　艺	代　号	工艺代号意义
退火	511	例:
正火	512	
调质	515	
淬火	513	5　　1　　3　—　O
空冷淬火	513-A	
油冷淬火	513-O	├──── 冷却介质(油)
水冷淬火	513-W	
感应加热淬火	513-04	
淬火和回火	514	
表面淬火和回火	521	├──── 工艺名称(淬火)
感应淬火和回火	521-04	
火焰淬火和回火	521-05	
渗碳	531	├──── 工艺类型(整体热处理)
固体渗碳	531-09	
真空渗碳	531-02	
渗氮	533	└──── 热处理
碳氮共渗	532	

七、孔和轴的极限偏差

附表 7-1　　　　　　　　　　　　标准公差数值（GB/T 1800.1—2009）摘编

公称（基本）尺寸/mm		标准公差等级																	
大于	至	IT1	IT2	IT3	IT4	IT5	IT6	IT7	IT8	IT9	IT10	IT11	IT12	IT13	IT14	IT15	IT16	IT17	IT18
		μm											mm						
	3	0.8	1.2	2	3	4	6	10	14	25	40	60	0.1	0.14	0.25	0.4	0.6	1	1.4
3	6	1	1.5	2.5	4	5	8	12	18	30	48	75	0.12	0.18	0.3	0.48	0.75	1.2	1.8
6	10	1	1.5	2.5	4	6	9	15	22	36	58	90	0.15	0.22	0.36	0.58	0.9	1.5	2.2
10	18	1.2	2	3	5	8	11	18	27	43	70	110	0.18	0.27	0.43	0.7	1.1	1.8	2.7
18	30	1.5	2.5	4	6	9	13	21	33	52	84	130	0.21	0.33	0.52	0.84	1.3	2.1	3.3
30	50	1.5	2.5	4	7	11	16	25	39	62	100	160	0.25	0.39	0.62	1	1.6	2.5	3.9
50	80	2	3	5	8	13	19	30	46	74	120	190	0.3	0.46	0.74	1.2	1.9	3	4.6
80	120	2.5	4	6	10	15	22	35	54	87	140	220	0.35	0.54	0.87	1.4	2.2	3.5	5.4
120	180	3.5	5	8	12	18	25	40	63	100	160	250	0.4	0.63	1	1.6	2.5	4	6.3
180	250	4.5	7	10	14	20	29	46	72	115	185	290	0.46	0.72	1.15	1.85	2.9	4.6	7.2
250	315	6	8	12	16	23	32	52	81	130	210	320	0.52	0.81	1.3	2.1	3.2	5.2	8.1
315	400	7	9	13	18	25	36	57	89	140	230	360	0.57	0.89	1.4	2.3	3.6	5.7	8.9
400	500	8	10	15	20	27	40	63	97	155	250	400	0.63	0.97	1.55	2.5	4	6.3	9.7
500	630	9	11	16	22	32	44	70	110	175	280	440	0.7	1.1	1.75	2.8	4.4	7	11
630	800	10	13	18	25	36	50	80	125	200	320	500	0.8	1.25	2	3.2	5	8	12.5
800	1000	11	15	21	28	40	56	90	140	230	360	560	0.9	1.4	2.3	3.6	5.6	9	14
1000	1250	13	18	24	33	47	66	105	165	260	420	660	1.05	1.65	2.6	4.2	6.6	10.5	16.5
1250	1600	15	21	29	39	55	78	125	195	310	500	780	1.25	1.95	3.1	5	7.8	12.5	19.5
1600	2000	18	25	35	46	65	92	150	230	370	600	920	1.5	2.3	3.7	6	9.2	15	23
2000	2500	22	30	41	55	78	110	175	280	440	700	1100	1.75	2.8	4.4	7	11	17.5	28
2500	3150	26	36	50	68	135	135	210	330	540	860	1350	2.1	3.3	5.4	8.6	13.5	21	33

注：1. 公称（基本）尺寸大于 500 mm 的 IT1 至 IT5 的标准公差值为试行的。

2. 公称（基本）尺寸小于或等于 1 mm 时，无 IT4～IT18。

　　轴的基本偏差数值（GB/T 1800.1—2009）、孔的基本偏差数值（GB/T 1800.1—2009）、轴的极限偏差（GB/T 1800.2—2009）、孔的极限偏差（GB/T 1800.2—2009）见右侧二维码。

孔和轴的
极限偏差

参 考 文 献

[1] 何铭新,钱可强,徐祖茂.机械制图.4 版.北京:高等教育出版社,1997.

[2] 朱冬梅,胥北澜.画法几何及机械制图.5 版.北京:高等教育出版社,2000.

[3] 刘力.机械制图.北京:高等教育出版社,2004.

[4] 李年芬,石洞天.机械制图.北京:科学出版社,2005.

[5] 何铭新,钱可强.机械制图.5 版.北京:高等教育出版社,2004.